Wissenschaftliche Taschenbücher

WTB

Texte und Studien

Die Schöpfer der physikalischen Optik

Akademie-Verlag · Berlin

WTB

Wissenschaftliche Taschenbücher

Reihe BIOLOGIE

HANS BERGNER
Tierernährung

HELMUT FRIEMEL/JOSEF BROCK
Grundlagen der Immunologie

HELLMUTH GÄBLER
Forstschutz

HEINZ GEILER
Ökologie der Land- und Süßwassertiere

PAUL HOFFMANN
Photosynthese

EBERHARD HOFMANN
Eiweiße und Nucleinsäuren als biologische Makromoleküle
Dynamische Biochemie, Teil I

EBERHARD HOFMANN
Enzyme und energiebereitstellende Reaktionen des Stoffwechsels
Dynamische Biochemie, Teil II

EBERHARD HOFMANN
Der Stoffwechsel lebendiger Systeme und seine Regulation
Dynamische Biochemie, Teil III

EBERHARD HOFMANN
Biochemie der Vererbung und Differenzierung sowie anderer Zellfunktionen
Dynamische Biochemie, Teil IV

FRIEDRICH JACOB
Bewegungsphysiologie der Pflanzen

GERHARD LERCH
Pflanzenökologie

JOACHIM NITSCHMANN
Entwicklung bei Mensch und Tier

HANS-WERNER NOLTE
Pflanzenschutz in der Landwirtschaft

KLAUS ODENING
Parasitismus

ALFRED PALISSA
Bodenzoologie in Wissenschaft, Naturhaushalt und Wirtschaft

MARTIN SCHMIDT
Pflanzenschutz im Gartenbau

ULRICH SEDLAG
Biologische Schädlingsbekämpfung

LUDWIG SPANNHOF
Zellen und Gewebe der Tiere

GÜNTER TEMBROCK
Grundlagen des Tierverhaltens

GÜNTER TEMBROCK
Biokommunikation
Informationsübertragung im biologischen Bereich, Teil I und II

EBERHARD TEUSCHER
Pharmakognosie
Teil I und II

REGINE WITKOWSKI/FALKO H. HERRMANN
Einführung in die klinische Genetik

GERALD WOLF
Neurobiologie

Reihe CHEMIE

HANS-MARTIN BARCHET
Chemie photographischer Prozesse

ULRICH BEHRENS/MANFRED RINGPFEIL
Mikrobielle Polysaccharide

ROLF BORSDORF/MANFRED SCHOLZ
Spektroskopische Methoden in der organischen Chemie

HANS DAWCZYNSKI
Temperaturbeständige Faserstoffe aus organischen Polymeren

HANS DAWCZYNSKI
Temperaturbeständige Faserstoffe aus anorganischen Polymeren

WERNER DÖPKE
Stereochemie organischer Verbindungen

MARTIN FINKE/WALTER LEIPNITZ
Moderne Methoden der Erdölanalyse

ERICH GUNDERMANN
Chemie und Technologie des Braunkohlenteers

WERNER HABERDITZL
Magnetochemie

SIEGFRIED HAUPTMANN
Über den Ablauf organisch-chemischer Reaktionen

HORST KEHLEN/FRANK KUSCHEL/
HORST SACKMANN
Grundlagen der chemischen Kinetik

GERHARD KEMPTER
Struktur und Synthese von Vitaminen

PETER KRUMBIEGEL
Isotopieeffekte

KLAUS KÜHNE
Werkstoff Glas

DIETER MERKEL
Riechstoffe

DIETER ONKEN
Steroide

BURKART PHILIPP/
GERHARD REINISCH
Grundlagen der makromolekularen Chemie

JOACHIM RIEMER
Quantitative organische Mikroanalyse

ROLF SCHÖLLNER
Die Oxydation organischer Verbindungen mit Sauerstoff

WOLFGANG WAGNER
Chemische Thermodynamik

GÜNTHER WAGNER/
HANS KÜHMSTEDT
Pharmazeutische Chemie

Reihe MATHEMATIK/PHYSIK

HANS BANDEMER/ANDREAS BELLMANN/WOLFHART JUNG/
KLAUS RICHTER
Optimale Versuchsplanung

FRANK BEICHELT
Prophylaktische Erneuerung von Systemen

DIETRICH BENDER/
ERNST-EGON PIPPIG
Einheiten, Maßsysteme, SI

WOLFRAM BRAUER
HANS-WALDEMAR STREITWOLF
Theoretische Grundlagen der Halbleiterphysik

SIEGRIED BREHMER
Einführung in die Maßtheorie

FERDINAND CAP
Einführung in die Plasmaphysik
I. Theoretische Grundlagen
II. Wellen und Instabilitäten
III. Magnetohydrodynamik

JOHN CUNNINGHAM
Vektoren

GEORG DAUTCOURT
Relativistische Astrophysik

K. CH. DELOKAROV
Relativitätstheorie und Materialismus

ALBERT EINSTEIN
Grundzüge der Relativitätstheorie

ALBERT EINSTEIN
Über die spezielle und die allgemeine Relativitätstheorie

HANNELORE FISCHER/
JOACHIM PIEHLER
Modellsysteme der Operationsforschung

Alfred Frieser
Mikrowellenmeßtechnik

Herbert Goering
Elementare Methoden zur Lösung von Differentialgleichungs-problemen

Michael Gössel
Angewandte Automatentheorie
Band I und II

Michael Gössel
Wahrscheinlichkeitsautomaten und Zufallsfolgen

E. G. Golstein
Konvexe Optimierung

Helmut Hess
Der elektrische Durchschlag in Gasen

Wilhelm Kämmerer
Kybernetik — eine Einführung auf naturwissenschaftlicher Grundlage

Ulrich Kausmann/
Klaus Lommatzsch/
František Nožička
Lineare parametrische Optimierung

Volker Kempe
Theorie stochastischer Systeme

Volker Kempe
Analyse stochastischer Systeme
Teil I

A. R. Kessel
Akustische Kernresonanz

Heinrich Kindler
Der Regelkreis

Dieter Klaua
Elementare Axiome der Mengenlehre
Einführung in
die Allgemeine Mengenlehre I

Dieter Klaua
Grundbegriffe der axiomatischen Mengenlehre
Teil 1 und 2
Einführung in
die Allgemeine Mengenlehre II

Dieter Klaua
Kardinal- und Ordinalzahlen
Teil 1 und 2
Einführung in
die Allgemeine Mengenlehre III

Dieter König/Dietrich Stoyan
Methoden der Bedienungstheorie

Konrad Kreher
Festkörperphysik

Jean Kuntzmann
Unendliche Reihen

Jean Kuntzmann
Systeme von Differentialgleichungen

Jean Kuntzmann
Komplexe Veränderliche

Wolfgang Meiling
Kernphysikalische Elektronik

Peter Paufler/Dieter Leuschner
Kristallographische Grundbegriffe der Festkörperphysik

Harry Paul
Lasertheorie
Teil I und II

Harry Paul
Nichtlineare Optik
Teil I und II

Wolfgang Pauli
Vierpoltheorie und ihre Anwendung auf elektronische Schaltungen

Harry Pfeifer
Theorie linearer Bauelemente
Elektronik für den Physiker I

Harry Pfeifer
Die Elektronenröhre
Elektronik für den Physiker II

Harry Pfeifer
Schaltungen mit Elektronenröhren
Elektronik für den Physiker III

Harry Pfeifer
Leitungen und Antennen
Elektronik für den Physiker IV

HARRY PFEIFER
Mikrowellenelektronik
Elektronik für den Physiker V

HARRY PFEIFER
Halbleiterelektronik
Elektronik für den Physiker VI

HARRY PFEIFER/W. HEINK
Schaltungen mit Transistoren
Elektronik für den Physiker VII

ULRICH RÖSEBERG
Determinismus und Physik

J. A. ROSANOW
Wahrscheinlichkeitstheorie

WOLFGANG SCHÄFER
Theoretische Grundlagen der Stabilität technischer Systeme

ERNST SCHMUTZER
Symmetrien und Erhaltungssätze der Physik

I. S. SHELUDEW
Elektrische Kristalle

N. D. SHEWANDROW
Die Polarisation des Lichtes

L. A. SKORNJAKOW
Elemente der Verbandstheorie

A. A. SMIRNOW
Metallphysik

A. S. SONIN/B. A. STRUKOW
Einführung in die Ferroelektrizität

HANS-JÜRGEN TREDER
Elementare Kosmologie

J. F. VINSON
Optische Kohärenz in der klassischen Theorie und in der Quantentheorie

TEXTE UND STUDIEN

D. M. BRINK
Kernkräfte

STEPHEN G. BRUSH
Kinetische Theorie
Teil I und II

Festkörperphysik
Entwicklungstendenzen und Anwendungsmöglichkeiten

D. TER HAAR
Quantentheorie

W. R. HINDMARSH
Atomspektren

J. H. SANDERS
Die Lichtgeschwindigkeit

GUSTAV E. R. SCHULZE
Beiträge zur Entwicklung der Metallphysik

R. A. R. TRICKER
Die Beiträge von Faraday und Maxwell zur Elektrodynamik

R. A. R. TRICKER
Frühe Elektrodynamik

Vorschau auf die nächsten Bände:

W. L. GINSBURG
Über Physik und Astrophysik

HERBERT GOERING
Asymptotische Methoden zur Lösung von Differentialgleichungen

V. I. KARPMAN
Nichtlineare Wellen in dispersiven Medien

DIETER KRESS
Theoretische Grundlagen der Signal- und Informationsübertragung

DIERCK-EKKEHARD LIEBSCHER
Relativitätstheorie mit Zirkel und Lineal

DIETER SPAAR/
HANS-JOACHIM MÜLLER/
HELMUT KLEINHEMPEL/
KLAUS NEUMANN
Bakteriosen der Kulturpflanzen

WTB

BAND 195

Die Schöpfer der physikalischen Optik

Eine Artikelsammlung

Herausgegeben von
W. I. Roditschew und U. I. Frankfurt

Mit 63 Abbildungen und 2 Tabellen

AKADEMIE-VERLAG · BERLIN

Reihe: TEXTE UND STUDIEN

Verantwortlicher Herausgeber dieses Bandes:

Dr. Harry Paul

**Zentralinstitut für Optik und Spektroskopie
der Akademie der Wissenschaften der DDR**

**Übersetzung aus dem Russischen
und aus englischen und französischen Originalarbeiten:**

Dr. Jürgen Frahm
Dr. Harry Paul
Dr. Heinz Steudel

**Zentralinstitut für Optik und Spektroskopie
der Akademie der Wissenschaften der DDR**

Titel der Originalausgabe:

Творцы физической оптики. Сборник статей
Ответственный редактор: В. И. Родичев
Составитель: У. И. Франкфурт

1977

Erschienen im Akademie-Verlag, 108 Berlin, Leipziger Straße 3–4

Lizenznummer: 202 · 100/434/77
Herstellung: VEB Druckhaus Köthen, 437 Köthen
Bestellnummer: 7620469 (7195) · LSV 1104
Printed in GDR
DDR 25,– M

Vorwort zur deutschen Ausgabe

Dieses Buch lädt zu einem Streifzug durch die Geschichte der Optik ein, wobei sich der Bogen von den „Vätern“ der Optik wie Descartes, Huygens und Newton bis nahezu in die Gegenwart spannt.

Der Charakter der einzelnen Beiträge ist unterschiedlich. Es handelt sich einerseits um wissenschaftliche Originalarbeiten oder Auszüge aus historisch bedeutsamen Werken sowie um Übersichtsartikel zu bestimmten Themenkreisen (speziell zur Messung der Lichtgeschwindigkeit). Andererseits enthält das Buch Aufsätze von wissenschaftshistorischer oder biographischer Natur.

Es versteht sich, daß die Auswahl der Artikel nicht frei von subjektiven Wertungen und Zufälligkeiten sein kann. Im besonderen wird man in einem solchen Rahmen keine Vollständigkeit erwarten dürfen.

Ganz sicher werden Leser mit den unterschiedlichsten Interessen und mit verschiedenartiger Vorbildung das Buch mit Gewinn zur Hand nehmen. Es vermittelt einen lebendigen Eindruck von den ungewöhnlich großen Schwierigkeiten, die einem Verständnis gerade der optischen Erscheinungen im Wege standen. Welche geistigen Anstrengungen mußten unternommen werden, und mit welch primitiven Mitteln wurden entscheidende Experimente durchgeführt! Welch ein harter, sich über Jahrhunderte erstreckender Kampf entbrannte zwischen den Anhängern der Korpuskulartheorie des Lichtes auf der einen Seite und den Verfechtern der Wellentheorie auf der anderen Seite! Die Lektüre dieses Buches wird — abgesehen von dem Reiz, den das unmittelbare Erleben der Gedankenwelt der Großen bietet — manche heute so selbstverständlich erscheinende Erkenntnis tiefer verstehen lassen.

Bei der Übersetzung der Artikel, deren Originalsprache Englisch oder Französisch ist, wurde in den allermeisten Fällen auf das Original zurückgegriffen. Die drei Übersetzer waren jeweils für eine Sprache zuständig (Dr. J. Frahm für Russisch, Dr. H. Paul für Englisch und Dr. H. Steudel für Französisch).

Für wertvolle Hinweise danke ich den Herren Professoren A. Lösche, Leipzig, und J. Wempe, Potsdam, sowie meinen Kollegen R. Riekher und Dr. L. W. Wieczorek.

Berlin, im Februar 1976

Harry Paul

Inhaltsverzeichnis

Vorwort zur russischen Ausgabe

Dieses Buch umfaßt sowohl Arbeiten, die zu verschiedenen Zeiten eine wesentliche Rolle in der Entwicklung der Optik gespielt haben, als auch eine Reihe von Artikeln, die der Analyse dieser Arbeiten gewidmet sind. Die Geschichte der Optik ist nicht nur deshalb äußerst bemerkenswert, weil die Untersuchung der Lichterscheinungen den Menschen schon seit frühen Zeiten beschäftigt hat oder weil die Entwicklung der Optik in den verschiedenen Entwicklungsstufen mit der Entwicklung der mathematischen Methoden, der Astronomie, der Akustik, der Elastizitätstheorie, der Elektrodynamik, der Elektronentheorie, der Relativitätstheorie und der Quantenmechanik eng verbunden war, sondern auch deshalb, weil sich anhand dieses Materials verfolgen läßt, wie sich der Charakter des Herangehens an die Lösung physikalischer Aufgaben insgesamt veränderte. Zu diesem Zweck ist es von Interesse, die Arbeiten verschiedener Jahre und unterschiedlicher Richtungen vor Augen zu haben.

Der Terminus „Physikalische Optik" ist offenkundig niemals genau definiert worden. Zu verschiedenen Zeiten wurde er in unterschiedlichem Sinne verwendet, abhängig vom allgemeinen Entwicklungsstand der Lehre vom Licht. Daher stellt die Geschichte der physikalischen Optik faktisch die Geschichte der Erweiterung unserer Erkenntnis der Natur und der Eigenschaften des Lichtes dar, darunter auch jener Wellenlängenbereiche, die der Beobachtung mit dem unbewaffneten Auge nicht zugänglich sind. In einem der modernen Bedeutung nahekommenden Sinne wurde der Terminus „Physikalische Optik" anscheinend erstmals von Young benutzt. „Experimente und Berechnungen, die physikalische Optik betreffend" — so nannte Young seinen am 24. November 1803 vor der Londoner Royal Society gehaltenen Vortrag. Das Wort „physikalisch" sollte unterstreichen, daß es sich um die Betrachtung von Erscheinungen handelte, bei denen die physikalische Natur des Lichtes die Hauptrolle spielte, im Unterschied zur geometrischen Optik, in der die Gesetze der Lichtausbreitung behandelt werden, und zur physiologischen Optik, die die Theorie des Sehens untersucht. Young sprach nur über die Interferenz. Mit der Entdeckung und Untersuchung neuer Wellenerscheinungen verbreiterte sich im folgenden jedoch der Rahmen der physikalischen Optik. Charakteristisch in dieser Hinsicht ist das 1869—1870 erschienene zweibändige Buch von E. Verdet „Vorlesungen über die physikalische Optik". Darin wurden bereits die Interferenz, hierunter auch die Interferenz des polarisierten Lichtes, die Beugung, die Polarisation, die Doppelbrechung und die Drehung der Polarisationsebene betrachtet. Jedoch finden wir bei Verdet keine Mitteilungen bezüglich der Dispersion und der Spektren der Lichtstrahlung. Zu jener Zeit verstand man unter physikalischer Optik den Bereich der Optik, der diejenigen Erscheinungen umfaßte, die unmittelbar mit der Wellennatur der Strahlung verbunden waren, das heißt das, was heute in der Regel Wellenoptik genannt wird. Als sich im letzten Viertel des vorigen Jahrhunderts das Hauptinteresse in der Optik in Richtung Spektroskopie, Wärmestrahlung, Molekularoptik und Optik der bewegten Körper verlagerte, begannen viele Autoren, auch diese Bereiche in die physikalische Optik einzubeziehen. Zu Anfang des 20. Jahrhunderts kamen die Magnetooptik, die Elektrooptik, die Optik der Röntgenstrahlen und anderes hinzu. Auf diese Weise erhielt der Begriff „Physikalische Optik" erneut den Sinn der *gesamten* Optik, die geometrische und physiologische ausgeschlossen. Beste Beweise hierfür sind das berühmte Buch von R. Wood „Physikalische Optik" (aus den dreißiger Jahren)[1]) und das mehr als zweitausend Seiten umfassende bekannte „Handbuch der physikalischen Optik"[2]).

Als Begründer der physikalischen Optik muß man zweifellos Descartes, Huygens und Newton ansehen. Ihre Arbeiten nehmen daher auch im ersten Teil des Buches den größten Raum ein. Bereits hier kann man die verschiedenen Voraussetzungen und angewandten Methoden verfolgen, die durch die unterschiedlichen Standpunkte dieser großen Wissenschaftler bedingt sind.

Der zweite Teil ist im wesentlichen Young und Fresnel gewidmet — den Begründern der modernen Wellenoptik. Den Abschnitt beschließt die berühmte Arbeit von Fizeau, in der eine Beschreibung des Experimentes zur Bestimmung des Fresnelschen Mitführungskoeffizienten gegeben wird. Diese Arbeit spielte nach den Worten Einsteins eine besondere Rolle bei der Entstehung der Relativitätstheorie.

Der dritte Teil beginnt mit einem Brief Maxwells an den königlichen Astronomen Todd, in dem zum ersten Male die Notwendigkeit der Durchführung von Experimenten in der zweiten Ordnung bezüglich v/c (v Erdgeschwindigkeit, c Lichtgeschwindigkeit) zum Nachweis der Erdbewegung im Äther erörtert wird, sowie einem Artikel Michelsons, der eine Methode zur Lösung dieses Problems gefunden hatte. Mit dem erwähnten Problem ist eine der universellsten Konstanten der modernen Physik — die Lichtgeschwindigkeit — eng verbunden. Der Methode zu ihrer Messung sind zwei sich daran anschließende Artikel gewidmet.

Mit dem Namen des englischen Physikers Rayleigh ist die Untersuchung der Theorie einer Reihe von optischen Erscheinungen verbunden. Aus seinem umfangreichen Schaffen wurde ein Artikel ausgewählt, der sehr deutlich die von ihm angewandten analytischen Methoden zur

---

[1]) R. W. Wood, Physical Optics, 3rd ed., Dover Publ., New York 1967.

[2]) E. Gehrke (Hrsg.), Handbuch der physikalischen Optik, J. A. Barth, Leipzig 1926.

Lösung der Aufgaben charakterisiert, wobei diese Methoden im letzten Viertel des 19. Jahrhunderts eine außerordentliche Rolle in der Entwicklung der gesamten physikalischen Optik, und nicht nur der Optik, gespielt haben.

In der Entwicklung der Optik nehmen die Arbeiten russischer und sowjetischer Physiker einen ehrenvollen Platz ein. Die Tradition der physikalischen Optik in Rußland hat ihren Ursprung bei M. W. Lomonossow und L. Euler. Lomonossow hat eine originelle Konstruktion eines Fernrohres zur Beobachtung bei schwacher Beleuchtung erfunden. Er hat auch eine Theorie der Farben aufgestellt. Die Untersuchungen Eulers dienten als Anregung zur Schaffung optischer Geräte, die frei von chromatischer Aberration sind. Zu Anfang des 20. Jahrhunderts waren die Arbeiten von P. N. Lebedew zur Messung des Lichtdruckes an Festkörpern und Gasen allgemein bekannt. D. S. Roshdestwenski schuf eine neue Methode zur Untersuchung der anomalen Dispersion. Von ihm wurde ein neuer Interferometertyp entwickelt, der zur Untersuchung der anomalen Dispersion geeignet war. L. I. Mandelstam (zusammen mit G. S. Landsberg und unabhängig von C. V. Raman) entdeckte die Kombinationsstreuung (Raman-Streuung) des Lichtes. Allgemein bekannt sind die optischen Untersuchungen S. I. Wawilows, besonders die zur Fluoreszenz. Die Arbeiten einer Reihe sowjetischer auf optischem Gebiet tätiger Wissenschaftler erhielten weltweite Anerkennung. Einige Artikel bedeutender russischer und sowjetischer Physiker sind im vierten Teil des vorliegenden Sammelbandes enthalten.

I

René Descartes
(1596–1650)

Abhandlung über das Licht[1])

Kapitel 14

Über die Eigenschaften des Lichts

Ich will noch etwas bei diesem Punkt verweilen, um die Eigenschaften zu erklären, durch welche die Augen auf solche Art gestoßen werden können. Diese Eigenschaften beziehen sich nämlich vollständig auf das Licht, und wenn Sie diese betrachten, so bin ich sicher, daß Sie — ebenso wie ich — es nicht nötig haben, sich in den Sternen oder im Weltenraum eine andere Qualität vorzustellen als die Wirkung, die Licht genannt wird.

Die grundlegenden Eigenschaften des Lichts sind: Es breitet sich von den Körpern, die man leuchtend nennt, 1. nach allen Seiten, 2. über beliebige Entfernungen, 3. momentan und 4. normalerweise längs gerader Linien

---

[1]) R. Descartes, Le monde ou traité de la lumière, Paris 1664; Ch. Adam und P. Tannery (Hrsg.), Oeuvres de Descartes, Bd. 11, Verlag Léopold Cerf, Paris 1909.

aus, die man als die Lichtstrahlen anzusehen hat. 5. Mehrere solcher Strahlen können, von verschiedenen Punkten kommend, sich in einem Punkte treffen oder 6. von einem Punkte kommend, zu verschiedenen Punkten hin auseinanderlaufen. 7. Während sie von verschiedenen Punkten kommen und zu verschiedenen Punkten hin auseinanderlaufen, können sie durch denselben Punkt hindurchgehen, ohne sich gegenseitig zu behindern. 8. Sie können sich manchmal auch gegenseitig behindern, nämlich dann, wenn ihre Stärke sehr unterschiedlich ist und der eine sehr viel stärker ist als der andere. Sie können 9. durch Reflexion oder 10. durch Brechung umgelenkt werden. Ihre Stärke kann 11. erhöht oder 12. vermindert werden durch die Anordnungen oder Eigenschaften der Materie, in der sie sich befinden. Das sind die grundlegenden Eigenschaften, die man am Licht beobachtet und in denen alles über die von uns betrachtete Wirkung enthalten ist, wie wir jetzt sehen werden.

1. Die Ursache dafür, daß sich diese Wirkung von den leuchtenden Körpern nach allen Seiten hin ausbreitet, liegt offenbar in der kreisförmigen Bewegung der Teilchen, durch die sie erzeugt wird.

2. Es ist ebenfalls evident, daß sich die Wirkung über jede Entfernung ausbreitet. ...

3. Wenn man beachtet, daß die Teilchen des zweiten Elements einander so sehr wie möglich berühren und drükken, so wird man nicht zweifeln können, daß die Wirkung, sobald die ersten Teilchen gestoßen werden, in einem Augenblick auf die anderen übergehen muß, geradeso wie bei einem Stock die Wirkung eines Stoßes in einem Moment von dem einen Ende zum anderen übertragen wird. ...

4. Was die geraden Linien anbelangt, längs derer sich die Wirkung ausbreitet und die eigentlich die Lichtstrahlen sind, so ist es nötig zu bemerken, daß sie von den Teilchen des zweiten Elements, durch dessen Vermittlung sich die Wirkung ausbreitet, zu unterscheiden sind und daß sie überhaupt nicht irgendetwas Materielles sind in dem Medium, durch das sie hindurchgehen. Vielmehr

zeigen sie nur an, in welcher Richtung und nach welchen Regeln der strahlende Körper auf den bestrahlten wirkt. Man hat sich die Strahlen als exakte Geraden vorzustellen, wenn auch die Teilchen des zweiten Elements, das als Vermittler dieser Wirkung oder des Lichts dient, nahezu niemals gerade so eines hinter dem anderen angeordnet sind, daß sie vollkommen gerade Linien bilden. ...

5. und 6. Sie können somit leicht verstehen, wie mehrere Strahlen, die von verschiedenen Punkten kommen, sich in einem Punkte treffen, oder solche, die von demselben Punkte kommen, zu verschiedenen Punkten hin auseinanderlaufen, ohne sich zu behindern und ohne daß die einen von den anderen abhängig werden. ...

7. Um aber zu verstehen, wie mehrere Strahlen, die von verschiedenen Punkten kommen und zu verschiedenen Punkten gehen, durch ein und denselben Punkt laufen können, ohne sich gegenseitig zu behindern ..., ist es nötig zu beachten, daß jedes Teilchen des zweiten Elements fähig ist, gleichzeitig mehrere Bewegungen aufzunehmen derart, daß das Teilchen, welches sich z. B. im Punkte A befindet, gleichzeitig in Richtung auf L ... und auf N ... zu gestoßen werden kann. ...

8. Derselbe Vergleich kann auch dazu dienen zu erklären, wie ein starker Lichtstrahl die Wirkung von sehr viel schwächeren Strahlen behindert. ...

9. und 10. Was die Reflexion und die Brechung angeht, so habe ich diese Erscheinungen an anderer Stelle[1]) bereits hinreichend erklärt. Anstatt von Lichtstrahlen zu sprechen, habe ich damals jedoch das Beispiel der Bewegung eines Balls herangezogen, um auf diese Weise meine Darlegung leichter verständlich zu machen. So bleibt mir hier nur übrig, Sie darauf hinzuweisen, daß die Bewegung oder die Neigung zur Bewegung, die von einem Ort zum anderen übertragen wird durch Vermittlung mehrerer Körper, die sich dazwischen befinden und den

[1]) „Die Dioptrik", Kapite l2; siehe S. 20 ff. in diesem Buch.

dazwischenliegenden Raum ohne Unterbrechung ausfüllen, genau demselben Weg folgt, auf dem sich der erste dieser Körper infolge derselben Wirkung bewegen würde, wenn die anderen nicht auf seiner Bahn lägen. Der einzige Unterschied ist, daß dieser Körper Zeit brauchen würde für seine Bewegung, während die Wirkung, die in ihm ist, durch Vermittlung der Körper, die er berührt, sich über beliebige Entfernungen momentan ausbreitet. Daraus folgt: Wie bei einem Ball, der zurückprallt, wenn er bei einem Spiel gegen die Wand geworfen wird, und dessen Bahn eine Brechung erfährt, wenn er schräg ins Wasser fällt, verhält es sich, wenn die Lichtstrahlen einen Körper treffen, der sie nicht hindurchläßt, und sie reflektiert werden; und wenn sie schräg eintreten in irgendein Medium, wo sie sich leichter oder weniger leicht ausbreiten können als in dem, aus dem sie kommen, so müssen sie im Maße dieser Änderung ihre Richtung wechseln und eine Brechung erleiden.

11. und 12. Schließlich ist die Stärke des Lichts an einem jeden Ort nicht nur größer oder kleiner je nach der Menge der Lichtstrahlen, die sich dort treffen, sondern diese Stärke kann auch erhöht oder vermindert werden durch die unterschiedlichen Anordnungen der Körper, die sich an den Orten befinden, durch die das Licht hindurchgeht. Das verhält sich geradeso, wie die Geschwindigkeit eines Balls oder eines Steins, den man in die Luft wirft, durch Wind, der in Richtung der Bewegung weht, erhöht und durch Gegenwind verringert werden kann.

Die Dioptrik[1])

Kapitel 1

Über das Licht

Unsere gesamte Lebensführung hängt von den Sinnen ab, unter denen der Gesichtssinn der universellste und vornehmste ist. Es besteht kein Zweifel, daß diejenigen Erfindungen, welche dazu beitragen, seine Kraft zu vergrößern, die nützlichsten sind; und es ist schwer, darunter eine zu finden, die diese Kraft mehr vergrößert, als es die vortrefflichen Fernrohre tun, die, obwohl erst seit kurzer Zeit in Gebrauch, es uns ermöglicht haben, neue Sterne am Himmel und neue Objekte auf der Erde in größerer Zahl zu entdecken, als wir zuvor dort gesehen hatten. Indem sie unseren Gesichtssinn weiter reichen lassen, als die Vorstellung unserer Väter zu reichen pflegte, scheinen sie uns den Weg zu einer viel umfassenderen und vollständigeren Kenntnis der Natur eröffnet zu haben, als unsere Väter sie hatten. ...

Es ist Ihnen gewiß schon manchmal zugestoßen, daß Sie, wenn Sie nachts ohne Licht durch eine etwas schwierige Gegend gegangen sind, der Hilfe eines Stockes bedurften, um den Weg zu finden, und Sie haben in diesem Falle bemerken können, daß Sie mit Hilfe des Stockes die verschiedenen Gegenstände um Sie herum wahrnahmen und sogar unterscheiden konnten, ob es Bäume oder Steine waren oder Sand, Wasser, ein Kraut oder Schlamm, oder ob es ein anderer derartiger Gegenstand war. Es ist wahr, daß diese Art der Wahrnehmung etwas verworren und undeutlich ist für diejenigen, die darin keine lange Übung besitzen. Betrachten Sie aber Menschen, die blind geboren sind und sich ihr Leben lang des Stockes bedienen,

[1]) „La dioptrique" erschien zusammen mit „Discours dela methode", „Les meteores" und „La geometry", Leiden 1637; Oeuvres de Descartes, Bd. 6, Paris 1909.

so werden Sie diese so vollkommen und sicher darin finden, daß man gewissermaßen sagen kann, daß sie mit den Händen sehen oder ihr Stock das Organ von einer Art sechstem Sinn ist, der ihnen anstelle des Gesichts gegeben ist.

Durch diesen Vergleich möchte ich Sie auf den Gedanken bringen, daß das Licht in den Körpern, die man leuchtend nennt, nichts anderes ist als eine gewisse Bewegung oder eine schnelle und lebhafte Unruhe, die sich vermittels der Luft und anderer durchsichtiger Körper auf unsere Augen überträgt in gleicher Weise, wie die Bewegung oder der Widerstand der Körper, auf die der Blinde stößt, mit Hilfe des Stockes auf seine Hand übertragen werden. Sie werden es nicht länger seltsam finden, daß sich das Licht in einem Augenblick von der Sonne bis zu uns ausbreitet, weil Sie wissen, daß die Einwirkung auf ein Stockende von einem Moment zum anderen auf das andere Stockende übertragen wird und daß sie in derselben Weise übertragen werden würde, wenn der Abstand noch viel größer wäre, als er ist, und sei es von der Erde bis zum Himmel. Sie werden es auch nicht seltsam finden, daß wir mit Hilfe des Lichtes alle Arten von Farben sehen können, und Sie werden vielleicht auch glauben, daß diese Farben an den Körpern, die wir farbig nennen, nichts anderes sind als verschiedene Arten, in denen diese Körper das Licht empfangen und in unsere Augen zurückwerfen, wenn Sie sich überlegen, daß die Unterschiede, die ein Blinder mit Hilfe des Stockes zwischen Bäumen, Steinen, Wasser und ähnlichen Dingen bemerkt, nicht geringer sind als diejenigen, die wir zwischen Rot, Gelb, Grün und anderen Farben feststellen, und vor allem, daß die Unterschiede zwischen all diesen Körpern nichts anderes sind als verschiedene Arten von Bewegungen des Stockes oder des Widerstandes gegenüber seinen Bewegungen. Es ist also, wie Sie daraus schließen können, nicht nötig anzunehmen, daß irgendeine Art von Materie von den Gegenständen direkt zu unseren Augen gelangt, damit wir die Farben und das Licht sehen, und noch nicht einmal, daß es in diesen Gegenständen etwas gibt, was den Vorstellungen und Gefühlen ähnelt, die wir davon haben, ebenso, wie von den Körpern, die ein Blinder fühlt, nicht etwas ausgeht, das seinen Stock entlang bis zur Hand gehen müßte, und wie der Widerstand oder die Bewegung der Körper, welche die alleinigen Ursachen seiner Empfindungen von diesen Körpern sind, nicht den Vorstellungen ähneln, die er sich davon bildet.

Auf diese Weise wird Ihr Geist befreit von all den umherschwirrenden Trugbildern, die *intensionale Vorstellungen* genannt werden und die so sehr die Phantasie der Philosophen beschäftigen. Sie können selber leicht die Frage entscheiden, um die es hier geht, wenn Sie die Stelle berühren, wovon die Wirkung ausgeht, welche die Empfindung des Sehens hervorruft, denn wie unser Blinder die Gegenstände um sich herum nicht nur durch die Wirkung dieser Gegenstände fühlen kann, wenn sie gegen seinen Stock stoßen, sondern auch durch die Bewegung der Hand, wenn sie ihr lediglich Widerstand bieten, ebenso muß man anerkennen, daß die gesehenen Gegenstände nicht nur durch die auf die Augen gerichtete Wirkung der Dinge wahrgenommen werden, sondern auch durch die Wirkung der Augen, die auf die Dinge gerichtet ist. Da aber diese Wirkung nichts anderes als das Licht ist, so ist es nötig zu bemerken, daß nur jene sie besitzen, die in der Finsternis der Nacht sehen können wie die Katzen, deren Augen diese Fähigkeit haben. Was aber die gewöhnlichen Menschen anbelangt, so können sie nur durch die Wirkung der Gegenstände sehen, denn die Erfahrung zeigt uns, daß die Gegenstände leuchten oder beleuchtet werden müssen, um gesehen zu werden, nicht aber unsere Augen, um sie zu sehen. Da aber ein großer Unterschied besteht zwischen dem Stock des Blinden und der Luft oder anderen durchsichtigen Medien, durch die wir hindurchsehen, muß ich mich noch eines anderen Vergleichs bedienen.

Betrachten Sie zur Zeit der Weinlese einen Bottich, der mit halb zerstoßenen Weintrauben gefüllt ist und in dem sich ein oder zwei Löcher, sagen wir *A* und *B* (siehe Abb. 1), befinden, durch die der darin enthaltene süße Most fließen kann. Dann bedenken Sie, daß es in der Na-

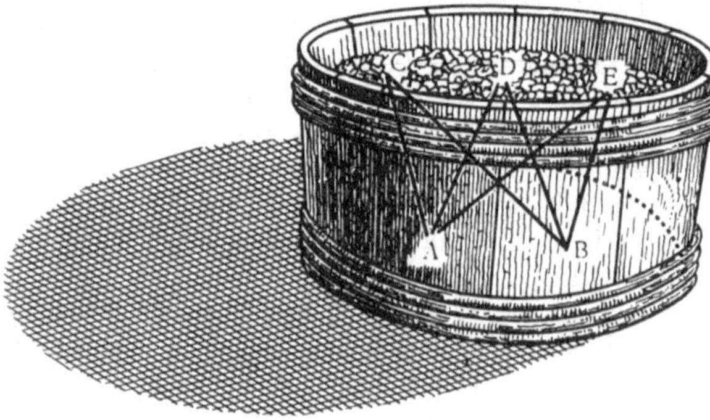

Abbildung 1

tur kein Vakuum gibt, wie fast alle Philosophen annehmen, und daß dennoch, wie die Erfahrung zeigt, viele Poren in den Körpern sind, die wir um uns wahrnehmen. Es ist also notwendig, daß diese Poren mit irgendeiner sehr feinen und fluiden Materie ausgefüllt sind, die sich ohne Unterbrechung von den Sternen bis zu uns erstreckt. Vergleichen Sie nun diese feine Materie mit dem Most im Bottich und die weniger fluiden oder dickeren Körper mit den Weintrauben. Dann werden Sie leicht folgendes einsehen: So wie die bei *C* befindlichen Teile des Mostes in gerader Linie dem Loch *A* zustreben, sobald dieses geöffnet wird, und ebenso zum Loch *B*, und die bei *D* und *E* befindlichen Teile gleichzeitig auf die zwei Löcher zustreben, ohne daß der eine Vorgang durch den anderen verhindert wird — auch nicht durch den Widerstand der Trauben im Bottich, ungeachtet dessen, daß die Trauben sich gegenseitig stützen und keineswegs auf die Löcher *A* und *B* zu herabsinken, wie der Most es tut, und daß sie sogar in der einen oder anderen Weise bewegt werden können durch jene, die sie zerstampfen —, ebenso streben diejenigen Teile der feinen Materie, welche die uns zugewandte Seite der Sonne berühren, in gerader Linie auf unsere Augen zu im selben Moment, in dem sie frei werden, ohne sich gegenseitig zu behindern und ohne durch dazwischenliegende grobe, aber durchsichtige Körper behindert zu werden. Mögen sich diese Körper nun in anderer Weise bewegen, wie die Luft, die fast immer durch Wind bewegt wird, oder bewegungslos sein wie vielleicht das Glas oder ein Kristall. Es ist hier notwendig, zwischen der Bewegung und der Wirkung oder der Neigung zur Bewegung zu unterscheiden, denn man sieht leicht ein, daß die Teile des Mostes bei C auf A und zugleich auf B zustreben, ungeachtet dessen, daß sie sich nicht tatsächlich gleichzeitig nach beiden Seiten bewegen können, und daß sie geradlinig auf A und B zustreben, ungeachtet dessen, daß sie sich wegen der dazwischenliegenden Trauben nicht wirklich geradlinig bewegen können. Wenn Sie nun bedenken, daß es nicht so sehr die Bewegung als vielmehr die Wirkung der strahlenden Körper ist, die dem Licht zugrunde liegt, so müssen Sie zu dem Schluß kommen, daß die Lichtstrahlen nichts anderes sind als die Linien, längs derer sich diese Wirkung ausbreitet. Es gibt also unendlich viele solche Strahlen, die von allen Punkten des strahlenden Körpers zu allen Punkten des beleuchteten Körpers gehen, so wie Sie sich unendlich viele Geraden vorstellen können, längs derer sich die Wirkungen ausbreiten, die von allen Punkten der Oberfläche CDE des Mostes sich auf A zu ausbreiten, und unendlich viele andere, längs derer sich die Wirkungen auf B zu ausbreiten, die von denselben Punkten kommen, ohne daß sie sich gegenseitig behindern.

Man hat sich die Lichtstrahlen nur dann als genau geradlinig vorzustellen, wenn sie sich durch einen homogenen durchsichtigen Körper ausbreiten. Wenn sie jedoch andere Körper treffen, so werden sie abgelenkt oder geschwächt, ebenso wie die Bewegung eines Balles oder eines in die Luft geworfenen Steines durch andere Körper abgelenkt oder geschwächt wird; denn es ist naheliegend anzunehmen, daß die Wirkung oder die Neigung zur Bewegung, die, wie ich gesagt habe, für das Licht anzunehmen ist, denselben Gesetzen folgen muß wie diese Bewegung. ...

Kapitel 2

Über die Brechung

... Wir kommen nun zur Brechung. Zunächst stellen wir uns vor, daß ein von A nach B (siehe Abb. 2) geworfener Ball im Punkte B nicht auf die Erde trifft, sondern

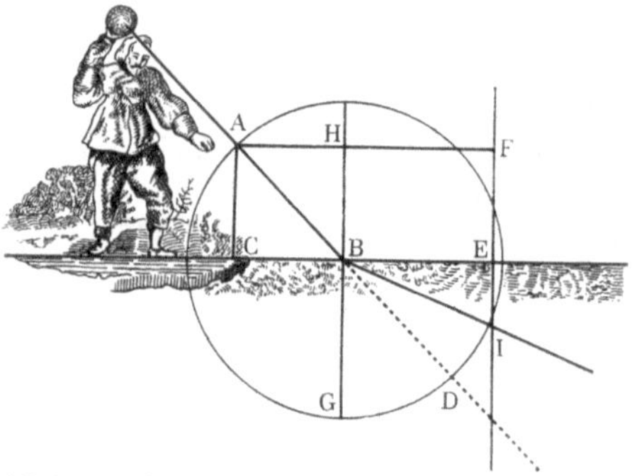

Abbildung 2

auf ein Tuch CBE, das so dünn und locker sein soll, daß der Ball die Kraft hat, es zu zerreißen und hindurchzustoßen, wobei er nur einen Teil seiner Geschwindigkeit verliert und zum Beispiel die halbe Geschwindigkeit beibehält. Um unter dieser Annahme zu verstehen, welcher Bahn der Ball folgt, beachten wir, daß seine Bewegung wesentlich davon abhängt, ob er sich mehr in der einen oder der anderen Richtung bewegt, woraus folgt, daß die Größen dieser Bewegungen getrennt zu bestimmen sind.

Und beachten wir weiter, daß von den beiden Anteilen, aus denen wir uns die Bewegungsrichtung zusammengesetzt denken können, der eine derjenige ist, der den Ball von oben nach unten fallen läßt und der durch das Auftreffen auf das Tuch irgendwie geändert werden muß, und der andere der nach rechts gerichtete Anteil, der immer gleich bleibt, weil das Tuch *CBE* in dieser Richtung keinen Widerstand bietet. Wenn wir dann den Kreis *AGD* um den Mittelpunkt *B* beschreiben und die drei zu *CBE* rechtwinkligen Geraden *AC*, *HB*, *FE* ziehen derart, daß der Abstand zwischen *FE* und *HB* doppelt so groß ist wie der zwischen *HB* und *AC*, so sehen wir, daß sich der Ball auf den Punkt *I* zu bewegen wird. Da er nämlich beim Durchgang durch das Tuch *CBE* die Hälfte seiner Geschwindigkeit verliert, so wird er gerade doppelt soviel Zeit brauchen, um von *B* bis zu irgendeinem Punkt der Kreisperipherie *AGD* zu gelangen, als er zuvor für den Weg von *A* nach *B* benötigt hat. Da er andererseits nichts von seiner nach rechts gerichteten Geschwindigkeit verliert, so wird er in einer Zeit, die doppelt so lang ist wie die, die er von der Linie *AC* bis *HB* gebraucht hat, gerade eine doppelt so große Strecke zurücklegen und folglich in irgendeinem Punkt auf der Geraden FE im gleichen Moment ankommen, in dem er einen Punkt auf dem Kreis *AGD* erreichen wird. Das wäre jedoch unmöglich, wenn sich der Ball nicht bei I befände, da dies der einzige Punkt unterhalb des Tuches *CBE* ist, wo sich der Kreis *AGD* und die gerade Linie *FE* schneiden.

Stellen wir uns jetzt vor, daß der von *A* in Richtung auf *D* fliegende Ball im Punkte *B* nicht auf ein Tuch sondern auf Wasser trifft, dessen Oberfläche *CBE* ihm gerade die Hälfte der Geschwindigkeit nimmt, geradeso wie es zuvor das Tuch getan hat. Wie zuvor sage ich, daß der Ball von *B* in gerader Linie nicht nach *D*, sondern nach *I* fliegt. Zunächst ist nämlich klar, daß die Wasseroberfläche ihn in gleicher Weise umlenkt wie das Tuch, indem sie ihm ebensoviel von seiner Kraft nimmt und ihm in gleicher Weise Widerstand bietet. Was das übrige

Wasservolumen anbelangt, das den gesamten Raum zwischen *B* und *I* ausfüllt, so hemmt dieses den Ball mehr oder weniger, wie es zuvor auch die Luft getan hat, was aber nicht heißt, daß er mehr oder weniger umgelenkt werden müßte. Denn es ist klar, daß beim Durchgang für die eine Richtung dasselbe gilt wie für die andere, zumindest wenn man annimmt, daß weder die Schwerkraft noch der Auftrieb des Balls, noch seine Größe oder Form oder irgendeine andere äußere Ursache seinen Kurs ändert. Und man kann hier bemerken, daß er durch das Tuch oder durch die Wasseroberfläche um so mehr abgelenkt wird, je schräger er auftrifft, so daß er bei senkrechtem Auftreffen, etwa wenn er von *H* nach *B* geworfen wird (siehe Abb. 2), in gerader Richtung auf *G* weiterläuft ohne jede Ablenkung. Wenn der Ball aber längs einer Linie *AB* geworfen wird, die so stark gegen die Oberfläche des Wassers oder gegen das Tuch geneigt ist, daß die wie zuvor gezeichnete Gerade *FE* den Kreis *AD* nicht schneidet, so wird er nicht hindurchdringen können, sondern von dem Oberflächenpunkt *B* in die Luft in Richtung auf *L* ebenso zurücklaufen, als ob er von der Erde zurückgeworfen worden wäre (siehe Abb. 3). Das ist genau so, als ob man, was leider mitunter ausprobiert worden ist, spaßhalber mit Kanonenkugeln auf den Grund eines Flusses zielt und dabei diejenigen verletzt, die sich am anderen Ufer befinden.

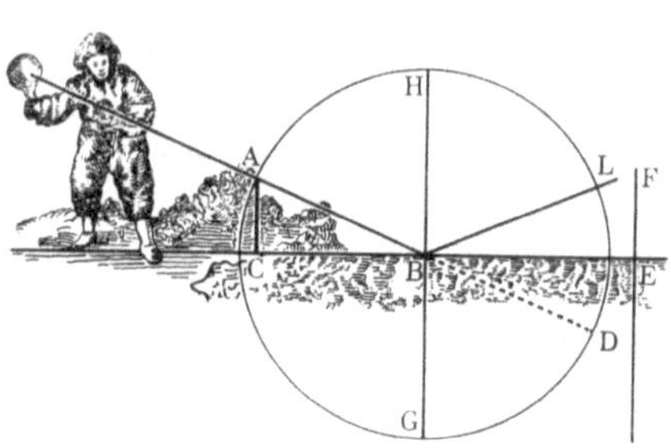

Abbildung 3

Wir machen nun aber noch eine weitere Annahme und stellen uns vor, daß der zunächst von *A* nach *B* geworfene Ball im Punkt *B* erneut mit einem Tennisschläger geschlagen wird, der die Kraft seiner Bewegung erhöht, zum Beispiel verdreifacht, so daß er in einem bestimmten Zeitintervall eine Wegstrecke zurücklegt, zu der er sonst dreimal soviel Zeit benötigt hätte. Die Wirkung ist dieselbe, wenn der Ball im Punkt *B* auf einen Stoff von solcher Beschaffenheit trifft, daß er die Oberfläche *CBE* dreimal leichter durchdringt als Luft. Daraus folgt in klarer Weise, was wir zeigen wollten: Wenn man den Kreis *AD* (siehe Abb. 4) beschreibt wie zuvor sowie die

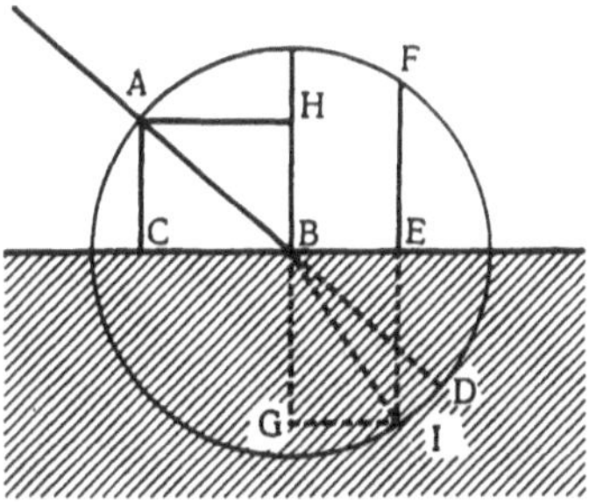

Abbildung 4

Linien *AC*, *HB*, *FE* derart, daß der Abstand zwischen *FE* und *HB* ein Drittel des Abstandes zwischen *HB* und *AC* beträgt, so bezeichnet der Punkt *I*, in dem sich die Gerade *FE* und der Kreis *AD* schneiden, den Ort, auf den dieser Ball vom Punkte *B* aus zufliegt.

Nun kann man aber auch den umgekehrten Schluß ziehen und sagen: Wenn ein in gerader Linie von *A* nach *B* fliegender Ball im Punkte *B* abgelenkt wird und in Richtung auf *I* zufliegt, so bedeutet dies, daß die Kraft oder die Leichtigkeit, mit der er in den Körper *CBEI* eintritt, sich zu derjenigen des Körpers *ACBE* so verhält wie der Abstand zwischen *AC* und *HB* zu dem Abstand zwischen *HB* und *FI*, das heißt, wie die Strecke *CB* zu *BE*.

Da schließlich die Wirkung des Lichtes denselben Gesetzen folgt wie dieser Ball, so muß man sagen: Wenn die Lichtstrahlen schräg aus einem durchsichtigen Stoff in einen anderen übergehen, der sie leichter oder schwerer in sich aufnimmt als der erste, so werden sie in einer solchen Weise abgelenkt, daß die Neigung gegen die Oberfläche geringer ist auf der Seite, wo sich der Körper befindet, der die Lichtstrahlen leichter aufnimmt, als auf der anderen. Man muß nur darauf achten, daß diese Neigung zu messen ist durch die Größe der Strecken *CB* oder *AH* und *EB* oder *IG* und verschiedene Neigungen in entsprechender Weise miteinander verglichen werden müssen; die Neigung ist aber nicht zu messen durch die Größe der Winkel wie *ABH* oder *GBI*, und erst recht nicht durch

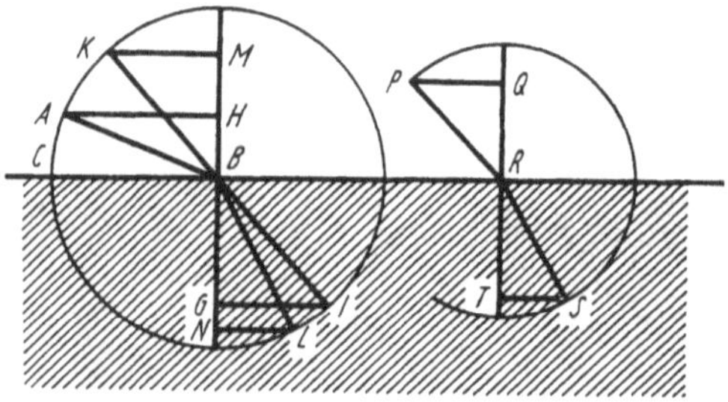

Abbildung 5

den entsprechenden Winkel *DBI*, den man den Brechungswinkel nennt. Während das Verhältnis der Winkel von den verschiedenen Neigungen der Strahlen abhängt, bleibt das Verhältnis der Strecken *AH* und *IG* oder entsprechender Strecken dasselbe bei allen Brechungen, die zwischen den gleichen Körpern stattfinden. Wenn zum Beispiel ein Strahl (siehe Abb. 5) in Luft von *A* nach *B* geht, in *B* auf die Glasoberfläche *CBR* trifft und dort in Richtung auf *I* abgelenkt wird, während ein zweiter von *K* nach *B* läuft und dort in Richtung auf *L* abgelenkt wird und ein dritter von *P* nach *R* geht und dort in Richtung auf *S* abgelenkt wird, so muß das Verhältnis zwischen den Strecken *KM* und *LN* oder *PQ* und *ST* dasselbe sein wie zwischen *AH* und *IG*, während das Verhältnis zwischen den Winkeln *KBM* und *LBN* oder *PRQ* und *SRT* keineswegs dasselbe ist wie zwischen *ABH* und *IBG*.

Auf diese Weise sehen wir jetzt, wie die Brechung zu messen ist und daß man zur Bestimmung ihrer Größe, soweit sie von der besonderen Natur der betreffenden Körper abhängt, ein Experiment machen muß, daß die Brechung nunmehr aber auf eine einzige Meßgröße zurückgeführt ist, denn es genügt, sie an einem einzigen Strahl zu untersuchen, um alle Brechungen zu kennen, die an ein und derselben Oberfläche auftreten; und man kann Fehler vermeiden, wenn man sie außerdem noch an einigen anderen Strahlen untersucht. Wenn wir etwa die Größe der Brechung an einer Oberfläche *CBR* (siehe Abb. 5) wissen wollen, welche die Luft *AKP* vom Glas *LIS* trennt, so brauchen wir nur die Brechung des Strahls *ABI* zu untersuchen, indem wir das Verhältnis der Abstände *AH* und *IG* bestimmen. Wenn wir dann meinen, einen Fehler bei dem Versuch gemacht zu haben, so ist es nötig, noch einige andere Strahlen zu prüfen, etwa *KBL* oder *PRS*; und finden wir dann für *KM* zu *LN* und *PQ* zu *ST* dasselbe Verhältnis wie *AH* zu *IG*, so haben wir keinen Grund mehr, an dem Resultat zu zweifeln.

Möglicherweise aber werden Sie sich wundern, wenn Sie bei dem Experiment feststellen, daß das Licht in Luft stärker zur brechenden Fläche hin geneigt ist als in Wasser, und ebenso in Wasser stärker als in Glas, ganz im Gegensatz zu einem Ball, dessen Bahn sich im Wasser stärker neigt als in der Luft und der in das Glas überhaupt nicht eindringen kann. ... Sie werden das nicht länger seltsam finden: Erinnern Sie sich, welche Natur ich dem Licht zugeschrieben habe, als ich sagte, daß es nichts anderes ist als eine gewisse Bewegung oder Wirkung, die in einer sehr feinen Materie enthalten ist, welche die Poren anderer Körper ausfüllt, und beachten Sie, daß — ebenso, wie ein Ball mehr von seiner Bewegung verliert, wenn er auf einen weichen Körper stößt, als wenn er auf einen harten stößt, und nicht so leicht über ein Tischtuch rollt wie über einen glatten Tisch — die Wirkung dieser feinen Materie durch die weichen und wenig zusammenhängenden Teilchen der Luft, die ihr nicht viel Widerstand bieten, stärker behindert wird als durch die des Wassers, die ihr mehr Widerstand entgegensetzen, und ebenso mehr durch die Teilchen des Wassers als durch die des Glases oder eines Kristalls. Folglich lassen die durchsichtigen Körper in dem Maße, wie sie härter und fester sind, das Licht leichter hindurch, denn das Licht braucht nicht irgendetwas von seinem Platz zu verdrängen, so wie ein Ball Wasser verdrängen muß, um durch das Wasser hindurchzulaufen.

Kapitel 6

Über das Sehen

... Was das Licht oder die Farbe anbelangt, welche eigentlich nur dem Gesichtssinn bemerkbar sind, so muß man sich vorstellen, daß unsere Wahrnehmung so beschaffen ist, daß die Kraft der Bewegungen, die an den Stellen des Gehirns vor sich gehen, wohin die kleinen Fasern der Sehnerven führen, im Gehirn die Wahrnehmung des Lichtes hervorrufen, und die Art dieser Bewegungen die Wahrnehmung der Farbe, so wie die Bewegungen der dem Ohr entsprechenden Nerven das Ohr Töne hören lassen und diejenigen der Zungennerven die Zunge den Geschmack kosten lassen. Im allgemeinen lassen die Bewegungen der Nerven des ganzen Körpers das Gehirn irgendein Kitzeln fühlen, wenn sie gemäßigt sind, oder irgendeinen Schmerz, wenn sie sehr stark sind, ohne daß es bei all dem nötig ist, daß irgendeine Ähnlichkeit besteht zwischen den Vorstellungen, die das Gehirn empfängt, und den Bewegungen, durch die sie hervorgerufen werden. Das werden Sie leicht einsehen, wenn Sie bemerken, das es jenen, die eine Verletzung am Auge erleiden, scheint, als ob sie ein gewaltiges Feuer oder Blitze vor sich sähen, obwohl sie die Augen schließen oder sich etwa an einem völlig dunklen Ort befinden. Daraus geht hervor, daß diese Wahrnehmung lediglich auf die Kraft des Schlages zurückzuführen ist, welcher die kleinen Sehnerven so erregt, wie es ein gewaltiges Licht tun würde. Dieselbe Kraft könnte, wenn sie die Ohren träfe, eine Wahrnehmung von Tönen hervorrufen oder, wenn sie irgendeinen anderen Körperteil träfe, Schmerz fühlen lassen. Das Gesagte wird noch durch folgendes bestätigt: Wenn man seine Augen zwingt, in die Sonne oder in ein anderes grelles Licht zu blicken, so bleibt ihnen noch einige Zeit der Eindruck, als ob man verschiedene Farben sähe, die sich ändern und nacheinander in dem Maße, in dem sie sich abschwächen, vergehen. Denn dies kann nur so geschehen, daß die kleinen Fasern der Sehnerven, wenn sie außerordentlich stark gereizt sind, sich nicht so schnell beruhigen können, wie sie es gewöhnlich tun. Aber die Erregung, die noch in ihnen ist, nachdem die Augen geschlossen sind, ist nicht mehr groß genug, um das starke Licht wiederzugeben, welches sie verursacht hat. Und die Farben ändern sich, während sie sich abschwächen, was zeigt, daß ihre Natur nur im Unterschied der Bewegung besteht, und nichts anderes habe ich oben angenommen. Dies tut sich schließlich auch darin kund, daß in durchsichtigen Körpern oft verschiedene Farben erscheinen, wo doch gewiß nichts ist, was sie hervorrufen könnte als die verschiedenen Arten, in denen sich die Lichtstrahlen dort ausbreiten, so wie der Regenbogen in den Wolken erscheint oder, noch deutlicher, wie wir ähnliches an einem in mehreren Flächen geschnittenen Glas beobachten können. ...

Christian Huygens
(1629—1695)

Abhandlung über das Licht

Worin die Ursachen der Vorgänge bei seiner Reflexion und Brechung und insbesondere bei der seltsamen Brechung des Kalkspats erklärt werden[1])

... Man wird in dieser Abhandlung solche Beweise finden, die nicht eine ebenso hohe Gewißheit gewähren wie diejenigen der Geometrie und die sich sogar sehr davon unterscheiden. Während die Geometer ihre Sätze aus sicheren und unanfechtbaren Prinzipien herleiten, bewahrheiten sich hier die Prinzipien durch die Folgerungen, welche man daraus zieht. Die Natur dieser Probleme erlaubt es nicht, anders zu verfahren. Dennoch ist es möglich, einen Grad von Wahrscheinlichkeit zu erreichen, der sehr oft einem strengen Beweis nicht nachsteht. Dies ist dann der Fall, wenn die Folgerungen, die man unter Vor-

---

[1]) Ch. Huygens, Traité de la lumière, Verlag Pierre van der Aa, Leiden 1690 (geschrieben 1678); dt. Übers.: Abhandlung über das Licht, Ostwald's Klassiker der exakten Wissenschaften Nr. 20, W. Engelmann, Leipzig 1913.

aussetzung dieser Prinzipien abgeleitet hat, völlig im Einklang sind mit den Erscheinungen, die man aus der Erfahrung kennt, vor allem, wenn ihre Zahl groß ist und — was noch wichtiger ist — wenn man sich neue Phänomene ausdenkt und voraussieht, und wenn man findet, daß hierbei der Erfolg unserer Erwartung entspricht. Wenn nun alle diese Wahrscheinlichkeitsbeweise bei den Gegenständen, die zu behandeln ich mir vorgenommen habe, im Einklang sind, was meiner Meinung nach zutrifft, so stellt das eine sehr deutliche Bestätigung des Erfolges meiner Untersuchung dar, und es ist kaum möglich, daß die Dinge sich nicht annähernd so verhalten, wie ich sie darstelle. ...

Kapitel 1

Über die geradlinige Ausbreitung der Lichtstrahlen

... Man wird nicht zweifeln können, daß das Licht in der Bewegung einer gewissen Materie besteht. Denn betrachtet man seine Erzeugung, so findet man, daß es hier auf der Erde vor allem von dem Feuer und der Flamme erzeugt wird, welche zweifellos in schneller Bewegung befindliche Körper enthalten, da sie ja viele andere sehr feste Körper auflösen und schmelzen. Oder betrachtet man seine Wirkungen, so sieht man, daß das etwa durch Hohlspiegel gesammelte Licht die Kraft hat, wie Feuer zu erhitzen, das heißt, die Teile der Körper zu trennen. Dies weist sicher auf Bewegungen hin, zumindest in der wahren Philosophie, in der man die Ursache aller natürlichen Wirkungen auf mechanische Ursachen zurückführt. Das muß man meiner Ansicht nach tun oder jede Hoffnung aufgeben, in der Physik jemals etwas zu verstehen.

... Es steht außer Zweifel, daß auch das Licht von den leuchtenden Körpern zu uns durch irgendeine Bewegung gelangt, die der dazwischenliegenden Materie aufgeprägt wird, denn wir haben ja bereits gesehen, daß dies nicht durch den Transport eines Körpers von einem Ort zum anderen geschehen kann. Wenn nun das Licht für seine Ausbreitung Zeit braucht, was wir jetzt prüfen wollen, so folgt daraus, daß die der Materie mitgeteilte Bewegung eine allmähliche ist und sich deshalb ebenso wie diejenige des Schalls in Form kugelförmiger Flächen oder Wellen ausbreitet. Ich nenne sie nämlich Wellen wegen ihrer Ähnlichkeit mit den Vorgängen, die man im Wasser beim Hineinwerfen eines Steines beobachtet und die eine ebensolche allmähliche Ausbreitung in die Runde darstellen, wenn sie auch einer anderen Ursache entspringen und sich auf eine ebene Fläche beschränken.

... Wenn man nun prüft, was für ein Stoff das sein mag, in dem sich die Bewegung ausbreitet, die von den strahlenden Körpern kommt — ich nenne diesen Stoff Äther — so findet man, daß es nicht derselbe ist, der zur Ausbreitung des Schalls dient. Man findet nämlich, daß der letztere nichts anderes als die Luft ist, die wir fühlen und die wir atmen, und daß, wenn man diese wegnimmt, die andere, dem Licht dienende Materie dort noch immer zu finden ist. ...

... so hindert uns nichts anzunehmen, daß die Ätherteilchen aus einem Stoff bestehen, welcher der idealen Härte so nahe kommt und eine so hohe Elastizität aufweist, wie wir nur wollen. Es ist für uns nicht notwendig, die Ursachen für diese Härte und Elastizität zu untersuchen, was uns zu weit von unserem Gegenstand entfernen würde. Ich möchte jedoch beiläufig bemerken, daß man sich vorstellen kann, daß die Ätherteilchen trotz ihrer Kleinheit noch aus anderen Teilen zusammengesetzt sind und daß ihre Elastizität bedingt ist durch die äußerst schnelle Bewegung einer feinen Materie, welche sie von allen Seiten durchdringt und ihre Verflechtung so ordnet, daß dieser fluiden Materie ein möglichst freier und leichter Durchgang gewährt wird. Das stimmt überein mit der Erklärung, die Descartes für die Elastizität gibt, nur daß ich nicht wie er Poren in Form von hohlen und runden

Kanälen voraussetze. Man darf nicht denken, daß in dieser unserer Vorstellung etwas Absurdes oder Unmögliches liegt. Es ist im Gegenteil sehr glaubhaft, daß die Natur gerade diese unendliche Abstufung verschiedener Größen der Körper benutzt, um wunderbare Wirkungen hervorzubringen.

Wenn wir auch die wahre Ursache der Elastizität nicht kennen, so sehen wir doch, daß es viele Körper gibt, die diese Eigenschaft besitzen, und somit hat es nichts Merkwürdiges an sich, wenn wir sie auch für unsichtbare kleine Körper wie diejenigen des Äthers annehmen. Wollte man nach einer anderen Art und Weise suchen, nach der sich die Bewegung des Lichtes sukzessive überträgt, so wird man keine finden, die besser als die Elastizität im Einklang ist mit der gleichmäßigen Ausbreitung, welche notwendig erscheint, weil diese Bewegung, wenn sie sich — in dem Maße, wie sie sich auf mehr Materie verteilt — bei Entfernung von der Lichtquelle verlangsamen würde, nicht eine so hohe Geschwindigkeit auf große Entfernungen beibehalten könnte. Setzt man dagegen die Elastizität der Äthermaterie voraus, so besitzen ihre Teilchen die Eigenschaft, ihre Form gleich schnell wiederherzustellen, mögen sie nun stark oder schwach angestoßen werden, und so wird die Ausbreitung des Lichtes immer mit der gleichen Geschwindigkeit vor sich gehen. ...

Ich habe also gezeigt, auf welche Weise man verstehen kann, daß sich das Licht allmählich in Form sphärischer Wellen ausbreitet, und wie es möglich ist, daß diese Ausbreitung mit einer derart hohen Geschwindigkeit vor sich geht, wie die Experimente und die astronomischen Beobachtungen es verlangen. Hierzu ist noch zu bemerken, daß, obwohl von den Ätherteilchen angenommen wird, daß sie in ständiger Bewegung sind (wofür es sehr viele Gründe gibt), die Ausbreitung der Wellen dadurch nicht behindert werden kann, weil diese nicht im Transport der Teilchen besteht, sondern allein in einer geringen Erschütterung, und die Teilchen können nicht anders, als diese Erschütterung auf die Teilchen in ihrer Umgebung zu übertragen, trotz aller Bewegung, der sie unterworfen sind und die ihre gegenseitige Lage verändert.

Es ist aber nötig, den Ursprung dieser Wellen und die Art ihrer Ausbreitung noch eingehender zu behandeln. Zunächst folgt aus dem, was wir über die Erzeugung des Lichts gesagt haben, daß jede kleine Stelle eines leuchten-

Abbildung 1

den Körpers, etwa der Sonne, einer Kerze oder einer glühenden Kohle, ihre Wellen so aussendet, daß diese Stelle das Zentrum ist. Wenn wir also in einer Kerzenflamme (siehe Abb. 1) die Punkte *A*, *B*, *C* markieren, so stellen die um jeden dieser Punkte beschriebenen konzentrischen Kreise die von dort ausgehenden Wellen dar. Ebenso muß man sich solche Kreise um jeden Punkt der Oberfläche und eines Teils des Innern der Flamme beschrieben denken.

Da aber die Stöße im Wellenzentrum nicht in regelmäßigen Abständen aufeinanderfolgen, so braucht man sich nicht vorzustellen, daß die Wellen selber in gleichen Abständen aufeinanderfolgen. Wenn diese Abstände in Abbildung 1 so erscheinen, so soll damit das Fortschreiten ein und derselben Welle in gleichen Zeiten verdeutlicht werden, und es sollen nicht mehrere von einem Zentrum ausgehende Wellen dargestellt werden.

Es braucht übrigens eine solche ungeheure Menge von Wellen, die sich gegenseitig ohne Störung und ohne einander auszulöschen überlagern, nicht unbegreiflich zu erscheinen, da gewiß ein und dasselbe Materieteilchen mehreren Wellen zur Fortpflanzung dienen kann, die von verschiedenen oder sogar von entgegengesetzten Seiten kommen, nicht nur, wenn es von dicht aufeinanderfolgenden Stößen getroffen wird, sondern auch, wenn es von Stößen getroffen wird, die gleichzeitig darauf einwirken. Der Grund dafür ist die sukzessive sich ausbreitende Bewegung. ...

Zunächst mag es befremdend und gar unglaubhaft erscheinen, daß die durch die Bewegung so winziger Körper hervorgerufenen Wellen sich bis zu derart ungeheueren Entfernungen ausbreiten können, wie zum Beispiel von der Sonne oder von den Fixsternen bis zu uns. Muß sich doch die Kraft dieser Wellen in dem Maße abschwächen, in dem sie sich von ihrem Ursprung entfernen, so daß die Wirkung einer jeden für sich allein zweifellos nicht ausreichte, um von unserem Gesichtssinn wahrgenommen zu werden. Man wird jedoch aufhören zu staunen, wenn man bedenkt, daß in großem Abstand von einem leuchtenden Körper Wellen in unendlicher Zahl sich vereinigen, obwohl sie von verschiedenen Punkten des Körpers ausgesandt werden, so daß sie für unsere Empfindung nur eine einzige Welle bilden, die dann genügend Kraft haben muß, um wahrgenommen zu werden. Somit bilden die unendlich vielen Wellen, die von allen Punkten eines Fixsterns ausgehen, der etwa so groß sein mag wie unsere Sonne, für unsere Empfindung nur eine einzige Welle, die dann wohl kräftig genug sein kann, um auf unsere Augen Eindruck zu machen. Außerdem können von jedem Punkt viele tausend Wellen in der denkbar kürzesten Zeit ausgehen infolge der häufigen Stöße der Teilchen des Körpers, die in diesen Punkten den Äther treffen. Das trägt dazu bei, ihre Wirkung noch stärker spürbar zu machen.

Hinsichtlich der Erzeugung dieser Wellen ist noch zu beachten, daß jedes Teilchen der Materie, worin sich eine Welle ausbreitet, seine Bewegung nicht nur dem nächsten Teilchen in Richtung der von dem leuchtenden Punkte aus gezogenen geraden Linie übertragen muß, sondern davon auch allen anderen Teilchen abgibt, die es berühren und sich seiner Bewegung in den Weg stellen. Auf diese Weise muß sich um jedes Teilchen eine Welle bilden, deren Zentrum eben dieses Teilchen ist. Wenn also *DCF* (siehe Abb. 2) eine Welle ist, die von

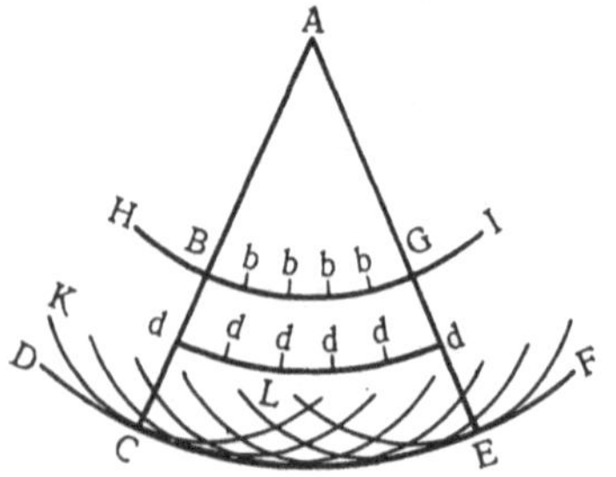

Abbildung 2

dem leuchtenden Punkte *A*, ihrem Zentrum, ausgestrahlt wurde, so wird das Teilchen *B*, welches zu den von der Kugel *DCF* eingeschlossenen Teilchen gehört, seine Elementarwelle *KCL*, welche die Welle *DCF* in *C* berührt, in dem Augenblick gebildet haben, in dem die von *A* ausgesandte Hauptwelle in *DCF* angelangt ist, und es ist klar, daß die Welle *KCL* die Welle *DCF* eben nur in *C* berührt, das heißt, in dem auf der durch *A* und *B* gezogenen Geraden liegenden Punkt. Auf solche Weise bilden auch die anderen Teilchen innerhalb der Kugel *DCF*, wie *bb*, *dd* usw. jedes seine eigene Welle. Es kann aber jede dieser Wellen nur unendlich schwach sein im Vergleich zu der Welle *DCF*, zu deren Bildung auch all die anderen mit dem Teil ihrer Oberfläche beitragen, der vom Zentrum *A* am weitesten entfernt liegt.

Man sieht ferner, daß die Welle *DCF* durch die äußerste Grenze der Bewegung bestimmt wird, die von dem Punkte *A* innerhalb einer gewissen Zeitspanne ausgegangen ist, denn jenseits dieser Welle findet keine Bewegung statt, wohl aber in dem von ihr umschlossenen Raume, nämlich in denjenigen Teilen der Elementarwellen, welche die Kugel *DCF* nicht berühren. Man muß nicht denken, daß all das allzu ausgesucht und spitzfindig sei, denn man wird im folgenden sehen, daß alle Eigenschaften des Lichtes und alles, was auf seine Reflexion und Brechung Bezug hat, grundsätzlich mit dieser Auffassung zu erklären ist. ...

Kapitel 2

Über die Reflexion

Nachdem wir nun die Erscheinung der Lichtwellen bei deren Ausbreitung in einem homogenen Medium erklärt haben, untersuchen wir im folgenden, was mit dem Licht geschieht, wenn es mit anderen Körpern zusammentrifft.

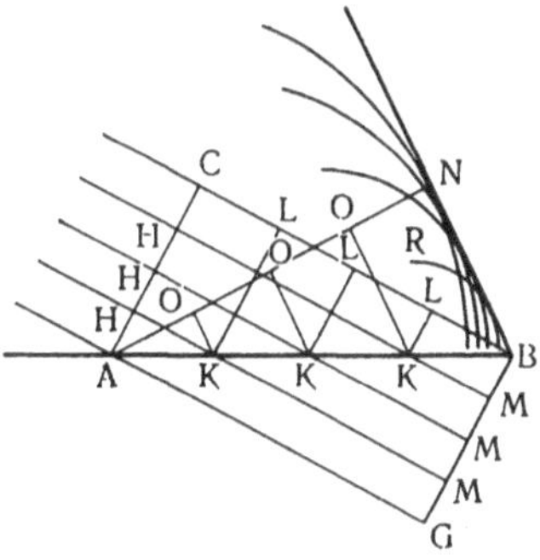

Abbildung 3

Zuerst zeigen wir, wie sich durch diese Wellen die Reflexion des Lichtes erklärt und warum hierbei die Gleichheit der Winkel gilt. Es sei *AB* (siehe Abb. 3) eine ebene und polierte Fläche von irgendeinem Metall, von Glas oder einem anderen Stoff, die ich mir zunächst als vollkommen glatt vorstelle (wobei ich mir vorbehalte, über unvermeidliche Unebenheiten am Schluß der Beweisführung zu sprechen). Eine gegen *AB* geneigte Linie *AC* soll einen Teil einer Lichtwelle darstellen, deren Zentrum so weit entfernt liege, daß *AC* als eine gerade Linie angesehen werden darf. Ich betrachte nämlich alles in einer Ebene und stelle mir vor, daß die Ebene, in der die Abbildung 3 liegt, durch den Mittelpunkt der Wellenkugel geht und die Ebene *AB* rechtwinklig schneidet. Es mag genügen, das hier ein für allemal anzumerken.

Die Stelle *C* der Welle *AC* wird nach einer gewissen Zeitspanne längs der Geraden *CB*, die man sich vom Wellenzentrum herkommend vorzustellen hat, gerade bis zum Punkte *B* auf der Ebene *AB* vorgerückt sein. Während derselben Zeit muß sich, da die Welle überhaupt oder zumindest teilweise daran gehindert wird, ihre Bewegung über die Ebene *AB* hinweg fortzusetzen, die Bewegung im Punkte *A* dieser Welle in das Medium oberhalb jener Ebene fortpflanzen, und zwar über eine Strecke, die ebensogroß ist wie *CB*. Dies geschieht dadurch, daß der Punkt *A* gemäß dem oben Gesagten seine kugelförmige Elementarwelle bildet. Diese Welle wird in der Abbildung durch den Kreisbogen dargestellt, dessen Mittelpunkt *A* ist und dessen Radius *AN* gleich groß ist wie *CB*.

Wenn wir nun die anderen Stellen *H* der Welle *AC* betrachten, so ist klar, daß sie längs der zu *CB* parallelen Geraden die Fläche *AB* erreichen, und des weiteren, daß sich von den Punkten *K* aus kugelförmige Elementarwellen in das durchsichtige Medium hinein ausbreiten, die hier durch Kreisbögen dargestellt sind, deren Radien gleich *KM* sind, das heißt, gleich den Fortsetzungen der Linien *HK* genau bis zu der Geraden *BG*, die parallel zu *AC* ist.

Alle diese Kreisbögen aber haben, wie leicht zu sehen ist, als gemeinsame Tangente die Gerade *BN*, die von *B* aus an den ersten dieser Kreise gelegt wird, dessen Mittelpunkt *A* und dessen Radius gleich *BC* ist.

Die Strecke *BN* (begrenzt durch *B* und den Fußpunkt *N* des von *A* auf diese Gerade gefällten Lotes) wird also gleichsam durch alle diese Kreisbögen gebildet, und sie begrenzt die Bewegung, die durch Reflexion der Welle *AC* entsteht; deshalb wird dort die Bewegung in weit größerem Maße vorzufinden sein als irgendwo sonst. Daher kennzeichnet gemäß den vorausgegangenen Erläuterungen *BN* die vorangeschrittene Lage der Welle *AC* in dem Moment, in dem die Stelle *C* in *B* angelangt ist. Denn es gibt keine andere Linie, die gemeinsame Tangente aller genannten Kreise ist, abgesehen von der unterhalb der Ebene *AB* liegenden Geraden *BG*, welche die vorangeschrittene Lage der Welle wäre, wenn diese sich in einem homogenen Medium hätte ausbreiten können, das mit dem oberhalb der Grenzfläche befindlichen übereinstimmt. Will man sich klar machen, wie die Welle *AC* allmählich nach *BN* vorgerückt ist, so hat man nur in derselben Abbildung die Geraden *KO* parallel zu *BN* und die Geraden *KL* parallel zu *AC* zu ziehen. So wird man erkennen, daß die Welle *AC* aus einer Geraden nacheinander in alle gebrochenen Linien *OKL* übergegangen ist und in *NB* wieder zu einer Geraden wurde.

Hieraus folgt nun, daß der Reflexionswinkel gleich dem Einfallswinkel ist. Es sind nämlich die Dreiecke *ACB* und *BNA* rechtwinklig; sie haben die Seite *AB* gemeinsam, während die Seiten *CB* und *NA* gleich lang sind, woraus folgt, daß die diesen Seiten gegenüberliegenden Winkel gleich groß sind und somit auch die Winkel *CBA* und *NAB*. Wie aber *CB*, die Senkrechte zu *CA*, die Richtung des einfallenden Strahls angibt, so gibt *AN*, die Senkrechte zu *BN*, die Richtung des reflektierten Strahls an. Folglich haben beide Strahlen die gleiche Neigung zur Fläche *AB*.

Kapitel 5

Über die seltsame Brechung des Kalkspats

Von Island, einer Insel im Nordmeer auf dem 66. Breitengrad, bringt man eine besondere Art von Kristall, oder einen durchsichtigen Stein, der sehr merkwürdig ist wegen seiner Gestalt und anderer Eigenschaften, vor allem aber wegen seiner seltsamen Lichtbrechung. Die Ursachen dieser Eigenschaft schienen mir um so mehr einer sorgfältigen Untersuchung wert zu sein, als unter allen durchsichtigen Körpern dieser allein bezüglich der Lichtstrahlen die üblichen Gesetze nicht befolgt. Es bestand sogar eine gewisse Notwendigkeit, diese Untersuchung vorzunehmen, weil die Brechungen in diesem Kristall unsere vorige Erklärung der regulären Brechung umzustürzen schienen. Man wird jedoch im Gegenteil sehen, daß sie diese in hohem Grade bestätigen, nachdem sie auf dasselbe Grundgesetz zurückgeführt worden sind. Auf Island findet man große Stücke dieses Kristalls, worunter ich solche von vier bis fünf Pfund gesehen habe. Er kommt aber auch in anderen Ländern vor, denn ich habe eine Probe dieser Art erhalten, welche in Frankreich in der Nähe der Stadt Troyes in der Champagne gefunden worden ist, sowie eine andere, die von der Insel Korsika stammt. Jedoch waren die eine wie die andere weniger klar, und sie bestanden nur aus kleinen Stücken, die kaum geeignet waren, einen Brechungseffekt erkennen zu lassen.

Die erste darüber veröffentlichte Kenntnis ist Erasmus Bartholinus zu verdanken, der eine Beschreibung des Kalkspats und seiner wesentlichen Eigenschaften gegeben hat. Ich werde es jedoch nicht unterlassen, hier meine eigene Beschreibung zu geben, teils für diejenigen, die das erwähnte Buch nicht kennen, teils aber auch, weil bei einigen Phänomenen eine kleine Unstimmigkeit zwischen seinen Beobachtungen und den von mir gemachten besteht. Ich habe mich bemüht, die Eigenschaften der Brechung sehr gründlich zu studieren, um völlig sicher zu sein, bevor ich es unternehme, ihre Ursachen zu erklären.

In allen anderen uns bekannten durchsichtigen Körpern gibt es nur eine einzige und einfache Lichtbrechung; aber in diesem Kristall gibt es zwei verschiedene. Daher kommt es, daß die Objekte, die man durch ihn hindurch sieht, doppelt erscheinen und daß ein Sonnenstrahl, der auf eine seiner Grenzflächen auftrifft, in zwei zerfällt und so durch den Kristall läuft.

Es gibt ferner für alle anderen durchsichtigen Körper ein Gesetz, wonach ein senkrecht auf ihre Oberfläche auffallender Lichtstrahl gerade hindurchgeht, während ein schräg auffallender immer gebrochen wird. In diesem Kristall hingegen wird der senkrechte Strahl gebrochen, während es schiefe Strahlen gibt, die gerade hindurchgehen.

Um die Erscheinungen im einzelnen zu erklären, betrachten wir ein Stück *ABFE* von diesem Kristall (siehe Abb. 4). Der stumpfe Winkel *ACB*, das ist einer der drei Winkel, welche die gleichwinklige Ecke *C* bilden, werde

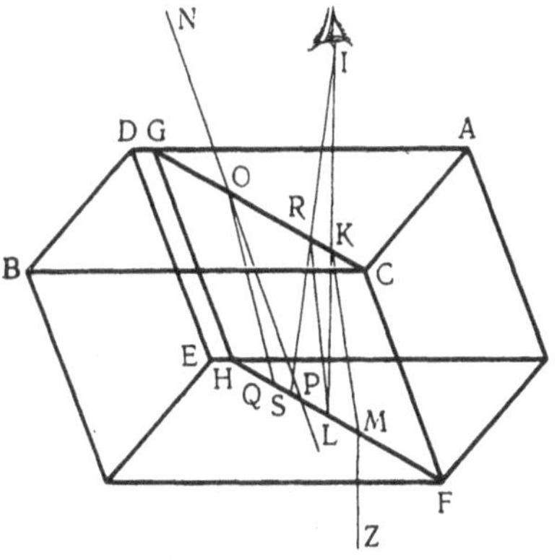

Abbildung 4

durch die Gerade *CG* in zwei gleiche Teile geteilt. Ferner denke man sich den Kristall durch eine Ebene geschnitten, die durch diese Linie und durch die Seite *CF* hindurchgeht. Diese Ebene wird auf der Fläche *AB* notwendig senkrecht stehen, und ihre Schnittfigur mit dem Kristall ein Parallelogramm *GCFH* sein. Wir nennen diesen Schnitt den Hauptschnitt des Kristalls.

Deckt man nun die Fläche AB ab bis auf eine kleine Öffnung im Punkte K auf der Geraden CG und setzt sie der Sonne aus derart, daß ihre Strahlen senkrecht von oben auffallen, so wird der Strahl IK im Punkte K in zwei aufspalten, von denen sich der eine längs der Geraden KL fortsetzt, während der andere sich längs der Geraden KM ausbreitet, die in der Ebene $CGHF$ liegt und mit KL einen Winkel von etwa 6° 40′ bildet in Richtung auf die Ecke C zu. Nach dem Austritt aus dem Kristall setzt er sich längs MZ parallel zu IK fort. Wie man nun vermöge der außerordentlichen Brechung den Punkt M mittels des gebrochenen Strahls MKI sieht, wenn ich annehme, daß letzterer im Punkte I auf das Auge trifft, so würde der Punkt L infolge der gleichen Brechung mittels des Strahls LRI gesehen werden, wobei LR nahezu parallel zu MK ist, falls der Abstand KI zum Auge als sehr groß angenommen wird. Der Punkt L erscheint demnach so, als ob er auf der Geraden IRS läge. Derselbe Punkt aber erscheint wegen der ordentlichen Brechung auch in Richtung der Geraden IK. Man wird ihn also notwendigerweise doppelt sehen. Wenn L ein kleines Loch in einem Blatt Papier oder einem anderen Material ist, so werden in gleicher Weise, wenn man den Kristall gegen das Licht hält, zwei Löcher erscheinen, die um so weiter voneinander entfernt liegen, je dicker der Kristall ist. ...

Da es zwei verschiedene Brechungen gibt, so folgerte ich, daß es auch zwei verschiedene Arten der Ausbreitung von Lichtwellen gibt und daß eine davon in der im Kristallkörper befindlichen Äthermaterie vor sich gehen müßte. Da nämlich die Äthermaterie in viel größerer Menge vorhanden ist als diejenige der Teilchen, so könnte sie allein die Durchsichtigkeit bewirken entsprechend der zuvor gegebenen Deutung dieser Erscheinung. Ich ordnete dieser Art der Wellenausbreitung die in dem Steine beobachtete ordentliche Brechung zu. Wenn man den Wellen die gewöhnlicheKugelform zuschreibt und ihre Ausbreitung innerhalb des Kristalls als langsamer annimmt als außerhalb, so folgt daraus, wie ich gezeigt habe, die Brechung.

Im Hinblick auf die andere Art der Ausstrahlung wollte ich untersuchen, wie sich elliptische oder, besser gesagt, sphäroidische Wellen verhalten würden. Dabei nahm ich an, daß sie sich ebenso in der Äthermaterie wie auch in den Teilchen des Kristalls ausbreiten entsprechend der zuletzt erwogenen Deutung der Durchsichtigkeit. Es schien mir, daß die Verteilung oder die regelmäßige Anordnung der Teilchen dazu beitragen könnte, sphäroidische Wellen zu bilden (denn dazu wäre nur erforderlich, daß sich das Licht in der einen Richtung ein wenig schneller ausbreitet als in der anderen), und ich zweifelte nicht daran, daß in diesem Kristall eine solche Anordnung gleicher und ähnlicher Teilchen vorhanden ist, da ja seine Gestalt und seine Winkel ein bestimmtes und unveränderliches Maß aufweisen. Bezüglich dieser Teilchen werde ich am Schluß der Abhandlung meine Ansichten sowie einige Experimente zu deren Bestätigung darlegen.

Die von mir angenommene doppelte Art der Fortpflanzung von Lichtwellen gewann für mich noch größere Wahrscheinlichkeit infolge einer Erscheinung, die ich bei einem gewöhnlichen Kristall beobachtete, der hexagonale Gestalt besitzt, und demnach ebenfalls aus Teilchen bestimmter Gestalt, die zudem regelmäßig angeordnet sind, zu bestehen scheint. Dieser Kristall zeigt eine Doppelbrechung gerade wie der Kalkspat, wenn auch weniger auffallend. Nachdem ich nämlich daraus gut polierte Prismen mit unterschiedlich orientierten Schnittflächen hatte schneiden lassen, bemerkte ich bei allen, daß alles doppelt erschien, wenn ich durch sie hindurch eine Kerzenflamme oder die Bleifassung der Fensterscheiben betrachtete, — wenn auch die Bilder nur wenig voneinander entfernt waren. Danach war mir klar, weshalb dieser so gut durchsichtige Körper für längere Fernrohre unbrauchbar ist.

Diese Doppelbrechung schien nach meiner oben aufgestellten Theorie die Ausbreitung zweier Lichtwellen zu fordern, und zwar zweier kugelförmiger (denn beide

Brechungen sind ordentlich), wobei nur die eine ein bißchen langsamer ist als die andere. Auf diese Weise läßt sich die Erscheinung sehr natürlich erklären, wenn man voraussetzt, daß die als Träger der Wellen dienenden Materialien von gleicher Art sind wie früher beim Kalkspat. Danach hatte ich weniger Bedenken, zwei Arten der Wellenausbreitung in ein und demselben Körper zuzulassen. Man könnte möglicherweise einwenden, daß dann, wenn man sich beide Kristalle aus gleichartigen Teilchen von bestimmter Gestalt und regelmäßiger Anordnung aufgebaut denkt, die den Äther enthaltenden Zwischenräume kaum genügen würden, das Licht hindurchzulassen. Diesen Einwand habe ich entkräftet durch die Annahme, daß die Teilchen ein sehr lockeres Gewebe bilden oder auch aus viel kleineren Teilchen zusammengesetzt sind, zwischen denen die Äthermaterie ganz frei hindurchgeht. Es folgt dies übrigens notwendigerweise aus der früheren Darlegung, wonach sich die Körper nur aus einer sehr geringen Materiemenge zusammensetzen.

Ich setzte also solche sphäroidischen Wellen neben den Kugelwellen voraus und begann zu prüfen, ob sie dazu dienen könnten, die Erscheinungen der außerordentlichen Brechung zu erklären, und ob ich aus diesen Erscheinungen selbst die Form und die Lage der Sphäroide würde bestimmen können. Hierbei erzielte ich schließlich den gewünschten Erfolg. ...

Bevor ich die Abhandlung über diesen Kristall abschließe, will ich noch eine andere wunderbare Erscheinung erwähnen, die ich entdeckt habe, nachdem ich alles Obige geschrieben hatte. Obwohl ich bisher die Ursache dafür noch nicht habe finden können, so will ich doch nicht unterlassen, darauf hinzuweisen, um anderen Gelegenheit zu geben, danach zu suchen. Mir scheint, daß man dazu noch andere Voraussetzungen wird machen müssen, als die von mir benutzten. Letztere werden dennoch ihre ganze Wahrscheinlichkeit behalten, da sie ja durch so viele Beweise bestätigt sind.

Die Erscheinung ist folgende: Man nehme zwei Stücke dieses Kristalls und lege sie aufeinander oder halte sie übereinander mit einem Zwischenraum, wobei alle Seiten des einen Exemplars parallel zu den entsprechenden Seiten des anderen sind. Wird dann ein Lichtstrahl *AB* (siehe Abb. 5) im ersten Stück entsprechend der doppelten

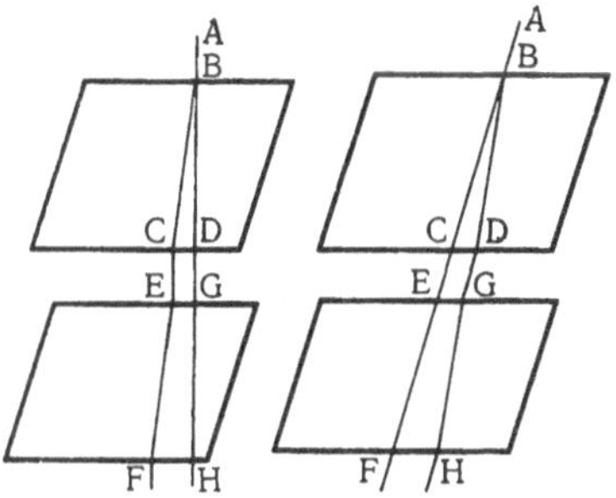

Abbildung 5

Brechung, der ordentlichen und der außerordentlichen, in zwei zerlegt, nämlich in *BD* und *BC*, so wird beim Eintritt in das andere Stück jeder Strahl weitergehen, ohne sich nochmals zu spalten. Stattdessen wird der von der ordentlichen Brechung herrührende Strahl noch eine ordentliche Brechung nach *GH* erleiden und der andere Strahl *CE* eine außerordentliche nach *EF*. Das gleiche geschieht nicht nur bei dieser Anordnung, sondern in allen Fällen, in denen der Hauptschnitt des einen und der des anderen Stückes in der gleichen Ebene liegen, ohne daß die beiden einander zugekehrten Flächen parallel sein müssen. Es ist nun erstaunlich, warum die Strahlen *CE* und *DG*, die, aus der Luft kommend, den unteren Kristall treffen, sich nicht ebenso aufspalten wie der erste Strahl *AB*. Man könnte sagen, daß der Strahl *DG* beim Durchgang durch das obere Stück die Fähigkeit verloren habe, die Materie, welche für die außerordentliche Brechung nötig ist, anzuregen, und daß *CE* in analoger Weise die Fähigkeit verloren hat, die Materie anzuregen, welche die ordentliche Brechung bedingt. Es gibt jedoch noch einen anderen Umstand, der diese Schlußfolgerung entkräftet. Wenn man nämlich beide Kristalle so anordnet, daß die Ebenen der Hauptschnitte sich rechtwinklig schneiden, wobei es nicht darauf ankommt, ob die einander zugekehrten Flächen parallel sind oder nicht, so erfährt dann der von der ordentlichen Brechung herrührende Strahl *DG* im unteren Stück nur noch eine außerordentliche Brechung, und andererseits erfährt der von der außerordentlichen Brechung herrührende Strahl *CE* nur noch eine ordentliche Brechung.

Bei all den unendlich vielen anderen Anordnungen, außer den soeben charakterisierten, teilen sich die Strahlen *DG* und *CE* infolge der Brechung durch den unteren Kristall von neuem in je zwei, so daß aus einem Strahl vier entstehen, die von gleicher oder auch von sehr unterschiedlicher Helligkeit sein können je nach der verschiedenen gegenseitigen Orientierung der Kristalle, jedoch so, daß offenbar die vier Strahlen zusammen nicht mehr Licht enthalten als der eine Strahl *AB*.

Bedenkt man nun, daß die Strahlen *CE* und *DG*, die immer dieselben bleiben, je nach der Stellung, die man dem unteren Stück gibt, in je zwei zerlegt werden oder auch nicht, während sich der Strahl *AB* immer teilt, so ist man anscheinend zu dem Schluß gezwungen, daß die Lichtwellen infolge des Durchgangs durch den ersten Kristall eine gewisse Gestalt oder Ordnung annehmen, wodurch sie, wenn sie in gewisser Position auf das Gewebe des zweiten Kristalls treffen, die zwei verschiedenen Stoffe, welche die beiden Arten der Brechung bewirken, in Bewegung versetzen können, während sie, wenn sie in einer anderen Stellung auf den zweiten Kristall treffen, nur den einen dieser Stoffe anregen können. Wie das aber geschieht, dafür habe ich bisher keine befriedigende Deutung gefunden.

Isaac Newton
(1643–1727)

Optik oder eine Abhandlung über die Reflexion, Brechung, Beugung und die Farben des Lichtes[1])

Erstes Buch der Optik

Teil I

In diesem Buche ist es nicht meine Absicht, die Eigenschaften des Lichtes durch Hypothesen zu erklären, vielmehr will ich sie aufzeigen und durch Überlegungen und Experimente nachweisen. Zu diesem Zwecke schicke ich die folgenden Definitionen und Axiome voraus.

---

[1]) I. Newton, Opticks or a treatise of the reflections, refractions, inflections and colours of light, 4-th Ed., London 1730; Nachdruck: Dover Publ., New York 1952; dt. Übers.: Sir Isaac Newton's Optik oder Abhandlung über Spiegelungen, Brechungen, Beugungen und Farben des Lichts, Ostwald's Klassiker der exakten Wissenschaften Nr. 96 u. 97, W. Engelmann, Leipzig 1898.

Definitionen

I. Unter den Strahlen des Lichtes verstehe ich dessen kleinste Teile, und zwar können diese sowohl längs derselben Geraden aufeinanderfolgen als auch in verschiedenen Geraden gleichzeitig vorhanden sein. ...

II. Brechbarkeit der Lichtstrahlen ist ihre Fähigkeit, gebrochen, das heißt beim Übergang von einem durchsichtigen Körper oder Medium in ein anderes von ihrem Weg abgelenkt zu werden. Und größere oder kleinere Brechbarkeit ist ihre Fähigkeit, bei gleichem Einfall in dasselbe Medium mehr oder weniger von ihrem Weg abgelenkt zu werden. ...

III. Reflektierbarkeit von Strahlen ist ihre Fähigkeit, reflektiert, das heißt von irgendeinem anderen Medium, auf dessen Oberfläche sie fallen, in das ursprüngliche Medium zurückgeworfen zu werden. Und Strahlen sind mehr oder weniger reflektierbar[1]*, wenn sie mehr oder weniger leicht zurückgeworfen werden. ...*

IV. Der Einfallswinkel ist der Winkel, den die vom einfallenden Strahl beschriebene Gerade mit der Senkrechten zur reflektierenden oder brechenden Oberfläche im Einfallspunkt einschließt.

V. Der Reflexions- oder Brechungswinkel ist der Winkel, den die vom reflektierten oder gebrochenen Strahl beschriebene Gerade mit der Senkrechten zur reflektierenden oder brechenden Oberfläche im Einfallspunkt einschließt.

VI. Die Sinusse des Einfalls, der Brechung und der Reflexion sind die Sinusse des Einfalls-, Reflexions- und Brechungswinkels.

VII. Licht, dessen Strahlen alle in gleicher Weise brechbar sind, nenne ich einfach, homogen und gleichartig; und solches Licht, bei dem manche Strahlen stärker brechbar sind als andere, nenne ich zusammengesetzt, heterogen und un-

[1]) Newton hat hier nur die Totalreflexion im Auge. In seiner Terminologie ist ein Lichtstrahl um so stärker reflektierbar, je kleiner der Einfallswinkel ist, bei dem die Totalreflexion einsetzt. (Anm. d. dt. Red.)

gleichartig. Das erstere Licht nenne ich homogen nicht deswegen, weil ich behaupten möchte, es sei in jeder Hinsicht so, sondern weil die Strahlen, die in ihrer Brechbarkeit übereinstimmen, zumindest in all den anderen Eigenschaften übereinstimmen, die ich in der folgenden Abhandlung betrachte.

VIII. Die Farben von homogenen Lichtsorten nenne ich primär, homogen und einfach, und die von heterogenen Lichtsorten heterogen und zusammengesetzt. Letztere setzen sich nämlich immer aus den Farben von homogenen Lichtsorten zusammen, wie sich in der folgenden Abhandlung zeigen wird.

Axiome

I. Die Reflexions- und Brechungswinkel liegen zusammen mit dem Einfallswinkel in ein und derselben Ebene.

II. Der Reflexionswinkel ist gleich dem Einfallswinkel.

III. Wird der gebrochene Strahl direkt zum Einfallspunkt zurückgeschickt, so wird er in die Gerade hinein gebrochen, die zuvor vom einfallenden Strahl beschrieben wurde.

IV. Brechung aus dem dünneren Medium in das dichtere erfolgt zur Senkrechten hin, das heißt so, daß der Brechungswinkel kleiner ist als der Einfallswinkel.

V. Der Sinus des Einfalls steht entweder genau oder in sehr guter Näherung in einem gegebenen Verhältnis zum Sinus der Brechung. ...

VI. Homogene Strahlen, die von verschiedenen Punkten eines Objekts ausgehen und senkrecht oder fast senkrecht auf eine reflektierende oder brechende ebene oder sphärische Oberfläche fallen, divergieren danach von ebenso vielen anderen Punkten aus, oder sie sind zu ebenso vielen verschiedenen Geraden parallel, oder sie konvergieren in ebenso vielen anderen Punkten, entweder genau oder ohne merklichen Fehler. Und das gleiche geschieht, wenn die Strahlen nacheinander von zwei oder drei oder mehr ebenen oder sphärischen Oberflächen reflektiert oder gebrochen werden. Den Punkt, von dem aus die Strahlen divergieren oder in dem sie konvergieren, kann man als ihren Brennpunkt bezeichnen. Und wenn der Brennpunkt der einfallenden Strahlen gegeben ist, kann man nach dem Obigen den der reflektierten oder gebrochenen Strahlen dadurch ermitteln, daß man herausfindet, wie zwei beliebige Strahlen gebrochen werden. ...

VII. Wo auch immer sich die von allen Punkten eines Objekts kommenden Strahlen in ebenso vielen Punkten wieder treffen, nachdem sie durch Reflexion oder Brechung konvergent gemacht wurden, erzeugen sie ein Bild des Objekts auf einem beliebigen weißen Körper, auf den sie fallen. ...

... Wenn ein Mensch ein Objekt betrachtet, wird das Licht, das von den verschiedenen Punkten des Objekts ausgeht, von den durchsichtigen Häuten und Flüssigkeiten des Auges (das heißt der äußeren, Cornea genannten Haut und der kristallinen Flüssigkeit, die sich hinter der Pupille befindet) so gebrochen, daß es konvergiert und in ebenso vielen Punkten auf dem Hintergrund des Auges wieder zusammentrifft und dort ein Bild des Objekts auf der Retina genannten Haut entwirft, die den Hintergrund des Auges bedeckt. Anatomen können nämlich, nachdem sie von der Rückseite des Auges die äußere und zugleich dickste, Dura Mater genannte Haut entfernt haben, durch die dünneren Häute hindurch die lebendig darauf gezeichneten Bilder von Objekten sehen. Diese Bilder, die sich durch Bewegung längs der Fibern der optischen Nerven ins Gehirn fortpflanzen, sind die Ursache des Sehens, denn in dem Maße, wie die Bilder vollkommen oder unvollkommen sind, sieht man das Objekt vollkommen oder unvollkommen. Wenn das Auge irgendwie verfärbt ist (wie bei der Gelbsucht), so daß die Bilder auf dem Augenhintergrund in gleicher Weise gefärbt sind, erscheinen alle Objekte genauso verfärbt. ...

VIII. Ein Objekt, das vermöge Reflexion oder Brechung gesehen wird, erscheint an dem Ort, von dem aus die in das Auge des Beobachters fallenden Strahlen nach ihrer letzten Reflexion oder Brechung divergieren. ...

Wenn das Objekt durch zwei oder mehr solcher konvexer oder konkaver Gläser betrachtet wird, liefert jedes Glas ein neues Bild, und das Objekt erscheint am Ort und in der Größe des letzten Bildes. Diese Betrachtung macht das Wesen der Theorie des Mikroskops und des Fernrohrs aus, denn diese Theorie besteht in fast nichts anderem als in der Beschreibung solcher Linsen, die das letzte Bild eines Objekts so deutlich, groß und hell machen, wie es nur geht.

Ich habe nun in Axiomen und ihren Erläuterungen die Summe dessen wiedergegeben, was bis jetzt in der Optik behandelt wurde. Ich begnüge mich damit, das allgemein Anerkannte unter dem Begriff Prinzipien zu übernehmen — im Unterschied zu dem, was ich im weiteren darlegen werde. Und dies mag als Einleitung für Leser mit scharfem Verstand und guter Auffassungsgabe genügen, die in der Optik noch nicht bewandert sind. Solche Leser jedoch, die mit dieser Wissenschaft schon vertraut und mit Linsen umgegangen sind, werden das Folgende leichter verstehen.

Lehrsätze

Satz I. Theorem I

Lichtsorten, die sich in der Farbe unterscheiden, unterscheiden sich auch im Grad der Brechbarkeit.

Beweis durch Versuche

1. Versuch. Ich nahm ein Stück schwarzes, längliches, steifes Papier mit parallelen Rändern und teilte es mittels einer quer von einem Rand zum anderen gezogenen senkrechten Geraden in zwei gleiche Teile. Den einen Teil bemalte ich mit roter Farbe, den anderen mit blauer. Das Papier war sehr schwarz, und die Farben waren intensiv und dick aufgetragen, damit die Erscheinung recht deutlich sichtbar würde. Dieses Papier betrachtete ich durch ein massives Glasprisma, dessen beide Seitenflächen, durch die das Licht auf dem Wege zum Auge hindurchtrat, eben und gut poliert waren und einen Winkel von ungefähr sechzig Grad miteinander einschlossen; diesen Winkel nenne ich den brechenden Winkel des Prismas. Bei der Beobachtung hielt ich das Papier zusammen mit dem Prisma vor ein Fenster, und zwar so, daß die Längsseiten des Papiers parallel zum Prisma waren. Weiterhin waren diese beiden Seiten und das Prisma, ebenso wie die Querlinie, parallel zum Horizont. Das Licht, das vom Fenster auf das Papier fiel, bildete mit dem Papier einen Winkel, der von gleicher Größe war wie der, den das vom Papier zum Auge reflektierte Licht mit dem Papier einschloß. Hinter dem Prisma war die Zimmerwand unterhalb des Fensters mit schwarzem Tuch bedeckt, und das Tuch war in Dunkelheit gehüllt, so daß von dort kein Licht reflektiert werden konnte, welches, an den Rändern des Papiers vorbei ins Auge gelangend, sich mit dem Licht vom Papier vermischen und so die Erscheinung hätte verschleiern können. Nachdem diese Gegenstände so angeordnet waren, fand ich für den Fall, daß der brechende Winkel des Prismas nach oben gekehrte war, so daß das Papier durch die Brechung scheinbar emporgehoben wurde, daß seine blaue Hälfte durch die Brechung höher gehoben wurde als seine rote. Wenn aber der brechende Winkel des Prismas nach unten gedreht wird, so daß sich das Papier durch die Brechung scheinbar nach unten verschiebt, geht dabei seine blaue Hälfte etwas weiter nach unten als seine rote. Mithin erleidet in beiden Fällen das Licht, das von der blauen Hälfte des Papiers durch das Prisma ins Auge gelangt, unter sonst gleichen Bedingungen eine größere Brechung als das von der roten Hälfte herkommende und ist folglich stärker brechbar. ...

2. Versuch. Um das vorher erwähnte Papier, dessen beide Hälften rot und blau bemalt waren und das steif wie dünne Pappe war, wickelte ich mehrmals einen dünnen Faden aus tiefschwarzer Seide, so daß die verschiedenen

Stücke des Fadens aussahen wie ebenso viele auf die Farben gezeichnete schwarze Linien oder wie darauf geworfene lange und dünne Schatten. Ich hätte auch schwarze Linien mit einer Feder ziehen können, doch die Fäden waren dünner und schärfer begrenzt. Dieses derart bemalte und linierte Papier befestigte ich senkrecht zum Horizont so an der Wand, daß sich eine der Farben rechts und die andere links befand. Dicht vor das Papier stellte ich eine bis zur unteren Grenze der Farben reichende Kerze, um das Papier kräftig zu beleuchten, denn das Experiment wurde bei Nacht durchgeführt. Die Kerzenflamme reichte bis zum unteren Rand des Papiers oder ein klein wenig höher. Dann stellte ich in einer Entfernung von sechs Fuß und ein oder zwei Zoll vom Papier auf dem Fußboden eine vier und ein viertel Zoll breite Glaslinse auf, welche die von den verschiedenen Punkten des Papiers kommenden Strahlen sammelte und sie in ebenso vielen Punkten in der gleichen Entfernung von sechs Fuß und ein oder zwei Zoll auf der anderen Seite der Linse zur Konvergenz brachte und so das Bild des farbigen Papiers auf einem dort angebrachten weißen Papier erzeugte, in der gleichen Weise, wie in einem dunklen Zimmer eine in ein Loch im Fensterladen gesetzte Linse die Bilder von äußeren Gegenständen auf ein weißes Blatt Papier wirft. Das zuvor erwähnte weiße Papier, das senkrecht zum Horizont und zu den von der Linse darauf fallenden Strahlen aufgestellt war, schob ich einige Male auf die Linse zu, einige Male von ihr weg, um die Orte zu finden, wo der blaue und der rote Teil des gefärbten Papiers am deutlichsten zu sehen waren. Diese Orte stellte ich leicht an Hand der schwarzen Linien fest, die ich durch das Umwickeln des Papiers mit Seide hergestellt hatte. Die Bilder dieser feinen und dünnen Linien (die wegen ihrer Schwärze wie Schatten auf den Farben aussahen) waren nämlich verschwommen und kaum sichtbar, wenn nicht die Farben zu beiden Seiten einer jeden Linie mit größter Deutlichkeit hervortraten. Indem ich so sorgfältig, wie ich konnte, die Orte ermittelte, wo die

Bilder der roten und blauen Hälfte des gefärbten Papiers am deutlichsten erschienen, fand ich, daß dort, wo die rote Hälfte des Papiers deutlich erschien, die blaue Hälfte unscharf war, so daß die darauf gezogenen schwarzen Linien kaum zu sehen waren; und im Gegensatz dazu erschien die rote Hälfte dort, wo die blaue Hälfte am deutlichsten sichtbar war, unscharf, so daß die darauf befindlichen schwarzen Linien kaum sichtbar waren. Die beiden Orte, an denen die Bilder deutlich erschienen, waren ein und einen halben Zoll voneinander entfernt; der Abstand des weißen Papiers von der Linse war für den Fall, daß das Bild der roten Hälfte des gefärbten Papiers am deutlichsten erschien, um ein und einen halben Zoll größer als der Abstand des gleichen weißen Papiers von der Linse, wenn das Bild der blauen Hälfte am deutlichsten erschien. Bei gleichem Einfall des blauen und roten Lichtes auf die Linse wurde also das blaue von der Linse in dem Maße stärker gebrochen als das rote, daß es in einem um ein und einen halben Zoll kürzeren Abstand konvergierte, und somit ist es stärker brechbar. ...

Satz II. Theorem II

Das Sonnenlicht besteht aus unterschiedlich brechbaren Strahlen.

Beweis durch Versuche

3. Versuch. In einem sehr dunklen Zimmer stellte ich ein Glasprisma vor ein ungefähr ein drittel Zoll breites rundes Loch, das in den Fensterladen gemacht war. Dadurch wurde das Bündel Sonnenlicht, das durch das Loch trat, nach oben zu der gegenüberliegenden Zimmerwand hin gebrochen und erzeugte dort ein farbiges Bild der Sonne. Die Prismenachse (das heißt die Gerade, die durch die Prismenmitte von einem Ende des Prismas zum anderen parallel zur Kante des brechenden Winkels verläuft) stand in diesem und den folgenden Experimenten senkrecht zu den einfallenden Strahlen. Um diese Achse drehte ich das Prisma langsam, und ich sah dabei das gebrochene Licht an der Wand, das farbige Bild der Sonne also, erst sinken und dann emporsteigen. Zwischen Sinken und Steigen, als das Bild stillzustehen schien, hielt ich das Prisma an und befestigte es in dieser Stellung derart, daß es sich nicht mehr bewegen konnte. In dieser Stellung war nämlich die Brechung des Lichtes zu beiden Seiten des brechenden Winkels, das heißt beim Eintritt der Strahlen in das Prisma und bei ihrem Austritt, die gleiche. So ermittelte ich auch bei anderen Experimenten, wenn ich gleiche Brechung zu beiden Seiten des Prismas haben wollte, den Ort, wo das vom gebrochenen Licht erzeugte Bild der Sonne zwischen seinen zwei gegenläufigen Bewegungen stillstand, in der Phase des Wechsels von Vorwärts- und Rückwärtsbewegung also; und wenn das Bild auf die genannte Stelle fiel, befestigte ich das Prisma. Und in dieser Stellung, als der günstigsten, hat man sich bei den folgenden Experimenten alle Prismen angebracht zu denken, wenn nicht eine andere Stellung beschrieben wird. Nachdem ich das Prisma also in diese Stellung gebracht hatte, ließ ich das gebrochene Licht senkrecht auf ein Blatt Papier an der gegenüberliegenden Zimmerwand fallen und beobachtete die Gestalt und Ausdehnung des Bildes der Sonne, das von dem Licht auf dem Papier erzeugt wurde. Dieses Bild war länglich, aber nicht oval, sondern es wurde von zwei geradlinigen, parallelen Rändern und zwei halbkreisförmigen Enden begrenzt. An seinen Rändern war es recht deutlich, doch an seinen Enden sehr verschwommen und undeutlich abgegrenzt; das Licht wurde dort schwächer und verschwand allmählich. Die Breite dieses Bildes entsprach dem Sonnendurchmesser; einschließlich des Halbschattens betrug sie etwa zwei und ein achtel Zoll. Das Bild war nämlich achtzehn und einen halben Fuß vom Prisma entfernt, und in dieser Entfernung erschien diese Breite, nach Abzug des Durchmessers des Loches im Fensterladen, das heißt, eines Viertelzolls, vom Prisma aus gesehen unter einem Winkel von ungefähr einem halben Grad, und das ist der scheinbare Sonnendurchmesser. Die Länge des Bildes dagegen betrug etwa zehn und ein viertel Zoll, und die geradlinigen Ränder waren etwa acht Zoll lang; der brechende Winkel des Prismas, mit dem eine so große Länge erreicht wurde, machte 64 Grad aus. Bei einem kleineren Winkel war die Länge des Bildes geringer, während die Breite dieselbe blieb. Wenn das Prisma in der Weise um seine Achse gedreht wurde, daß die Strahlen aus der zweiten brechenden Oberfläche des Prismas schräger austraten, wurde das Bild alsbald einen oder zwei Zoll länger, oder noch mehr; und wenn das Prisma in umgekehrter Richtung gedreht wurde, so daß die Strahlen schräger auf die erste brechende Fläche fielen, wurde das Bild alsbald einen oder zwei Zoll kürzer. Und deshalb bemühte ich mich bei der Durchführung dieses Experiments, das Prisma nach der obenerwähnten Vorschrift möglichst genau in eine solche Stellung zu bringen, daß die Brechung der Strahlen bei ihrem Austritt aus dem Prisma und bei ihrem Eintritt in das Prisma gleich war. ... Da man beim Einstellen des Prismas in seine richtige Lage leicht einen Fehler begeht, wiederholte ich das Experiment vier- oder fünfmal und fand immer eine solche Länge des Bildes, wie sie oben angegeben wurde. Bei Verwendung eines anderen Prismas aus reinerem und besser poliertem Glas, das frei von Adern zu sein schien und dessen brechender Winkel $63\,{}^1/_2$ Grad ausmachte, betrug die Länge des Bildes im gleichen Abstand von $18\,{}^1/_2$ Fuß ebenfalls etwa 10 oder $10\,{}^1/_8$ Zoll. ${}^1/_4$ oder ${}^1/_3$ Zoll über diese Abmessung hinaus schien an beiden Enden des Spektrums das Licht von den Wolken ein wenig rot bzw. violett gefärbt, aber so schwach, daß ich vermute, daß diese Färbung entweder vollständig oder zum großen Teil von einigen Strahlen des Spektrums herrührte, die von Ungleichmäßigkeiten in der Substanz oder der Politur des Glases unregelmäßig gestreut wurden, und daher berücksichtigte ich sie beim Ausmessen nicht. Nun bewirkten weder eine verschiedene Größe des Loches im Fensterladen, noch eine verschiedene Dicke des Prismas an der Stelle, wo es von den Strahlen durchlaufen wurde, noch verschiedene Neigungen des Prismas gegen den Horizont merkliche Änderungen in der Länge des Bildes. Das gleiche gilt für verschiedene Prismensubstanzen. In einem Gefäß, das aus polierten, in Form eines Prismas zusammengekitteten Glasplatten hergestellt und mit Wasser gefüllt wurde, liefert das Experiment nämlich das gleiche Resultat hinsichtlich der Größe der Brechung. ...

6. *Versuch.* In zwei dünne Bretter bohrte ich in der Mitte jeweils ein rundes Loch mit einem Durchmesser von $^1/_3$ Zoll, und in den Fensterladen machte ich ein noch viel größeres Loch mit der Absicht, in mein verdunkeltes Zimmer ein dickes Bündel Sonnenlicht eintreten zu lassen. Hinter dem Fensterladen stellte ich ein Prisma in diesen Strahl, um ihn nach der gegenüberliegenden Wand zu brechen, und dicht hinter dem Prisma befestigte ich eines der Bretter in der Weise, daß die Mitte des gebrochenen Lichtes durch das Loch in dem Brett hindurchtreten konnte und das restliche Licht von dem Brett aufgefangen wurde. Dann stellte ich ungefähr zwölf Fuß vom ersten Brett entfernt das andere Brett so auf, daß die Mitte des gebrochenen Lichtes, das durch das Loch im ersten Brett hindurchtrat und auf die gegenüberliegende Wand fiel, durch das Loch in diesem zweiten Brett hindurchgehen konnte, während das vom Brett aufgefangene restliche Licht das farbige Spektrum der Sonne darauf zeichnete. Dicht hinter diesem Brett befestigte ich ein anderes Prisma, um das aus dem Loch austretende Licht zu brechen. Dann kehrte ich eilig zum ersten Prisma zurück, und durch langsames Hin- und Herdrehen dieses Prismas um seine Achse erreichte ich, daß sich das auf das zweite Brett fallende Bild aufwärts und abwärts bewegte, so daß alle seine Teile nacheinander durch das Loch in diesem Brett hindurchtreten und auf das dahinterstehende Prisma fallen konnten. Zur gleichen Zeit merkte ich mir die Stellen an der gegenüberliegenden Wand, auf die das Licht nach seiner Brechung im zweiten

Prisma fiel, und an Hand des Unterschiedes dieser Orte stellte ich fest, daß das Licht, das im ersten Prisma am stärksten gebrochen wurde und zum blauen Ende des Bildes gelangte, im zweiten Prisma wieder stärker gebrochen wurde als das zum roten Ende des Bildes laufende Licht, was sowohl den ersten als auch den zweiten Satz beweist. Dies geschah, wenn die Achsen der zwei Prismen parallel zueinander waren, aber auch dann, wenn sie gegeneinander oder gegen den Horizont unter einem beliebigen Winkel geneigt waren.

Erläuterung. Es sei *F* (siehe Abb. 1) das große Loch im Fensterladen, durch das die Sonne auf das erste Prisma *ABC* scheint, und es falle das gebrochene Licht auf die Mitte des Brettes *DE* und der Mittenstrahl dieses Lichtes auf das Loch *G*, das in die Mitte dieses Brettes

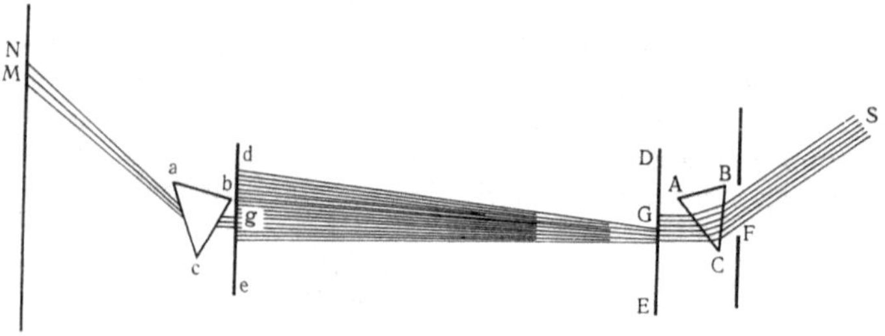

Abbildung 1

gebohrt wurde. Der durchgelassene Teil dieses Lichtes falle wieder auf die Mitte des zweiten Brettes *de* und entwerfe dort so ein längliches, farbiges Bild der Sonne, wie es im dritten Versuch beschrieben wurde. Langsames Hin- und Herdrehen des Prismas um seine Achse führt dazu, daß sich dieses Bild auf dem Brett *de* auf und ab bewegt, und auf diese Weise erreicht man, daß alle seine Teile von einem Ende bis zum anderen nacheinander durch das Loch *g* hindurchtreten, das sich in der Mitte dieses Brettes befindet. Weiterhin ist ein anderes Prisma *abc* dicht hinter dem Loch *g* anzubringen, um das durchgelassene

Licht ein zweites Mal zu brechen. Nachdem dies alles so angeordnet war, merkte ich mir die Stellen *M* und *N* auf der gegenüberliegenden Wand, auf die das gebrochene Licht fiel, und fand, daß sie sich — bei ungeänderter Stellung der zwei Bretter und des zweiten Prismas — infolge der Drehung des ersten Prismas um seine Achse ständig änderten. Wenn nämlich der untere Teil des auf das zweite Brett *de* fallenden Lichtes das Loch *g* passierte, traf er an einer tieferen Stelle *M* auf die Wand, und wenn der obere Teil des Lichtes durch das gleiche Loch *g* hindurchlief, gelangte er zu einer höheren Stelle *N* auf der Wand, und wenn irgendein dazwischenliegender Teil des Lichtes das Loch passierte, erreichte er die Wand an einer Stelle, die zwischen *M* und *N* lag. Die ungeänderte Lage der Löcher in den Brettern hatte zur Folge, daß der Einfall der Strahlen auf das zweite Prisma in allen Fällen der gleiche war, und doch wurden trotz dieses übereinstimmenden Einfalls einige der Strahlen stärker gebrochen und andere schwächer. Dabei wurden im zweiten Prisma die Strahlen stärker gebrochen, die schon im ersten Prisma infolge größerer Brechung mehr abgelenkt wurden und die deshalb wegen der Beständigkeit, mit der sie stärker gebrochen werden, zu Recht stärker brechbar heißen. ...

Satz III. Theorem III

Das Sonnenlicht besteht aus Strahlen, die sich in ihrer Reflektierbarkeit unterscheiden, und zwar sind solche Strahlen stärker reflektierbar[1]) *als andere, die stärker brechbar sind.* ...

Satz IV. Aufgabe I

Die heterogenen Strahlen von zusammengesetztem Licht sind voneinander zu trennen.

---

[1]) Siehe die Fußnote auf S. 46.

... Man kann eine Öffnung[1]) in Form eines gleichschenkligen Dreiecks verwenden, dessen Basis beispielsweise $^1/_{10}$ Zoll lang ist und dessen Höhe einen Zoll oder mehr beträgt. Auf diese Weise setzt sich das Bild *pt* (siehe Abb. 2), wenn die Achse des Prismas zur Höhe

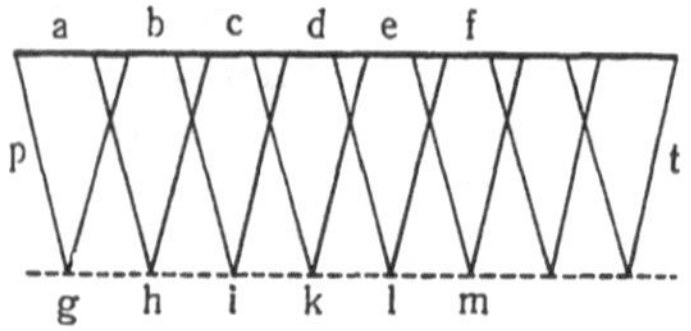

Abbildung 2

des Dreiecks parallel ist, aus gleichschenkligen Dreiecken *ag*, *bh*, *ci*, *dk*, *el*, *fm* usw. sowie unzähligen anderen dazwischenliegenden Dreiecken zusammen, die der dreieckigen Öffnung in Gestalt und Größe entsprechen und eines hinter dem anderen in ununterbrochener Folge zwischen zwei parallelen Geraden *af* und *gm* liegen. Diese Dreiecke überdecken sich in ihren Basislinien etwas, aber nicht in ihren Scheitelpunkten; daher ist das Licht auf dem helleren Rand *af* des Bildes, wo die Basislinien der Dreiecke liegen, in geringem Maße zusammengesetzt, aber auf dem dunkleren Rand *gm* ist es keineswegs zusammengesetzt, und an allen zwischen den beiden Rändern liegenden Stellen ist der Grad der Zusammengesetztheit proportional zum Abstand der jeweiligen Stelle vom dunkleren Rand *gm*. Wenn wir ein Spektrum *pt* von der geschilderten Zusammensetzung haben, können wir entweder mit seinem intensiveren und weniger einfachen Licht in der Nähe des Randes *af* oder mit seinem schwä-

[1]) Es handelt sich um ein im Fensterladen angebrachtes Loch, durch das Sonnenlicht einfiel. Dieses Licht durchlief zuerst eine Sammellinse, dann ein Prisma und erzeugte schließlich auf einem an der Wand befestigten Blatt Papier das Bild, von dem im Text die Rede ist. (Anm. d. dt. Red.).

cheren und einfacheren Licht in der Nähe des anderen Randes *gm* Experimente durchführen, je nachdem, wie es am günstigsten erscheint. ...

Satz V. Theorem IV

Homogenes Licht wird regelmäßig gebrochen ohne irgendeine Verbreiterung, Aufspaltung oder Zerstreuung der Strahlen, und die Tatsache, daß Gegenstände unscharf erscheinen, die durch brechende Körper hindurch in heterogenem Licht zu sehen sind, rührt von der unterschiedlichen Brechbarkeit der verschiedenen Strahlensorten her. ...

Satz VI. Theorem V

Der Sinus des Einfalls steht bei jedem für sich betrachteten Strahl in einem gegebenen Verhältnis zum zugehörigen Sinus der Brechung. ...

Satz VII. Theorem VI

Der Vervollkommnung der Fernrohre steht die verschiedene Brechbarkeit der Lichtstrahlen im Wege.

Für die Unvollkommenheit der Fernrohre wird gewöhnlich die sphärische Form der Linsen verantwortlich gemacht, und deswegen haben Mathematiker vorgeschlagen, die Linsen in Form von Kegelschnitten zu schleifen. Um zu zeigen, daß sie sich im Irrtum befinden, habe ich den obigen Satz eingefügt, dessen Richtigkeit aus dem Maß der Brechung verschiedener Sorten von Strahlen ersichtlich wird. ...

Wenn Strahlen aller Sorten, die von einem beliebigen leuchtenden Punkt auf der Achse einer konvexen Linse ausgehen, infolge der Brechung durch die Linse in Punkten konvergieren, die von der Linse nicht allzuweit entfernt sind, wird der Brennpunkt der am stärksten brechbaren Strahlen der Linse näher sein als der Brennpunkt der am schwächsten brechbaren Strahlen, und zwar um eine Strecke, die sich zu dem $27\,^1/_2$-ten Teil des Abstandes des Brennpunktes der mit mittlerer Stärke brechbaren Strahlen von der Linse in guter Näherung verhält wie der Abstand zwischen diesem Brennpunkt und dem leuchtenden Punkt, von wo die Strahlen ausgehen, zu dem Abstand zwischen diesem leuchtenden Punkt und der Linse.

Um nun zu prüfen, ob der Unterschied in der Brechung, die der am stärksten und der am schwächsten brechbare, jeweils vom gleichen Punkt ausgehende Strahl in Fernrohrobjektiven und ähnlichen Linsen erleiden, wirklich so groß ist wie hier beschrieben, ersann ich das folgende Experiment.

16. Versuch. Die Linse, die ich beim zweiten und achten Versuch benutzt hatte, entwarf, nachdem sie sechs Fuß und einen Zoll von einem Objekt entfernt aufgestellt worden war, auf der anderen Seite im Abstand von sechs Fuß und einem Zoll von der Linse ein Bild des Objekts mit Hilfe der mit mittlerer Stärke brechbaren Strahlen. ... Ich trennte nun die heterogenen Strahlen voneinander mittels der Methode, die ich im elften Versuch beschrieben habe, in der Weise, daß das farbige Spektrum etwa zwölf oder fünfzehn Mal länger als breit wurde. Dieses Spektrum ließ ich auf ein gedrucktes Buch fallen und stellte sechs Fuß und einen Zoll von diesem Spektrum entfernt die obenerwähnte Linse auf, die auf der anderen Seite in gleichem Abstand die Bilder der beleuchteten Buchstaben entwarf. Dabei stellte ich fest, daß die Bilder der blau beleuchteten Buchstaben um etwa drei oder drei und einen viertel Zoll näher zur Linse lagen als die tief rot beleuchteten. ...

Ich habe mein Vorgehen bei diesem heiklen und mühevollen Experiment deswegen ausführlicher geschildert, damit diejenigen, die es nach mir durchführen wollen, sich der Umsicht bewußt werden, die für das Gelingen erforderlich ist. Und wenn es ihnen nicht so gut gelingt wie mir, so können sie dennoch aus dem Verhältnis des Abstandes der Farben des Spektrums zur Differenz der Abstände ihrer Brennpunkte von der Linse auf das unter besseren experimentellen Bedingungen zu erwartende Resultat hinsichtlich der weiter entfernt liegenden Farben schließen. Wenn sie jedoch eine größere Linse verwenden, als ich es tat, und sie an einem langen geraden

Stab befestigen, mit dessen Hilfe sie leicht und genau auf die Farbe gerichtet werden kann, deren Brennpunkt gesucht ist, zweifle ich nicht daran, daß ihnen das Experiment besser gelingen wird als mir. Denn ich richtete die Achse so genau, wie ich konnte, auf die Mitte der Farben, und dann warfen die von der Achse entfernt liegenden lichtschwachen Enden des Spektrums weniger deutliche Bilder auf das Papier, als es der Fall gewesen wäre, wenn man die Achse nacheinander auf sie gerichtet hätte.

Nach dem Gesagten ist nun gewiß, daß Strahlen, die sich in der Brechbarkeit unterscheiden, nicht im gleichen Brennpunkt konvergieren; wenn sie von einem leuchtenden Punkt ausgehen, der von der Linse ebenso weit entfernt ist wie auf der anderen Seite ihre Brennpunkte, wird der Brennpunkt der am stärksten brechbaren Strahlen um mehr als den vierzehnten Teil der Gesamtentfernung näher an der Linse liegen als der Brennpunkt der am schwächsten brechbaren Strahlen. ... Doch wenn alle Lichtstrahlen gleichermaßen brechbar wären, so wäre der Fehler, der allein von der sphärischen Beschaffenheit der Linsen herrührt, viele hundert Male kleiner. ... Daher verhält sich der Fehler, der durch die sphärische Form der Linsen bedingt ist, zu dem Fehler, der von der verschiedenen Brechbarkeit der Strahlen herrührt, wie 961/72000000 zu 4/55, das heißt wie 1 zu 5449. Wegen seiner relativen Kleinheit braucht er daher nicht berücksichtigt zu werden.

Nun wird man aber sagen, wenn die durch die verschiedene Brechbarkeit verursachten Fehler so groß sind, wie kommt es dann, daß die Objekte durch Fernrohre hindurch so deutlich zu sehen sind, wie es tatsächlich der Fall ist? Ich antworte, das ist deswegen so, weil die abgelenkten Strahlen nicht gleichmäßig über die gesamte Kreisfläche[1]) gestreut werden, sondern sich im Mittel-

[1]) Gemeint ist die Fokusfläche (in einer Ebene senkrecht zur Achse der Linse), die bei parallel zur Achse einfallendem Licht zu beobachten ist. (Anm. d. dt. Red.).

punkt unendlich viel dichter ansammeln als an irgendeiner anderen Stelle des Kreises. Vom Mittelpunkt zum Umfang hin nehmen sie in ihrer Häufigkeit immer mehr ab, bis sie schließlich auf dem Umfang unendlich selten werden, und auf Grund ihrer Seltenheit sind sie nicht stark genug, um sichtbar zu sein mit Ausnahme des Mittelpunktes und seiner unmittelbaren Umgebung. ...

Doch weiterhin ist zu beachten, daß die hellsten der prismatischen Farben das Gelb und das Orange sind. Diese wirken auf die Sinne stärker ein als alle übrigen zusammen, und am nächsten kommen ihnen in der Stärke das Rot und das Grün. Verglichen mit ihnen ist das Blau eine blasse und dunkle Farbe, und das Indigo und das Violett sind noch viel dunkler und blasser, so daß letztere im Vergleich zu den stärkeren Farben wenig beachtet zu werden brauchen. Die Bilder von Objekten sind daher nicht im Brennpunkt der mit mittlerer Stärke brechbaren Strahlen zu lokalisieren, die sich an der Grenze von Grün und Blau befinden, sondern im Brennpunkt jener Strahlen, die in der Mitte von Orange und Gelb liegen, dort also, wo die Farbe am leuchtendsten und glänzendsten ist, das heißt in dem hellsten, mehr zum Orange als zum Grün neigenden Gelb. ...

Da ich also sah, daß eine Verbesserung von Fernrohren gegebener Länge unter Ausnutzung der Brechung hoffnungslos erscheint, habe ich seinerzeit ein auf der Reflexion beruhendes Fernrohr ersonnen, wobei ich an Stelle eines Glasobjektivs ein konkaves Metall verwendete.

Teil II

Satz I. Theorem I

Die Farberscheinungen in gebrochenem oder reflektiertem Licht sind nicht durch neue Modifikationen des Lichtes bedingt, die ihm in verschiedenartiger Weise, den verschiedenen Begrenzungen von Licht und Schatten entsprechend, aufgeprägt werden. ...

Satz II. Theorem II

Jede homogene Lichtart hat ihre eigentümliche Farbe, die dem Grad ihrer Brechbarkeit entspricht, und diese Farbe kann durch Reflexionen und Brechungen nicht geändert werden. ...

6. Versuch. So wie diese Farben durch Brechung nicht verändert werden konnten, ließen sie sich auch durch Reflexion nicht verändern. Denn alle weißen, grauen, roten, gelben, grünen, blauen oder violetten Körper wie Papier, Asche, Mennige, Auripigment, Indigo, Bergblau, Gold, Silber, Kupfer, Gras, blaue Blumen, Veilchen, in verschiedenen Farben schillernde Seifenblasen, Pfauenfedern, Nierenholztinktur und dergleichen erschienen in homogenem roten Licht völlig rot, in blauem Licht völlig blau, in grünem Licht vollständig grün, und das gleiche gilt von anderen Farben. Im homogenen Licht irgendeiner Farbe zeigten die Körper alle genau diese Farbe, mit dem einzigen Unterschied, daß einige von ihnen dieses Licht stärker, andere schwächer reflektierten. Ich fand jedoch niemals einen Körper, der bei der Reflexion von homogenem Licht dessen Farbe merklich zu ändern vermochte.

Aus all dem wird offenkundig, daß es dann, wenn das Sonnenlicht aus nur einer Sorte von Strahlen bestände, nur eine Farbe in der ganzen Welt gäbe. Weiterhin wäre es nicht möglich, irgendeine neue Farbe durch Reflexion und Brechung zu erzeugen, und demzufolge ist die Vielfalt der Farben dadurch bedingt, daß das Licht zusammengesetzt ist.

Definition

Das homogene Licht und die Strahlen, die rot erscheinen oder vielmehr Objekte so erscheinen lassen, nenne ich rotmachend; solche Strahlen, die Objekte gelb, grün, blau oder violett erscheinen lassen, nenne ich gelbmachend, grünmachend, blaumachend, violettmachend, und das Entsprechende gilt für das übrige Licht. Wenn ich irgendwann von Licht und Strahlen spreche, die farbig oder mit Farben behaftet sind, ist dies so zu verstehen, daß ich mich nicht wissenschaftlich und präzise ausdrücke, sondern grob und solchen Vorstellungen entsprechend, die sich wohl einfache Leute beim Anblick all dieser Experimente machen würden. Denn genaugenommen sind die Strahlen nicht farbig. Ihnen kommt nichts anderes zu als eine gewisse Kraft und Fähigkeit, eine Empfindung von dieser oder jener Farbe zu erregen. Denn ebenso wie ein Ton in einer Glocke, einer Saite oder einem anderen klingenden Körper nichts anderes als eine Zitterbewegung, in der Luft nichts anderes als die von dem Gegenstand sich ausbreitende Bewegung und im Sinnesorgan schließlich eine Empfindung dieser Bewegung in Gestalt eines Tones ist, sind die Farben eines Objekts nichts anderes als die Fähigkeit, diese oder jene Art von Strahlen reichlicher als die übrigen zu reflektieren; hinsichtlich der Strahlen sind die Farben nichts anderes als deren Fähigkeit, diese oder jene Bewegung auf das Sinnesorgan zu übertragen, und im Sinnesorgan sind sie Empfindungen dieser Bewegungen in Gestalt von Farben.

Satz III. Aufgabe I

Es ist die den verschiedenen Farben entsprechende Brechbarkeit der verschiedenen Sorten von homogenem Licht zu bestimmen. ...

10. Versuch. Das Spektrum des Bildes *PT* der Sonne (siehe Abb. 3) falle jetzt auf die über vier Zoll große Linse *MN*, die etwa sechs Fuß von dem Prisma *ABC* entfernt und so geformt ist, daß sie das vom Prisma ausgehende divergente farbige Licht konvergent macht und in ihrem Brennpunkt, der ungefähr sechs oder acht Fuß von der Linse entfernt ist, wieder vereinigt, wo es dann senkrecht auf ein weißes Blatt Papier *DE* fällt. Bewegt man das Papier vor- und rückwärts, so wird man bemerken, daß in der Nähe der Linse, etwa bei *de*, das gesamte Bild der Sonne (sagen wir bei *pt*), wie oben erklärt, auf dem Papier intensiv gefärbt erscheint. Entfernt man das Papier weiter von der Linse, so kommen diese Farben einander ständig näher und schwächen sich durch Mischung gegenseitig immer mehr ab, bis das Papier schließlich in den Brennpunkt gelangt, wo die Farben infolge vollständiger

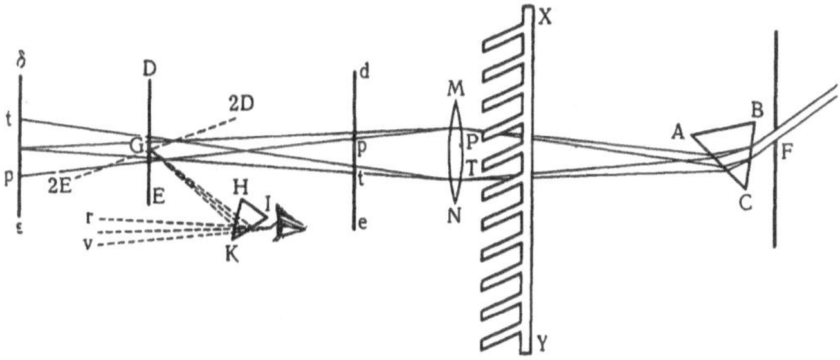

Abbildung 3

Mischung gänzlich verschwinden und in Weiß verwandelt werden. Das gesamte Licht erscheint nun auf dem Papier als ein kleiner weißer Kreis. Entfernt man jetzt das Papier noch weiter von der Linse, so kreuzen sich die zuvor konvergierenden Strahlen im Brennpunkt *G* und divergieren von da aus. Dabei lassen sie die Farben wieder sichtbar werden, doch jetzt in umgekehrter Reihenfolge; bei *δε* beispielsweise ist nun das Rot *t*, das vorher unten war, oben, und das Violett *p*, das vorher oben war, ist unten. ...

Schließlich fertigte ich ein Instrument *XY* in der Art eines Kammes an, dessen Zähne, sechzehn an der Zahl, etwa ein und einen halben Zoll breit waren. Der Zwischenraum zwischen den Zähnen maß ungefähr zwei Zoll. Indem ich nun die Zähne dieses Instruments in der Nähe der Linse der Reihe nach in den Strahlengang brachte, fing ich mittels des dazwischengeschobenen Zahnes einen Teil der Farben auf, während die übrigen durch die Lükken zwischen den Zähnen hindurch auf das Papier *DE* gelangten und dort ein rundes Bild der Sonne entwarfen. Das Papier hatte ich anfangs so aufgestellt, daß das Bild weiß erschien, sobald der Kamm weggenommen wurde;

wenn dann der Kamm in die erwähnte Stellung gebracht wurde, verwandelte sich dieses Weiß, bedingt durch das Auffangen eines Teils der Farben vor der Linse, stets in diejenige Farbe, die sich aus den nicht aufgefangenen Farben zusammensetzte, und diese Farbe änderte sich bei einer Verschiebung des Kamms stetig in der Weise, daß stets alle die Farben Rot, Gelb, Grün, Blau und Purpur aufeinanderfolgten, wenn einer der Zähne vor der Linse vorbeilief. Ich ließ alle Zähne nacheinander an der Linse vorüberstreichen, und wenn die Bewegung langsam erfolgte, waren die Farben auf dem Papier in ständiger Aufeinanderfolge zu sehen. Doch wenn ich die Bewegung so sehr beschleunigte, daß die Farben wegen ihrer schnellen Aufeinanderfolge voneinander nicht zu unterscheiden waren, gelangten die einzelnen Farben zum Verschwinden. Es war kein Rot, kein Gelb, kein Grün, kein Blau, kein Purpur mehr zu sehen, sondern aus einer Verschmelzung all dieser Farben entstand eine gleichmäßig weiße Farbe. Kein Teil dieser Farbe, die nun dank der Mischung aller Farben weiß erschien, war wirklich weiß. Ein Teil war rot, ein anderer gelb, ein dritter grün, ein vierter blau, ein fünfter purpurfarben, und jeder Teil behält die ihm eigentümliche Farbe, bis er auf das Sinnesorgan trifft. Wenn die Eindrücke so langsam aufeinanderfolgen, daß sie einzeln wahrgenommen werden können, wird eine deutliche Empfindung all dieser Farben, einer nach der anderen in kontinuierlicher Folge, ausgelöst. Doch wenn die Eindrücke so schnell aufeinanderfolgen, daß sie nicht einzeln wahrnehmbar sind, dann entsteht aus ihnen allen eine gemeinsame Empfindung, die weder der einen noch der anderen Farbe allein entspricht, sondern sich zu allen Farben neutral verhält, und das ist die Empfindung des Weißen. Durch die Schnelligkeit der Aufeinanderfolge werden die Eindrücke der verschiedenen Farben im Sinnesorgan miteinander vermengt, und aus dieser Verschmelzung entsteht eine vermischte Empfindung. Wenn eine glühende Kohle in ständiger wiederholter Drehung schnell in einem Kreis herumgeführt wird, erscheint der gesamte Kreis feurig. Der Grund hierfür ist der, daß der Sinneseindruck, der von der Kohle ausgelöst wird, während sie sich an den verschiedenen Stellen dieses Kreises befindet, im Sinnesorgan andauert, bis die Kohle an die gleiche Stelle zurückgekehrt ist. Und genauso bleibt bei einer schnellen Aufeinanderfolge von Farben die Empfindung einer jeden Farbe im Sinnesorgan erhalten, bis alle diese Farben vorübergelaufen sind und die erste Farbe wiederkehrt. Die Eindrücke all dieser aufeinanderfolgenden Farben treten daher im Sinnesorgan zugleich auf, und gemeinsam erregen sie die Empfindung aller Farben. So macht dieses Experiment deutlich, daß die vermischten Eindrücke von allen Farben tatsächlich eine Empfindung des Weißen erzeugen, das heißt, daß das Weiß aus allen Farben zusammengesetzt ist.

Wenn man nun den Kamm entfernt, können alle Farben gleichzeitig von der Linse zum Papier gelangen, sich dort vermischen und von dort zusammen in das Auge des Beobachters reflektiert werden. Ihre Eindrücke im Sinnesorgan sind nun noch feiner und vollständiger vermischt und müssen daher eine noch stärkere Empfindung des Weißen erregen. ...

14. Versuch. Bis jetzt habe ich Weiß immer durch Mischung von prismatischen Farben erzeugt. Will man nun die Farben von natürlichen Körpern miteinander vermischen, so schüttle man durch Seife ein wenig verdicktes Wasser, damit sich Schaum bildet. Nachdem sich dieser Schaum etwas gesetzt hat, wird ein aufmerksamer Beobachter überall auf der Oberfläche der verschiedenen Blasen unterschiedliche Farben sehen. Doch jemandem, der sich so weit entfernt hat, daß er die Farben nicht mehr voneinander unterscheiden kann, erscheint der gesamte Schaum in einem vollkommenen Weiß.

15. Versuch. Bei dem Versuch schließlich, durch Mischen der von Malern benutzten Farbpulver ein Weiß zusammenzusetzen, bemerkte ich, daß alle Farbpulver in ihrem Innern einen beträchtlichen Teil des Lichtes, mit dem sie beleuchtet werden, unterdrücken und zurückhalten. Denn sie werden dadurch farbig, daß sie das Licht ihrer eigenen Farbe reichlicher reflektieren und das aller anderen Farben spärlicher. Doch reflektieren sie auch das Licht ihrer eigenen Farbe nicht in so großer Menge wie weiße Körper. Wenn man beispielsweise Mennige und ein weißes Blatt Papier in das rote Licht des Farbspektrums stellt, das in einem dunklen Raum durch die Brechung eines Prismas erzeugt wurde (wie beim dritten Experiment im ersten Teil dieses Buches beschrieben), so erscheint das Papier heller als die Mennige und reflektiert daher die rotmachenden Strahlen in größerer Zahl, als es die Mennige tut. Und wenn beide in andersfarbiges Licht gehalten werden, übertrifft das vom Papier reflektierte Licht das von der Mennige reflektierte in noch viel stärkerem Maße. In gleicher Weise verhalten sich andersfarbige Pulver. Wenn wir daher solche Pulver mischen, dürfen wir kein starkes und reines Weiß wie das des Papiers erwarten, sondern ein trüb-dunkles, wie es eine Mischung von Licht und Dunkelheit oder von Weiß und Schwarz ergeben könnte, das heißt, wir erwarten ein Grau, ein fahles Braun oder ein Braunrot ähnlich der Farbe eines menschlichen Finger- oder Zehennagels, einer Maus, von Asche, von gewöhnlichen Steinen, von Mörtel, von Staub und Schmutz auf Landstraßen u.ä. Solch ein dunkles Weiß habe ich durch Mischung von Farbpulvern oft hergestellt. ...

Beachtet man nun, daß diese grauen und fahlbraunen Farben auch durch Mischung von Weiß und Schwarz hergestellt werden können und demzufolge vom vollkommenen Weiß abweichen (nicht in der Art der Farbe, sondern nur im Helligkeitsgrad), so ist offenkundig, daß nichts anderes erforderlich ist, um sie vollkommen weiß zu machen, als ihre Leuchtstärke hinreichend zu vergrößern; und wenn sie umgekehrt durch Vergrößerung ihrer Leuchtstärke in vollkommenes Weiß verwandelt werden können, dann folgt daraus, daß sie von der gleichen Farbart sind wie das beste Weiß und sich nur in der Lichtmenge davon unterscheiden. Dies prüfte ich folgendermaßen nach. Ich nahm die dritte der obenerwähnten Graumischungen (bestehend aus Auripigment, Purpur, Bergblau und Grünspan[1])) und rieb den Fußboden meines Zimmers damit ein, und zwar dort, wo durch den geöffneten Fensterflügel hindurch die Sonne hinschien, und daneben legte ich in den Schatten ein weißes Blatt Papier von gleicher Größe. Dann begab ich mich in einen Abstand von 12 oder 18 Fuß, so daß ich weder die Unebenheit der Oberfläche des Pulvers erkennen konnte noch die kleinen Schatten, die von den körnigen Teilchen geworfen wurden. Das Pulver erschien dann so intensiv weiß, daß es sogar selbst das Papier an Weiße übertraf, besonders dann, wenn das Papier durch das Licht von den Wolken ein wenig beschattet wurde, und verglichen mit dem Pulver zeigte das Papier dann solch eine graue Farbe wie vorher das Pulver. Doch legt man das Papier an eine Stelle, wohin die Sonne durch die Fensterscheibe hindurch scheint, oder schließt man das Fenster, so daß die Sonne durch das Glas hindurch auf das Pulver scheint, oder benutzt man andere geeignete Methoden zur Vergrößerung oder Verkleinerung der Lichtmengen, mit denen das Pulver und das Papier beleuchtet werden, so kann man erreichen, daß das auf das Pulver fallende Licht gerade im richtigen Verhältnis intensiver wird als das Licht, womit das Papier beleuchtet wird, um beide Gegenstände exakt gleich weiß erscheinen zu lassen. Während ich diesen Versuch durchführte, kam ein Freund zu Besuch. Ich hielt ihn an der Tür auf, und bevor ich ihm sagte, was dies für Farben waren und was ich gerade machte, fragte ich ihn, welches von beiden das bessere Weiß sei und worin sie sich unterschieden. Nachdem er sie aus der genannten Entfernung genau betrachtet hatte, antwortete er, sie seien beide gutes Weiß, und er könne nicht sagen, welches das bessere sei, noch worin sich ihre Farben unterschieden.

---

[1]) $Cu(C_2H_3O_2) \cdot 2\,CuH_2O_2$. (Anm. d. sowjet. Red.)

Zweites Buch der Optik

Teil I

Beobachtungen, betreffend die Reflexion, Brechung und Farben dünner durchsichtiger Körper.

Wie andere schon beobachteten, zeigen durchsichtige Stoffe wie Glas, Wasser, Luft, usw. dann, wenn sie in Blasenform gebracht oder auch zu Plättchen geformt werden, verschiedene Farben je nachdem, wie verschieden dünn sie sind, obwohl sie bei größerer Dicke sehr klar und farblos erscheinen. Im vorhergehenden Ersten Buch unterließ ich die Behandlung dieser Farben, denn ihre theoretische Untersuchung schien schwieriger zu sein, und sie waren nicht vonnöten, um die dort abgehandelten Eigenschaften des Lichtes nachzuweisen. Doch da sie zu weiteren, zur Vervollkommnung der Theorie des Lichtes dienenden Entdeckungen führen können — im besonderen, was die Beschaffenheit der Teile der natürlichen Körper betrifft, von denen ihre Farben und ihre Transparenz abhängen —, werde ich hier über diese Farben berichten. Um diese Abhandlung kurz und durchsichtig zu machen, beschreibe ich zuerst meine hauptsächlichsten Beobachtungen, dann diskutiere ich sie und wende sie an. ...

4. Beobachtung. ... Ich nahm zwei Objektivgläser — eines davon war eine plankonvexe Linse für ein Vierzehn-Fuß-Teleskop und das andere eine große bikonvexe Linse für ein Teleskop von etwa fünfzig Fuß Länge — und legte auf letztere die erste Linse mit der ebenen Seite nach unten. Daraufhin drückte ich die beiden Linsen langsam zusammen und ließ so die Farben nacheinander in der Mitte der Kreise zum Vorschein kommen. Dann hob ich die obere Linse langsam von der unteren ab und ließ so die Farben nacheinander an derselben Stelle wieder verschwinden. ...

Für den Fall, daß die Linsen ganz stark aufeinandergedrückt werden, so daß im Zentrum ein schwarzer

Fleck sichtbar wird, ist die Form der farbigen Ringe in Abbildung 4 dargestellt. Dabei bezeichnen *a*, *b*, *c*, *d*, *e*; *f*, *g*, *h*, *i*, *k*; *l*, *m*, *n*, *o*, *p*; *q*, *r*; *s*, *t*; *u*, *x*; *y*, *z* in vom Mittelpunkt aus gezählter Reihenfolge die folgenden Farben: Schwarz, Blau, Weiß, Gelb, Rot; Violett, Blau, Grün, Gelb, Rot; Purpur, Blau, Grün, Gelb, Rot; Grün, Rot; grünliches Blau, Rot; grünliches Blau, blasses Rot; grünliches Blau, rötliches Weiß. ...

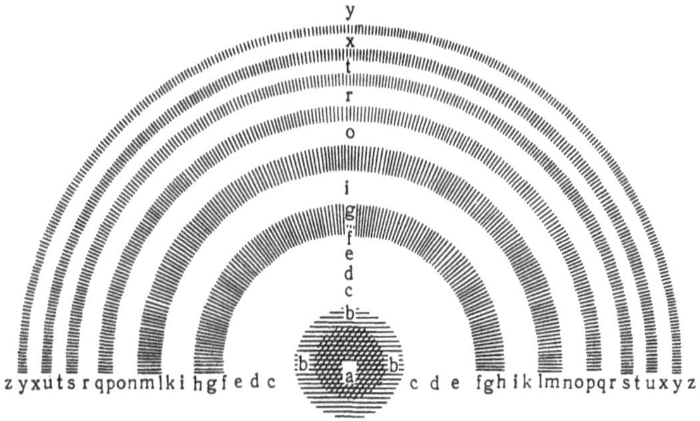

Abbildung 4

17. Beobachtung. Allgemein bekannt ist die Beobachtung, daß eine Wasserblase (wobei das Wasser durch Auflösen von etwas Seife vor dem Blasen zunächst zähflüssig gemacht wurde) nach einiger Zeit eine große Mannigfaltigkeit von Farben zeigt. Um diese Blasen vor Erschütterungen durch die Außenluft zu schützen (wodurch es zu einer unregelmäßigen Verschiebung ihrer Farben untereinander kommt, so daß keine genaue Beobachtung der letzteren mehr ausgeführt werden kann), bedeckte ich sie, sobald ich eine geblasen hatte, mit einem durchsichtigen Glas, und auf diese Weise kamen die Farben in einer sehr regelmäßigen Reihenfolge zum Vorschein, nämlich in Form vieler konzentrischer Ringe, die den höchsten Punkt der Blase umgaben. Als die Blase infolge des stetigen Herunterfließens des Wassers dünner wurde, dehnten sich die Ringe langsam aus und überzogen die gesamte Blase; dabei sanken sie der Reihe nach zum tiefsten Punkt der Blase, wo sie nacheinander verschwanden. Währenddessen bildete sich, nachdem die verschiedensten Farben im obersten Punkt aufgetaucht waren, im Zentrum der Ringe ein kleiner runder schwarzer Fleck, ähnlich dem in der ersten Beobachtung bemerkten, und dieser Fleck selber dehnte sich ständig aus. Manchmal erreichte er eine Ausdehnung von mehr als $^1/_2$ oder $^3/_4$ Zoll, bevor die Blase zerplatzte. Zuerst hatte ich gedacht, das Wasser würde an dieser Stelle kein Licht reflektieren, doch bei genauerer Betrachtung bemerkte ich dort verschiedene kleinere runde Flecke, die viel schwärzer und dunkler erschienen als die übrigen. Daraus ersah ich, daß an den anderen Stellen, die nicht so dunkel waren wie jene Flekke, eine gewisse Reflexion erfolgte. Bei weiterer Nachprüfung stellte ich fest, daß ich die Bilder verschiedener Gegenstände (z.B. einer Kerze oder der Sonne) sehen konnte, wie sie, zwar sehr schwach, nicht nur von dem großen schwarzen Fleck, sondern auch von den darin befindlichen kleinen dunkleren Flecken reflektiert wurden. Neben den obenerwähnten farbigen Ringen erschienen oft auch kleine Farbflecke, die sich auf Grund von Ungleichmäßigkeiten beim Abfließen des Wassers auf den Seitenflächen der Blase auf und ab bewegten. Manchmal stiegen schwarze Flecke, die auf den Seitenflächen erzeugt worden waren, bis zu dem größeren schwarzen Fleck an der obersten Stelle der Kugel empor und vereinigten sich mit ihm. ...

Teil III

Satz XI

Das Licht pflanzt sich von leuchtenden Körpern aus in einer endlichen Zeit fort, und es braucht etwa sieben oder acht Minuten, um von der Sonne zur Erde zu gelangen.

Dies wurde zuerst von Roemer und dann von anderen an den Verfinsterungen der Jupitermonde beobachtet. Diese Verfinsterungen treten nämlich dann, wenn sich die Erde zwischen der Sonne und dem Jupiter befindet, ungefähr sieben oder acht Minuten früher ein, als sie es den Tafeln nach tun sollten, und wenn die Erde hinter der Sonne steht, treten sie ungefähr sieben oder acht Minuten später ein, als sie es sollten. Der Grund hierfür ist der, daß das Licht von den Monden im letzteren Fall einen um den Durchmesser der Erdbahn längeren Weg zurückzulegen hat. Einige Unterschiede in der Zeit könnten von den Exzentrizitäten der Mondbahnen herrühren, doch diese können nicht für alle Monde und zu allen Zeiten gerade mit der Stellung und Entfernung der Erde von der Sonne konform gehen. Die mittlere Bewegung der Trabanten des Jupiters ist außerdem schneller bei dessen Abstieg vom Aphel zum Perihel als bei seinem Aufstieg in der anderen Hälfte seiner Bahn. Doch diese Ungleichheit steht in keiner Beziehung zur Position der Erde, und sie ist außerdem bei den drei inneren Satelliten nicht zu bemerken, wie ich aus der Theorie ihrer Gravitation an Hand von Rechnungen gefunden habe.

Drittes Buch der Optik

Teil I

... *1. Frage.* Wirken nicht Körper über eine Entfernung hin auf das Licht ein und beugen dessen Strahlen durch ihre Wirkung; und ist diese Wirkung (ceteris paribus[1])) nicht am stärksten bei der kleinsten Entfernung?

[1]) Unter sonst gleichen Bedingungen (lat., Anm. d. sowjet. Red.).

2. Frage. Unterscheiden sich die Strahlen, die sich in der Brechbarkeit unterscheiden, nicht auch im Beugungsvermögen, und werden sie nicht durch ihre unterschiedliche Beugung voneinander getrennt, so daß sie nach der Trennung die Farben in den drei oben beschriebenen Streifen erzeugen? Und in welcher Art und Weise erfolgt die zu diesen Streifen führende Beugung?

3. Frage. Werden nicht die Lichtstrahlen beim Vorbeilaufen an den Rändern und Seiten von Körpern mehrere Male hin und her gebeugt, vollführen also eine Bewegung, die der eines Aales ähnelt? Und entstehen nicht die drei obenerwähnten Streifen farbigen Lichtes infolge von drei derartigen Beugungen?

4. Frage. Beginnt nicht die Beugung der Lichtstrahlen, die auf Körper fallen und reflektiert oder gebrochen werden, schon bevor sie auf die Körper auftreffen, und werden sie nicht nach ein und demselben Prinzip, das unter verschiedenen Bedingungen nur verschieden wirkt, reflektiert, gebrochen und gebeugt?

12. Frage. Erregen nicht die Lichtstrahlen beim Auftreffen auf den Augenhintergrund Schwingungen in der Retina, die, längs der festen Fasern der Sehnerven in das Gehirn geleitet, die Empfindung des Sehens hervorrufen? Denn da dichte Körper ihre Wärme eine lange Zeit behalten — und die dichtesten Körper behalten ihre Wärme am längsten —, sind die Schwingungen ihrer Teile ihrer Natur nach von langer Dauer und können daher längs fester Fasern aus homogener, dichter Materie über eine große Entfernung übertragen werden und so dem Gehirn die Eindrücke vermitteln, die auf alle Sinnesorgane ausgeübt werden. Denn diese Bewegung, die in ein und demselben Teil eines Körpers lange andauern kann, vermag sich eine weite Strecke von einem Teil zu einem anderen fortzupflanzen, vorausgesetzt, daß der Körper homogen ist, so daß die Bewegung nicht durch eine Unregelmäßigkeit des Körpers reflektiert, gebrochen, unterbrochen oder gestört wird.

13. Frage. Führen nicht verschiedene Arten von Strahlen Schwingungen verschiedener Größe aus, die entsprechend ihrer Größe Empfindungen verschiedener Farben erregen, in der Art, wie die Schwingungen der Luft entsprechend ihrer verschiedenen Größe Empfindungen verschiedener Töne hervorrufen? Und erregen nicht im besonderen die am stärksten brechbaren Strahlen bei der Auslösung der Empfindung eines tiefen Violett die kürzesten Schwingungen, die am wenigsten brechbaren Strahlen bei der Auslösung der Empfindung eines tiefen Rot die größten Schwingungen und die verschiedenen dazwischenliegenden Arten von Strahlen Schwingungen von unterschiedlicher, dazwischenliegender Größe, während sie die Empfindungen der verschiedenen dazwischenliegenden Farben hervorrufen?

18. Frage. Hängt man in zwei weiten, langen, umgestülpten zylindrischen Glasgefäßen zwei kleine Thermometer so auf, daß sie die Gefäße nicht berühren, pumpt aus einem dieser Gefäße die Luft aus und bringt die Gefäße nach diesen Vorbereitungen von einem kalten Ort zu einem warmen, so erwärmt sich das Thermometer im Vakuum in gleichem Maße und fast genauso schnell wie das Thermometer, das sich nicht im Vakuum befindet. Und wenn man die Gefäße an den kalten Ort zurückstellt, kühlt sich das Thermometer im Vakuum fast so schnell ab wie das andere Thermometer. Wird also die Wärme des warmen Raumes nicht durch das Vakuum hindurch von Schwingungen eines Mediums übertragen, das viel subtiler als Luft ist und im Vakuum verblieb, nachdem die Luft ausgepumpt worden war? Und ist dieses Medium nicht das gleiche wie das Medium, von dem das Licht gebrochen und reflektiert wird und durch dessen Schwingungen das Licht Wärme auf Körper überträgt sowie in „Anwandlungen“ (fits) leichter Reflexion und leichter Transmission versetzt wird? Und tragen die Schwingungen dieses Mediums in heißen Körpern nicht zu der Intensität und Dauer ihrer Erwärmung bei? Und teilen heiße Körper ihre Wärme kalten, mit ihnen in Berührung befindlichen Körpern nicht durch die Schwingungen dieses Mediums mit, die sich von ihnen zu den kalten Körpern hin ausbreiten? Und ist dieses Medium nicht weitaus verdünnter und subtiler als Luft, und weitaus elastischer und aktiver? Und durchdringt es nicht mühelos alle Körper? Und ist es (dank seiner elastischen Kraft) nicht über den ganzen Weltraum verbreitet?

19. Frage. Vollzieht sich die Brechung des Lichtes nicht als Folge der verschiedenen Dichte dieses Äthermediums an verschiedenen Orten derart, daß das Licht immer vor den dichteren Teilen des Mediums zurückweicht? Und ist dessen Dichte nicht im freien und offenen, von Luft und anderen gröberen Körpern freien Raum größer als in den Poren von Wasser, Glas, Kristallen, Edelsteinen und anderen kompakten Körpern? Denn wenn Licht durch Glas oder einen Kristall hindurchgeht und bei sehr schrägem Einfall auf dessen entferntere Oberfläche total reflektiert wird, sollte die totale Reflexion eher von der Dichte und Kraft des Mediums außerhalb des Glases ihren Ausgang nehmen als von seiner Verdünntheit und Schwäche.

20. Frage. Wird nicht dieses Äthermedium beim Austritt aus Wasser, Glas, Kristallen und anderen kompakten und dichten Körpern in den leeren Raum allmählich immer dichter und bricht auf diese Weise die Lichtstrahlen nicht in einem Punkt, sondern verbiegt sie allmählich zu gekrümmten Linien? Und erstreckt sich nicht die fortschreitende Verdichtung dieses Mediums bis zu einer gewissen Entfernung von den Körpern und bewirkt dadurch die Beugung der Lichtstrahlen, die an den Rändern der dichten Körper, in einiger Entfernung von den Körpern, vorbeilaufen?

21. Frage. Ist nicht dieses Medium in den dichten Körpern der Sonne, der Sterne, Planeten und Kometen viel verdünnter als in den leeren Himmeslräumen dazwischen? Und wird es nicht ständig dichter, wenn es sich von diesen Körpern weiter entfernt, und verursacht es nicht die Anziehung, die diese großen Körper aufeinander sowie auf ihre Teile ausüben, insofern, als ein jeder Körper bestrebt ist, sich von den dichteren Teilen des Mediums zu den verdünnteren zu bewegen? ...

Wie die Anziehung bei kleinen Magneten im Verhältnis zu ihrem Volumen stärker ist als bei großen und die Schwerkraft auf der Oberfläche kleiner Planeten im Verhältnis zu ihrem Volumen größer ist als bei großen und kleine Körper von der elektrischen Anziehung viel stärker bewegt werden als große, kann auch die Kleinheit der Lichtteilchen sehr viel zu der Kraft des Agens beitragen, mittels deren sie gebrochen werden. Und wenn man somit annehmen würde, daß der Äther (wie unsere Luft) Teilchen enthält, die bestrebt sind, einander abzustoßen (denn ich weiß nicht, was dieser Äther ist), und daß diese Teilchen weitaus kleiner sind als die der Luft oder vielleicht sogar des Lichtes, so könnte die außerordentliche Kleinheit der Ätherteilchen zu der Größe der Kraft beitragen, mit der diese Teilchen einander abstoßen und dieses Medium dadurch weitaus verdünnter und elastischer als Luft machen. Es wäre demzufolge weit weniger fähig, der Bewegung von Geschossen Widerstand zu leisten, und in weit stärkerem Maße befähigt, auf grobe Körper — durch das Bestreben, sich selbst auszudehnen — einen Druck auszuüben. ...

23. Frage. Vollzieht sich nicht das Sehen hauptsächlich durch die Schwingungen dieses Mediums, die im Hintergrund des Auges durch die Lichtstrahlen erregt werden und sich durch die festen, durchsichtigen und homogenen Fäserchen (Capillamenta) der Sehnerven bis zum Ort der Empfindung fortpflanzen? ...

26. Frage. Haben nicht die Lichtstrahlen verschiedene Seiten, die mit verschiedenen ursprünglichen Eigenschaften ausgestattet sind? Denn wenn die Ebenen senkrechter

Brechung[1]) des zweiten Kristalls mit den Ebenen senkrechter Brechung des ersten Kristalls einen rechten Winkel einschließen, werden die Strahlen, die beim Durchlauf durch den ersten Kristall auf normale Weise gebrochen werden, beim Durchlauf durch den zweiten Kristall alle auf anomale Weise gebrochen; und die Strahlen, die beim Durchgang durch den ersten Kristall auf anomale Weise gebrochen werden, werden beim Durchgang durch den zweiten Kristall auf normale Weise gebrochen. Es gibt daher keine zwei Sorten von Strahlen, die sich ihrer Natur nach voneinander unterscheiden und von denen die eine stets und bei allen Orientierungen auf normale Weise gebrochen wird, und die andere stets und bei allen Orientierungen auf anomale Weise. ... Ein und derselbe Strahl wird manchmal auf normale und manchmal auf anomale Weise gebrochen, je nachdem, wie seine Seiten zum Kristall orientiert sind. Wenn die Seiten des Strahls bezüglich der beiden Kristalle in gleicher Weise orientiert sind, wird er in allen beiden in gleicher Weise gebrochen. Doch wenn diejenige Seite des Strahls, die auf die Zone der anomalen Brechung[2]) des ersten Kristalls weist, um 90 Grad von der Seite des gleichen Strahls abweicht, die auf die Zone der anomalen Brechung des zweiten Kristalls weist (was sich dadurch erreichen läßt, daß man die Stellung des zweiten Kristalls zum ersten, und folglich auch zu den Lichtstrahlen, verändert), so wird der Strahl in den verschiedenen Kristallen in verschiedener Weise gebrochen werden. Um festzulegen, ob die auf den zweiten Kristall

---

[1]) Darunter versteht Newton die Ebene, die bei senkrechtem Einfall des Lichtes auf einen doppelbrechenden Kristall von dem ordentlichen und dem außerordentlichen Strahl aufgespannt wird, sowie die dazu parallelen Ebenen. (Anm. d. dt. Red.)

[2]) Diese definiert Newton (sinngemäß) so: Verbindet man — bei senkrechtem Einfall des Lichtes auf einen doppelbrechenden Kristall — die Punkte, an denen der ordentliche und der außerordentliche Strahl aus dem Kristall austreten, durch eine Gerade, so weist deren Richtung auf die Zone (coast) der anomalen Brechung. (Anm. d. dt. Red.)

fallenden Lichtstrahlen auf normale oder anomale Weise gebrochen werden, ist nichts weiter erforderlich, als diesen Kristall so zu drehen, daß sich die Zone der anomalen Brechung dieses Kristalls auf dieser oder jener Seite des Strahls befindet. Und daher scheint die Betrachtungsweise erlaubt, daß jeder Strahl vier Seiten oder Viertel besitzt, wobei zwei von ihnen, die einander gegenüberliegen, den Strahl dazu veranlassen, auf anomale Weise gebrochen zu werden, sooft eine von ihnen auf die Zone der anomalen Brechung gerichtet ist, und die anderen beiden Seiten veranlassen den Strahl, sobald eine von ihnen auf die Zone der anomalen Brechung gerichtet ist, nicht anders als auf normale Weise gebrochen zu werden. Die erstgenannten kann man daher als die Seiten der anomalen Brechung bezeichnen. Da diese Fähigkeit in den Strahlen schon vor ihrem Einfall auf die zweite, dritte und vierte Oberfläche der beiden Kristalle steckte und (soweit sich ersehen läßt) bei der Brechung der Strahlen während ihres Durchgangs durch diese Oberflächen keine Änderung erfuhr, und die Strahlen an all diesen vier Oberflächen nach dem gleichen Gesetz gebrochen wurden, erweist sich, daß diese Fähigkeit von Anfang an in den Strahlen steckte und keine Veränderung durch die erste Brechung erfuhr — und weiterhin, daß die Strahlen dank dieser Fähigkeit bei ihrem Einfall auf die erste Oberfläche gebrochen wurden, und zwar einige von ihnen auf normale und einige von ihnen auf anomale Weise, je nachdem, ob ihre Seiten der anomalen Brechung dabei auf die Zone der anomalen Brechung des Kristalls gerichtet oder seitlich dazu orientiert waren.

Jeder Lichtstrahl besitzt daher zwei gegenüberliegende Seiten, die von Anfang an mit einer Eigenschaft ausgestattet sind, von der die anomale Brechung abhängt, sowie zwei weitere gegenüberliegende Seiten, die nicht mit dieser Eigenschaft ausgestattet sind. Und es bleibt zu untersuchen, ob es nicht noch mehr Eigenschaften des Lichtes gibt, bei denen die Seiten der Strahlen unterschiedlich zur Geltung kommen und sich voneinander unterscheiden.

Bei der Erklärung des Unterschieds der obenerwähnten Seiten der Strahlen habe ich angenommen, daß die Strahlen senkrecht auf den ersten Kristall fallen. Wenn sie schräg auffallen, ist jedoch das Ergebnis das gleiche. Diejenigen Strahlen, die im ersten Kristall auf normale Weise gebrochen werden, werden im zweiten Kristall auf anomale Weise gebrochen und umgekehrt — vorausgesetzt, daß die Ebenen der senkrechten Brechung wie oben in einem rechten Winkel zueinander stehen.

Wenn die Ebenen der senkrechten Brechung der beiden Kristalle weder parallel noch senkrecht zueinander sind, sondern einen spitzen Winkel einschließen, dann werden die beiden Lichtbündel, die aus dem ersten Kristall austreten, jedes für sich bei ihrem Eintritt in den zweiten Kristall in zwei weitere Bündel aufgeteilt, denn in diesem Fall werden in jedem der beiden Bündel einige Strahlen ihre Seiten der anomalen Brechung und einige Strahlen ihre anderen Seiten auf die Zone der anomalen Brechung des zweiten Kristalls ausgerichtet haben.

27. Frage. Sind nicht alle Hypothesen falsch, die bisher aufgestellt wurden, um die Lichterscheinungen durch neue Modifikationen der Strahlen zu erklären? Denn diese Erscheinungen hängen nicht, wie man angenommen hat, von neuen Modifikationen ab, sondern von den ursprünglichen und unveränderlichen Eigenschaften der Strahlen.

28. Frage. Sind nicht alle Hypothesen falsch, bei denen angenommen wird, daß das Licht in einem Druck- oder Bewegungsvorgang besteht, der sich in einem flüssigen Medium fortpflanzt? Bei all diesen Hypothesen wurden nämlich die Lichterscheinungen bisher immer durch die Annahme erklärt, daß sie von neuen Modifikationen der Strahlen herrühren, was eine irrige Annahme ist. ...

Eine Erklärung der anomalen Brechung des Kalkspats durch sich fortpflanzenden Druck oder eine sich ausbreitende Bewegung wurde (meines Wissens) zuerst von Huygens versucht, der zu diesem Zweck die Existenz zweier verschiedener schwingender Medien in diesem Kristall annahm. Doch als er die Brechung in zwei hintereinander stehenden Stücken dieses Kristalls untersuchte und das obenerwähnte Ergebnis fand, bekannte er, daß er sich, was die Erklärung anginge, in Verlegenheit befände.[1]) Denn Drucke oder Bewegungen, die sich von einem leuchtenden Körper aus durch ein gleichförmiges Medium hindurch fortpflanzen, müssen sich hinsichtlich all ihrer Seiten gleich verhalten, wogegen diese Experimente zeigen, daß die Lichtstrahlen, ihren verschiedenen Seiten entsprechend, verschiedene Eigenschaften haben. Huygens vermutete, daß die Pulsationen des Äthers beim Durchgang durch den ersten Kristall gewisse neue Modifikationen erführen, die sie dazu veranlaßten, sich innerhalb des zweiten Kristalls in dem einen oder dem anderen Medium — entsprechend der Stellung dieses Kristalls — auszubreiten. Doch um was für Modifikationen es sich handele, konnte er nicht sagen, noch konnte er sich etwas Befriedigendes zu diesem Punkt denken. Und wenn er gewußt hätte, daß die anomale Brechung nicht von neuen Modifikationen abhängt, sondern von einer ursprünglichen und unveränderlichen Fähigkeit dieser Strahlen, wäre es ihm ebenso schwer gefallen zu erklären, wie diese Fähigkeit, von der er annahm, daß sie den Strahlen durch den ersten Kristall aufgeprägt würde, schon vor ihrem Auftreffen auf diesen Kristall in diesen Strahlen stecken könnte bzw. wie allgemein alle von leuchtenden Körpern emittierten Strahlen diese Fähigkeit von Anfang an haben können. Mir jedenfalls erscheint es nicht erklärbar, wenn Licht nichts anderes sein sollte als durch den Äther sich fortpflanzender Druck oder eine Bewegung im Äther. ...

29. Frage. Sind nicht die Lichtstrahlen sehr kleine, von leuchtenden Substanzen emittierte Teilchen? Denn solche Körper werden durch homogene Medien längs gerader Linien laufen, ohne in den Schatten hinein gebeugt zu werden, wie es der Natur der Lichtstrahlen entspricht. Sie werden auch verschiedene Eigenschaften besitzen

---

[1]) Siehe hierzu S. 44 in diesem Buch. (Anm. d. dt. Red.)

können und imstande sein, ihre Eigenschaften beim Durchgang durch verschiedene Medien ohne Änderung zu bewahren, was ein anderes Charakteristikum der Lichtstrahlen ist. Durchsichtige Stoffe wirken bei der Brechung, Reflexion und Beugung auf die Lichtstrahlen aus einiger Entfernung, und die Strahlen wiederum versetzen die Teile dieser Stoffe aus einer gewissen Entfernung hinweg in Bewegung, wenn sie die Stoffe erwärmen. Diese Wirkung und Gegenwirkung aus der Ferne ähnelt sehr einer Anziehungskraft zwischen Körpern. Wenn sich die Brechung infolge Anziehung der Lichtstrahlen vollzieht, muß der Sinus des Einfalls zum Sinus der Brechung in einem bestimmten Verhältnis stehen, wie wir in unseren „Prinzipien der Philosophie" zeigten. ...

31. Frage. Haben nicht die kleinen Teilchen der Körper gewisse Potenzen, Fähigkeiten oder Kräfte, mittels derer sie über eine Entfernung hinweg nicht nur auf die Lichtstrahlen im Falle der Reflexion, Brechung und Beugung wirken, sondern auch aufeinander und so einen Großteil der Naturerscheinungen hervorrufen? Denn es ist sehr wohl bekannt, daß die Körper durch Anziehung infolge Gravitation, Magnetismus und Elektrizität aufeinander einwirken, und diese Beispiele zeigen das Wesen und den Lauf der Natur und lassen es als nicht unwahrscheinlich erscheinen, daß es noch mehr anziehende Kräfte als die genannten geben könne, denn die Natur ähnelt sich in allem und befindet sich im Einklang mit sich selbst.

Die Aristoteliker bezeichneten als verborgene (okkulte) Eigenschaften nicht die augenscheinlichen Eigenschaften, sondern solche, von denen sie glaubten, sie verbergen sich in den Dingen und seien die unbekannten Ursachen von sichtbaren Wirkungen. Solcher Art wären die Ursachen der Gravitation, der magnetischen und elektrischen Anziehung sowie der Gärung, wenn wir annähmen, daß diese Kräfte oder Wirkungen von Eigenschaften herrühren, die wir nicht kennen und die sich einer Entdeckung und Sichtbarmachung entziehen. Solche verborgenen Eigenschaften hemmen die Weiterentwicklung der Naturphilosophie, und sie sind daher in den letzten Jahren verworfen worden. Denn wenn man uns sagt, daß jede Art von Dingen mit einer verborgenen spezifischen Eigenschaft ausgestattet sei, mittels deren sie wirkt und wahrnehmbare Effekte hervorruft, so sagt man uns nichts. Doch zwei oder drei allgemeine Prinzipien der Bewegung aus den Erscheinungen herzuleiten und danach zu sagen, wie die Eigenschaften und Wirkungen aller körperhaften Dinge aus diesen aufgedeckten Prinzipien folgen, das wäre ein großer Schritt vorwärts in der Philosophie, auch wenn die Ursachen dieser Prinzipien noch nicht aufgedeckt wären. ...

Wie in der Mathematik, so sollte auch in der Naturphilosophie bei der Erforschung komplizierter Dinge die Methode der Analyse stets den Vorrang vor der Methode der Synthese haben. Diese Analyse besteht darin, daß man Experimente und Beobachtungen ausführt, durch Induktion daraus allgemeine Schlüsse zieht und nur solche Einwände gegen die Schlußfolgerungen zuläßt, die aus Experimenten stammen oder andere gesicherte Erkenntnisse darstellen; denn Hypothesen sind in der experimentellen Philosophie kein Gegenstand der Betrachtung. Wenn auch die von Experimenten und Beobachtungen ausgehende Schlußweise mittels Induktion kein Beweis für allgemeine Schlußfolgerungen ist, so stellt sie doch die beste Art der Beweisführung dar, welche die Natur der Dinge zuläßt, und sie ist als um so strenger anzusehen, je allgemeiner die Induktion ist. Wenn bei den Erscheinungen keine Ausnahmen auftreten, kann die Schlußfolgerung allgemein ausgesprochen werden. Doch wenn zu irgendeiner späteren Zeit bei Experimenten eine Ausnahme auftritt, sollte die Schlußfolgerung von da ab unter Angabe der vorkommenden Ausnahmen ausgesprochen werden. Durch diese Art der Analyse können wir von zusammengesetzten Dingen zu ihren Bestandteilen, und von Bewegungen zu den sie verursachenden Kräften vordringen, allgemein von Wirkungen zu ihren

Ursachen, und von speziellen Ursachen zu allgemeineren, bis die Schlußkette bei der allgemeinsten Ursache endet. Das ist die Methode der Analyse, und die Synthese besteht darin, daß man voraussetzt, die Ursachen seien entdeckt und als Prinzipien aufgestellt, und mit ihrer Hilfe die sich daraus ergebenden Erscheinungen erklärt und die Erklärungen beweist.

... In diesem dritten Buch habe ich die Analyse dessen erst begonnen, was es noch über das Licht und seine Wirkungen auf das Naturgebäude zu entdecken gilt, habe auf verschiedene damit zusammenhängende Dinge hingewiesen und überlasse diese Hinweise anderen Wißbegierigen zur Überprüfung und Vervollkommnung durch weitere Experimente und Beobachtungen. Und wenn die Naturphilosophie bei Befolgung dieser Methode in all ihren Disziplinen schließlich eine Vollendung erreicht, werden sich auch die Grenzen der Moralphilosophie erweitern. In dem Maße nämlich, wie wir durch die Naturphilosophie erfahren, was die erste Ursache ist, welche Macht sie über uns hat und welche Wohltaten wir von ihr empfangen, wird uns die Verpflichtung, die wir ihr gegenüber sowie gegeneinander haben, im Lichte der Natur deutlich werden. ...

Wm. Emmott

Einige Experimente aus der Frühzeit der physikalischen Optik[1])

1. Reflexion

Wenn sich auch die ältesten Philosophen hinsichtlich der Phänomene des Lichtes und des Sehens in großem Irrtum befanden, so waren sie doch mit der Tatsache vertraut, daß bei der Reflexion von einfallendem Licht an einer polierten Oberfläche der Einfallswinkel gleich dem Reflexionswinkel ist. Dies wurde wahrscheinlich zuerst entdeckt, als man beobachtete, wie Sonnenlicht vom Wasser reflektiert wurde. Da diese Erscheinung aber so augenfällig war, kann man diese Entdeckung unmöglich einem einzelnen zuschreiben.

Die Geometer des Altertums begnügten sich damit, ein System der Optik aus zwei Beobachtungen herzuleiten, nämlich der geradlinigen Ausbreitung des Lichtes und der Gleichheit von Einfalls- und Reflexionswinkel. Eine Euklid zugeschriebene Abhandlung über Optik beschäftigt sich mit der Bestimmung der scheinbaren Größe und Gestalt von Objekten aus der Kenntnis des Winkels, unter dem sie erscheinen, sowie mit der scheinbaren Lage des Bildes eines Objekts, das bei Reflexion an einem polierten Spiegel auftritt. Diese Abhandlung ist so unvollständig und so unpräzise abgefaßt, daß man schon seit langem zu der Auffassung gelangt ist, daß es sich nicht um ein Werk dieses großen Geometers handeln kann.

Unter Verwendung des Reflexionsprinzips als Grundlage wurden von Boyle und Hooke viele Experimente

---

[1]) Wm. Emmott, Some early experiments in physical optics, The Optician **142** (1961) 138–140, 189–193, 211–215, 449–456.

durchgeführt, um die Natur der Farben aufzuklären. Descartes scheint der erste gewesen zu sein, der eine Erklärung von sowohl Reflexion als auch Brechung versuchte.

Es blieb Sir Isaac Newton und dem französischen Forscher M. Bouguer[1]) vorbehalten, der Problematik des Lichtes größere Aufmerksamkeit zu widmen.

Newton führte aus, daß die Ursache der Reflexion des Lichtes nicht, wie üblicherweise angenommen wurde, dessen Auftreffen auf die festen Teilchen der Körper sei, und er brachte ausführliche Argumente zur Stütze seiner Behauptung vor. Er schloß seine Untersuchungen mit folgender Feststellung: Wenn nun das Licht nicht infolge des Aufpralls auf die festen Teilchen der Körper, sondern gemäß einem anderen Prinzip reflektiert wird, so ist es wahrscheinlich, daß alle die Strahlen, die auf die festen Teilchen der Körper treffen, nicht reflektiert, sondern ausgelöscht werden und in diesen Körpern verlorengehen. Andernfalls müssen wir zwei Arten von Reflexion annehmen; denn würden alle Strahlen reflektiert, die auf die inneren Teilchen von klarem Wasser oder eines Kristalls treffen, so hätten diese Substanzen eine trübe Färbung, statt klar und durchsichtig zu sein.

Die Experimente und Beobachtungen von M. Bouguer waren sowohl umfangreich als auch erfolgreich. Sein Gesamtwerk wurde 1760 unter dem Titel „Traité d'Optique" veröffentlicht.

Dieser Forscher genoß den Ruf, bei der Durchführung seiner Experimente mit großer Sorgfalt vorzugehen, und er stellte die Lichtquellen und die von ihnen beleuchteten Körper stets so auf, daß er sie gleichzeitig deutlich sehen konnte.

Sein Augenmerk galt den folgenden drei Hauptpunkten:

1. Bestimmung der bei der Reflexion verlorengehenden Lichtmenge.

[1]) Professor der Hydrographie in Le Havre. M. Bouguer überlebte Newton um 29 Jahre.

2. Bestimmung des Unterschiedes der unter verschiedenen Einfallswinkeln reflektierten Lichtbeträge.
3. Absorption von Licht an der Oberfläche und im Innern von durchsichtigen Körpern.

Um die bei der Reflexion verlorengehende Lichtmenge zu ermitteln, stellte er einen Spiegel *B* (siehe Abb. 1) genau vertikal auf, daraufhin an den Stellen *E* und *D* parallel zueinander zwei Täfelchen von genau gleicher Farbe, und ließ auf sie von der Lampe *P* her, die in gerader Linie zwischen ihnen aufgestellt war, Licht fallen. Er selbst nahm eine solche Stellung ein, daß er mit seinem Auge bei *A* das Täfelchen *E* und das vom Spiegel *B* reflektierte Bild des Täfelchens *D* sehen und beide zur Berührung bringen konnte.

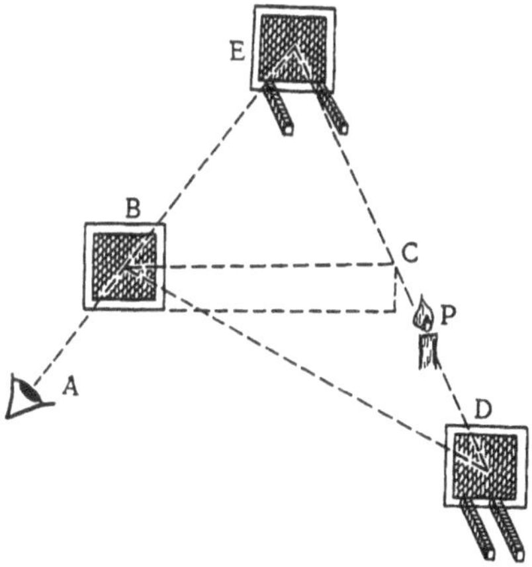

Abbildung 1

Dann verschob er die Lichtquelle längs der Linie *ED* so lange, bis er keinen Unterschied mehr in der Stärke des von *E* und *D* kommenden Lichtes feststellen konnte. In den Quadraten der gemessenen Entfernungen *EP* und *DP* kam zum Ausdruck, in welchem Maße der Spiegel die auf ihn fallende Lichtmenge verminderte.

Wenn der Spiegel das gesamte auftreffende Licht reflektieren würde, müßte die Lichtquelle *P* offenbar im Punkte *C*, das heißt gleich weit entfernt von jedem der beiden Täfelchen, aufgestellt werden, um die Täfelchen gleich hell erscheinen zu lassen, doch wegen des Lichtverlustes bei der Reflexion kann man gleiche Helligkeit nur dadurch erreichen, daß man die Kerze in größerer Nähe des nur über die Reflexion sichtbaren Täfelchens *D* aufstellt.

In einem Kontrollexperiment ließ Bouguer das Licht zur Erhöhung der Genauigkeit durch zwei Öffnungen *P* und *Q* eintreten (siehe Abb. 2), wobei er es so einrichtete, daß sie sich vergrößern, verkleinern und nach oben oder unten verschieben ließen. Die reflektierende Oberfläche war an der Stelle *O* horizontal aufgestellt; dort wurde das von *P* kommende Licht nach der Stelle *R* auf dem Schirm *GH* reflektiert. Dieses Licht wurde dann mit einem anderen Lichtstrahl verglichen, der von *Q* ausgehend direkt auf *S* fiel. Die Öffnung *Q* wurde dabei um soviel kleiner als *P* gemacht, daß *S* und *R* gleich stark beleuchtet wurden.

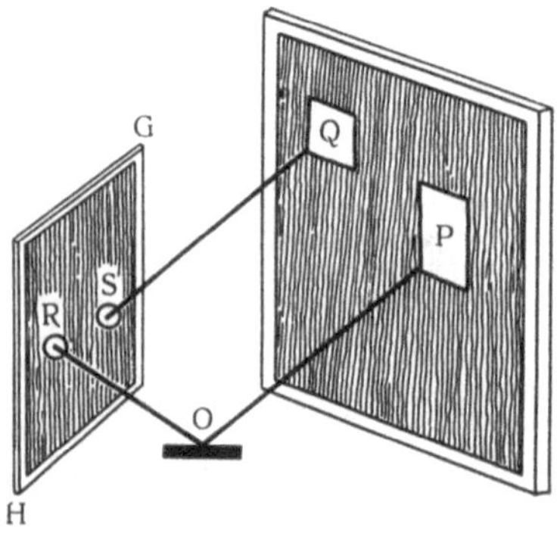

Abbildung 2

Die Länge der Strahlen *PO* und *QS* wurde gewöhnlich auf sieben oder acht Fuß bemessen, und es waren folgende

Anforderungen zu erfüllen: Die genannten Strahlen sollten genau parallel sein, die Lichtquellen sollten die gleiche Intensität besitzen, das Loch Q sollte höher als P sein, und der Schirm sollte genau vertikal stehen, so daß der direkte und der reflektierte Strahl unter dem gleichen Neigungswinkel darauf fielen. Die Anordnung genügte auch der Bedingung, daß der direkte Strahl QS von gleicher Länge war wie die Summe aus einfallendem (PO) und reflektiertem Strahl (OR), so daß die von P und Q kommenden Lichtmengen deutlich proportional zu der jeweiligen Größe der Öffnung waren.

Die Bouguerschen Experimente zur Bestimmung des Unterschieds zwischen den Lichtmengen, die bei verschiedenen Einfallswinkeln reflektiert werden, waren umfangreich und wurden mit verschiedenen reflektierenden Stoffen durchgeführt. Die allgemeine Folgerung war die, daß die Reflexion bei kleinen Einfallswinkeln[1]) am stärksten und bei großen Einfallswinkeln schwächer war. Der Unterschied war besonders groß, wenn Strahlen verschieden schräg auf die Oberfläche von durchsichtigen Substanzen fielen, und fast so groß bei einigen undurchsichtigen Substanzen.

Bouguer fand den größten Unterschied bei teilweise poliertem schwarzen Marmor, der bei einem Einfallswinkel von 3° 35′ 60 Prozent der empfangenen Lichtmenge zurückwarf. Bei einem Einfallswinkel von 15° wurden nur 15,6 Prozent des einfallenden Lichtes reflektiert, bei 30° waren es 5,1 Prozent und bei 80° 2,3 Prozent. Bei polierten Metallspiegeln wurde ein unter 15° einfallender Strahl nur zu 56,1 Prozent reflektiert, während ein glattes Stück Glas von $^1/_{12}$ Zoll Dicke 62,8 Prozent und bei einem Winkel von 3° 70 Prozent des darauffallenden Lichtes reflektierte.

---

[1]) Im Gegensatz zum heutigen Sprachgebrauch wird hier der Einfallswinkel nicht vom Einfallslot, sondern von der reflektierenden Oberfläche aus gezählt. (Anm. d. dt. Red.).

Tabellen wurden für Wasser und Glas aufgestellt, aus denen wir jeweils vier Werte als Beispiel anführen.

Wasser

Einfallswinkel in °	Prozentsatz der reflektierten Strahlen
2	63,9
15	21,1
40	3,4
80	1,8

Glas

Einfallswinkel in °	Prozentsatz der reflektierten Strahlen
2,5	58,4
15	29,9
40	5,7
80	2,5

Ein anderer Forscher namens M. Boscovich äußerte in einer Stellungnahme zu diesen Experimenten, der Grund dafür, daß bei schrägerem Einfall auf eine beliebige Oberfläche eine größere Lichtmenge reflektiert wird, sei der, daß in diesem Falle die Geschwindigkeit in Normalenrichtung kleiner sei; demzufolge könne die an der Oberfläche herrschende Kraft diese Geschwindigkeit leichter zum Verschwinden bringen und dadurch die Strahlen zur Reflexion veranlassen.

Nach allgemeiner Ansicht war M. Bouguer der erste, der bemerkte, daß die Oberflächen durchsichtiger Körper die Fähigkeit zur Absorption bzw. Auslöschung von Lichtstrahlen besitzen. Newton hatte angenommen, daß Lichtstrahlen nur dann ausgelöscht werden, wenn sie auf feste Körper fallen, aber die Experimente und Beobachtungen von Bouguer zeigten, daß das Gegenteil der Fall war. Dieser Forscher äußerte, dieser Effekt sei nicht den festen Teilchen der Körper zuzuschreiben, sondern einer nur auf der Oberfläche der Körper herrschenden Kraft, und er schloß, daß diese wahrscheinlich dieselbe sei wie die, welche die Reflexion, Brechung und Streuung des Lichtes bewirkt.

Es sind keine Aufzeichnungen über experimentelle Befunde erhalten geblieben, und anscheinend war der Forscher überzeugt, seine Schlußfolgerungen nach Abschluß eines Experiments bewiesen zu haben. Die benutzte Methode ist in Abbildung 3 dargestellt, wobei *B* eine

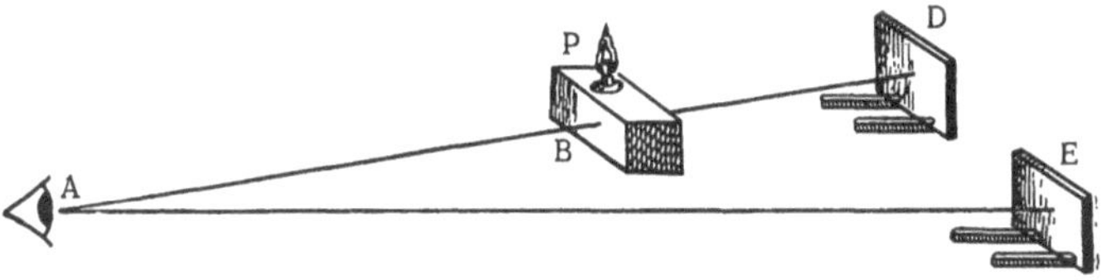

Abbildung 3

durchsichtige Substanz bezeichnet, auf die eine Kerze *P* gestellt wurde. Letztere beleuchtet gleichzeitig zwei Schirme *D* und *E*. *D* ist durch den durchsichtigen Körper hindurch sichtbar, während *E* zur gleichen Zeit direkt zu sehen ist. Um die beiden auf das Auge treffenden Lichtstrahlen gleich intensiv zu machen, muß der Schirm *E* in eine viel größere Entfernung gebracht werden als der Schirm *D*, und die Quadrate dieser zwei Abstände von der Kerze ergeben das gesuchte Verhältnis.

Bouguer wandte darauf seine Aufmerksamkeit der Reflexion und dem Lichtverlust innerhalb durchsichtiger Stoffe zu. Er sagte, es gäbe keine Stoffe, die so vollständig durchsichtig wären, daß sie keine Teilchen enthielten, die das Licht auffangen und reflektieren.

Die in diesen Experimenten benutzten Materialien waren zwei Glassorten und verschiedene kristalline Proben.

Es wurde zuerst Licht durch sechzehn Platten aus gewöhnlichem Fensterglas mit einer Gesamtdicke von $^{19}/_{24}$ Zoll geschickt, und dabei wurde festgestellt, daß es um den Faktor 247 geschwächt worden war. Dann wurden sechs zur Spiegelherstellung benutzte Glasplatten untersucht. Bei einer Gesamtdicke von $^{23}/_{24}$ Zoll schwächten sie das Licht im Verhältnis 27 zu 100, doch ein 3 Zoll dickes Stück, das nicht in einzelne Platten unterteilt war, verminderte das Licht nur zur Hälfte.

Bei Kristallstücken fand er, daß im Mittel ungefähr der 24. Teil des gesamten Lichtes absorbiert wurde.

Er schob die Unterschiede in seinen Ergebnissen auf eine Unterschiedlichkeit der Kristallstücke und/oder einige unvermeidliche Beobachtungsfehler. Man sagt, daß M. Bouguer der einzige war, der die Existenz einer Kraft entdeckte, die die auf die Oberfläche von durchsichtigen Medien fallenden und durch letztere hindurchtretenden Lichtstrahlen auslöscht, einer Kraft, die Newton nur den undurchsichtigen Körpern zugeschrieben hatte.

Von einem Baron namens Alexander Funk wurde der Anspruch erhoben, die Fähigkeit der Wolken entdeckt zu haben, als ein reflektierendes Medium zu fungieren. Beim Besuch einiger Silberbergwerke in Schweden machte er die Beobachtung, daß es an klaren Tagen in dem Schacht in einer Tiefe zwischen 360 und 420 Fuß vollständig dunkel war, während er an einem bewölkten Tag in 106 Fuß Tiefe noch genügend sah, um lesen zu können. Eine Befragung der Bergleute machte offenkundig, daß dies unter solchen Bedingungen immer der Fall war.

Er gelangte zu der Schlußfolgerung, daß dann, wenn der Himmel voller Wolken war, Licht von den Wolken in den Schacht hinein reflektiert wurde, und somit ein beträchtlicher Anteil der Lichtstrahlen senkrecht auf die Erde reflektiert wird.

2. Brechung

Unter den vielen Gelehrten des Mittelalters, die den Brechungserscheinungen ihre Aufmerksamkeit schenkten, war Alhazen erfolgreicher als irgendein anderer Forscher. Er untersuchte in vielen Experimenten den Übergang des Lichtes von Luft in Wasser und von Luft in Glas.

Befangen in dem alten Glauben an die Existenz von kristallinen Sphären oberhalb der Atmosphäre, vermutete er auch dort eine Brechung.

Er glaubte, dies durch astronomische Beobachtungen beweisen zu können, und folgerte unter anderem, daß die Höhe der Himmelskörper über dem Horizont dadurch vergrößert würde. Alhazen war der erste, der den Gedanken äußerte, daß Sterne auf Grund der Brechung in der Atmosphäre manchmal über dem Horizont zu sehen sind, wenn sie sich in Wirklichkeit schon darunter befinden. Dies wurde von Vitello, Tycho Brahe und anderen bestätigt.

Kepler verwandte eine beträchtliche Zeit auf das Studium der Brechungserscheinungen, im besonderen im Hinblick auf die Astronomie. Er machte folgende Beobachtung: Wenn das einfallende Licht einen Winkel mit der Senkrechten einschließt, der nicht größer als 30° ist, breitet sich das gebrochene Licht unter einem Winkel von ungefähr 20° aus. Weiterhin fand er, daß beim Übergang von einem dichteren zu einem dünneren Medium der gebrochene Strahl um so weiter von der Normalen abweicht, je größer der Einfallswinkel ist, bis er schließlich parallel zur brechenden Oberfläche verläuft.

Athanasius Kircher führte umfangreiche Experimente durch und stellte eine Tabelle der Brechungswinkel auf, die allen möglichen Einfallswinkeln bis zu einer Bogenminute entsprachen.

Sein experimentelles Material umfaßte die meisten durchsichtigen Festkörper und Flüssigkeiten, und es enthielt auch Resultate, die sich auf Luft und Wasser, Luft und Wein sowie Öl und Glas bezogen; es ist anzunehmen, daß die verwendete Methode derjenigen ähnelt, die Alhazen, Vitello und Scheiner zu dem gleichen Zweck benutzten. Kircher war als ein einfallsreicher Erfinder von optischen Instrumenten und Neuheiten bekannt. Der Apparat, den er für seine Untersuchungen zur Brechung konstruierte, ist ein typisches Beispiel hierfür.

Er ist in Abbildung 4 wiedergegeben, wobei *CDE* eine halbkugelförmige Glasschale darstellt, auf deren Rand ein mit genauer Gradeinteilung versehener Quadrant *CO* befestigt war und daran ein verschiebbares Visier *G*. Ein Stab *OE* war im Mittelpunkt *B* so befestigt, daß er sich

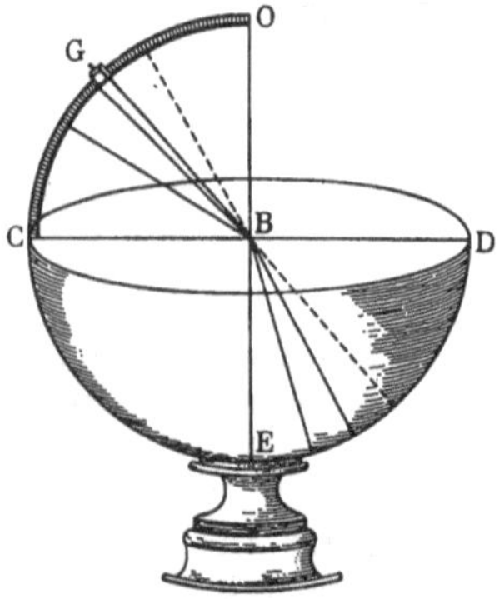

Abbildung 4

bewegen ließ, wobei eines seiner Enden den Rand des Gefäßes *ED* (das ebenfalls mit einer Gradeinteilung versehen war) gerade berührte und das andere Ende sich längs des Quadranten verschob.

Um mit diesem Instrument das Brechungsvermögen einer Flüssigkeit zu bestimmen, wurde es zunächst genau bis zum Mittelpunkt *B* gefüllt. Der Stab *OE* wurde dann unter einem gewünschten Winkel eingestellt. Ein längs des Stabes blickender Beobachter sah, wo der Stab tatsächlich die gegenüberliegende Gefäßwand berührte und zugleich den Punkt, wo er die Wand als Folge der Brechung zu berühren schien. Zusätzlich konnte ohne Benutzung des Stabes *OE* der Weg eines Lichtstrahls in der Flüssigkeit verfolgt werden, wenn er durch das am Quadranten angebrachte Visier geschickt wurde und auf den Mittelpunkt *B* des Gefäßes fiel.

Das wahre Brechungsgesetz wurde zum Teil von Snellius, einem Professor für Mathematik an der Universität Leyden, entdeckt. Zu seinen Lebzeiten wurde darüber nichts veröffentlicht, und obwohl Landsleute von ihm öffentlich und privat von seinen Ergebnissen Mitteilung machten, tauchten letztere in der Folgezeit in den Schriften von Descartes ohne Würdigung der Quelle[1]) auf.

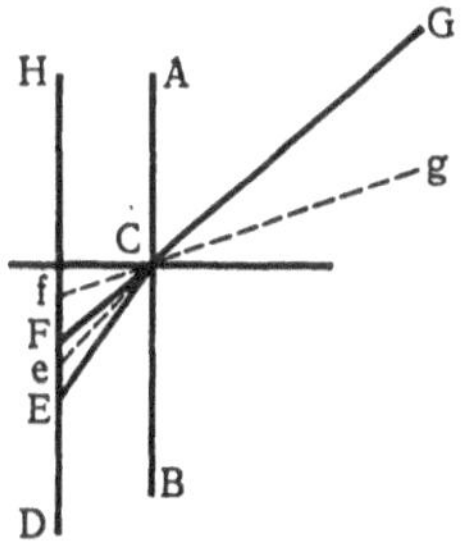

Abbildung 5

Das Experiment von Snellius ist in Abbildung 5 dargestellt. Hier bezeichnet *GC* einen auf die Oberfläche eines dichteren Mediums fallenden Lichtstrahl und *AB* die Normale am Einfallsort. Wenn man den Strahl nach der Brechung von *C* nach *E*, das heißt bis zum Schnitt mit der Ebene *HD* weiterlaufen ließ, ergab sich stets das gleiche Verhältnis zwischen *CE* und *CF*, wobei die letztere Strecke den Weg bezeichnet, den der Strahl ohne Brechung zurückgelegt hätte.

Wenn ein anderer Strahl *gC* durch Brechung an derselben Stelle in *Ce* übergeht, verhält sich *CE* zu *CF* wie *Ce* zu *Cf*, das heißt, die Sekanten der Komplementärwinkel bzw. die Kosekanten des Einfalls- und Brechungswinkels stehen im gleichen Verhältnis.

[1]) Die Frage, ob Descartes die Arbeiten von Snellius kannte, war Gegenstand zahlreicher Diskussionen. (Anm. d. sowj. Red.).

Snellius schloß mit der Feststellung, daß dieses Verhältnis für die Medien Luft und Wasser 4 zu 3 sei, und im Falle von Luft und Glas sei es in sehr guter Näherung 3 zu 2. Allerdings behauptete er fälschlich, dieses konstante Verhältnis bezöge sich nicht auf die wirklichen, sondern auf die scheinbaren Längen der Strecken *CE* und *CF*.

Obwohl Descartes die Snelliussche Arbeit in seine eigenen Schriften aufnahm[1]), führte er viele unabhängige Untersuchungen durch, welche die Brechung zum Gegenstand hatten.

Unter anderen Feststellungen findet man eine, die besagt, daß der Sinus des Einfallswinkels zum Sinus des Brechungswinkels immer im gleichen Verhältnis steht. Abbildung 6 zeigt Descartes' eigene Zeichnungen.

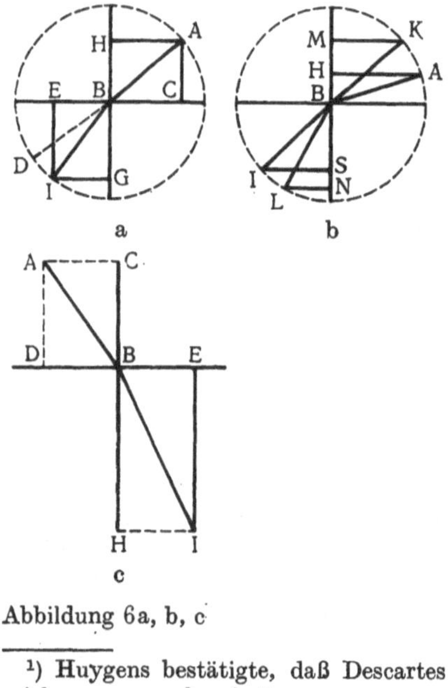

Abbildung 6a, b, c

[1]) Huygens bestätigte, daß Descartes die Snelliusschen Aufzeichnungen gesehen hatte.

Descartes bemerkt dazu, daß die Brechung des Strahls *AB* durch *CB* oder *AH*, also den Sinus des Einfallswinkels, und durch *EB* oder *IG*, also den Sinus des Brechungswinkels, zu messen ist und nicht durch die Winkel *ABH* und *GBI* selbst, und noch weniger durch den Winkel *DBI*. Das Verhältnis dieser Winkel ändert sich mit dem Grad der Neigung, wogegen das Verhältnis der Strecken *AH* und *IG* für jeden Neigungsgrad — bei gleichem Medium — das gleiche ist. Fallen daher zwei Strahlen *KB* und *AB* (siehe Abb. 6b) auf denselben Punkt *B* eines brechenden Mediums und wird der erstere nach *L* und der letztere nach *I* gebrochen, so verhält sich *KM* zu *AH* wie *NL* zu *SI*. Descartes schloß diese Feststellungen mit der Bemerkung, daß keine weiteren Messungen erforderlich seien, wenn das Verhältnis der Sinusse von Einfalls- und Reflexionswinkel für irgendeinen Einfallswinkel bestimmt worden ist, es sei denn, es handele sich um unterschiedliche Medien, in welchem Fall Änderungen des genannten Verhältnisses auftreten würden.

Descartes versuchte, die Ursache der Brechung durch Anwendung eines Prinzips der Mechanik — der Zerlegung von Kräften — zu erklären, und war dabei zu der Annahme gezwungen, daß das Licht durch ein dichteres Medium mit größerer Leichtigkeit hindurchläuft als durch ein dünneres. Er machte dazu die in Abbildung 6c wiedergegebene Zeichnung. Es wird angenommen, daß auf einen im Punkte *B* schräg auf ein dichteres Medium fallenden Lichtstrahl *AB* zwei Kräfte wirken, die eine treibt ihn in die Richtung *AC* und die andere in die Richtung *AD*. Da sich der Strahl nach Eintritt in ein dichteres Medium der Normalen *BH* nähert, ist klar, daß die letztere Kraft einen Zuwachs erfahren haben muß, während die erstere die gleiche blieb, denn wenn man *BE* mit *BD* oder *CA* gleichsetzt, folgt aus der Tatsache, daß der Winkel *IBH* kleiner ist als der Winkel *ABC*, daß *BH* länger sein muß als *BC* oder *AD*. Der erste, der die Richtigkeit dieser Aussage in Frage stellte, war M. Fermat, ein fähiger französischer Mathematiker. Seine Behauptung, daß Licht einen Widerstand erfährt, der in verschiedenen Medien von unterschiedlicher Größe ist und den unterschiedlichen Dichten entspricht, fand die Unterstützung der führenden Gelehrten der damaligen Zeit wie Leibniz, Dechales, Barrow u.a.

Viele Experimente zur Bestimmung des Brechungsvermögens verschiedener Medien wurden von Mitgliedern der Royal Society durchgeführt, und ein von einem Herrn Lowthorp im Jahre 1698 ausgeführtes Experiment wurde zum Gegenstand vieler Erörterungen.

Ein Lichtstrahl wurde durch ein Torricellisches Vakuum geschickt. Lowthorp fand, daß sich das Brechungsvermögen von Luft zu dem des Wassers wie 36 zu 34400 verhält, und schloß daraus, daß das Brechungsvermögen eines Mediums nicht proportional zu seinem spezifischen Gewicht ist. Das Brechungsvermögen des Glases steht zu dem des Wassers im Verhältnis 55 zu 34, wogegen das Verhältnis der spezifischen Gewichte 87 zu 34 beträgt; es gibt sogar einige Flüssigkeiten, die, obwohl sie leichter als Wasser sind, ein größeres Brechungsvermögen besitzen.

Cassini berichtete den Mitgliedern der französischen Akademie über dieses Experiment, und diese legten dar, daß durch ein Vakuum laufendes Licht keine Brechung erfahren würde. Die Royal Society wurde darüber informiert, und Herrn Hauksbee wurde die Durchführung eines Kontrollversuchs übertragen.

Dessen Apparat bestand aus einem stabilen Messingprisma, das auf zwei Seiten Nuten zur Befestigung zweier ebener Glasplatten besaß. Dabei konnte die im Prisma befindliche Luft sowohl abgesaugt als auch verdichtet werden. Weiterhin war das Prisma zwecks Messung der Dichte der darin vorhandenen Luft an ein Quecksilbermanometer angeschlossen. Das Prisma ließ sich um seine Achse drehen, so daß man es nach Befestigung am Ende eines Fernrohrs so einstellen konnte, daß an beiden Prismaflächen die gleiche Brechung auftrat. Der Brechungswinkel betrug genähert 64°, und das Fernrohr, in dessen

Brennpunkt ein feines Haar angebracht war, hatte eine Länge von ungefähr 10 Fuß.

Nach Wahl eines deutlich sichtbaren, aufrechtstehenden Beobachtungsobjekts in einer Entfernung von 2 588 Fuß wurde im Prisma ein Vakuum erzeugt und das Prisma so am Fernrohr befestigt, daß die beiden Glasplatten die gleiche Neigung zum Sehstrahl hatten. Das im Brennpunkt horizontal angebrachte Haar wurde dabei mit einer Orientierungsmarke auf dem Objekt zur Deckung gebracht. Wenn man in das Prisma Luft einströmen ließ, sah man, wie sich das Objekt immer mehr über das Haar erhob und wie letzteres schließlich eine Marke überdeckte, die sich 10,25 Zoll unter der zuerst betrachteten befand. Dieses Experiment wurde mit stets gleichem Erfolg wiederholt. Der Druck im Innern des Prismas wurde dann auf zwei Atmosphären erhöht und das Prisma wieder vor dem Fernrohr angebracht. Bei Verminderung des Luftdruckes begann das Objekt, das vordem emporzusteigen schien, sich immer mehr zu senken, bis es schließlich, wie man an dem Haar erkannte, um die gleiche Strecke von 10,25 Zoll tiefer zu liegen schien als zuvor. Daraufhin wurde im Prisma ein Druck von drei Atmosphären erzeugt, und nach Ausgleich des Überdruckes sah man ein Objekt an einer ungefähr 21 Zoll tieferen Stelle als vorher.

Die Schlußfolgerung, die man aus diesem Experiment zog, war die, daß das Brechungsvermögen der Luft proportional zu ihrer Dichte ist, und die Mitglieder der französischen Akademie, die dieses Experiment mit noch größerer Sorgfalt wiederholten, gelangten zu genau dem gleichen Resultat wie die Royal Society.

Sir Isaac Newton war der erste, der die Idee äußerte, sowohl Reflexion als auch Brechung könnten durch Abstoßungs- und Anziehungskräfte verursacht sein, die den Körpern eigen sind und sich eine gewisse Entfernung über ihre Oberflächen hinaus erstrecken.

Aus dieser Annahme sowie der Hypothese, daß das Licht aus Teilchen besteht, die von leuchtenden Körpern emittiert werden, folgerte er, daß der Sinus des Einfallswinkels stets in einem bestimmten Verhältnis zum Sinus des Brechungswinkels stehen muß, wenn die Ursache für die Brechung eine Anziehung seitens des brechenden Mediums ist.

Darüber hinaus zeigte er, daß sich dann, wenn die Ursache für die Brechung eine Anziehung seitens des brechenden Mediums ist, die Geschwindigkeit des Lichtes vor dem Einfall zu der Geschwindigkeit nach dem Einfall wie der Sinus des Brechungswinkels zum Sinus des Einfallswinkels verhält, so daß das Licht beim Übergang von einem dichteren zu einem dünneren Medium eine Geschwindigkeitszunahme erfahren sollte.

Der Herzog de Chaulnes, den die von Newton und anderen benutzten Methoden zur Bestimmung des Brechungsvermögens von Glas nicht überzeugten, wandte zu diesem Zweck die folgende Methode an.

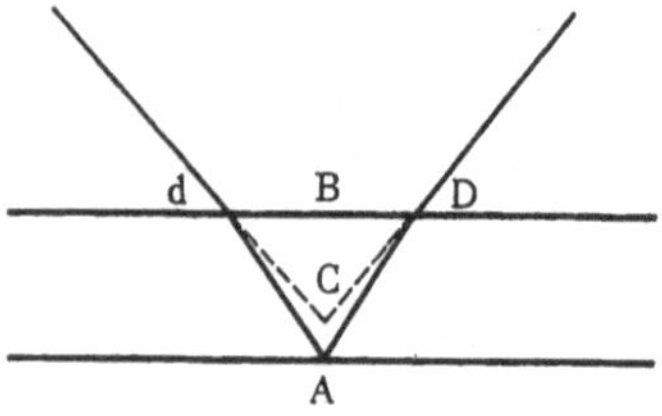

Abbildung 7

Er verwendete eine Anzahl vollständig ebener und paralleler Glasplatten, auf die kleine Objekte gelegt wurden. Er ermittelte dann mit Hilfe eines Mikroskops, das mit einem Mikrometer verbunden war, die unterschiedlichen Abstände, in denen die verschiedenen Objekte zu sehen waren, und verglich sie mit der Dicke des jeweiligen Glases. Dies liefert, so führte er aus, ohne weiteres das Verhältnis der Sinusse des Einfalls- und Brechungswinkels. Wenn sich also *B* und *A* (siehe Abb. 7) im Abstand der beiden Oberflächen befinden, sieht man ein Objekt an der Stelle *A* vermöge der Strahlen, die bei *D* und *d* so gebrochen werden, als ob sie von C ausgingen. Dabei wächst der Abstand zwischen C und A mit dem Brechungsvermögen des Glases.

Mit dieser Methode bestimmte de Chaulnes das mittlere Brechungsvermögen von fünfzehn Glassorten. Zum Beispiel hatte das von ihm untersuchte Stück Kronglas eine wirkliche Dicke von 2,78 Zoll, während seine scheinbare Dicke 1,85 Zoll betrug; das Verhältnis der Sinusse des Einfalls- und Brechungswinkels war daher 0,665. Bei Flintglas betrug die wirkliche Dicke 2,42 Zoll und die durch Brechung vorgetäuschte 1,52 Zoll; das Verhältnis der Sinusse hatte den Wert 0,628.

Vater und Sohn Bernoulli versuchten, die Ursache der Brechung auf der Grundlage mechanischer Prinzipien zu erklären, nämlich mit dem Kräftegleichgewicht, verbunden mit der Annahme von Ätherwirbeln. Doch beide Hypothesen blieben wegen mangelnder Glaubwürdigkeit erfolglos. A. M. Marian machte ebenfalls einen Erklärungsversuch, der auf der Annahme beruhte, daß eine subtile Flüssigkeit die Poren aller Körper erfüllt und sich wie eine Atmosphäre in geringer Entfernung über ihre Oberflächen hinaus erstreckt. Er glaubte, daß die Lichtbrechung nicht mehr sei als ein notwendig auftretender mechanischer Effekt, den ein kleiner Körper unter diesen Bedingungen zeigt. Er schloß mit der Feststellung, daß in Wasser mehr von der brechenden Flüssigkeit enthalten sei als in Luft, in Wasser weniger als in Glas und allgemein in einem dichteren Medium weniger als in einem dünneren.

Ein Beispiel für die scharfsinnigen Methoden, die von den Gelehrten des siebzehnten und achtzehnten Jahrhunderts angewandt wurden, stellt das von Dr. Smith geschilderte Experiment dar, das er mit dem Ziel durchführte, den Brechungswinkel mit dem Einfallswinkel zu vergleichen. Ein Gefäß mit einem Glasboden wurde mit der zu untersuchenden Flüssigkeit gefüllt und an einem langen Holzstab mit vollkommen ebenen und (paarweise) parallelen Seitenflächen befestigt. Am anderen Stabende, dem Gefäß gegenüber, wurde seitlich ein Quadrant angebracht. Wenn das Licht im Gefäß so gebrochen wurde, daß es genau parallel zur Oberfläche des Holzes verlief, zeigte das Lot am Quadranten den Winkel an, unter dem es sich ausbreitete. Ein Vergleich dieses Winkels mit der Son-

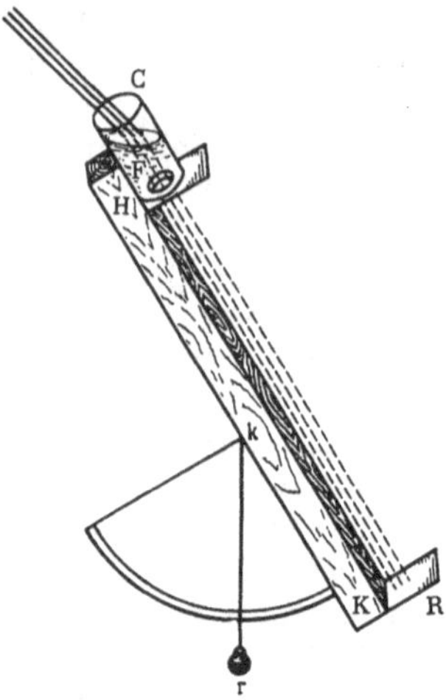

Abbildung 8

nenhöhe ergab dann den Unterschied zwischen dem Brechungswinkel und dem Einfallswinkel. Die Anordnung ist in Abbildung 8 veranschaulicht. Hier bezeichnet *CF* das Gefäß, *HK* das Holzstück, an dem es befestigt war, und *kr* die Lotlinie des Quadranten. *FR* gibt den Verlauf des gebrochenen Strahls nach Durchtritt durch den Boden des Gefäßes bis zu der Zielmarke am gegenüberliegenden Stabende an.

Daß verschieden starke Erwärmung eine Auswirkung auf das Brechungsvermögen von Körpern haben könnte, war von Newton vermutet worden, doch war die von ihm zum Nachweis des Effektes verwendete Methode nicht genau genug, um zuverlässige Resultate zu liefern.

Zur Klärung dieser Frage führte M. Euler sieben Experimente durch, die alle erfolgreich verliefen. Zwei von ihnen waren die folgenden:

1. Wenn eine Glaslinse solange in heißes Wasser gehalten wurde, bis sie den gleichen Hitzegrad angenommen hatte, änderte sich, so stellte er fest, die Brennweite von 16,25 Zoll im kalten Zustand auf 16 Zoll im erwärmten Zustand. Dieses Experiment wurde mit einem Réaumur-Thermometer im August 1761 durchgeführt. Dabei war eine Temperaturerhöhung von 66° vonnöten, um die Brennweite der Linse um 0,25 Zoll zu vermindern.

2. Wenn er eine Glaslinse über kochendes Wasser hielt, fand er, daß eine Temperaturdifferenz von 33° die Brennweite um 0,5 Zoll verringerte.

Diese und andere eigene Experimente sah Euler als Beweis für eine Verringerung der Brennweite durch Erwärmung an, und er schloß, daß diese Veränderung durch eine Änderung des Glases selbst bedingt sei.

3. Beugung

Wenn man auch zu einem mehr oder weniger vollständigen Verständnis der Reflexion und Brechung schon früher gelangt war, fiel doch die Entdeckung der Beugungserscheinung erst in das 17. Jahrhundert. Bis zu dieser Zeit hätten die Gelehrten ohne Zögern gesagt, daß Licht, das so dicht wie nur möglich an einem Körper vorbeilaufe, ohne ihn wirklich zu berühren, sich nach wie vor längs Geraden fortpflanze und von der Anwesenheit des Körpers unbeeinflußt bliebe. Man entdeckte dann, daß Licht, das in eine gewisse Entfernung von einem Körper gelangt, eine Ablenkung entweder auf ihn zu oder von ihm weg erfährt. Man ist allgemein der Meinung, daß der Entdecker dieser Erscheinung Pater Grimaldi ist, der eine entsprechende Beschreibung in einer Abhandlung „Über das Licht, die Farben und den Regenbogen" im Jahre 1666 veröffentlichte.

Im Jahre 1672 machte Robert Hooke der Royal Society einige Mitteilungen über dieses Phänomen, aber anscheinend hatte er keine Kenntnis von den Grimaldischen Versuchen, denn er schilderte es als „eine neue Eigenschaft des Lichtes, die zuvor von keinem, der über Optik geschrieben hat, erwähnt wurde". Seine Experimente waren noch unvollkommen. Sie wurden in einem verdunkelten Raum ausgeführt, in den man Licht durch eine mit Löchern versehene, in einem Fensterladen angebrachte Messingplatte eintreten ließ. Der von einem Loch ausgehende kegelförmige Strahl wurde auf ein in einiger Entfernung befindliches Blatt Papier projiziert, und Hooke beobachtete dabei, daß die Mitte viel heller war als der Rand und daß ringsherum eine Art Halbschatten war, der ungefähr den 16. Teil des Kreisdurchmessers bedeckte. In einer Entfernung von ungefähr 2 Zoll vom ersten Loch wurde ein zweites Loch gebohrt, und die Basisflächen der beiden Lichtkegel befanden sich in einer solchen Entfernung von den Löchern, daß sie sich überdeckten. Hooke bemerkte nicht nur einen den helleren Kreis umgebenden Halbschatten, sondern darüber hinaus eine dunkle Kreislinie, die dort zu sehen war, wo der Rand der einen Basis den der anderen schnitt. Ein Vergleich des Durchmessers der Basisfläche mit ihrem Abstand von dem Loch führte ihn zu der Feststellung, daß der Durchmesser keinesfalls mit dem übereinstimmte, den von der Lichtquelle ausgehende Geraden ergeben würden, vielmehr änderte er sich mit der Lochgröße und dem Abstand des Papiers. Durch diese Erscheinung fühlte er sich zu weiteren Untersuchungen veranlaßt. Zu diesem Zweck wurde ein undurchsichtiger Körper *BB* (siehe Abb. 9) so aufgestellt, daß er das von der Öffnung *C* ausgehende Licht auf seinem Wege zum Schirm *AP* teilweise auffing. Es zeigte sich, daß der Schatten des dazwischengestellten Körpers von veränderlicher Helligkeit war, nach dem Rande zu wurde er nämlich heller. Dieses Experiment wurde mit genau dem gleichen Ergebnis mit einem Rasiermesser wiederholt. Das Rasiermesser wurde dann so aufgestellt, daß es den Lichtkegel in zwei Teile spaltete. Die Eintrittsöffnung für das Licht blieb dabei die gleiche wie zuvor, und das Papier wurde

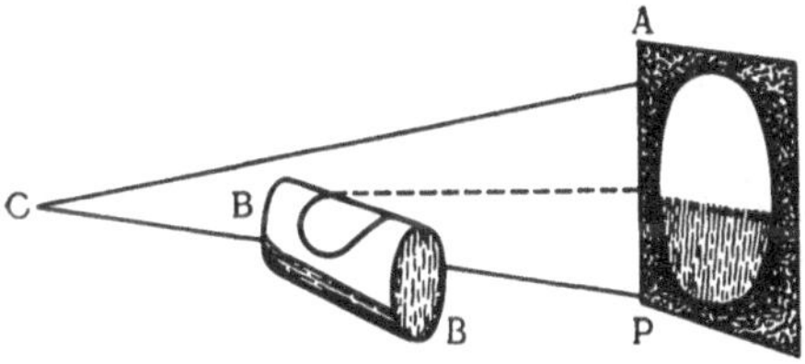

Abbildung 9

so plaziert, daß nur der Schatten des Rasiermessers darauffiel. Was Hooke sah, schilderte er als „ein sehr lebhaftes, sichtbares Licht, das sich das Papier hinunter ergoß und so breit war wie der Durchmesser des hellen Kreises".

Dieses Licht ergoß sich von der Schattenlinie aus immer in senkrechter Richtung und erstreckte sich dabei um mehr als das Hundertfache weiter, als die Breite des verbliebenen Kreisstücks betrug. Wie viele Versuche ergaben, erfüllte das von der Kante aus nach unten in den Schattenbereich hineinlaufende Licht fast immer nahezu einen rechten Winkel, wobei die Strahlen allerdings um so schwächer wurden, je mehr sie von den direkten Strahlen des Lichtkegels abwichen. Wenn auch die Hookeschen Experimente keine erschöpfende Untersuchung darstellten, gelangte der Autor doch unter anderem zu folgenden Schlußfolgerungen:[1])

1. Es gibt eine Beugung des Lichtes.
2. Diese Beugung vollzieht sich senkrecht auf die Oberfläche des undurchsichtigen Körpers zu.
3. Der von den geraden Lichtstrahlen um den größten Winkel abgelenkte Teil des gebeugten Lichtes ist der

[1]) Hooke verwendete oft den Terminus „deflection" zur Beschreibung der Beugung. Wir übersetzen ihn mit Beugung. (Anm. d. sowj. Red.)

schwächste, der um den kleinsten Winkel abgelenkte Anteil der stärkste.

4. Farben können ohne Brechung erzeugt werden.
5. Die gleichen Lichtstrahlen, die auf den gleichen Punkt eines Objekts fallen, nehmen verschiedene Farben an, wenn man die Neigung des Gegenstandes verändert.[1])

Die Entdeckung, daß man durch Beugung Farben erzeugen kann, wird Pater Grimaldi zugeschrieben. Dieser ließ einen Lichtstrahl in einen verdunkelten Raum eintreten und stellte dabei fest, daß er sich in Form eines Kegels zerstreute, dessen Basisfläche durch *CD* wiedergegeben wird (siehe Abb. 10). Er stellte einen undurchsichtigen Körper *FE* in beträchtlicher Entfernung von dem Loch in diesen Lichtkegel hinein und fing den Schatten auf weißem Papier auf. Dabei zeigte sich, daß die

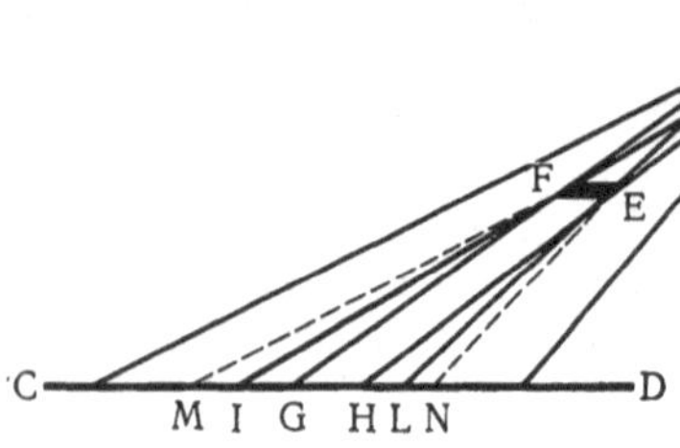

Abbildung 10

Schattenfläche nicht auf *GH* oder den Halbschatten *IL* beschränkt blieb, sondern sich bis *MN* erstreckte, worüber er sehr erstaunt war. Er fand durch Rechnung, daß der Schatten beträchtlich breiter war, als es der Fall sein konnte, wenn er von Strahlen erzeugt worden wäre, die geradlinig an den Rändern des Objekts vorbeiliefen. Doch am bemerkenswertesten an dieser Erscheinung war (für ihn) der Umstand, daß auf dem hellen Teil *CM* und *ND*

[1]) Hooke führte insgesamt 8 Folgerungen an.

der Basisfläche deutlich farbige Lichtstreifen zu unterscheiden waren, jeder auf der dem Schatten zugewandten Seite von Blau und auf der anderen Seite von Rot begrenzt. Obwohl diese farbigen Streifen zum Teil etwas mit der Größe der Öffnung *AB* zu tun hatten (sie konnten nämlich nicht erzeugt werden, wenn die Öffnung groß war), stellte er doch andererseits fest, daß sie weder von seiten der Öffnung noch seitens des Durchmessers der Lichtquelle eine Beschränkung erfuhren.[1])

Um noch überzeugendere Ergebnisse zu erhalten, führte Grimaldi folgendes Kontrollexperiment durch: Er ließ Licht wie zuvor eintreten und brachte in beträchtlichem Abstand von der Öffnung eine Platte *EF* an (siehe

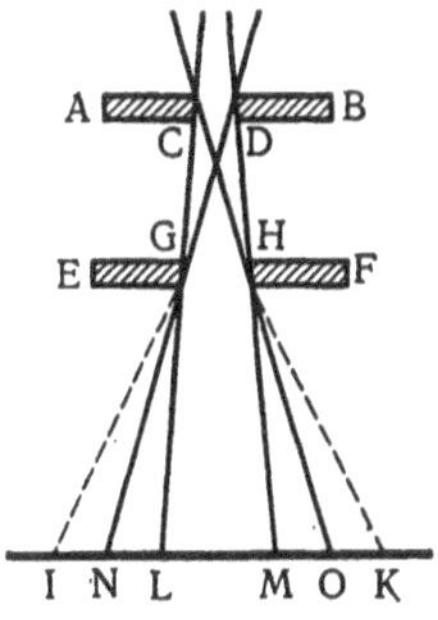

Abbildung 11

Abb. 11). Die Platte besaß eine kleine Öffnung *GH*, die nur einen Teil des Lichtstrahls hindurchließ, der dann auf weißes Papier fiel. Dabei zeigte sich, daß die Basisfläche *IK* viel größer war, als es hätte der Fall sein können, wenn sie von geradlinig sich ausbreitenden Strahlen projiziert worden wäre.

[1]) Zur damaligen Zeit waren die Experimentatoren auf drei Lichtquellen, nämlich die Sonne, den Mond oder eine Kerze angewiesen. Die Sonne war bei den Experimenten von Hooke, Grimaldi und Newton die hellste Quelle.

Damit diese Experimente glückten, mußten folgende Bedingungen eingehalten werden:

1. Das Licht sollte sehr intensiv sein.
2. Die Öffnungen, im besonderen die erste (*CD*), mußten sehr eng sein.
3. Das Papier mußte sich in beträchtlichem Abstand von der Öffnung *GH* befinden.

Bei diesem Experiment wurden die Längen in alten römischen Fuß angegeben. (Ein römischer Fuß ist mit 11,64 Zoll gleichzusetzen.) Die Apertur *CD* betrug $^1/_{75}$ bzw. $^1/_{60}$, die zweite Apertur $^1/_{12}$ bzw. $^1/_{10}$ römische Fuß, und die Abstände *DG* und *GN* machten mindestens 12 römische Fuß aus.

Wenn Pater Grimaldi auch beträchtliche Zeit auf seine Beugungsexperimente verwandte, war doch sein letztes Ziel die Klärung der zu der damaligen Zeit bedeutsamsten Frage, nämlich der, ob Licht eine Substanz oder eine Eigenschaft sei. Seine Schlußfolgerungen entsprachen der Auffassung der Aristoteliker, daß Licht keine substantielle, sondern eine zufällige Qualität sei.

Die Experimente von Sir Isaac Newton — von denen man sagt, es seien die letzten gewesen, die er durchführte — förderten die Kenntnis der Beugung sehr beträchtlich, trotz der Tatsache, daß er sie selber als unvollständig empfand.

Bei seinem ersten Experiment ließ er Licht durch ein Loch mit einem Durchmesser von $^1/_{42}$ Zoll in einen verdunkelten Raum treten. Er stellte fest, daß die Schatten von Haaren und anderen dünnen Gegenständen, die in den Lichtstrahl gebracht wurden, viel breiter waren, als es der Fall gewesen wäre, wenn die Lichtstrahlen an den Gegenständen geradlinig vorbeigegangen wären. Abbildung 12 zeigt Newtons eigene graphische Darstellung des Experimentes. Hier bezeichnet *X* den Querschnitt eines Haares, und die Strahlen *AE* und *BD* repräsentieren Licht, das in verschiedenen Abständen vorbeiläuft und auf die Wand *GQ* fällt. Wenn das Haar von der Wand weit entfernt und sein Schatten demzufolge breit war, beobachtete er, daß sich die Gegenwart des Haares auf Lichtstrahlen auswirkte, die sich in einer gewissen Ent-

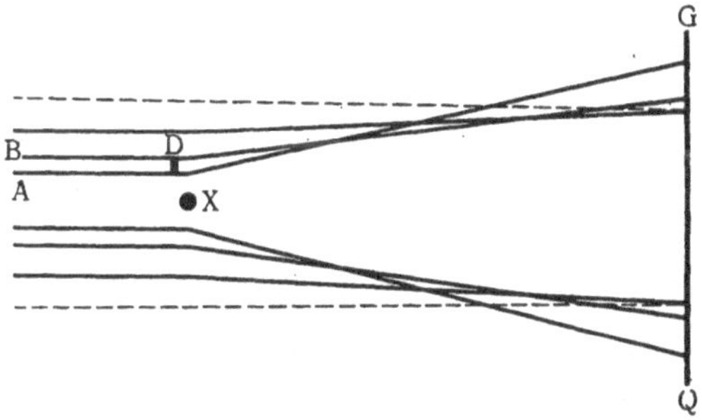

Abbildung 12

fernung davon befanden. Die stärkste Wirkung erfuhren dabei die in geringstem Abstand vorbeilaufenden Strahlen, während die weiter entfernten Strahlen immer schwächer beeinflußt wurden. Daraufhin wurde eine polierte Glasplatte befeuchtet, darauf das Haar und obendrauf eine zweite Glasplatte gelegt, so daß das Wasser den Zwischenraum zwischen den Platten ausfüllen konnte. Diese Anordnung lieferte den gleichen Effekt wie das Haar allein, und die gleiche Beobachtung wurde an den Schatten von Äderungen und Kratzern gemacht, die sich in bzw. auf einem Glasstück befanden. Dies führte zu der Schlußfolgerung, daß die Verbreiterung des Schattens nicht durch Brechung, sondern durch eine andere Ursache bedingt ist.

Es wurden Experimente mit Metallen, Glas, Steinen, Holz usw. gemacht, und es zeigte sich, daß der jeweilige Schatten von drei parallelen Streifen aus buntem Licht umsäumt wurde. Die an den Schatten sich anschließenden Streifen waren breiter und heller, während die entfernteren schmaler und fast unsichtbar waren. Es traten drei getrennte Streifen auf mit folgender Reihenfolge der

Farben, ausgehend vom Schatten: violett, dunkelblau, blaßblau, grün, gelb, rot; blau, gelb, rot; blaßblau, blaßgelb und rot. Die Breite der Streifen stand im Verhältnis $1:\sqrt{1/3}:\sqrt{1/5}$, und ebenso verhielten sich ihre Abstände. Dieses Verhältnis blieb bei allen Entfernungen vom Haar nahezu das gleiche, die dunklen Zwischenräume zwischen den Streifen waren — im Vergleich zu der Breite der Streifen — bei ihrem ersten Auftreten genauso breit wie später in großer Entfernung vom Haar, wenn auch nicht so dunkel und deutlich.

Newton führte ein ähnliches Experiment aus wie das Hookesche, jedoch mit größerer Perfektion. Er benutzte dabei zuerst ein und dann zwei Messer als Hindernisse.

Durch ein Loch von $1/4$ Zoll Durchmesser hindurchtretendes Licht fiel auf ein schwarzes Blatt Papier mit einem weiteren Loch, das $3/4$ Zoll im Quadrat maß. Unmittelbar hinter dieser Öffnung befand sich eine Messerklinge, die das hindurchtretende Licht zum Teil auffing. Die Ebene des schwarzen Papiers und die der Messerklinge waren parallel und senkrecht zu den Lichtstrahlen. Das an der Messerklinge vorbeigehende Licht fiel auf ein zwei oder drei Fuß von dem Messer entferntes weißes Blatt Papier. Newton erblickte dort zwei schwache Lichtströme, die von dem direkten Lichtstrahl aus wie Schwänze von Kometen nach beiden Seiten in den Schatten hineinschossen. In das weiße Papier wurde ein kleines Loch gemacht und das störende direkte Licht auf ein schwarzes Tuch geworfen. Dadurch wurden die zwei Lichtströme deutlicher; sie erwiesen sich als nahezu gleich in Länge, Breite und Helligkeit. Die Länge dieser Lichtströme, auf dem Papier in drei Fuß Entfernung von dem Messer gemessen, betrug etwa 6 oder 8 Zoll, so daß sie, von der Kante des Messers aus betrachtet, unter einem Winkel zwischen 10° und 14° erschienen. Ein zweites Messer wurde dann so aufgestellt, daß sein Rand dem des ersten parallel war, und in einer solchen Entfernung, daß ein Teil des Lichtes zwischen den beiden Messerkanten hindurchtreten konnte.

Wenn letztere einander sehr nahe waren, teilte sich das Licht in zwei Bündel mit einem Schatten dazwischen. Dieser war so dunkel, daß das gesamte zwischen den Messern hindurchtretende Licht nach der einen oder anderen Seite abgelenkt erschien. Wenn man die Messer einander näherte, wurde der Schatten breiter, bis das Licht schließlich bei Berührung der Messer verschwand. Farbige Streifen erschienen im Falle eines Messers keine, wohl aber bei zweien, und zwar — kurz bevor [bei Annäherung der Messerkanten] zwischen den beiden Lichtströmen der Schatten in Erscheinung trat — an deren inneren Enden, drei auf der einen Seite des direkten Lichts, die von dem einen Messer erzeugt wurden, und drei auf der anderen Seite, die von dem zweiten Messer erzeugt wurden. Sie waren am deutlichsten, wenn die Messer von dem Loch im Fenster möglichst weit entfernt waren; und wenn man das Loch kleiner machte, konnte man manchmal noch einen vierten Streifen erkennen. Weiterhin wurde festgestellt, daß die Streifen im Schatten der Messer, wenn sie senkrecht auf ein in großer Entfernung angebrachtes Blatt Papier fielen, die Form von Hyperbeln hatten.[1]) Da es sich bei diesen Experimenten um Kontrollversuche hinsichtlich seines ursprünglichen Experiments mit dem Haar handelte, konstatierte Newton, man könne folgendes schließen: Wenn man ein Haar in das Sonnenlicht hält und es einen Schatten wirft, der von drei farbigen Streifen begrenzt ist, so sind diese Farben nicht die Folge irgendwelcher Modifikationen, die dem Licht von dem Haar aufgeprägt werden, sie rühren vielmehr von der verschieden starken Beugung her, in deren Verlauf die verschiedenen Strahlensorten, die in ihrer ursprünglichen Zusammensetzung weißes Licht ergeben, voneinander getrennt werden.

[1]) In diesem Fall waren die Kanten der beiden Messer nicht parallel zueinander, sondern schlossen einen kleinen Winkel miteinander ein. (Anm. d. dt. Red.)

Auch auf dem Kontinent führten verschiedene Forscher viele Experimente in dieser Richtung durch, doch sie erweiterten die damals schon bestehenden Kenntnisse nicht wesentlich. Allerdings entdeckte einer von ihnen namens du Tour durch Zufall eine viel größere Anzahl von farbigen Streifen, als irgendein anderer Gelehrter vordem bemerkt hatte.

Der Apparat, mit dessen Hilfe sie — sehr deutlich übrigens — beobachtet wurden, war ein kreisförmiges Brett *ABED* (siehe Abb. 13) von 13 Zoll Durchmesser. Die Oberfläche war schwarz mit Ausnahme des Randes, wo sich ein Ring aus weißem Papier befand, der dazu

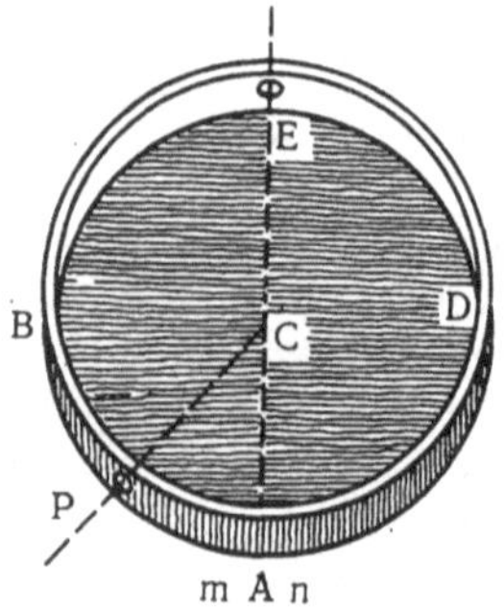

Abbildung 13

diente, den Kreisumfang in 360° zu unterteilen. Vom Punkte *A* aus wurden nach jeder Seite 180° gezählt bis hin zum Punkte *E*; die Punkte *B* und *D* lagen bei 90°. Ein 3 Zoll breiter Pergamentstreifen wurde rund um das Brett befestigt und an der Stelle *E* mit einem Loch versehen, das $^1/_3$ Zoll im Quadrat maß und als Eintrittsöffnung für das Licht diente. In der Mitte des Brettes wurde senkrecht eine Stecknadel von $^1/_{16}$ Zoll Durchmesser befestigt. Das durch *E* hindurchtretende und parallel zum Brett laufende Licht warf dann ein Bild der Sonne und den Schatten der Stecknadel auf die Stelle *A*.

Du Tour beobachtete, daß entlang der konkaven Oberfläche des Reifens eine Vielzahl von farbigen Streifen auftrat; das einen Winkelbereich von ungefähr 18° erfüllende Gebiet *mAn* mit dem Bild der Sonne in der Mitte war jedoch nur von schwachem Licht bedeckt.

Die Reihenfolge der Farben in den genannten Streifen war allgemein so, daß die am stärksten brechbaren Strahlen dem einfallenden Strahl *ECA* am nächsten kamen, das heißt, vom Punkte *A* ausgehend, erschien in jedem Streifen zuerst das Violett und zuletzt das Rot. Du Tour beobachtete auch, daß sich zwischen den farbigen Streifen weiße Streifen von ungefähr $^1/_8$ Zoll Breite befanden, die immer dann auf beiden Seiten von orangefarbenen Streifen begrenzt wurden, wenn das Licht intensiv war.

Der genannte Forscher führte viele Kontrollversuche durch und gelangte zu dem Schluß, daß seine Ergebnisse im Widerspruch zu der Newtonschen Behauptung standen, daß diejenigen Strahlen die größte Beugung erfahren, die am dichtesten an einem Körper vorbeilaufen. Er war der Meinung, daß die Newtonschen Beobachtungen nicht genau genug waren, und wies darauf hin, daß Newton nur sagte, er dachte, es sei so, ohne es definitiv zu behaupten.

Bei der Erklärung eines beim Sehen auftretenden, durch die Beugung bedingten Phänomens behauptete le Cat, daß Objekte in manchen Fällen als Folge der Beugung vergrößert erscheinen. Er schaute auf einen entfernten Kirchturm und hielt dabei dicht vor sein Auge ein Stück Draht, das einen kleineren Durchmesser als die Pupille hatte. Er machte dabei die Feststellung, daß der Kirchturm seinen Ort zu verändern schien, wenn er den Draht zwischen seinem Auge und dem Objekt hin und her bewegte. Er fand, daß es eine — allerdings schwer zu erfassende — Lage des Drahtes gab, bei der der Kirchturm stehen blieb und dabei stärker vergrößert und weniger deutlich erschien. Diese Effekte ähnelten denen, die man mit einer Linse beobachten kann, und er wiederholte das Experiment, wobei er bezüglich des Kirchturms eine solche Stellung einnahm, daß die Lichtstrahlen, mittels deren er den Turm sah, sehr dicht am Rand eines Fensters vorbeilaufen mußten. Bei Wiederholung der Bewegung des Drahtes fand er, daß der Kirchturm dann dem Fenster näher gelegen zu sein schien, wenn sich der Draht in der Sehachse befand, gleichgültig, von welcher Seite der Draht herangeführt wurde.

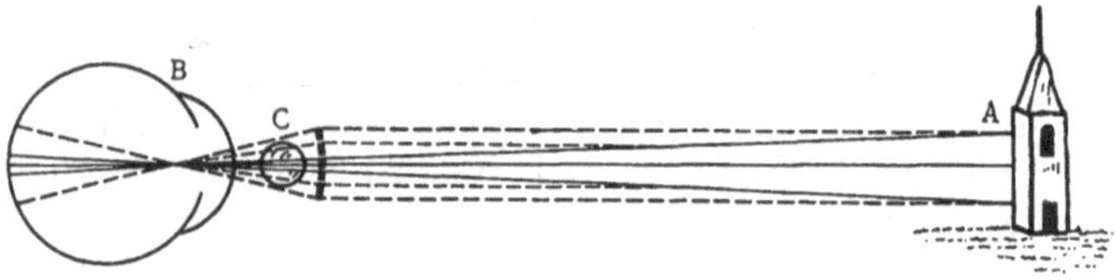

Abbildung 14

Dieses Experiment ist in Abbildung 14 veranschaulicht. Hier bezeichnet *B* das Auge, *A* den Kirchturm und *C* den Durchmesser des Drahtes. Die ausgezogenen Linien geben den Lichtkegel wieder, der die Abbildung des Kirchturms bewirkt und der enger ist als der Durchmesser *C*. Die gestrichelten Linien stellen einerseits den Lichtkegel dar, der von dem Draht unterbrochen und abgelenkt wird, und andererseits weiter entfernte Strahlen, die dank der Anwesenheit des Drahtes eine Beugung erfahren. Der Effekt ist der gleiche wie der einer zwischen dem Auge und dem Objekt aufgestellten Linse.

Diese mit der Beugung verknüpfte Entdeckung veranlaßte le Cat zu anderen Experimenten wie beispielsweise die Vergrößerung eines Stecknadelkopfes bei dessen Betrachtung durch ein Loch in einer Karte, wobei die abbildenden Strahlen so nahe an der Peripherie des Loches vorbeilaufen mußten, daß sie von ihr angezogen wurden. Wenn er seinen Finger in die Nähe des Lichtkegels brachte, der das Bild eines Objekts erzeugte, machte er außerdem die folgende Beobachtung: Das Objekt schien sich in Richtung auf den Finger auszudehnen, wenn sich der Finger näherte, und es schien ihm bis zu einer gewissen Entfernung zu folgen, wenn er zurückgezogen wurde. Der gleichen Beugung schrieb er auch zum Teil die prismatischen Farben zu, die er mit

Hilfe einer feinen, nahe an sein Auge gebrachten Nadel sah, auf die schräg das Licht einer Kerze fiel.

4. Einige Gedanken zur Optik von Naturerscheinungen

Wenn auch die Philosophen des Altertums schon lange mit den elementaren Prinzipien der Optik vertraut waren, dauerte es doch geraume Zeit, bevor sie ihr Augenmerk auf die Ursachen für die Entstehung von Farben in Regenbogen und Halos richteten. Dieser Wissenschaftszweig lag weit außerhalb der Erkenntnismöglichkeiten der damaligen Zeit, da die Forscher über keine vertretbare Hypothese über die Natur der Farben im allgemeinen verfügten, und es verging sogar nach der Geburt der „neuen Philosophie" in der westlichen Welt noch eine beträchtliche Zeit, bis zu dieser Thematik irgendeine Entdeckung von Bedeutung gemacht wurde.

Ursprünglich wurden alle Himmelserscheinungen in der gemeinsamen Kategorie der Meteore zusammengefaßt. Aristoteles war der Meinung, daß Regenbogen von den Sonnenstrahlen verursacht würden, die unter gewissen Bedingungen ein unvollkommenes Bild des Sonnenkörpers erzeugten, wobei nur seine Farbe und nicht seine eigentliche Gestalt zum Vorschein käme. Aristoteles äußerte, es handele sich nicht um ein einzelnes Bild wie bei einem Spiegel, denn jeder einzelne Regentropfen sei zu klein, um ein sichtbares Bild zu reflektieren; sichtbar sei nur die Vereinigung all dieser Bilder. Für die kreisförmige Gestalt von Regenbogen und Halos gab er folgenden Grund an: In der Richtung, die (für den Beobachter) der Richtung zur Sonne genau entgegengesetzt ist, sind die Strahlen so kräftig, daß die Luft oder ein Dampf ihren Lauf nicht aufhalten können; andererseits sind sie in beträchtlichem Abstand nach jeder Seite hin zu schwach, um derartig reflektiert zu werden; daher werden die in Rede stehenden Erscheinungen in einem genau definierten Abstand von dem der Sonne gegenüberliegenden Punkt und demzufolge in Form eines Kreises erzeugt.

Maurolycus, ein Lehrer der Mathematik in Messina, erhob den anmaßenden Anspruch, als erster die Durchmesser der beiden Regenbogen exakt gemessen zu haben. (Ein vollständiger Regenbogen besteht aus einem primären und einem sekundären Bogen.) Er gab für den inneren Bogen 45° und für den äußeren 56° an. Später mockierte sich jedoch Descartes über diese Resultate, als er sagte, wie wenig man sich auf die Beobachtungen von solchen Leuten verlassen könne, die mit den Ursachen der Erscheinungen nicht vertraut seien.

Ein anderer, relativ unbekannter Forscher namens Chichtovaeus behauptete, der zweite Bogen sei das Bild des ersten. Er hielt dies für evident, da die Reihenfolge der Farben in den beiden Bögen umgekehrt ist.

Dieses Argument wurde durch die Tatsache gestützt, daß man, schaut man auf eine Wasserfläche, alle Bilder, die von ihr reflektiert werden, verkehrt — im Vergleich zu den Objekten selbst — sieht. Im Jahre 1571 veröffentlichte Fleischer von Breslau eine Abhandlung, in der er eine Theorie mit dem Ziel einer Erklärung der Regenbogenfarben vorbrachte. Er behauptete, daß letztere als Folge einer doppelten Brechung und einer einzigen Reflexion zustande kämen. Er stellte sich vor, daß ein Lichtstrahl, nachdem er in einen Regentropfen eingetreten ist und sowohl bei seinem Eintritt als auch bei seinem Austritt eine Brechung erfahren hat, anschließend von einem anderen Tropfen reflektiert wird, bevor er das Auge des Beobachters erreicht.

Er übersah offenbar die Reflexion an der hinteren Seite des Tropfens, oder er hatte die Vorstellung, daß alle Ablenkungen des Lichtstrahls innerhalb des Tropfens insgesamt keine so starke Krümmung des Strahls bewirken, daß er in das Auge des Beobachters gelangen kann.

Daß er glaubte, es träten zwei Brechungen auf, war die notwendige Folge seiner Annahme, daß der Lichtstrahl überhaupt in den Tropfen eindrang.

Antonio de Dominis (1566—1624) gab die erste detaillierte Erklärung des Regenbogens.

In seinem Buch „De radiis visus et lucis" entwickelte er die Theorie, daß die doppelte Brechung nach Fleischer, zusammen mit einer dazwischen erfolgenden Reflexion, genüge, um die Farben des Regenbogens zu erzeugen und außerdem die den Bogen bildenden Strahlen ohne eine nachfolgende Reflexion ins Auge gelangen zu lassen. Nach seiner Darstellung tritt ein Lichtstrahl zunächst in den oberen Teil des Tropfens ein, dabei erleidet er eine Brechung, durch die er auf die Innenseite der Oberfläche geworfen wird, von dort wird er in den unteren Teil des Tropfens reflektiert, wo er eine zweite Brechung erfährt und dabei so abgelenkt wird, daß er direkt in das Auge gelangt. Obwohl er kein Naturforscher war, führte er folgendes als Beweis an: Er beschaffte sich eine kleine massive Glaskugel und betrachtete sie, während sie den Sonnenstrahlen in genau der gleichen Weise ausgesetzt war, wie es seiner Meinung nach die Regentropfen waren. Er beobachtete tatsächlich die gleichen Farben, die er im eigentlichen Regenbogen gesehen hatte, und dazu in der gleichen Reihenfolge.

Obwohl die Bedingungen, unter denen Farben entstanden, sowie die Ausbreitung eines Lichtstrahls durch einen Wassertropfen hindurch richtig verstanden wurden, blieb es doch einem späteren Forscher vorbehalten, die Ursachen für die verschiedenen Farben und ihre Reihenfolge zu entdecken und aufzuklären.

De Dominis nahm an, daß die roten Strahlen diejenigen seien, die den kleinsten Raumbereich innerhalb des Wassertropfens durchquerten; infolgedessen behielten sie mehr von ihrer ursprünglichen Kraft, so daß sie das Auge mit größerer Lebhaftigkeit träfen und so eine stärkere Empfindung in ihm auslösten. Die grünen und blauen Farben werden seiner Meinung nach von den Strahlen hervorgerufen, deren Kraft beim Durchgang durch ein größeres Wasservolumen in gewissem Maße gehemmt wird, und die Zwischenfarben sollten sich (entsprechend der zu jener Zeit vorherrschenden Auffassung) aus einer Mischung dieser drei Primärfarben zusammensetzen.

Daß die verschiedenen Farben ihre Ursache in einem gewissen Unterschied in der Wirkung des Lichtes auf das Auge hätten, war eine Meinung, die sich viele Leute zu eigen gemacht hatten, die sich von den Aristotelischen Theorien abwandten. De Dominis behauptete auch, daß alle Strahlen gleicher Farbe den Wassertropfen an solchen Stellen verlassen müssen, die eine gleichartige Lage in bezug auf das Auge haben, damit nämlich jede der Farben in Form eines Kreises erscheint, dessen Zentrum ein Punkt am Himmel ist, der sich auf einer von der Sonne durch das Auge des Beobachters gehenden Linie befindet. Rote Strahlen müssen von einem Bereich ausgehen, der dem unteren Ende des Tropfens am nächsten liegt, damit der

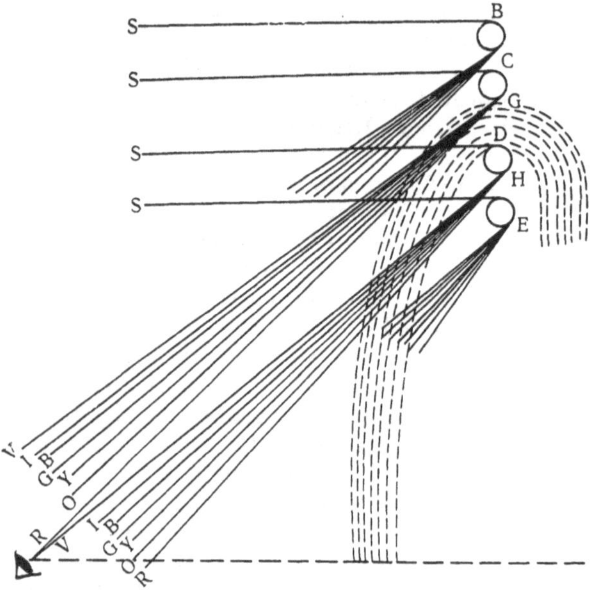

Abbildung 15

rote Kreis der äußerste ist und daher im Regenbogen am höchsten steht.

Nach de Dominis sollte der Weg eines Lichtstrahls bei der Entstehung des Bogens der folgende sein.

Sei *SD* (siehe Abb. 15) ein von der Sonne ausgehender Strahl. Nach Eintritt in den oberen Teil des Wassertropfens *DH* an der Stelle *D* wird er dort gebrochen und auf die Innenseite des Mittelteils des Tropfens geworfen, nach einer anschließenden Reflexion gelangt er zum Punkt *H* auf der Unterseite des Tropfens, wird beim Austritt erneut gebrochen und fällt schließlich auf das Auge.

Im Ergebnis dieser Brechungen teilt sich der ursprüngliche Strahl in verschiedenfarbige Strahlen, beginnend mit Violett (V) und endend mit Rot (R). Während ein Tropfen einen Strahl bestimmter Farbe ins Auge sendet, schickt ein anderer Tropfen, der sich etwas höher oder tiefer befindet, einen Strahl anderer Farbe. Nach Meinung des Forschers ist das Auge nicht groß genug, um von ein und demselben Tropfen ausgehende Strahlen jeder möglichen Färbung empfangen zu können; und wenn tatsächlich von jedem Tropfen aus Strahlen jeder möglichen Färbung ins Auge gelangen, so sind alle die unter ihnen, die nicht an der Bildung des Regenbogens mitwirken, entweder in so geringer Anzahl vertreten oder so gleichmäßig mit anderen vermischt, daß sie keine nennenswerte Wirkung haben.

De Dominis schreibt weiter: „Während der Tropfen *CG* am oberen Ende des Bogens einen roten Strahl ins Auge sendet, schickt der Tropfen *DH* im unteren Teil des Bogens einen violetten Strahl, und dazwischenliegende Tropfen senden Strahlen mit dazwischenliegenden Farben.

Befindet sich ein Tropfen (zum Beispiel der Tropfen *B*) oberhalb des Tropfens, der rotes Licht sendet oder (beispielsweise der Tropfen *E*) unterhalb desjenigen, welcher violettes Licht sendet, so wird überhaupt kein Strahl vom Tropfen ins Auge gelangen.“

Naturgemäß beging de Dominis viele Irrtümer, was sowohl die Natur des Lichtes und den Sehvorgang als auch wirkliche und scheinbare Farben betraf. Während er einerseits eine so klare Vorstellung von der Art und Weise des Zustandekommens des inneren Bogens besaß, war er andererseits außerstande, eine befriedigende Erklärung für die Entstehung des äußeren Bogens zu geben. Er versuchte, diese Erscheinung in der gleichen Weise zu erklären, wie er es im Falle des inneren Bogens getan hatte, nämlich durch eine Brechung und eine anschließende Reflexion, gefolgt von einer zweiten Brechung. Dabei machte er die Annahme, daß die in das Auge fallenden Strahlen, die den äußeren Bogen bildeten, von einem Bereich im Tropfen ausgingen, der tiefer lag als derjenige, welcher die roten Strahlen für den inneren Bogen lieferte. Zusätzlich setzte er voraus, daß die Strahlen, die einen der beiden Bögen bildeten, vom oberen Teil der Sonnenscheibe herkamen, und die den anderen Bogen erzeugenden Strahlen vom unteren Teil.

Bei seiner Betrachtung entging ihm auch der Umstand, daß die beiden Bögen nach diesen Prinzipien einander eigentlich berühren müßten, mehr noch, daß sich eine unbegrenzte Zahl von Bögen ergeben müßte, wodurch alle Farben miteinander vermischt würden, in welchem Fall überhaupt kein Bogen aufträte.

Unter den obengenannten Annahmen wäre die Reihenfolge der Farben in beiden Bögen die gleiche. Diesem Einwand versuchte der Autor dadurch zu begegnen, daß er zeigte, daß die aus dem unteren Teil des Tropfens ins Auge gelangenden Strahlen das kleinste Wasservolumen durchliefen, die Strahlen aus dem oberen Teil dagegen das größte.

Descartes

Obwohl René Descartes (1596—1650) einen großen Beitrag zur Aufklärung der optischen Prinzipien des Regenbogens leistete, gelang es ihm ebensowenig wie seinem Zeitgenossen, eine befriedigende Erklärung der Regenbogenfarben zu finden.

Er meinte, der Sekundärbogen werde durch zwei Reflexionen und zwei Brechungen in einem Wassertropfen am Orte *B* (siehe Abb. 16) hervorgerufen. Dabei bezeichnet *S* die Sonne und *O* das Auge des Beobachters, das einen Lichtstrahl empfängt, der zuvor beim Eintritt in den Wassertropfen gebrochen wurde, dann zwei innere Reflexionen erfahren hat und bei seinem Austritt aus

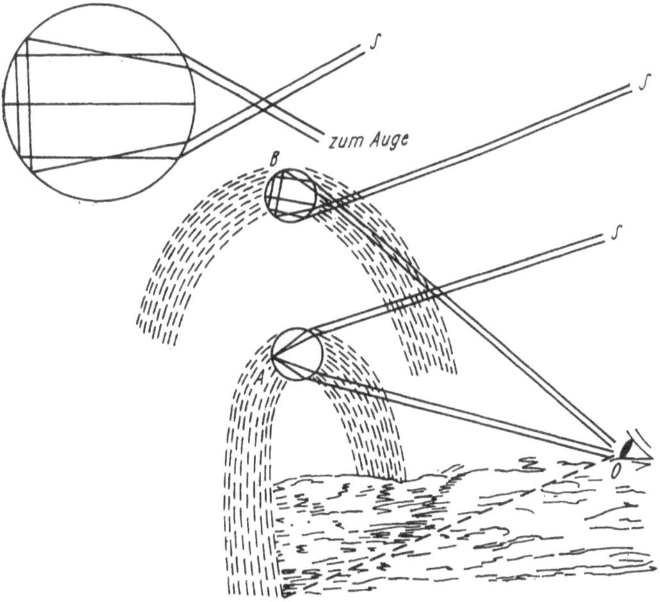

Abbildung 16

dem oberen Teil des Tropfens erneut gebrochen wurde. Beim primären oder inneren Regenbogen dagegen tritt der Strahl in den oberen Teil des an der Stelle *A* befindlichen Tropfens ein, wird in dessen Innerem einmal reflektiert und im unteren Teil wieder gebrochen, von wo aus er in das Auge geschickt wird.

Die Tatsache, daß nur an bestimmten, nicht dagegen an anderen Orten befindliche Tropfen Licht hersenden, und zwar so, daß die beiden Bogen immer unter jeweils gleichem Winkel erscheinen, ließe sich seiner Meinung nach so erklären, daß eine beträchtliche Lichtmenge erforderlich sei, um das Auge spürbar zu erregen; und er fand durch Rechnung, daß von allen von der Sonne ausgehenden Strahlen nur diejenigen ins Auge gelangen (nachdem sie Reflexionen und Brechungen erlitten haben), welche sich in einer zwischen 85 und 86 Hundertsteln des Kugelradius liegenden Entfernung vom zentralen Strahl befinden. Nur diese Strahlen könnten eine merkliche Wirkung auf das Auge ausüben, und er zeigte weiterhin, daß von all den Strahlen, die nach zwei Reflexionen innerhalb des Tropfens ins Auge gesandt werden, nur diejenigen intensiv genug sind, die unter einem Winkel von 51° 57′ in bezug auf den der Sonne gegenüberliegenden Punkt verlaufen, und daß kein zwischen *A* und *B* befindlicher Tropfen Strahlen hersenden kann, deren Intensität ausreicht, um vom Auge wahrgenommen zu werden.

Descartes war zunächst außerstande zu verstehen, warum die beiden Regenbogen unter diesen Bedingungen auftraten, und er fand die Lösung erst, als er den Effekt der Brechung für die auf jeden Wassertropfen fallenden Strahlen berechnete. Er tat dies, um die Winkel zu ermitteln, unter denen sie nach zwei Brechungen und ein oder zwei Reflexionen in das Auge eintreten, und er kam dabei zu dem Schluß, daß nach einer Reflexion und zwei Brechungen unter einem Winkel zwischen 41° und 42° viel mehr Strahlen zu sehen sind als unter irgendeinem kleineren Winkel, während bei einem größeren Winkel überhaupt kein Strahl sichtbar ist. Weiterhin stellte er fest, daß nach zwei Reflexionen und zwei Brechungen unter einem Winkel von 51° oder 52° viel mehr Strahlen in das Auge treten als unter einem größeren Winkel, während unter einem kleineren Winkel überhaupt kein Strahl zum Auge gelangen kann.

In Abbildung 17 sind die Strahlen dargestellt, die in einem Regentropfen reflektiert und gebrochen werden und so die Farben des Regenbogens erzeugen. Dabei bezeichne *XY* den Tropfen, und *SA*, *SB*, *SC*, *SD* usw. seien die Lichtstrahlen, die, von der Sonne kommend, auf den

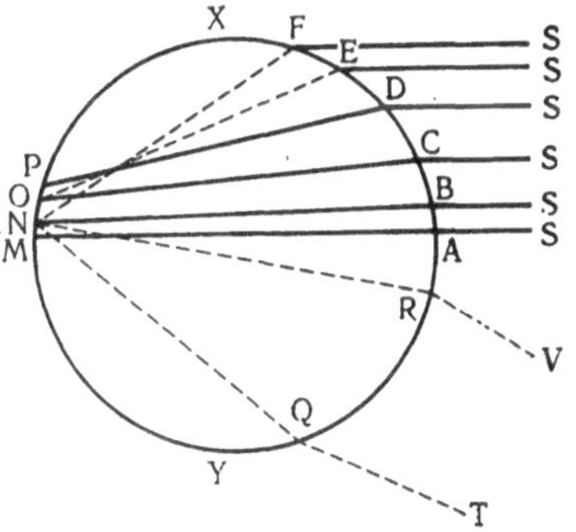

Abbildung 17

Tropfen fallen und die als zueinander parallel angesehen werden können. Der senkrecht auf den Tropfen fallende Strahl *SA* wird ohne Ablenkung durch ihn hindurchlaufen, doch jeder andere, schräger einfallende Strahl wird auf den Strahl *SA* zu abgelenkt und hat die Tendenz, letzteren in einer größeren oder kleineren Entfernung zu treffen, je nachdem, ob der Einfall mehr oder weniger schräg erfolgte. Die Folge davon muß sein, daß es einen bestimmten Punkt *P* auf der gegenüberliegenden Oberfläche gibt, der die von der Linie *AM* am weitesten entfernte Stelle markiert, auf die überhaupt ein Strahl (in Abb. 17 ist es der ankommende Strahl *SD*) fallen kann. Alle Strahlen oberhalb von *SD* wie *SE* usw. fallen so schräg auf die Oberfläche, daß sie nach der Brechung bestrebt sind, den senkrecht einfallenden Strahl an einer Stelle zu schneiden, die näher liegt als der entsprechende Punkt für den Strahl *SD*. Demzufolge treffen sie auf die gegenüberliegende Oberfläche in einem Punkte zwischen *P* und *M*.

Greift man zwei Strahlen *SE* und *SC* heraus, die sich zu beiden Seiten im gleichen Abstand von dem extremalen Strahl *SD* befinden, so werden diese Strahlen — vorausgesetzt, daß der genannte Abstand klein ist — mit ausreichender Genauigkeit auf den gleichen Punkt *O* auf der gegenüberliegenden Oberfläche fallen; aus dem gleichen Grund werden sich die Strahlen *SF* und *SB* im Punkte *N* treffen. In gleicher Weise kann gezeigt werden, daß auf Grund der Gleichheit von Einfalls- und Reflexionswinkel zwei beliebige Strahlen, die auf den gleichen Punkt, sagen wir *N*, auf der gegenüberliegenden Oberfläche treffen, parallel zueinander verlaufen, nachdem sie aus dem Tropfen als Strahlen *VR* und *TQ* ausgetreten sind. Da all die Strahlen, die in den Bereich zwischen *SF* und *SB* fallen, unter sehr verschiedenen Winkeln reflektiert werden, gelangen sie jeweils einzeln ins Auge und üben daher keine merkliche Wirkung darauf aus. Die Strahlen jedoch, die beim Einfall in der Nähe des Strahls *SD* verlaufen, werden nicht nur parallel zueinander, sondern in sehr guter Näherung auch parallel zu den zwischen ihnen liegenden Strahlen austreten. Es sind dies also die Strahlen, die so schräg wie der Strahl *SD* einfallen, und gerade sie ergeben die Farben des Regenbogens. Da das Verhältnis zwischen Einfalls- und Brechungswinkel beim Übergang von Luft in Wasser bekannt ist, kann man den letzteren Winkel berechnen ebenso wie den davon abhängenden Winkel, unter dem der Regenbogen selber dem Auge erscheint. Der Durchmesser des äußeren Bogens kann in ähnlicher Weise berechnet werden.

Trotz dieser großen Fortschritte war Descartes jedoch nicht imstande, eine befriedigende Erklärung für die Farben des Regenbogens zu geben. Er sah den Teil des Wasserkügelchens, aus dem der Strahl austrat, als ein Prisma an, von dem man damals wußte, daß es die Eigenschaft besitzt, weißes Licht in die Spektralfarben zu zerlegen. Die verschiedenen Lagen dieser kleinen Prismen in bezug auf das Auge eines Beobachters erklärten seiner Meinung nach, warum die Farben in den beiden Bögen in entgegengesetzter Reihenfolge auftraten. Er konnte jedoch nicht sagen, in welcher Weise ein Prisma Farben erzeugt, und mußte sich mit der Erklärung zufriedengeben, daß ein Prisma das Licht modifiziere und daß Farbe eine Modifikation des Lichtes sei.

Er überzeugte sich davon, daß er die richtige Erklärung für das Zustandekommen der beiden Regenbögen gefunden hatte, indem er Versuche mit einer wassergefüllten Glaskugel ausführte, die der Sonne ausgesetzt war. Dieses Experiment ist in Abbildung 18 dargestellt.

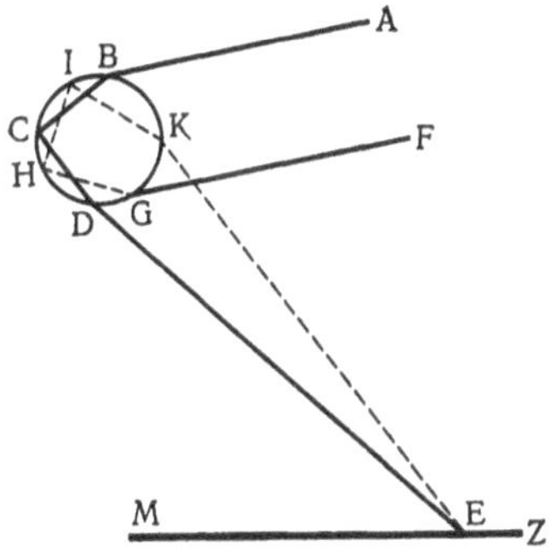

Abbildung 18

Dabei gibt *IG* die Glaskugel wieder, und *AB* und *FG* bezeichnen darauf fallende Sonnenstrahlen. Wenn er mit dem Auge an der Stelle *E* auf *D* hin blickte, stellte er fest, daß dieser Teil der Kugel nur eine Farbe, nämlich Rot zeigte, und zwar dann, wenn der Strahl *ED* einen Winkel von 42° mit der Geraden *ZM* einschloß, die durch das Auge und die Sonne ging. Wenn er sich so bewegte, daß sich dieser Winkel vergrößerte, verschwand das Rot, und wenn er sich so bewegte, daß der Winkel abnahm, machte das Rot den helleren Farben des Regenbogens Platz. Blickte er auf *K* in der Weise, daß der Winkel *KEM* ungefähr 52° betrug, so erschien ihm dieser Teil der Glaskugel in einem Rot, das dunkler war als das in Richtung auf *D* zu beobachtende. Eine Vergrößerung dieses Winkels lieferte schwächere Farben, und eine Verkleinerung brachte an dieser Stelle alle Farben zum Verschwinden.

Um die Farben in dieser Reihenfolge zu erzeugen, mußten die Lichtstrahlen an der Stelle *G* in den unteren Teil der Glaskugel eintreten, bei *H* und *I* reflektiert und bei *K* gebrochen werden, während sie im vorhergehenden Fall bei *B* in die Glaskugel eintraten, bei *C* reflektiert und schließlich bei *D* gebrochen wurden.

Die Newtonsche Theorie der Farben

Obwohl Newton der Optik von Naturerscheinungen relativ wenig Aufmerksamkeit schenkte, stellte er nichtsdestoweniger diese Forschungsrichtung durch seine befriedigende Erklärung der Entstehung von Farben auf eine dauerhafte, solide Basis. Dort anknüpfend, wo Descartes aufgehört hatte, meinte er, wenn unterschiedliche Lichtteilchen nicht eine unterschiedliche Brechbarkeit besäßen, von der die Farben ja abhingen, wäre der Regenbogen nicht nur viel schmaler, als es tatsächlich der Fall ist, sondern auch farblos; wenn man jedoch den verschie-

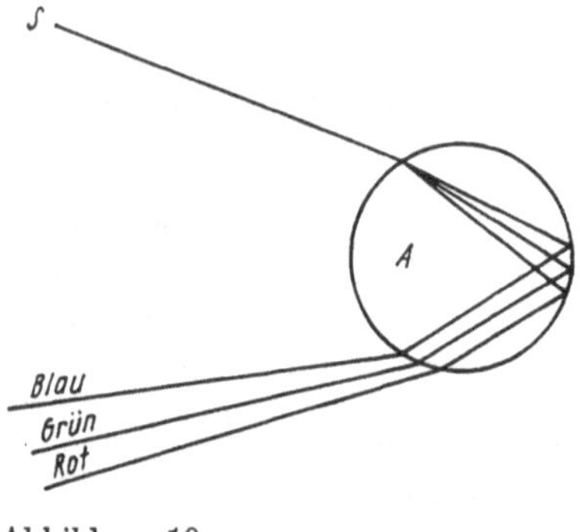

Abbildung 19

denfarbigen Strahlen eine verschiedene Brechbarkeit zugesteht, liegt der Grund sowohl für die farbige Beschaffenheit des Regenbogens als auch für die Reihenfolge der Farben, so wie wir sie sehen, auf der Hand. Sei A (siehe Abb. 19) ein Wassertropfen und S ein Lichtbündel, das nach Verlassen des Wassertropfens das Auge des Beobachters erreicht. Eine Zerlegung dieses Strahls in die ihm eigentümlichen Farben beginnt bei seinem Eintritt in den Tropfen, und bei Verlassen des Tropfens, nach einer Reflexion und einer zweiten Brechung, wird er weiter zerlegt, und zwar in genauso viele verschiedenfarbige schmale Bündel, wie Primärfarben im Licht vorhanden sind. Drei von ihnen sind gezeichnet; dabei wird das Blau am stärksten gebrochen und das Rot am schwächsten. Die These von der verschiedenen Brechbarkeit des Lichts versetzt uns auch in die Lage, die Ausmaße des Bogens zu erklären.

Newton fand, daß sich die Sinusse der Brechungswinkel für den am stärksten und den am schwächsten brechbaren Strahl beim Übergang von Regenwasser in Luft wie 185 zu 182 verhalten, wenn der Sinus des Einfallswinkels 138 beträgt. Er berechnete die Ausmaße des Bogens und kam zu dem Resultat, daß der innere Bogen unter der Annahme, daß die Sonne nur ein physikalischer Punkt ohne merkliche Ausdehnung sei, 1° 45′ breit wäre, und wenn man dazu 30′ als Beitrag des scheinbaren Durchmessers der Sonne addiert, ergibt sich eine Gesamtbreite von 2° 15′. Da die am weitesten außen liegenden Farben (im besonderen das Violett) sehr schwach sind, wird die tatsächlich zu beobachtende Breite nicht größer als 2° sein. Durch Anwendung der gleichen Prinzipien fand er für den äußeren Bogen — unter der Voraussetzung, daß seine Helligkeit überall gleich ist — eine Breite von 3° 40′, doch wegen der geringen Lichtstärke in diesem Bogen sollte die tatsächlich sichtbare Breite nicht mehr als 3° betragen. Obwohl Newton alle wesentlichen Züge der Regenbogenerscheinungen erklärt hatte, blieb die Beobachtung der Vielfalt, in der sich diese Phänomene darbieten, doch anderen Forschern, vornehmlich Dr. Halley, Herman Bernoulli und dem Marquis de Courtivron vorbehalten.

Halos

Zur selben Zeit, als die Regenbogenerscheinungen Gegenstand von Untersuchungen waren, fanden auch Halos und Nebensonnen Beachtung, jedoch nicht in gleichem Maße, was hauptsächlich darauf zurückzuführen ist, daß diese Phänomene seltener vorkommen. Halos, die die Planeten umgeben, sind sehr verschiedenartig. Manchmal erscheinen sie weiß, manchmal farbig wie ein Regenbogen. Die Farben sind jedoch blasser und treten in geänderter Reihenfolge auf. Manchmal ist nur ein Halo zu sehen, während in anderen Fällen wiederum mehrere konzentrische Halos zur gleichen Zeit erscheinen.

Experimentell kann man einen Halo in einfacher Weise dadurch erzeugen, daß man bei kaltem Wetter eine brennende Kerze inmitten von Dampf aufstellt. Der holländische Gelehrte M. Musschenbroek machte die Feststellung, daß der Mond von einem großen und unterschiedlich gefärbten Halo umgeben schien, wenn er ihn durch ein auf der Innenseite mit einer Eisschicht bedecktes Fenster seines Zimmers betrachtete. Wenn er das Fenster öffnete, erkannte er, daß die Ursache dafür einzig und allein in der Eisschicht zu suchen war, denn durch das offene Fenster war kein Halo um den Mond zu sehen.

Auch Descartes untersuchte diese Erscheinung und gelangte zu dem Schluß, daß ein Halo niemals bei Regen in Erscheinung tritt und daß er durch die Brechung des Lichtes in den runden, in der Atmosphäre schwebenden Eisstückchen verursacht wird. Und obwohl diese Teilchen flach waren, wenn sie auf den Erdboden fielen, glaubte Descartes, sie müßten vor ihrem Fall in der Mitte nach außen gewölbt sein. Mit der Stärke dieser Wölbung sollte sich nach seiner Vorstellung der Durchmesser des Halos ändern.

Gassendi war der Meinung, daß ein Halo dasselbe sei wie ein Regenbogen. In beiden Fällen würden die Lichtstrahlen in jedem Dampf- oder Regentropfen zweimal gebrochen und einmal reflektiert, der einzige Unterschied bestehe in der verschiedenen Lage der Tropfen in bezug auf den Beobachter. Wenn die Sonne hinter dem Beobachter steht und der Regenbogen demzufolge vor ihm, fällt sein Auge mit dem Kreismittelpunkt zusammen. Wenn er jedoch mit der Sonne zugewandtem Gesicht einen Halo betrachtet, befindet sich sein Auge auf der Peripherie des Kreises, so daß der Winkel, unter dem das Objekt erscheint, nach den bekannten Gesetzen der Geometrie in diesem Fall halb so groß sein muß wie im ersteren.

Auch Dechales versuchte zu zeigen, daß die Entstehung eines Halos ähnlich wie beim Regenbogen ist. „Wenn eine mit Wasser gefüllte Glaskugel AB (siehe Abb. 20)

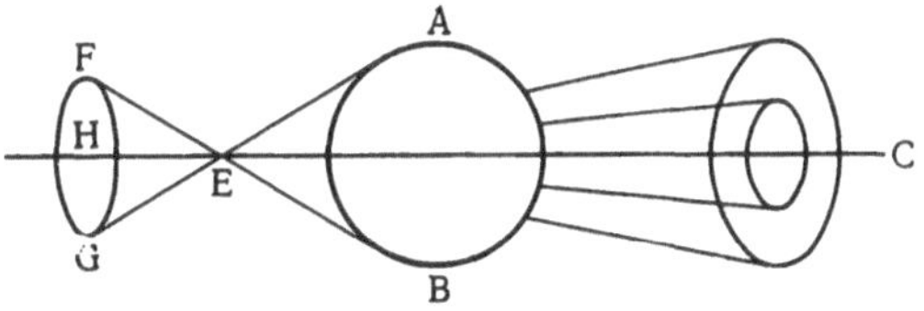

Abbildung 20

in die von C herkommenden Sonnenstrahlen gestellt wird", so äußerte er, „werden nicht nur zwei Kreise farbigen Lichtes auf der der Sonne zugewandten Seite auftreten, die zugleich die beiden Regenbogen bilden, sondern darüber hinaus ein Kreis auf der zur Sonne entgegengesetzten Seite, dessen zugehörige Strahlen sich im Punkte E treffen und anschließend divergieren werden. Dabei bilden sie einen farbigen Kreis G, wie man erkennt, wenn man das durch die Glaskugel hindurchgelaufene Licht auf ein weißes Stück Papier fallen läßt. Die Farben sind auch zu sehen, wenn sich das Auge an einer beliebigen Stelle auf dem Kegel FEG befindet."

Bei der Messung des Winkels *FEH* fand er den Wert 23°, und nur die äußersten Strahlen des Kegels waren wie der Regenbogen gefärbt. Er glaubte, dieses Experiment reiche aus, um die Entstehung von Halos zu demonstrieren. Seiner Meinung nach träte immer dann ein Halo um die Sonne oder den Mond auf, wenn die Wolken so beschaffen seien, daß sie diese Himmelskörper nicht vollständig verdeckten, jedoch einen gewissen Dichtegrad besäßen. Dabei sollten die Regenbogenfarben in den Tropfen erscheinen, die von der Sonne bzw. dem Mond um 23° entfernt sind. „Wenn sich die Sonne an der Stelle *A* (siehe Abb. 21) befindet und der Beobachter bei *B*," so

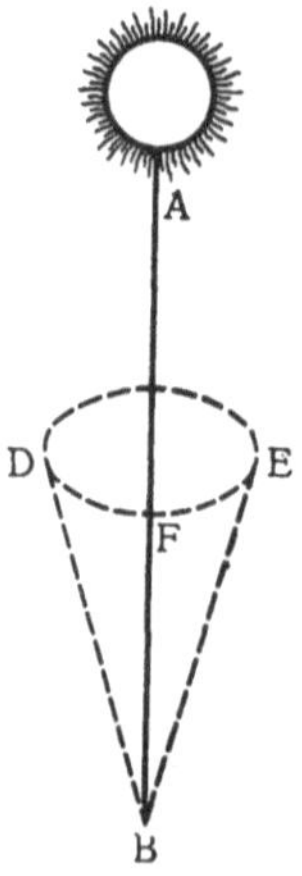

Abbildung 21

fährt er fort, „wird der Halo den Kreis *DFE* bilden, wobei der Winkel *DBE* 46°, das heißt das Doppelte von 23° beträgt. Der Grund, weswegen die Farben eines Halos schwächer sind als die eines Regenbogens, ist der, daß sie grundsätzlich in sehr wenig Dampf erzeugt werden. Damit die Farben kräftig werden, müßte die Wolke so dick sein, daß sie den Durchgang der Sonnenstrahlen verhindert, und wird umgekehrt ein Regenbogen von dünnen Dampfwolken erzeugt, so sind kaum Farben zu sehen."

Was die Halos angeht, die um Kerzen herum sichtbar sind, so tut Dechales sie mit der Bemerkung ab, daß sie ihre Ursache einfach in der Feuchtigkeit hätten, die sich auf dem Auge des Beobachters ansammelt, und daß sie verschwänden, wenn man sich das Auge wischt.

Newton stellte keine ausgedehnten Untersuchungen über die Entstehung von Halos an. Nach seinen Angaben erscheint Licht, das unter zweifacher Brechung, aber ohne Reflexion, durch Regentropfen hindurchgelaufen ist, in einem Abstand von 26° von der Sonne am intensivsten und wird bei Vergrößerung oder Verkleinerung dieses Abstandes immer schwächer. Das gleiche trifft auch auf Licht zu, das durch kugelförmige Hagelkörner hindurchgeht; sollten die Hagelkörner etwas flacher sein, so könnte das Licht bei einer geringeren Winkeldistanz als 26° intensiv genug sein, um einen, möglicherweise farbigen, Halo um Sonne oder Mond zu bilden. In diesem Fall wäre Rot die innere und Blau die äußere Farbe, im besonderen dann, wenn sich in der Mitte der Hagelkörner undurchsichtige Schneekügelchen befänden. Bei einem im Juni 1692 ausgeführten Experiment sah Newton in dem von einem Gefäß mit stehendem Wasser reflektierten Licht drei Halos um die Sonne. Der innerste Halo war auf die Sonne zu blau gefärbt, außen rot und in der Mitte weiß. Die Halos berührten sich, und die Reihenfolge der Farben war — bei wachsendem Abstand von der Sonne — die folgende: blau, weiß, rot; purpur, blau, grün, blaßgelb, rot; blaßblau und blaßrot. Der Durchmesser, des zweiten Halos, von der Mitte der gelb bis roten Farbe auf der einen Seite der Sonne bis zur Mitte der gleichen Farbe auf der anderen Seite der Sonne gemessen, betrug ungefähr $9\,^1/_3$°. Die Durchmesser des ersten und dritten Halos wurden nicht gemessen; Newton schätzte sie auf genähert 6° bzw. 12°.

Nebensonnen

Eine Nebensonne ist eine relativ seltene Erscheinung, doch finden sich Hinweise darauf sowohl bei Gelehrten des Altertums als auch bei neuzeitlichen Beobachtern. Sie wird unter anderen von Aristoteles, Plinius, Gassendi, Halley und Hevelius erwähnt. Aristoteles berichtet, daß am Bosporus zwei Nebensonnen von morgens bis abends zu sehen waren, obwohl eine solche Erscheinung, wie er sagte, normalerweise nur dann sichtbar ist, wenn sich die Sonne in der Nähe des Horizonts befindet.

Auf ihrer Außenseite sind Nebensonnen bunt gefärbt, und einige von ihnen haben einen von der Sonne wegweisenden feurigen Schweif, der jedoch gegen das Ende zu blasser wird.

Die Nebensonnen sind normalerweise an den Schnittpunkten von Kreisen angeordnet, doch berichtet Cassini über einige im Jahre 1683 von ihm gemachte Beobachtungen, wo sich die Nebensonnen auf der Außenseite des

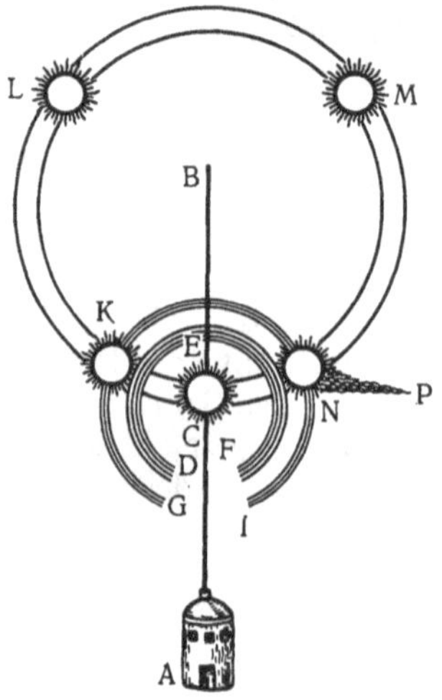

Abbildung 22

farbigen Kreises befanden; ihre Schweife lagen jedoch in einem zum Horizont parallelen Kreis.

Die größte Berühmtheit erlangte eine Beobachtung von Scheiner, die als „Römisches Phänomen" bekannt wurde.

Diese Erscheinung ist in Abbildung 22 veranschaulicht. Hier bezeichnet *A* den Ort des Beobachters, *B* den Zenit, *C* die wahre Sonne und *AB* eine Ebene, die durch das Auge des Beobachters, die wahre Sonne und den Zenit geht. Um die Sonne *C* erschienen zwei unvollständige, vielfarbige konzentrische Ringe. Der kleinere von ihnen (*DEF*) war deutlicher und unvollständiger ausgebildet. Der äußere Ring war so schwach, daß er kaum zu erkennen war. Er zeigte jedoch eine unbeständige Vielfalt von Farben. Der dritte Kreis *KLMN*, der durch die Mitte der Sonne ging und parallel zum Horizont verlief, war sehr groß und überall weiß. Zuerst war dieser Kreis vollständig, doch schließlich wurde er so schwach sichtbar, daß er zwischen *M* und *N* kaum wahrzunehmen war.

An den Schnittpunkten dieses Kreises mit dem äußeren Ring *GKI* traten zwei Nebensonnen *K* und *N* auf, wobei *N* die hellere von beiden war. Die Helligkeit in der Mitte der beiden Nebensonnen entsprach ungefähr der der Sonne, doch nach den Rändern zu waren sie wie ein Regenbogen gefärbt und außerdem ungleichmäßig. Die Nebensonne *N* flackerte und sandte einen in eine Spitze mündenden Schweif *NP* von feuriger Färbung aus. Die Nebensonnen bei *L* und *M* waren trüber, doch kreisförmiger und weiß wie der Kreis, auf dem sie angeordnet waren. Die Nebensonne an der Stelle *N* verschwand früher als die bei *K*, und während die bei *M* schwächer wurde, nahm die am Orte *K* befindliche in ihrer Helligkeit zu und blieb am längsten sichtbar.

Die Reihenfolge der Farben in den Kreisen *DEF* und *GKN* war die gleiche wie bei gewöhnlichen Halos, nämlich rot in Sonnennähe usw., und der Durchmesser des inneren Kreises betrug ungefähr 45°, war also von der normalen Größe eines Halos. Descartes, Huygens, Hevelius und andere machten sich Gedanken über dieses Phänomen. Man stimmt allgemein in der Auffassung überein, daß bei vollständiger Ausbildung dieser Erscheinung sechs Vollkreise zu sehen sein sollten, von denen drei die Sonne und die restlichen drei den Zenit zum Mittelpunkt haben, und daß Nebensonnen überall dort erscheinen sollten, wo diese Kreise einander schneiden oder berühren. Man kann es sich kaum anders vorstellen, als daß diese Kreise, seien sie nun weiß oder farbig, in Nebel oder Dampf gebildet werden, der vermutlich aus Eispartikeln oder Wasser in Form sehr kleiner Kügelchen besteht.

Wie es nicht anders sein konnte, hat die meteorologische Wissenschaft zusammen mit den verwandten Disziplinen an Beachtung verloren, und gerade deswegen verdanken wir, wie bei allen Wissenschaften, den Pionieren der Vergangenheit so viel.

E. I. Pogrebysskaja (Е. И. Пгоребысская)

Robert Hooke und seine Untersuchungen zur physikalischen Optik

Der von der Natur mit einer außerordentlichen Begabung bedachte, ein universelles Wissen und einen unerschöpflichen Erfindungsreichtum besitzende Wissenschaftler Robert Hooke (1635—1703) ist in erster Linie als Entdecker des *Hookeschen Gesetzes* bekannt, einigen aber auch als ständiger Opponent Newtons und anderer Zeitgenossen, denen er in verschiedenen Fragen die Priorität bestritt. Jedoch beschäftigte er sich mit weit mehr: mit der Mechanik und Astronomie, der Optik und Akustik, der Geologie und Anatomie. Es gibt offensichtlich kein oder fast kein Wissensgebiet, für das sich Hooke nicht interessiert hätte. Bezeichnend in dieser Hinsicht ist sein Hauptwerk „Micrographia", das zu Lebzeiten des Verfassers in zwei Auflagen (1665, 1667) erschien. Das Buch enthält die Beschreibung von 60 „Beobachtungen", das heißt Untersuchungen zu verschiedenen Wissensbereichen. Drei von ihnen beziehen sich auf die Optik.

Mit der Optik befaßte sich Hooke relativ wenig. Die optischen Untersuchungen erfolgten im wesentlichen in den ersten Jahren (1662—1664) seiner Tätigkeit als Kurator für Experimente bei der Royal Society. Die Hinwendung zu Problemen der Optik hing in der Folge hauptsächlich mit den Arbeiten Newtons zusammen. Die letzten Aussagen Hookes zu optischen Fragen erfolgten in den Jahren 1680 bis 1682, als er einige „Vorlesungen über das Licht ..." hielt. Sie erschienen erst 1705, nach dem Tode des Verfassers. Doch die kritischen Äußerungen Hookes aus den Jahren 1672 und 1675 wurden noch später — Ende der fünfziger Jahre des 18. Jahrhunderts — veröffentlicht.

Hooke interessierten im wesentlichen zwei Fragen der Optik — die Natur des Lichtes und die Ursachen der Entstehung der Farben in durchsichtigen Körpern. Das sind diejenigen Fragen, die in der Optik des 17. Jahrhunderts im Mittelpunkt des Interesses standen. Sie sind miteinander verbunden, und die Klärung der Ursache für die Entstehung der Farben in durchsichtigen Körpern bestimmte in vieler Hinsicht die Vorstellung über die Natur des Lichtes. So zwang die Untersuchung der Farben in dünnen Plättchen Hooke, sich von den Vorstellungen Descartes' loszusagen: „Hier [in den dünnen Plättchen] treten alle die Farben auf, die in einem durchsichtigen Medium entstehen, jedoch gibt es, strenggenommen, jene Brechung nicht, die nach Descartes' Annahme seinen sphärischen Teilchen die Möglichkeit gibt, eine Drehung zu erlangen; bei ebenen dünnen Platten ist es offensichtlich, daß die zweite Brechung ... die angenommenen, in Drehung versetzten sphärischen Teilchen wieder ordnet und ihre ursprüngliche gleichartige Bewegung wiederherstellt."[1])

Für Hooke ist das Licht eine Schwingungsbewegung (und nicht eine Rotationsbewegung wie für Descartes), die schnell erfolgt auf Grund der schnellen Schwingungen der Teilchen der leuchtenden Körper und die klein ist (dies anzunehmen ist notwendig, um zu erklären, warum beim Durchgang des Lichtes sogar ein so hartes Medium wie Diamant diese Eigenschaft nicht verliert). Dieses Modell wird von Hooke bereits weiter präzisiert zur Klärung der Ursachen für das Auftreten von Farben bei der Brechung.

Wie erfolgt die Ausbreitung des Lichtes von der Quelle zum Auge durch das dazwischenliegende transparente Medium? Hooke antwortet: längs gerader Linien, die analog wie Strahlen vom Zentrum einer Kugel ausgehen.

---

[1]) R. Hooke, Micrographia or some physiological descriptions of minute bodies ..., New York 1961, S. 54. Im folgenden zitiert als „Micrographia" mit Angabe der Seitenzahl.

In einem homogenen Medium, das heißt einem Medium, das aus Teilchen gleicher Art besteht, „breitet sich das Licht mit gleicher Geschwindigkeit aus. Hieraus folgt notwendigerweise, daß jeder Impuls oder jede Schwingung eines leuchtenden Körpers eine Kugel erregt, die sich ständig vergrößert, geradeso, wenn auch bedeutend schneller, wie die Wellen oder Kreise auf einer Wasseroberfläche von einem Punkt auseinanderlaufen, in dem durch einen fallenden Stein eine Bewegung ausgelöst wurde. Hieraus folgt, daß sich alle Teile dieser Kugeln wellenartig durch das homogene Medium ausbreiten, wobei sie die Strahlen unter rechten Winkeln schneiden."[1]) Da die verschiedenen transparenten Medien im Vergleich zueinander unterschiedlich sind, verwendet Hooke das Brechungsgesetz von Descartes, um anzugeben, wie sich das Licht beim Übergang von einem Medium ins andere ausbreitet:

$$\frac{\sin i}{\sin r} = \frac{d_1}{d_2}.$$

Hierbei bedeuten d_1 und d_2 die Dichte des ersten und zweiten Mediums. An dieser Stelle erklärt Hooke, was er unter dem Begriff „Dichte des Mediums" versteht. Dies „ist nicht die Dichte bezüglich der Schwere (der die Brechung oder Transparenz der Medien nicht proportional ist[2])), sondern nur die Dichte bezüglich des Durch-

[1]) Micrographia, S. 57. In dieser Beschreibung tritt deutlich das charakteristische Merkmal der wissenschaftlichen Methode Hookes zutage — die Erklärung durch Analogie. Weiter unten werden wir dieser Art der Erklärung noch öfter begegnen.

[2]) Diesen Schluß zog Hooke auf der Grundlage seiner Messungen des Brechungsindexes unterschiedlicher Medien. Das Vorliegen einer Proportionalität zwischen Brechungsfähigkeit des Mediums und seiner Dichte leitete später Newton in seiner „Optik" theoretisch her, und er bestätigte sie für die meisten der von ihm untersuchten Medien experimentell.

gangs der Lichtstrahlen, in deren Hinsicht sie (die Medien) sich im vorliegenden Fall auch nur unterscheiden"[1]). Um zu erklären, warum dies so ist, führt Hooke den Äther ein — eine transparente, dünne, alles durchdringende und flüssige Substanz. In Medien, die das Licht stärker brechen, ist von dieser Materie weniger vorhanden, und sie ist weniger vermischt mit den Teilchen des Mediums als im Falle eines das Licht schwächer brechenden Mediums. Somit „überträgt das eine Medium den Impuls leichter und schwächer, das andere dagegen langsamer, aber stärker"[1]).

Außerdem wird beim Übergang des Lichtes von einem transparenten Medium in ein anderes bei schrägem Einfall des Strahls derjenige Randstrahl, der zuerst auf die Grenzfläche fällt, stärker geschwächt als der andere Randstrahl, der die Oberfläche zuletzt erreicht, so daß er in ein gewissermaßen schon vorbereitetes Medium eintritt. Dementsprechend entstehen im zweiten Medium, nach den Vorstellungen Hookes, zwei Arten von Impulsen: einer, dessen vorderer Teil stark ist, ruft die Empfindung der roten Farbe hervor; ein zweiter, dessen vorderer Teil schwächer ist, die Empfindung der blauen Farbe. Folglich „ist das Blau der Eindruck eines schräg einfallenden und verzerrten Lichtimpulses auf der Netzhaut des Auges, bei dem der schwächere Anteil dem stärkeren vorhergeht; das Rot aber ist der Eindruck eines schräg einfallenden und verzerrten Lichtimpulses auf der Netzhaut, bei dem der stärkere Anteil dem schwächeren vorhergeht"[2]). Die Zwischenfarben sind Abstufungen dieser beiden Farben, die Hooke Grundfarben nennt. Außerdem weist Hooke auch auf den hemmenden Einfluß der Dunkelheit bei der Erzeugung der prismatischen Farben hin und ebenfalls auf die Auswirkungen der Ungleichheit der Einfallswinkel der von gegenüberliegenden Rändern der Sonnenscheibe herkommenden Strahlen — im großen und ganzen

---

[1]) Micrographia, S. 57.

[2]) Micrographia, S. 64.

finden wir bei ihm ein für die erste Hälfte des 17. Jahrhunderts typisches Schema von Erklärungen.

In der Hookeschen Beschreibung bleibt unklar, wieso es nur zwei Hauptfarben geben soll. Umgekehrt ist es natürlicher anzunehmen, daß bei der Brechung alle zu beobachtenden Farben gleichberechtigt entstehen. Der Grund für diesen von Hooke eingenommenen Standpunkt liegt unserer Ansicht nach ausschließlich in seinen allgemeinen Anschauungen. Für ihn, wie übrigens auch für viele seiner Zeitgenossen, war das Bestreben grundlegend, die Erscheinungen in anschaulichen mechanischen Bildern zu beschreiben. In diesem Sinne ist es einfacher, sich zwei Impulsarten vorzustellen als etwa fünf (entsprechend der gewöhnlich auftretenden Anzahl von Farben). Erst im Jahre 1675 sagte sich Hooke indirekt von der Theorie zweier Hauptfarben los, was wahrscheinlich in starkem Maße mit dem Einfluß Newtons zusammenhängt. Das Aufgeben der Konzeption zweier Hauptfarben zeugt vom Übergang zu einer anderen mechanischen Analogie: „Das Licht ist eine Schwingungs- oder Zitterbewegung im Medium ..., die von einer analogen Bewegung im leuchtenden Körper herrührt, ähnlich dem Schall, der gewöhnlich durch eine Zitterbewegung des ihn leitenden Mediums erklärt wird, hervorgerufen durch die Zitterbewegung des tönenden Körpers. Und ebenso wie beim Schall proportionale Schwingungen die verschiedenen Harmonischen erzeugen, so werden auch beim Licht die verschiedenen eigenartigen und schönen Farben bei der Vermischung von proportionalen und harmonischen Bewegungen erzeugt. Erstere werden mit dem Ohr, die zweiten aber mit dem Auge wahrgenommen."[1])

Wir führen noch eine Aussage Hookes über die Natur des Lichtes an — aus seiner bekannten Kritik zu Newtons „Neuer Theorie des Lichtes und der Farben". Anhand dieser Aussage zog und zieht man mitunter die Schluß-

---

[1]) T. Birch, History of Royal Society of London, Bd. 3, London 1757, S. 193.

folgerung, daß Hooke die Idee der Transversalität der Lichtschwingungen zuzuschreiben ist: „Die Bewegung des Lichts ein einem homogenen Medium, in dem es entsteht, breitet sich in Form einfacher und gleichförmiger Impulse oder Wellen aus, die mit der Richtungsgeraden einen rechten Winkel einschließen. Bei schrägem Einfall auf die brechende Oberfläche jedoch erhalten sie eine andere Richtung oder Bewegung, die die vorherige zerstört — in Analogie zu der Schwingung einer Saite. Und das, was früher eine Gerade war, wird zu einer dreiflächigen Oberfläche, und der Impuls erstreckt sich nicht unter einem rechten Winkel zur Richtungsgeraden, sondern schräg, wie ich ausführlicher in der Micrographia ausgeführt habe.“[1])

An gleicher Stelle weist Hooke darauf hin, daß „*weißes Licht* nichts anderes ist als ein Impuls oder eine Bewegung, die sich durch ein gleichförmiges homogenes und transparentes Medium ausbreitet: die Farbe aber ist nichts anderes als eine Störung dieses Impulses bei seinem Übergang in ein anderes transparentes Medium, das heißt infolge der Brechung“[2]).

Auf diese Weise bezeugen alle drei Aussagen Hookes über die Natur des Lichtes (die in der „Micrographia“ und die beiden letzteren) die Unveränderlichkeit seiner Anschauungen zur vorliegenden Frage. Wenn Hooke von dem sich von der Quelle ausbreitenden Licht spricht, so stellt er sich stets weißes Licht vor, was natürlich ist, da man damals andere Lichtquellen als die Sonne und die Kerze nicht kannte. Der Winkel aber zwischen der Ausbreitungsrichtung des Lichtes (dem Strahl) und der Oberfläche des Impulses (Wellenoberfläche) diente Hooke als ein objektives Charakteristikum der Farben: der rechte Winkel für das weiße, der spitze für das rote und blaue

---

[1]) The correspondence of Isaac Newton, Cambridge 1959, Bd. 1, S. 112.

[2]) The correspondence of Isaac Newton, Cambridge 1959, Bd. 1, S. 110.

Licht. Daher besteht unserer Ansicht nach keinerlei Anlaß, von einer angeblich von Hooke behaupteten Transversalität der Lichtschwingungen zu sprechen.

In seiner „Vorlesung über das Licht" (1680) erörtert Hooke erstmals die Korpuskularvorstellung von der Natur des Lichtes und lehnt die teilchenhafte Natur des Lichtes auf der Grundlage einiger Überlegungen ab. Man kann sich schwer vorstellen, schreibt Hooke, wie unendlich kleine Körper ohne Aufenthalt oder Verzögerung sogar durch die Leere hindurchgehen können (wenn diese überhaupt existiert), wenn man berücksichtigt, wie groß die Anzahl der hellen (das heißt Licht ausstrahlenden) Punkte ist. Es ist unverständlich, wie materielle Teilchen, wenn das Licht aus ihnen besteht, sich mit so ungeheurer Geschwindigkeit bewegen können, und wieso bei einer solchen Annahme über die Natur des Lichtes keine Verringerung der Masse der Sonne bemerkbar ist.

In der modernen Physik sind Teilchen bekannt, die sich nahezu mit Lichtgeschwindigkeit bewegen. Auch wurde festgestellt, daß sich die Sonnenmasse mit der Zeit verringert; jedoch war es damals schwer, diese Einwände Hookes zu widerlegen, ebenso übrigens wie zu beweisen, daß das Licht eine Wellenbewegung ist.

In der „Micrographia" beschreibt Hooke die Farben dünner Plättchen und gibt eine qualitative Erklärung. Bei den Untersuchungen dieser, wie wir heute sagen, Interferenzfarben offenbarte sich in vollem Umfang die Findigkeit des Experimentators Hooke. Diese Erscheinung wurde von ihm an Glimmerplättchen, an dünnen Schichten aus verschiedenen Flüssigkeiten, die zwischen zwei Glasplättchen gepreßt wurden, an Seifenblasen und dünnen Filmen auf Metalloberflächen untersucht. Er stellte fest, daß sich die Farben plattenförmiger Körper mit der Änderung der Plattendicke verändern; bei Betrachtung unter dem Mikroskop fand er, daß bei bestimmter Dicke farbige konzentrische Kreise auftreten, wobei die Reihenfolge der Farben die folgende ist: rot, gelb, grün, blau, violett, dann wieder rot, gelb usw. Hooke beobachtete bis zu 10—12 Systeme solcher Ringe. An den Rändern der Platten, wo die Dicke äußerst klein war, verschwanden die Farben. Desgleichen verschwanden sie auch bei Vergrößerung der Plattendicke. Eine analoge Abhängigkeit stellte er bei der Beobachtung sowohl der Farben von Seifenblasen beim Dünnerwerden der Haut als auch der Farben von Oberflächenfilmen auf Metallen fest. Es gelang ihm nicht, die Plattendicken, bei denen die Farben auftraten, zu messen. Daher konnte er nicht quantitativ abschätzen, was er als kurze Lichtschwingungen bezeichnete. Die qualitativ charakteristischsten Merkmale der Erscheinung jedoch hat er beschrieben: Wenn das Licht schräg auf eine dünne Platte fällt, so wird ein Teil von der ersten Oberfläche reflektiert und ein Teil zur zweiten Oberfläche hin gebrochen, von dieser reflektiert und erneut gebrochen. „Nach zwei Brechungen und einer Reflexion breitet sich eine Art geschwächter Strahl aus, der nicht nur infolge zweier Brechungen geschwächt ist, sondern auch infolge der Zeit, die er für seinen Hin- und Rücklauf zwischen den zwei Oberflächen benötigte. ... Der geschwächte Impuls folgt dicht auf den ersten reflektierten, so daß der auf diese Weise entstehende verzerrte bzw. verdoppelte Impuls, dessen vorderer Teil stärker ist ... auf der Netzhaut die Empfindung des gelben Lichtes hervorruft. Wenn man die Oberflächen weiter voneinander entfernt, so fällt der geschwächte Impuls mit dem zweiten, von der ersten Oberfläche reflektierten Impuls zusammen, dann, indem er auch hinter diesem zurückbleibt, mit dem dritten, vierten, fünften, sechsten, siebenten oder achten. ... Auf diese Weise wiederholen sich, wenn ein dünner transparenter Körper vorliegt, dessen Dicke anwächst ..., die Farben ebenso oft wie die Anzahl der Stufen beträgt, um die der geschwächte Impuls hinter dem ursprünglichen oder ersten Impuls zurückgeblieben ist, wenn er mit einem der folgenden zusammenfällt.“[1]) Dies bot Th. Young die Grundlage für

[1]) Micrographia, S. 66.

seine Feststellung, daß sich unter all denen, die vor ihm über die Optik geschrieben haben, nur bei Hooke ein Hinweis auf das Interferenzprinzip findet.

Im Jahre 1675, zehn Jahre nach Erscheinen des Buches von Grimaldi, machte Hooke eine Mitteilung bezüglich der von ihm beobachteten Beugungserscheinungen; seine Versuche enthalten jedoch nichts Neues im Vergleich zu der Beobachtung Grimaldis, auf die er, nebenbei gesagt, nicht Bezug nimmt.

Auch die atmosphärische Refraktion beobachtete und erklärte Hooke richtig, doch dies war bereits Kepler bekannt, obwohl sich Hooke auch in diesem Falle für den Entdecker hielt.

Hooke gebührt das Verdienst der Erfindung des ersten Refraktometers, das ihm gestattete, die Brechung in Flüssigkeiten hinreichend genau zu bestimmen. Er konstruierte früher als Newton ein Reflexionsteleskop von allerdings nicht sehr guter Qualität.

Wenn man über den Beitrag Hookes zur Entwicklung der Optik spricht, ist es erforderlich, auf seine Kritik an der Theorie Newtons im Hinblick auf die komplizierte Zusammensetzung des weißen Lichtes hinzuweisen — eine Kritik, die man im Grunde genommen erst Ende des 19. Jahrhunderts würdigen konnte.

W. E. Knowles Middleton

Eine Bemerkung über die Erfindung der Photometrie[1])

Es wurde die Vermutung geäußert, daß schon François d'Aguillon (1566—1617) ein Photometer baute und dadurch Pierre Bouguer (1698—1758) zuvorkam. Es wird gezeigt, daß d'Aguillon nicht versuchte, Licht zu messen, sondern nur das Gesetz finden wollte, nach dem das Licht mit der Entfernung von seiner Quelle abklingt. Er hatte jedoch keinen Erfolg bei seinem Versuch.

Im Jahre 1729 veröffentlichte Pierre Bouguer (1698—1758) ein kleines, heute sehr selten gewordenes Buch[2]), in dem er erstmals zeigt, wie man Lichtintensitäten in quantitativer Weise miteinander vergleichen kann. Seine nachgelassene Abhandlung[3]) aus dem Jahre 1760 beschäftigt sich damit und mit anderen Gegenständen noch wesentlich ausführlicher, und im gleichen Jahr gab Johann Heinrich Lambert (1728—1777) der photometrischen Theorie eine noch präzisere und elegantere Form[4]). Dank seiner Veröffentlichung aus dem Jahre 1729 hat man Bouguer zu Recht den Erfinder der Photometrie genannt. Bouguer zeigt, daß die Versuche von Huygens[5]) und

---

[1]) W. E. Knowles Middleton, Note on the invention of photometry, Amer. J. Phys. **31** (1963) 177—181.

[2]) P. Bouguer, Essai d'optique sur la gradation de la lumière, Paris 1729.

[3]) P. Bouguer, Traité d'optique sur la gradation de la lumière, Paris 1760. Ins Englische übersetzt von W. E. K. Middleton (University of Toronto Press, Toronto 1961).

[4]) J. H. Lambert, Photometria, sive de mensura et gradibus luminus, colorum et umbrae, Augsburg 1760.

[5]) Ch. Huygens (1629—1695), Cosmotheoros sive de terris coelestibus earumque ornatu coniecturae, Den Haag 1698.

François-Marie[1]) unzulänglich waren.[2]) Die wesentlichen Elemente der Bouguerschen Methode sind die Benutzung des Auges als eines Nullinstrumentes für den Nachweis, daß zwei aneinandergrenzende Oberflächen gleich hell sind, und die Verwendung des Abstandes zu Meßzwecken.

Nun lenkte im Jahre 1948 E. C. Watson[3]) die Aufmerksamkeit auf einige Illustrationen von Rubens, die sich in einem Buch von François d'Aguillon[4]), einem Lehrer der Mathematik und Rektor einer höheren Schule in Antwerpen, befinden. Eine dieser Illustrationen, das Titelblatt des fünften Buches von d'Aguillon, zeigt anscheinend ein photometrisches Experiment. „... Hier haben wir in einem mehr als hundert Jahre vor Bouguers erster Veröffentlichung ausgeführten Stich", schreibt Watson, „eine deutliche und zugleich künstlerische Darstellung eines in Betrieb befindlichen Photometers mit all seinen wesentlichen Bestandteilen."

Ein Jahrzehnt später erregte dies die Aufmerksamkeit von J. W. T. Walsh, dem bekannten Fachmann auf dem Gebiet der Photometrie, der sich dann in der gleichen Zeitschrift[5]) für Bouguer einsetzte. Er deutete nämlich die Rubenssche Illustration durch Hinweis auf eine graphische Darstellung auf Seite 388 des Buches von d'Aguillon, die einen undurchsichtigen Schirm mit einer kreisförmigen Öffnung zeigt, der gegenüber einem anderen Schirm aufgestellt ist, auf dem sich drei von drei Lichtquellen beleuchtete Flecke befinden. Dieses Bild illustriert nur das simple Theorem, daß Lichtstrahlen einander kreuzen können, ohne sich gegenseitig zu stören.

---

[1]) R. P. François-Marie, Nouvelles découvertes sur la lumière pour la mesurer & en compter les degrés, Paris 1700.

[2]) P. Bouguer, Traité d'optique sur la gradation de la lumière, Paris 1760, S. 45.

[3]) E. C. Watson, Amer. J. Phys. **16** (1948) 183.

[4]) F. d'Aguillon (1566—1617), Opticorum libri sex, Antwerpen 1613.

[5]) J. W. T. Walsh, Amer. J. Phys. **26** (1958) 405.

Walsh meint, daß die Ähnlichkeit der Rubensschen Zeichnung mit einem photometrischen Experiment nur oberflächlich ist und „vielleicht nicht gänzlich ohne Beziehung zu unserer im Nachhinein erworbenen Kenntnis, daß eine solche Anordnung leicht als ein Photometer dienen könnte".

Ziemlich überraschend ist, daß weder Watson noch Walsh den Passus auf Seite 378 der „Opticorum libri sex" gefunden zu haben scheinen, der klar beschreibt, worum es sich bei dem Experiment handelt. Walsh macht die Feststellung, daß an keiner Stelle des Buches ein Hinweis auf eine Lichtmessung zu finden ist. Strenggenommen ist das richtig, aber es gibt einen großen Abschnitt über die quantitative Beschreibung des Lichtes, und mehrere Seiten wurden von d'Aguillon dem Versuch gewidmet, das zahlenmäßige Gesetz zu entdecken, das (wie wir sagen würden) Leuchtstärke und Entfernung miteinander verknüpft. Es gelang ihm nicht, die richtige Abhängigkeit in Form des reziproken Quadrats zu finden, die tatsächlich weniger als ein Jahrzehnt zuvor bereits von Johannes Kepler[1]) ausgesprochen worden war.

Bevor ich d'Aguillons eigene Beschreibung seines Experiments zitiere, möchte ich ein kurzes Resümee seiner Überlegungen zu diesem Thema geben. Auf Seite 375 beginnt er mit dem Theorem, daß das Licht schwächer wird, während es sich von der Quelle immer mehr entfernt. „Das bemerken diejenigen, die bei Lampenlicht arbeiten, denn wenn sie wegen Lichtmangels nicht deutlich sehen, gehen sie näher an die Lampe heran." Aber warum wird es schwächer? Als mögliche Ursache zieht er in Betracht, daß die Strahlen auf ihrem Weg von der Lampe auf die Oberfläche einer Kugel zu divergieren. Aber er verwirft diesen Gedanken: „Und wenn sich das Licht über eine Entfernung und eine Breite erstreckt, die so groß sind, wie ihr nur wollt, nimmt doch bei dieser

---

[1]) J. Kepler, Ad vitellionem paralipomena, quibus astronomiae pars optica traditur ..., Frankfurt 1604, S. 10.

Zerstreuung jeder Strahl, für sich allein genommen, keinen Raum ein." Deshalb muß es einen anderen Grund geben. Dies ist ein Beispiel für die verhängnisvolle Wirkung der sprachlichen und gedanklichen Verwendung des Begriffs Licht„strahl", wenn man etwas anderes als die Ausbreitungsrichtung im Auge hat. Ich zweifle nicht daran, daß die Physiklehrer des 20. Jahrhunderts viele ähnliche Beispiele finden werden.

D'Aguillon beweist dann unter Außerachtlassung der dritten Dimension zu seiner eigenen Befriedigung, daß die Leuchtstärke, falls die Ursache der Lichtschwächung die Divergenz der Strahlen wäre, sich umgekehrt proportional zum Abstand ändern würde. Kein Wort über die Kugel! Er läßt dieses Argument auf sich beruhen und untersucht, was geschehen würde, wenn das Licht in einer arithmetischen Progression abnehmen würde. Dies liefert kein mit der Erfahrung übereinstimmendes Ergebnis, und es ist für ihn offenkundig, daß das Licht mit größer werdendem Abstand langsamer abklingt; das heißt, wenn man gleiche Intervalle betrachtet, so bewirken diejenigen, die von der Quelle weiter entfernt sind, eine geringere Abnahme des Lichtes.

Gerade zur Stütze dieser Behauptung wurde das in der obenerwähnten Abbildung dargestellte Experiment unternommen, wie wir ganz deutlich aus dem folgenden Passus erfahren: „Man stelle eine angezündete Lampe in der Nähe eines weißen Blattes Papier so auf, daß die Lichtstrahlen direkt auf die Papierfläche fallen können. Entfernt man die Lampe ein Stück, beispielsweise um ein oder zwei Handbreit, und stellt sie dann wieder an ihren früheren Platz, so sieht man — wiederholt man diese Prozedur mehrmals —, daß das auf das Papier fallende Licht eine große Zu- und Abnahme erfährt. Aber wenn man versucht, dieses Experiment in größerer Entfernung von der Lichtquelle durchzuführen, wird man keine Änderung finden, jedenfalls keine merkliche. Der Grund dafür ist kein anderer als der, daß das Licht auf einer Strecke bestimmter Länge eine geringere Abnahme erleidet, wenn die Strecke weiter entfernt ist. Das war die zu beweisende Behauptung.

Falls gewünscht, kann zusätzlich ein weiteres Experiment ausgeführt werden, das sehr gut geeignet ist, diese Behauptung zu bestätigen. Es sei ein möglichst langer Tisch aufgestellt; denn je länger er ist, um so mehr Freiheit zum Experimentieren hat man. In der Nähe eines seiner Enden seien zwei Lampen aufgestellt. Die eine von ihnen strahle mit einer einzigen Flamme, während die andere eine Doppellampe sei, deren zwei kleine Flammen nicht weit voneinander entfernt seien, so daß sie wie ein einziger leuchtender Körper strahlen, der doppelt so groß und leistungsstark ist wie die andere Lampe. Damit eine möglichst große Genauigkeit erreicht werden kann, sollten die Flammen der Lampen alle gleich dick sein, so daß sie beim Brennen mit gleicher Helligkeit strahlen. Diese drei Flammen seien längs einer Querseite des Tisches nebeneinander angeordnet, auf den ein mit zwei runden Löchern von der ungefähren Größe eines Eis durchbohrtes Brett gestellt wurde. Ein weiteres Brett ist in der Mitte zwischen den beiden Löchern unter einem rechten Winkel anzubringen, um die Strahlen der Lampen voneinander zu trennen, so daß sie nicht beide Öffnungen passieren können, vielmehr gehe das Licht der Einzellampe durch das eine Loch und das der Doppellampe durch das andere. Das alles ist auf dem Titelbild dieses fünften Buches dargestellt.

Nach diesen Vorbereitungen wird unsere Behauptung folgendermaßen bewiesen: Das Licht von der Einzellampe, das durch eines der Löcher hindurchtritt, werde auf einem weißen Blatt Papier aufgefangen, das in einer willkürlich gewählten Entfernung hinter dem Brett angebracht ist, und in analoger Weise falle das Licht von der Doppellampe, das durch das andere Loch hindurchgeht, auf ein Stück Papier, nachdem es das Doppelte der erstgenannten Entfernung zurückgelegt hat. Würde das Licht in gleichen Abständen um gleiche Beträge vermindert, so würden diese zwei Blätter Papier sicherlich die gleiche Helligkeit zeigen, denn während die eine Lampe zweimal so stark ist wie die andere, stehen die Entfernungen gleichermaßen im Verhältnis Zwei zu Eins. Das Ergebnis ist aber nicht so, sondern die Doppellampe beleuchtet das Papier heller als die Einzellampe, so daß von der doppelten Strecke weniger als das Doppelte an Schwächung bewirkt wird. Es muß somit das Blatt Papier, das die Strahlen von der Zwillingslampe empfängt, mehr als doppelt so weit entfernt sein, um die gleiche Helligkeit zu zeigen, wie sie die Einzellampe gibt. Doch diese Effekte bleiben dann, wenn der Abstand von den Lampen nicht groß ist, infolge des geringen Unterschieds in den Entfernungen verborgen. Bei einem größeren Abstand sind die Effekte wesentlich stärker.

Nun erläutern wir, wie das gleiche Ergebnis mit Hilfe einer anderen Methode erhalten werden kann. Ein Brett ist in der Nähe des anderen Tischendes angebracht, und daran befestige man ein Stück Papier, das die Strahlen von jeder der beiden Lampen empfangen kann. Dann werden die Lampen selbst verschoben, jedoch unterschiedlich nahe an das Papier heran, und zwar so, daß die Entfernung der Doppellampe doppelt so groß ist wie die der Einzellampe; offensichtlich wird dann der vom Licht der Doppellampe beleuchtete Teil des Papiers heller erscheinen als der von der Einzellampe beschienene; um die zwei auf dem Papier sichtbaren Lichtflecke gleich hell zu machen, ist es daher notwendig, die Zwillingslampe weiter abzurücken, weil eine Verdopplung der Entfernung weniger als das Doppelte in der Abnahme des Lichtes verursacht. Und hier gilt wieder, je größer die Abstände von den Lichtquellen, um so deutlicher sichtbar und zuverlässiger sind die Ergebnisse dank der enormen Entfernungsunterschiede, die sich zur Erzeugung der gleichen Lichtschwächung als notwendig erweisen.

Diese Form des Experiments kann dadurch vereinfacht werden, daß man die Zwillingslampe durch eine Einzellampe ersetzt; wenn nämlich das durchbohrte Brett nur wenig schräg gestellt wird, hat das zur Folge, daß das in der Mitte vorstehende Brett die Strahlen der einen Lampe von dem anderen Loch fernhält, so daß durch das eine dieser Löcher nur das Licht von der einen Lampe, durch das andere das Licht von beiden Lampen fällt, und auf diese Weise wird die eine Lampe in gewisser Weise verdoppelt.

Die Funktion eines Hindernisses kann eine dazwischengeschobene Hand übernehmen, was, wie ich zugebe, sehr unbequem ist, aber gelegentlich notwendig sein kann, denn manchmal muß das Brett eine große Strecke von den Lichtquellen entfernt werden. Wir gehen absichtlich auf Kunstgriffe dieser Art nicht ein, die man leichter durch Erfahrung als durch Lesen lernt. Weiterhin können durch Verwendung und geeignete Anordnung mehrerer Lichtquellen wichtige Gesetzmäßigkeiten hinsichtlich der Ausbreitung und Abnahme des Lichtes gefunden werden, die ebenfalls ohne Verzögerung untersucht werden sollten."

Wie man sieht, ist die von Rubens illustrierte Form des Experiments die zweite in der Beschreibung von d'Aguillon, und sie ist offenbar die befriedigendste der drei Varianten, im besonderen deswegen, weil die beleuchteten Flecke genähert die gleiche Größe und Gestalt haben werden.

Es ist schwer einzusehen, wie d'Aguillon zu dem Ergebnis kam, daß zwei Lampen mehr als doppelt so weit vom Schirm entfernt sein müssen wie eine Lampe, um die gleiche Beleuchtungsstärke zu liefern. Sie sollten, so würde man meinen, ungefähr 1,41mal so weit entfernt sein. Es kann sein, daß das Öl in der Lampe mit den zwei Dochten stark genug erwärmt war, um den Lichtaustritt mehr als doppelt so groß zu machen, obwohl d'Aguillon sich bewußt war, daß die Flammen genähert gleich sein sollten. Diese Anordnung würde natürlich wegen der großen räumlichen Trennung der Lichtflecke kein sehr empfindliches Photometer abgeben, aber d'Aguillon war offenkundig imstande, einen Helligkeitsunterschied zu erkennen. Die Fehlerquelle kann Streulicht sein, das möglicherweise durch die Nähe einer der Zimmerwände bedingt ist.

Wie dem auch sei, wir haben klargestellt, was es mit der Abbildung auf sich hat. Das soll nicht heißen, daß man Bouguer seinen Anspruch auf die Entdeckung einer Methode zur Lichtmessung streitig machen soll; doch d'Aguillon hatte sicherlich einen Apparat konstruiert, der potentiell ein grobes Photometer war. Die von Dr. Walsh gegebene Interpretation der Abbildung ist ganz unhaltbar.

Es steht geschichtlich fest, daß ein Jahrhundert früher Leonardo da Vinci (1452—1519) einen Apparat entworfen und erläutert hatte, der als Photometer hätte verwendet werden können. In einem seiner erhaltengebliebenen Notizbücher finden sich mehrere perspektivische Skizzen, die zwei in der Nähe der gegenüberliegenden Enden eines Brettes oder Tisches aufgestellte Lichtquellen sowie ein zwischen ihnen befindliches Hindernis zeigen, das Schatten auf das Brett wirft. In einer dieser Skizzen ist die eine Lichtquelle viel größer als die andere, und das Hindernis ist viel näher zur kleineren Lichtquelle gezeichnet. Unter der Zeichnung steht ein handgeschriebener Text in Leonardos berühmter Spiegelschrift, der von Ravisson-Mollien folgendermaßen gedeutet und übersetzt wurde: „Doch wenn man die große Lichtquelle in großer Entfernung vom schattenwerfenden Körper aufstellt und die kleine in der Nähe, so ist sicher, daß man die Schatten gleich dunkel oder gleich hell machen kann."

Aber Leonardo kannte das Gesetz des inversen Abstandsquadrates nicht, und ich kann mit Dr. Hart nicht vollständig übereinstimmen, wenn er schreibt, Leonardo „... war mit der Art von Experimenten vertraut, die wir als Photometrie bezeichnen und deren Zweck darin besteht, qualitative Vergleiche der relativen Intensitäten verschiedener Lichtquellen durchzuführen".[1] Sicher-

[1] I. B. Hart, The world of Leonardo da Vinci, Macdonald, London 1961, S. 244.

lich ist es der Zweck eines Photometers, quantitative Vergleiche zwischen solchen Quellen durchzuführen. Der erste, der dies mit Erfolg tat, war Pierre Bouguer im Jahre 1729.

II

Thomas Young
(1773–1829)

Über die Theorie des Lichtes und der Farben[1])

Obwohl die Aufstellung plausibler Hypothesen, die in keinerlei Verbindung mit experimentellen Beobachtungen stehen, nur von sehr geringem Wert für den Fortschritt in der Naturerkenntnis sein kann, muß der Entdeckung einfacher und einheitlicher Prinzipien, mit deren Hilfe sich eine große Zahl scheinbar unterschiedlicher Erscheinungen auf zusammenhängende und universelle Gesetze zurückführen läßt, stets ein bedeutsamer Platz im Hinblick auf eine Vervollkommnung des menschlichen Geistes eingeräumt werden.

Das Ziel der vorliegenden Arbeit besteht nicht so sehr darin, absolut neue Auffassungen darzulegen, als vielmehr einige bereits entwickelte Theorien bis zu ihren ersten Schöpfern zurückzuverfolgen, sie durch zusätzliche Beweise zu stützen und auf eine große Zahl verschie-

---

[1]) Th. Young, On the theory of light and colours, Phil. Trans. Roy. Soc. London **91** (1802), Teil 1, 12–48.

denartiger Fakten anzuwenden, die bisher im Dunkeln blieben. Dabei ist es absolut nicht notwendig, auch nur ein einziges neues Experiment zu machen, denn Experimente gibt es bereits in großer Fülle, die um so zuverlässiger sind, als sie ohne die geringste Parteilichkeit zugunsten der Theorie durchgeführt worden sein müssen, von der sie erklärt werden können. Weiterhin werden noch einige bisher unbeobachtete Fakten angeführt, um die vollständige Übereinstimmung zwischen dieser Theorie und den mannigfaltigen Naturerscheinungen aufzuzeigen.

Die optischen Beobachtungen Newtons sind bis heute unübertroffen. Abgesehen von einigen gelegentlichen Ungenauigkeiten, steigen sie noch in unserer Wertschätzung bei einem Vergleich mit späteren Versuchen, sie zu verbessern. Eine weitergehende Beschäftigung mit den Farben dünner Plättchen, wie sie im zweiten Buch der Newtonschen Optik beschrieben werden, hat die Voreingenommenheit, die ich zuvor der Undulationstheorie des Lichtes gegenüber hegte, in eine sehr starke Überzeugung von ihrer Richtigkeit und Hinlänglichkeit verwandelt, eine Überzeugung, die seitdem durch eine Untersuchung der Farben von Substanzen mit gefurchten Oberflächen auf das eindrucksvollste bestätigt wurde. Die Erscheinungen bei dünnen Plättchen sind in der Tat so außergewöhnlich, daß sich ihre generellen Züge nur mit großer Schwierigkeit mit irgendeiner, sei es noch so komplizierten, Theorie vereinbaren lassen, die bis heute darauf angewendet wurde. Und einige der wesentlichen Einzelheiten konnten niemals, auch nicht mit den großzügigsten Annahmen, erklärt werden, doch es wird sich zeigen, daß die feinsten Details dieser Erscheinungen nicht nur vollständig verträglich mit der Theorie sind, die unten im einzelnen dargelegt wird, sondern daß sie alle notwendige Konsequenzen dieser Theorie darstellen, ohne jegliche Zusatzannahmen. Die Schlüsse sind dabei so einfach, daß die genannten Einzelheiten spezielle Folgerungen werden, die kaum eine getrennte Aufzählung erfordern.

Ein ausgedehntes Studium der verschiedenen Newtonschen Schriften hat mich gelehrt, daß dieser Forscher in Wahrheit der erste war, der eine solche Theorie vorschlug, wie ich sie zu vertreten mich bemühe, weiterhin, daß sich seine eigenen Auffassungen von dieser Theorie weniger unterschieden, als es jetzt fast allgemein angenommen wird, und daß eine Vielzahl von Argumenten zu seiner angeblichen Widerlegung vorgebracht wurde, die in nahezu ähnlicher Form in seinen eigenen Werken zu finden sind — und das von keinem geringeren Mathematiker als Leonard Euler, dessen Lichttheorie, soweit sie Beachtung verdient, vollständig von Newton, Hooke, Huygens und Malebranche entlehnt ist oder sein könnte.

Diejenigen, die — wie sie es mit großem Recht sein können — Anhänger einer jeden Lehre sind, die den Stempel der Billigung durch Newton trägt, werden wahrscheinlich geneigt sein, diesen Betrachtungen um so mehr Aufmerksamkeit zu schenken, als sie, wie sich zeigt, mit Newtons eigenen Auffassungen nahezu identisch sind. Aus diesem Grunde werde ich nach einer kurzen Angabe jedes einzelnen Punktes meiner Theorie zuerst aus den verschiedenen Newtonschen Schriften solche Abschnitte auswählen, die am besten geeignet erscheinen, meiner Theorie zur Anerkennung zu verhelfen. Wenn ich auch einige Arbeiten zitieren werde, von denen man annehmen darf, daß sie bei der Veröffentlichung der „Optik" teilweise zurückgenommen wurden, werde ich nichts davon übernehmen, von dem man glauben könnte, daß es gegen Newtons reiferes Urteil spräche.[1])

Hypothese I

Ein Äther, der in hohem Maße verdünnt und elastisch ist, durchdringt als Träger des Lichtes das Universum.

---

[1]) Alle von Th. Young im weiteren angeführten Zitate aus den Newtonschen Schriften wurden, ebenso wie einzelne Erläuterungen von Young selbst, bei der Übersetzung weggelassen. Beibehalten wurden nur diejenigen, die unseres Erachtens das größte Interesse beanspruchen. (Anm. d. sowj. Red.).

Hypothese II

In diesem Äther werden immer dann Wellenbewegungen (Undulationen) erregt, wenn ein Körper zu leuchten beginnt.

Erläuterung. Ich gebe dem Wort Wellenbewegung (Undulation) den Vorzug vor Schwingung (Vibration), weil man unter Schwingung allgemein eine Bewegung versteht, die infolge einer Verknüpfung des Impulses des Körpers mit einer beschleunigenden Kraft abwechselnd rückwärts und vorwärts verläuft, und die ihrer Natur nach zeitlich mehr oder weniger beständig ist. Eine Wellenbewegung dagegen hat man sich als eine Schwingung vorzustellen, die im zeitlichen Nacheinander durch verschiedene Teile eines Mediums übertragen wird, wobei jedes einzelne Teilchen keine Tendenz zur Fortsetzung seiner Bewegung besitzt, es sei denn als Folge der Übertragung aufeinanderfolgender Wellenbewegungen, die von einem bestimmten schwingenden Körper ausgehen, so wie in der Luft die Schwingungen einer Saite die Wellenbewegungen hervorrufen, die den Ton ausmachen.

Hypothese III

Die Empfindung verschiedener Farben hängt von der unterschiedlichen Frequenz der Schwingungen ab, die vom Licht in der Netzhaut erregt werden.

Erläuterung. Da es aus dem hier von Newton angegebenen Grunde wahrscheinlich ist, daß die Bewegung der Netzhaut eher einen schwingungsförmigen als einen wellenartigen Charakter besitzt, muß die Frequenz der Schwingungen vom Aufbau dieser Substanz abhängen. Nun ist es allerdings fast unmöglich, sich vorzustellen, daß jeder empfindliche Punkt der Netzhaut eine unendliche Zahl von Teilchen enthält, von denen jedes imstande ist, in völligem Gleichklang mit jeweils einer möglichen Wellenbewegung zu schwingen; man muß daher annehmen, daß diese Zahl beispielsweise auf die drei Hauptfarben Rot, Gelb und Blau[1]) beschränkt ist, für welche die Wellenbewegungen sich ihrer Größe nach nahezu wie die Zahlen 8, 7 und 6 verhalten, und daß jedes der Teilchen durch Wellenbewegungen, die weniger oder mehr von einem vollständigen Gleichklang abweichen, weniger oder mehr gezwungen in Bewegung versetzt werden kann. Die Wellenbewegungen des grünen Lichtes zum Beispiel, die ungefähr der Verhältniszahl $6^1/_2$ [zwischen 7 und 6] entsprechen, werden diejenigen Teilchen in gleichem Maße beeinflussen, die sich im Gleichklang mit Gelb bzw. Blau befinden, und dabei den gleichen Effekt hervorrufen wie Licht, das aus diesen beiden Farbanteilen zusammengesetzt ist. Weiterhin wird jede empfindliche Faser des Nervs aus drei Teilstücken bestehen, nämlich jeweils einem für jede Hauptfarbe. Läßt man diese Behauptung gelten, so muß ein jeglicher Versuch, einen musikalischen Effekt mittels Farben zu erzeugen, erfolglos erscheinen, zumindest könnte nicht mehr als eine sehr einfache Melodie dadurch imitiert werden. ...

Hypothese IV

Alle materiellen Körper üben eine Anziehung auf das Äthermedium aus, wodurch es sich im Innern ihrer Substanz sowie in geringem Abstand um sie herum in einem Zustand größerer Dichte, aber nicht größerer Elastizität, ansammelt.

Es wurde gezeigt, daß die drei früheren Hypothesen, die man die wesentlichen nennen kann, buchstabengetreu

[1]) In seiner Mitteilung vom 1. Juli 1802, „An account of some cases of the production of colours, not hitherto described“, änderte Young diesen Vorschlag ab im Zusammenhang mit einer von Wollaston gegebenen genaueren Beschreibung des Spektrums eines Prismas sowie seinen eigenen Beobachtungen hinsichtlich der Reihenfolge der Farben bei dünnen Plättchen. Er ersetzte dabei Rot, Gelb und Blau durch Rot, Grün und Violett und die Zahlen 8, 7 und 6 entsprechend durch 7, 6 und 5. (Anm. d. sowj. Red.)

Teile des komplizierteren Newtonschen Systems darstellen. Die vierte Hypothese unterscheidet sich möglicherweise bis zu einem gewissen Grade von allem, was von früheren Autoren vorgebracht wurde, und ist der Newtonschen diametral entgegengesetzt. Doch da beide, für sich genommen, gleichermaßen wahrscheinlich sind, ist dieser Gegensatz bloß nebensächlich; erforscht werden muß nur, welche am besten geeignet ist, die Erscheinungen zu erklären. Man könnte meine Hypothese vielleicht auch durch andere Annahmen ersetzen, und daher sehe ich sie nicht als grundlegend an, jedoch erscheint sie mir als die einfachste und beste von all denen, die mir eingefallen sind.

Satz I

Alle Impulse breiten sich in einem homogenen elastischen Medium mit gleicher Geschwindigkeit aus.

Satz II

Eine Wellenbewegung (Undulation), die man sich von der Schwingung eines einzelnen Teilchens herrührend denkt, muß sich durch ein homogenes Medium in Form einer Kugel ausbreiten, wobei jedoch ihren verschiedenen Teilen eine unterschiedliche Größe der Bewegung zukommt.

Satz III

Ein Teil einer sphärischen Wellenbewegung, der durch eine Öffnung in ein ruhendes Medium eintritt, setzt seine geradlinige Ausbreitung in Form konzentrischer Oberflächen fort, die seitlich durch schwache und unregelmäßige Teile von erneut divergierenden Wellenbewegungen begrenzt werden.

Satz IV

Wenn eine Wellenbewegung auf eine Oberfläche trifft, welche die Grenze zweier Medien mit unterschiedlicher

Dichte darstellt, findet eine teilweise Reflexion statt, die in ihrer Stärke proportional zu der Differenz der Dichten ist.

Satz V

Wenn eine Wellenbewegung durch eine Oberfläche hindurchläuft, die verschiedene Medien begrenzt, so breitet sie sich in einer solchen Richtung aus, daß die Sinusse des Einfalls- und Brechungswinkels in einem konstanten Verhältnis stehen, das gleich dem Verhältnis der Ausbreitungsgeschwindigkeiten in den beiden Medien ist.

Satz VI

Wenn eine Wellenbewegung auf die Oberfläche eines dünneren Mediums fällt, und zwar so schräg, daß sie nicht regulär gebrochen werden kann, wird sie unter einem Winkel, der mit dem Einfallswinkel übereinstimmt, total reflektiert.

Satz VII

Wenn man sich äquidistante Wellenbewegungen durch ein Medium hindurchlaufen denkt, dessen einzelne Teile zeitlich andauernde Schwingungen, die etwas langsamer als die Wellenbewegungen sind, ausführen können, wird die Geschwindigkeit der letzteren durch diese Tendenz der Schwingungen etwas verringert werden, und das — bei gleichem Medium — um so mehr, je höher die Frequenz der Wellenbewegungen ist.

Denn sooft der Zustand der Wellenbewegung eine Veränderung der tatsächlichen Bewegung des Teilchens erfordert, das die Wellenbewegung überträgt, wird diese Veränderung durch das Bestreben des Teilchens, seine Bewegung noch eine Zeitlang fortzusetzen, verzögert; und diese Verzögerung wird um so häufiger und beträchtlicher sein, je größer der Unterschied zwischen den Perioden der Wellenbewegung und der natürlichen Schwingung ist.

Satz VIII

Wenn zwei Wellenbewegungen, die von verschiedenen Zentren ausgehen, in ihrer Richtung entweder vollständig oder in sehr guter Näherung übereinstimmen, stellt ihre vereinigte Wirkung eine Kombination der zu den beiden Teilwellen gehörigen Bewegungen dar.

Da jedes Teilchen des Mediums überall dort, wo die Richtungen übereinstimmen, von jeder der Wellenbewegungen beeinflußt wird, können letztere nur so fortschreiten, daß sie ihre Bewegungen vereinigen. Die resultierende Bewegung kann dann die Summe oder die Differenz der Einzelbewegungen sein, je nachdem, ob ähnliche oder unähnliche Wellenbewegungen zusammentreffen.

Bei einer früheren Gelegenheit (Phil. Trans. (1800), 130) habe ich die Anwendung dieses Prinzips auf die Harmonischen ausführlich hervorgehoben, und es wird sich zeigen, daß es von noch größerem Nutzen bei der Erklärung der Farberscheinungen ist. Die Wellenbewegungen, die nun miteinander zu vergleichen sind, haben die gleiche Frequenz. Wenn die beiden Wellenfolgen in einem Zeitpunkt exakt übereinstimmen, muß die aus den Teilbewegungen resultierende Geschwindigkeit offenbar maximal und, im wesentlichen jedenfalls, doppelt so groß sein wie die Einzelgeschwindigkeiten. Andererseits muß sie minimal sein — und bei gleicher Stärke der Wellenbewegungen muß sie vollständig zum Verschwinden kommen —, wenn der Zeitpunkt der größten Vorwärtsbewegung bei der einen Wellenbewegung mit dem Zeitpunkt der größten Rückwärtsbewegung bei der anderen Wellenbewegung zusammenfällt. Bei dazwischenliegenden Zuständen wird die resultierende Wellenbewegung in ihrer Stärke ebenfalls einen Zwischenwert annehmen, doch die Frage, nach welchen Gesetzen sich dieser Zwischenwert ändern muß, kann nicht ohne Hinzunahme weiterer Daten entschieden werden. Bekanntlich ruft eine ähnliche Ursache beim Schall den als Schwebung bezeichneten Effekt hervor; zwei Wellenfolgen von nahezu gleicher Größe verstärken oder zerstören einander abwechselnd, je nachdem, ob sie in den Zeitpunkten, in denen sie ihre jeweiligen Bewegungen ausführen, mehr oder weniger genau übereinstimmen.[1])

Satz IX

Ausgestrahltes Licht besteht in Wellenbewegungen (Undulationen) des Äthers als Träger des Lichtes.

Dieser Satz stellt die allgemeine Schlußfolgerung aus allem Vorhergehenden dar.

[1]) Im weiteren bekräftigt Young den Satz VIII, der die erste Formulierung des Interferenzprinzips in der Optik darstellt, durch folgende Erscheinungen: die Farben von gefurchten Oberflächen, von dünnen und dicken Plättchen sowie die bei der Beugung entstehenden Farben. (Anm. d. sowj. Red.)

E. M. Kljaus (E. M. Кляус)

Thomas Young

1

Bei ihm ist alles erstaunlich: sowohl die außergewöhnliche Vielfalt und Breite der wissenschaftlichen Forschungen, die Vielseitigkeit des Talents in Verbindung mit der großartigen Intuition eines Physikers, der Glanz seines Intellekts, vervielfacht durch den enzyklopädischen Charakter seiner Kenntnisse als auch seine unwahrscheinliche Schaffenskraft und die Integrität seines Lebens, das der Aufdeckung der Geheimnisse der Natur gewidmet war.

Ein bekannter Arzt und vortrefflicher Physiker, Astronom und Mechaniker, Metallurg und Ägyptologe, Ozeanograph und Botaniker, Philologe und Sprachgenie, ein ernsthafter Kenner der Musik und kunstfertiger Musiker, der fast alle Instrumente jener Zeit spielte, ein ausgezeichneter Maler und sogar ... ein außergewöhnlicher Turner — das alles war Thomas Young.

Und alle diese Wissenschaften und Gebiete bereicherte er um irgendetwas.

„Der allesumfassende Thomas Young“ — sagten seine Zeitgenossen.

Über ihn schrieb man: „Young war ein Mensch von fast dem gleichen universellen Wissen wie Leonardo da Vinci.“

Young liebte es zu äußern: „Jeder könnte das vollbringen, was ein beliebiger anderer vollbracht hat.“

Er war unersättlich und unermüdlich. Es schien, als sei er bestrebt, alles zu erfahren, alles zu erfassen und zu erkennen. Er gehörte zu jener Kategorie Menschen, denen es zu eng auf einem schmalen Gebiet ist und die ihre Aufgabe darin sehen, zumindest in allgemeinsten Zügen die großen und kleinen Wegstrecken der Wissenschaft zu umreißen.

Er war unwahrscheinlich stark begabt. Es schien so, als brauchte er die Probleme lediglich zu berühren — und schon würde sich ihm die Natur folgsam enthüllen. So schien es jedoch nur. In Wirklichkeit beruhte sein Talent auf Arbeitsliebe, durch die er sich von Jugend an auszeichnete.

Gleichzeitig war er ein fröhlicher und bezaubernder Mensch. Er war gastfreundlich, gutherzig und redlich. Neid und Mißtrauen waren ihm vollständig unbekannt. Obwohl ein Kind des geschraubten und grausamen, von Fielding, Smollett und Sheridan bloßgestellten Jahrhunderts, war Young der Snobismus fremd; sein Charakter war ruhig und nachgiebig. All dies wurde gut durch den berühmten Maler Lawrence dargestellt, der sein Porträt malte. Wenn man sich das Porträt ansieht, könnte man denken: „Eher ein Dandy als ein Snob." Und das ist richtig. Young war ein weltlicher Mensch, der in London den Ruf eines geistreichen und unerschöpflichen Gesellschafters besaß. Man nannte ihn die „laufende Enzyklopädie" und die „Bibliothek auf zwei Beinen". Wenn im Verlaufe einer weltlichen Unterhaltung allerlei unerwartete Themen berührt wurden, so konnte Young mit seiner Gelehrsamkeit und seinem schnellen Verstande nicht umhin zu glänzen. Und wenn man ihn bat, war er bereit zu singen oder auf einem Instrument zu begleiten. Und all dies geschah schlicht, ohne Pose und ungekünstelt, ohne die modischen Mittel „intellektueller" Überspanntheit.

Er liebte das Leben sehr und kapselte sich nicht von der Welt ab, verschloß sich nicht in einem Kabinett. Auch hierin liegt — wenn man abwägt, was er alles geleistet hat — eines seiner unbegreiflichen Rätsel! ...

Es gibt Menschen, über deren Kindheit kann man schreiben oder nicht schreiben, da sie ihre spätere Persönlichkeit wenig erklärt. Über die Kindheit Youngs nicht zu schreiben, bedeutet, den roten Faden seines Lebens, dessen Ursprung, zu verlieren, da sein ganzes Ich, wie selten bei einem anderen, vollständig durch seine Kindheit bestimmt war.

2

Thomas Young, das älteste von zehn Kindern eines Samt- und Seidenhändlers, wurde am 13. Juni 1773 in Milverton nahe Taunton, der Hauptstadt der Grafschaft Somersetshire, geboren. Das alte, aus roten Backsteinen gebaute Haus, in dem Thomas seine Kindheit verbrachte, stand in der Nähe der Kirche an der belebten Straße nach Barnstaple.

Die Eltern des Knaben und seine zahlreichen Verwandten waren geachtete Leute, mit gutem Rufe, von makelloser Ehre und Gerechtigkeit. Unter ihrem Einfluß lernte Thomas frühzeitig Zeit und Unabhängigkeit zu schätzen, sich stets auf die eigenen Kräfte zu stützen, die Wahrheit leidenschaftlich zu lieben und die Arbeit, die dem Menschen Brot und Wissen gibt. Diese Eigenschaften bewahrte er sich für sein ganzes Leben.

Als Zweijähriger lernte er, die Bibel zu lesen, und mit 4 Jahren las er einige bedeutende Bücher. Sein Großvater erinnerte sich, daß der fünfjährige Enkel das große Gedicht von Goldsmith „Das verlassene Dorf“ auswendig deklamierte.

Unter den Kaufleuten war der Großvater eine außergewöhnliche Persönlichkeit: Seine Freizeit widmete er der Lektüre klassischer Dichter — natürlich im Originaltext. Sein Einfluß auf die philologische Neigung des Enkels ist unbestreitbar. Er förderte den aufkeimenden Hang des Knaben zum Lernen und warnte ihn: „Wenig lernen und irgendetwas, das ist furchtbar.“

Mit der lateinischen Grammatik wurde begonnen, als Thomas gerade sechs Jahre alt war. Er setzte nicht nur durch seine Fähigkeiten und sein Gedächtnis in Erstaunen, sondern auch durch seine hervorragende Schönschreibkunst. Auch andere Talente wurden frühzeitig bei ihm entdeckt: Hartnäckigkeit bei der Verfolgung eines Zieles, eine völlig unkindliche Selbständigkeit.

Mit acht Jahren kam er mit der Wissenschaft in Berührung, verspürte er ihren ersten Hauch. ... Der Nachbar, ein Landvermesser, liebte Thomas sehr. Thomas begleitete ihn oft aufs Feld, wo ihm erlaubt wurde, mit den geodätischen und physikalischen Instrumenten umzugehen. Er lernte es, die Höhe nicht zugänglicher Gegenstände und die Entfernung zu ihnen zu messen. Tagsüber führte er die Messungen durch und abends die Berechnungen. Dies schien irgendwie geheimnisvoll und beflügelte die Phantasie. Der Landvermesser stellte dem Knaben seine Bibliothek zur Verfügung. Dieser widmete sich der Lektüre eines mathematischen Wörterbuches, das in seine Leidenschaft für die Geodäsie strenge Klarheit brachte. Er lernte sowohl zu Hause, angeleitet von dem Großvater oder der Tante, als auch in der Dorfgrundschule. Bald brachte man ihn in die Pension von Professor Thompson in Compton. Der Unterricht war dort nicht schlecht: etwas Mathematik und Buchhaltung, hauptsächlich aber Sprachen — Griechisch, Hebräisch, Latein. Thomas war stets der Beste. In diesen Jahren las er die Klassiker viel — Homer, Vergil, Horaz, Cicero, Phaedrus. Dies hinderte ihn jedoch nicht, nebenbei (!) einige Sprachen zu erlernen. So lernte er beiläufig Französisch und Italienisch bei der Befriedigung seiner Neugier und der seines Schulkameraden, der ein paar Bücher in diesen Sprachen besaß. Angeregt durch einige Bilder wollten die Knaben auch den Inhalt der Bücher selbst kennenlernen. Der dreizehnjährige Young schreibt, daß ihn „die östliche Literatur bezauberte". Um sich zu vergewissern, ob die östlichen Sprachen sich ebenso stark voneinander unterscheiden wie die europäischen, beschäftigte er sich ohne Lehrer selbständig mit Arabisch und Persisch.

„Ich hatte mir zur Regel gemacht," — erinnerte er sich später — „im Sommer eine Stunde früher als meine Kameraden aufzustehen und mich im Winter eine Stunde später als sie hinzulegen, um das am Tage Durchgenommene zu vertiefen; auf diese Weise war meine Schulbildung bald abgeschlossen."

Eine große Bedeutung hatte auch seine Freundschaft mit Josiah Jeffrey, einem der jüngsten Lehrer der Pension, einem Liebhaber der exakten Wissenschaften und gutem Mechaniker. Er gab dem Knaben die Vorlesungen eines gewissen Benjamin Martin über Physik. Der optische Teil der Vorlesungen enthielt detaillierte Angaben zur Konstruktion von Geräten und bereitete Thomas besonderes Vergnügen. Jeffrey lehrte ihn, an der Drehbank zu arbeiten, zu zeichnen, Glas zu schleifen, Farben herzustellen und Bücher einzubinden.

Als sich Young mit Botanik beschäftigte, benötigte er ein Mikroskop. Er beschloß, sich dieses selber, lediglich nach einer Beschreibung, zu bauen. Das Drehen beherrschte er; es war aber notwendig, die Methode der Fluxionsrechnung, wie man damals die Differentialrechnung bezeichnete, zu erlernen. Und er beschäftigte sich mit der Mathematik, wie stets ohne zu zögern.

Nach Beendigung des Pensionats setzte er seine Beschäftigung in der gleichen Richtung fort: Er stellte optische Geräte her (einschließlich eines Teleskops), vervollkommnete sich in östlichen Sprachen. Auf seinem Tisch lag stets eine Menge Wörterbücher, Lehrbücher für den Selbstunterricht und Grammatiken.

Interessant ist folgende Episode: Einst kam Thomas mit einer seiner Verwandten nach London. Die Läden der Buchhändler zogen ihn wie Magnete an. Er nahm irgendein seltenes Buch in die Hand und, alles um sich herum vergessend, vertiefte er sich ins Lesen. Der Besitzer, auf den nicht städtisch gekleideten Knaben blickend, sagte gönnerhaft: „Nun, Kleiner, wenn du mir wenigstens eine Seite übersetzt, so ist das Buch dein." Der Kleine übersetzte schnell und wurde Besitzer des wertvollen Buches. Diese Szene wiederholte sich mehrere Male, bis dem Händler angesichts des erlittenen Verlustes schauderte.

Thomas war 14 Jahre alt, als ihn David Barclay, ein wohlhabender Herr aus Youngsbury, einer der Führer der älteren Quäkergeneration, als Studiengenossen seines Enkels Hudson Gurney, der eineinhalb Jahre jünger als Thomas war, in sein Haus lud, nachdem er von den außergewöhnlichen Fähigkeiten des Knaben gehört hatte. Bis zur Ankunft des Lehrers, John Hodgkin, und im Prinzip auch danach, leitete Young Gurneys Studium der Dichter des Altertums.

Es war ein einmaliges Trio — der Lehrer und seine beiden Schüler. Hudson Gurney wurde später berühmt als Antiquar, Schriftsteller und Politiker, der sechsmal ins Parlament gewählt wurde. 1818 wurde er zum Mitglied der Royal Society gewählt (was in England gleichbedeutend mit der Berufung zum Mitglied der Akademie ist). Hudson Gurney, der seinen großen Freund um 35 Jahre überlebte, schrieb 1831 in seinen Erinnerungen über ihn und verwandte nicht wenige Kräfte und Mittel auf die Verewigung seines Andenkens. ... John Hodgkin aber wurde zu einer führenden Persönlichkeit der damaligen klassischen Philologen. 1807 gab er zusammen mit Young die „Griechische Kalligraphie“ heraus.

Man sagt, daß Mr. Barclay, um sich von Thomas' Handschrift zu überzeugen, ihm auftrug, einige Sätze aus einem Buch abzuschreiben (welch große Anforderung an den 14jährigen Jungen!). Young, offensichtlich gekränkt dadurch, bat, sich entfernen zu dürfen. ... Mr. Barclay begann schon, die Geduld zu verlieren, als Young endlich zurückkehrte. In kalligraphisch tadelloser Handschrift hatte er die geforderten Sätze in neun Sprachen aufgeschrieben.

In Youngsbury verstärkte sich Thomas' Neigung zu den Sprachen noch mehr. Sein Tagebuch enthält Notizen und Bemerkungen in dreizehn Sprachen. Auf diese Weise wurde aus dem Wunderkind ein Wunderjüngling, was äußerst selten geschieht.

George Peacock[1]), der Biograph Youngs, Professor für Astronomie in Cambridge, gibt eine lange Aufstellung der von Young in jener Zeit gelesenen Bücher. Neben Fénelon, Corneille, Racine, Shakespeare und Milton befinden sich darunter auch viele Werke über Mathematik, Astronomie, Naturphilosophie (die damalige Bezeichnung für Physik) und Botanik. Unter anderem las er die „Principia“ und die „Optik“ von Newton, die botanischen Arbeiten Linnés, die chemischen Arbeiten von Lavoisier und Blake sowie eine Reihe medizinischer Bücher. Er machte Auszüge und schrieb über jedes gelesene Buch eine kritische Einschätzung. Zur gleichen Zeit etwa stellte er unter ausschließlicher Verwendung von Originaltexten eine ausführliche Übersicht über die zahlreichen philosophischen Systeme der alten Griechen zusammen, die alle, denen sie bekannt wurde, begeisterte.

Bei Barclay verbrachte Young fünf Jahre. Die Wintermonate über hielten sich die jungen Leute in London auf, wo ihnen die umfassende Bibliothek von Mr. Barclay zur Verfügung stand. In dieser Zeit wurde Richard Brocklesby auf Thomas aufmerksam, ein Onkel mütterlicherseits, bekannter Arzt und Mitglied der Royal Society. Er schrieb über den therapeutischen Wert der Musik und war durch seine Abhandlung über Militärhygiene bekannt. Der Onkel war von den Erfolgen des jungen Neffen beeindruckt. Und als Thomas in der Mitte des Winters 1789 gefährlich erkrankte, heilte er ihn persönlich. Man vermutete eine Lungenentzündung, jedoch verlief alles günstig.

Je älter Thomas Young wurde, desto unausweichlicher stellte sich ihm die Frage, was er werden wollte. Bei der Breite seiner Interessen war es für ihn nicht einfach, eine Antwort zu finden. Schließlich entschied er sich dafür, Arzt zu werden. Die Medizin würde ihm die erforderlichen Mittel geben und, was die Hauptsache war, die Unabhängigkeit, nach der er stets nachdrücklich strebte. ...

---

[1]) G. Peacock, Life of Thomas Young, London 1855.

Es ist anzunehmen, daß Mr. Brocklesby bei dieser Wahl entscheidenden Anteil hatte. Anfangs hatte letzterer allerdings etwas ganz anderes im Sinne: Der Herzog von Richmond, Großmeister der Artillerie, bot dem fähigen Jungen die Stellung eines Hilfssekretärs an; Young aber lehnte eine solche Pfründe ausdrücklich ab und entschied sich ein für allemal, den schwierigen Weg eines Wissenschaftlers zu gehen. ...

Seine Jugend verlief in einer stürmischen und harten Zeit. Im Mittelpunkt der englischen Außenpolitik stand damals der Kampf gegen das revolutionäre Frankreich. ... Byron war noch ein Kind und der berühmte schottische Barde Robert Burns verbrachte unbekannt und im Elend seine letzten Jahre. Dafür befand sich Anne Radcliffe, die Stammutter des „Schreckensromanes", im Zenit ihres Ruhmes. Der Vikar Malthus hatte schon sein Werk „Versuch eines Bevölkerungsgesetzes" geschrieben, das heute traurige Berühmtheit besitzt. In England war es unsicher und unbehaglich.

3

Und wie sah es um die englische Wissenschaft aus? Das „goldene Jahrhundert" Newtons und der große Ruhm — all dies lag weit zurück. Obwohl solche Gelehrte wie Cavendish, Blake, Priestley, Rumford, Dalton und Herschel wirkten, hatte sich das Zentrum der wissenschaftlichen Entwicklung nach dem Kontinent verschoben, nach Frankreich, wo solche Namen wie Lagrange, d'Alembert, Laplace, Coulomb, Lavoisier und andere glänzten. Young, der dies alles deutlich fühlte, schrieb: „Britannien bleibt gegenüber seinen Nachbarn auf vielen Gebieten der Mathematik zurück: Wenn ich mich ernsthaft ihrem Studium widmen würde, so würde ich ein Schüler der französischen oder deutschen Schule werden."

Von 1792 bis 1794 studierte Young in London und Edinburgh Medizin. Aber die Medizin erforderte nicht seine gesamte Energie. Er ließ verschiedene Notizen im „Gentleman's Magazine" drucken, und im Mai 1793 trug er vor der Royal Society seine „Beobachtungen über den Prozeß des Sehens" vor, die später in den „Philosophischen Werken" publiziert wurden. Young erklärte die Akkomodation des Auges beim Sehen auf verschiedene Entfernungen durch Veränderung der Krümmung der Augenlinse. Dies war keine neue Erkenntnis, jedoch gründete der junge Wissenschaftler seine Beweisführung auf Resultate, die beim Studium der Anatomie des Auges, speziell der Augenlinse, erzielt worden waren. Young stellte zum Beispiel fest, daß die Augenlinse eine faserige oder muskuläre Struktur besitzt und somit ausgezeichnet zu einer Veränderung ihrer Form befähigt ist. Seine Untersuchungen erregten Aufsehen und riefen ein lautstarkes Echo hervor. Unter den Gelehrten, die sich um die Priorität der Entdeckung stritten, entbrannten erbitterte Auseinandersetzungen. Man klagte Young des Plagiats, der Ignoranz und anderer Niederträchtigkeiten an. Dem Druck der Autoritäten mußte er vorübergehend nachgeben und den Anschein erwecken, als ob er seine Theorie widerrufe. Das Spektakel endete damit, daß man ihn auf Empfehlung von 15 Mitgliedern der Royal Society am 19. Juli 1794 zu deren Mitglied wählte. Dies stellte für einen gerade erst 21 Jahre alt gewordenen Wissenschaftler eine sehr hohe Ehrung dar.

Im Herbst des folgenden Jahres übersiedelte Young nach Göttingen, um dort, wie er seiner Mutter schrieb, „seine wissenschaftlichen Studien unter der Anleitung hervorragender Professoren fortzusetzen", „um jene Wesenszüge und Gewohnheiten kennenzulernen", die „dort den menschlichen Intellekt formen". Der Ruhm der Göttinger Universität war damals außerordentlich weit verbreitet. Mit den Studien begann Young am 3. November. Er schrieb der Mutter: „Ich befinde mich 100 Yard von der zweitgrößten Bibliothek Europas entfernt und kann schnell ein beliebiges, von mir benötigtes Buch erhalten. Dies ist der Hauptgrund für meinen

Wunsch, die Studien an der hiesigen Universität zu Ende zu führen.“ Anfangs fiel es ihm jedoch schwer, die Vorlesungen zu hören, da er es gewöhnt war, selbständig zu arbeiten, und er deutsch nur lesen konnte.

In Edinburgh war Young von einer Leidenschaft zum Tanz, zum Theater und zur Musik erfaßt worden, denen er früher keine Aufmerksamkeit geschenkt hatte. In Göttingen vergrößerte er sein Programm noch: Zweimal pro Woche nahm er Tanzstunden, zweimal in der Woche beschäftigte er sich mit Musik und Zeichnen und viermal mit der Reitkunst. Young sah sehr gut aus und fand großes Vergnügen bei den Körperübungen.

Man erzählte sich, daß Young in Edinburgh einen erfahrenen Seilspringer in einer Wette übertrumpfte. In Göttingen entwickelte er eine solche Fähigkeit und Geschicklichkeit beim Voltigieren, daß er zu seinen Darbietungen zahlreiche Zuschauer in den Zirkus Franconi zog. Entsprechend einer Vereinbarung trat Young inkognito auf. Aus geschäftlichen Gründen ließ jedoch der Zirkusbesitzer das lockende Gerücht verbreiten, daß in seinem Programm ein Kunstreiter und berühmter Wissenschaftler auftrete, ein ordentliches Mitglied der Londoner Royal Society. So etwas sieht man nicht alle Tage!

Der französische Mathematiker und Astronom Dominique François Arago, der Young sehr gut kannte und ihm freundschaftlich verbunden war, bemerkte aus diesem Anlaß nicht ohne Ironie: „Die Liebhaber von Gegensätzen mögen sich erinnern, daß Newton nicht ohne Furcht in der Kutsche fahren konnte, sein Nachfolger Young jedoch mühelos und sicher auf zwei Pferden galoppierte.“

Nach Göttingen war Young mit einer sehr hohen Meinung von der deutschen Medizin gereist. Sie festigte sich bei ihm noch mehr. Die Vorlesungen, die er dort hörte, bereiteten ihm großes Vergnügen.

Zu seinem Erstaunen waren in Deutschland die englischen Ärzte genausogut bekannt wie in seiner Heimat, während in England fast niemand die deutschen Ärzte kannte. Er unterließ es nicht, diesen Umstand Mr. Brocklesby mitzuteilen.

Vorlesungen über Kunstgeschichte hörte er bei einer solchen Berühmtheit wie Professor Heine, Physik dagegen bei Professor Lichtenberg. Georg Christoph Lichtenberg beschäftigte sich intensiv mit der Untersuchung der Elektrizität, er war ein talentierter Experimentator und kam noch vor den Brüdern Montgolfier auf die Idee des Luftballons. „Wer nichts außer Physik versteht, der versteht auch diese nur ungenügend", meinte Lichtenberg. „Gelehrsamkeit kann nur Blätter treiben, ohne Früchte zu geben." Seine Vorlesungen hielt er ungewöhnlich lebendig, unter Verwendung vieler Experimente. Er war einmalig scharfsinnig und spöttisch, ihn zu hören war ein wahrhaftes Vergnügen. Aber keiner von seinen zahlreichen Studenten ahnte wahrscheinlich, daß der geliebte Professor außerdem ein Satiriker ersten Ranges war, daß seine „Aphorismen", die er in seinen Mußestunden in ein Heftchen schrieb und die nach seinem Tode veröffentlicht wurden, ihm Weltruhm einbringen würden.

Am 16. Juli 1796 verteidigte Young seine Dissertation zum Thema „Über Kräfte, die den menschlichen Körper erhalten". Ihr Inhalt und ihr Latein waren über jedes Lob erhaben. Danach wurde der Kandidat — entsprechend der Tradition der Universität — mit der Göttin der Gesundheit Hygieia vermählt und ihm die Würde eines Doktors der Medizin, der Chirurgie und der Geburtshilfe verliehen.

Für die Heimreise benötigte Young ungefähr ein halbes Jahr. Zu Fuß und keinesfalls auf kürzestem Wege durchwanderte er ganz Deutschland — von Göttingen bis Hamburg. In Weimar sprach er bei dem Philosophen Herder vor, und in Freiberg wurde er dem bekannten Geologen Werner vorgestellt. Einen ganzen Monat brachte er mit der Betrachtung der Bilder der Dresdner Galerie zu. Hier in Deutschland lernte Young Gemälde schätzen, denen gegenüber er bis dahin gleichgültig gewesen war.

In der Heimat erfuhr Young eine Überraschung: Die Regeln des Ärztekollegiums, die während seiner Abwesenheit beschlossen worden waren, nahmen ihm die Möglichkeit, eine Arztpraxis zu eröffnen. Außerdem konnte er, da er ein ausländisches Diplom besaß, frühestens in sieben bis acht Jahren damit rechnen, den Titel eines Kandidaten des Ärztekollegiums zu erhalten. Dies gefiel ihm natürlich nicht. Um den in seinem Vaterland geltenden Gesetzen zu entsprechen, mußte er zwei Jahre an einer der „respektablen" englischen Universitäten studieren. Er wählte das Emmanuel-College in Cambridge und trat dort mit den Rechten eines freien Hörers ein.

Georg Peacock berichtet, daß der Magister, als er den Neuen seinen künftigen Lehrern vorstellte, scherzend bemerkte: „Ich habe euch einen Schüler gebracht, der in der Lage ist, seinen Lehrern Vorlesungen zu halten." Young jedoch versuchte dies nicht. Er begann niemals als erster eine Unterhaltung, drängte nie seine Meinung auf und stellte sein reichhaltiges Wissen niemals zur Schau. Wenn sich jedoch jemand an ihn mit irgendeinem schwierigen Problem wandte, so zeigte er ohne zu zaudern eine Lösung, und zwar mit einer solchen Leichtigkeit, als ob es sich um die einfachste Sache handelte. ... Dabei sprach er sehr einfach wie über etwas, was sich von selbst versteht, davon ausgehend, daß alle das, worüber er sprach, genausogut verstanden wie er selber. In der Folge war dies auch für seine Vorlesungen charakteristisch.

Den „Augenzeugen" darf man übrigens nicht immer glauben. Der gleiche Autor (in der Wiedergabe durch Peacock) fährt fort: „Es ist schwer zu sagen, wie er arbeitete; er las wenig, und obwohl er freien Zugang zur Bibliothek des College und der Universität hatte, konnte man ihn dort nur selten antreffen. Auf seinem Fußboden türmte sich kein Haufen Bücher, auf seinem Tisch war kein Papier verstreut — alle sichtbaren Anzeichen wiesen den Bewohner des Zimmers als einen Müßiggänger aus."

Dies berichtet man von einem Gelehrten, der später gestand: „Ich habe deswegen so viel geschafft, weil ich jeden Tag bestrebt war, wenigstens etwas zu leisten.“ Wahr ist, daß er niemals den Unterricht im College besuchte, wo er unter dem Namen „Phänomen Young“ bekannt war; er arbeitete aber sehr viel selber. Schon damals konnte er sich nicht schlecht verstellen (wozu er in der Folge recht häufig gezwungen war!).

Er mußte sich verstellen, weil seine neuen Arbeiten wenig mit der Medizin gemein hatten.

Es begann die Hauptperiode seines wissenschaftlichen Schaffens: Young wandte sich entschlossen der Optik zu.

4

In der „Rede über die Entstehung des Lichtes“, vorgetragen am 1. Juli 1756 auf der Sitzung der Petersburger Akademie der Wissenschaften, sagte Lomonossow: „Ebenso wie das empfindliche Auge nicht direkt in die Sonne schauen kann, läßt auch die Urteilsschärfe nach, wenn man die Ursache der Entstehung des Lichtes und seiner Zerlegung in verschiedene Farben untersucht.“[1])

Siebzig Jahre später hörte man noch bitterere Klagen: „So klar und beim Sehen wahrnehmbar die äußere Erscheinung des Lichtes ist, so verborgen und den sinnlichen Vorstellungen des Verstandes nicht zugänglich ist sein inneres Wesen.“ So schrieb Daniil Wellanski in seinem Lehrbuch der Physik (1831). Nur auf den ersten Blick ist das Licht eine einfache und leicht erklärbare Erscheinung, in Wirklichkeit aber ist es ein so geheimnisvolles und kompliziertes Phänomen, daß mehr als hundert Weise sich bei der Lösung seines Rätsels den Kopf zerbrachen.

---

[1]) М. В. Ломоносов, Полное собрание сочинений, Изд-во АН СССР, Москва-Ленинград 1952, Bd. 3, S. 318.

„Sollen wir die Hoffnung aufgeben?“, fragte Lomonossow in der gleichen Rede. „Sollen wir die Arbeit aufgeben? Uns der Verzweiflung über fehlende Erfolge hingeben? Niemals!“

Mit der Optik beschäftigte man sich auch im Altertum und im Mittelalter, aber es handelte sich dabei vorwiegend um geometrische Optik, die mit den Bedürfnissen der astronomischen Beobachtungen zu tun hatte. Ende des 17. Jahrhunderts hatten sich Fakten angesammelt, die das wissenschaftliche Denken über die Grenzen der geometrischen Optik vorstoßen ließen. Sowohl Roemer als auch Cassini maßen die Lichtgeschwindigkeit (noch Descartes nahm die Lichtübertragung als augenblicklich an, und Galilei bemühte sich zwar, die Lichtgeschwindigkeit zu messen, vermochte jedoch nicht, die damit verbundenen Schwierigkeiten zu überwinden). Grimaldi entdeckte die von ihm Diffraktion genannte Erscheinung — die Fähigkeit des Lichtes, kleine Korpuskeln und dünne Drähte zu umgehen. Er entdeckte auch die Interferenz der Lichtwellen, konnte sie jedoch nicht erklären. Ebenso erging es Huygens mit der Erscheinung der Polarisation des Lichtes.

Newton war ein Gegner unbegründeter Hypothesen. Bekannt ist sein Ausspruch: „Hypotheses non fingo“ (Ich denke mir keine Hypothesen aus). Allerdings vertrat er im Jahre 1672 die Hypothese vom „Teilchencharakter“ des Lichtes, die auch „Korpuskulartheorie“ (oder „Emissionshypothese“ bzw. „Emanationstheorie“) genannt wurde.

Nach dieser Hypothese ist das Licht ein Strom kleinster Lichtteilchen, Korpuskeln genannt, die von den strahlenden Körpern ausgesandt werden und sich im Raum mit ungeheurer Geschwindigkeit bewegen. Entsprechend dieser Theorie hat das Licht gewissermaßen eine atomare Struktur (die Rolle der „Lichtatome“ spielen die hypothetischen Korpuskeln). Diese Teilchen sind von unterschiedlicher Größe, wodurch die Farbigkeit bedingt ist: Beim Auftreffen auf die Netzhaut des Auges

12*

erzeugen die größten Korpuskeln den Eindruck einer dunkelroten Farbe, die kleinsten aber den einer violetten Farbe. Die der Größe nach unterschiedlichen Korpuskeln werden beim Übergang von einem optisch dichten Medium in ein anderes unterschiedlich abgelenkt.

Diese Theorie war jedoch nicht in der Lage, solche Erscheinungen wie zum Beispiel die „Newtonschen Ringe“ und die Doppelbrechung des Lichtes im Kalkspat zu erklären. Selbst die Erscheinung der Reflexion — eine vergleichsweise viel einfachere (Warum wird nur ein Teil des Lichtes reflektiert und der andere Teil vom reflektierenden Körper absorbiert? Was geht dabei vor?) — zu erklären, war sie nicht in der Lage. Außerdem müßten hierbei die reflektierten Teilchen mit den einfallenden zusammenstoßen. ... Der Philosoph Schopenhauer, ein Idealist und Skeptiker, spottete daher über die Korpuskulartheorie, indem er feststellte, daß sie nicht die Möglichkeit enthalte, das eigene Gesicht im Spiegel zu sehen.

Infolge der großen Autorität Newtons war diese Theorie jedoch allgemein verbreitet und herrschte in der Physik mehr als hundert Jahre. Mit Newton verband sich der „ungute“ Ruhm ihres Schöpfers und leidenschaftlichen Verteidigers; die Nachfolger des großen Gelehrten jedoch erwiesen sich als „weitaus mehr korpuskular“ als Newton selber! ...

Die erste Hypothese einer Wellennatur des Lichtes stammt von Grimaldi, einem italienischen Physiker und Astronomen des 17. Jahrhunderts: Er verglich die Ausbreitung des Lichtes mit der Wellenausbreitung im Wasser.

Unversöhnliche Gegner der Korpuskulartheorie waren die Zeitgenossen Newtons — Robert Hooke und Christian Huygens.

In seiner „Micrographia“ schrieb Hooke bereits fünf Jahre vor der Newtonschen Theorie, daß das Licht eine schnell schwingende Bewegung mit äußerst kleiner Amplitude sei, die vom strahlenden Körper als Zentrum ausgehe und sich durch das umgebende Medium in Form sphärischer Wellen ausbreite. Sieben Jahre später verkündete er vor der Royal Society die Hypothese über die Natur des Lichtes. „Das Licht im Äther ist das gleiche wie der Schall in der Luft", stellte er fest. Aber was ist der Äther? Er ist ein den ganzen Raum durchdringendes Medium, ähnlich der gewöhnlichen Luft, jedoch bedeutend dünner und elastischer. Er füllt das gesamte Weltall aus. („Man war gezwungen", so sagte Einstein[1]), „ihn als eine neue Form der Materie anzuerkennen.") Wenn irgendein Teilchen des Äthers in Bewegung gerät, so wird diese Bewegung von Teilchen zu Teilchen übertragen — es entsteht eine Ätherwelle.

Aber nicht Hooke, sondern Huygens — dieses „seltene Genie", wie ihn Laplace liebevoll nannte — entwickelte die Wellentheorie des Lichtes. Bei Huygens ist die Wellennatur des Lichtes bereits keine „glückliche Vermutung" und keine „zufällige Erleuchtung" mehr, sondern eine wissenschaftlich völlig begründete Theorie. Er legte sie 1678 in seinem „Traktat über das Licht" dar, in dem er streng mathematisch zeigte, wie die Reflexion und Brechung des Lichtes erfolgt. („Das Licht wurde jetzt als ein dynamischer Prozeß angesehen, der mit dem Raum selbst geschieht", schrieb Einstein. „Auf diese Weise kam die Feldtheorie als ungesetzliches Kind der Newtonschen Physik zur Welt, obwohl es weit vernünftiger gewesen wäre, wenn sie gleich legitim gewesen wäre.")

Im Widerspruch zu einer Behauptung Newtons folgte aus der Huygensschen Theorie die außerordentlich wichtige Aussage: Die Geschwindigkeit des Lichtes im optisch dichteren Medium muß kleiner sein als im optisch dünneren Medium.

Newton erkannte die Ätherhypothese nicht an; außerdem konnte die Wellentheorie die Entstehung der Farben nicht erklären, daher gab der große Gelehrte der Korpuskulartheorie den Vorzug. Gleichzeitig äußerte er selt-

---

[1]) A. Einstein, Field theories old and new, New York Times, 3. Febr. 1929.

samerweise die Meinung, daß die Lichtwellen periodisch sein müßten. In der Folge wurde dies zur wichtigsten These der Wellentheorie. Huygens jedoch wurde sich dessen nicht bewußt. „Es ist nicht erforderlich", schrieb er, „sich vorzustellen, daß die Wellen in gleichen Abständen aufeinanderfolgen."

Die Wellentheorie besaß eine große Zahl von Gegnern, die Anhänger konnte man buchstäblich zählen. Unter den letzteren waren jedoch so bedeutende Wissenschaftler wie Euler, Lomonossow und Franklin.

Leonard Euler war ein überzeugter Anhänger der Wellentheorie und brach manche Lanze für sie, indem er ihr Ansehen verteidigte. Aber auch er war nicht in der Lage, jene Mauer zu durchstoßen, hinter der die verschmähte Theorie gefangen war.

In der „Rede über die Entstehung des Lichtes" lehnte Lomonossow entschieden die „Newtonsche" korpuskulare Theorie ab und stellte ihr die „Huygenssche" Wellentheorie gegenüber. „Die Schwingungsbewegung des Äthers", stellte Lomonossow fest, „sollte die Ursache des Lichtes sein."

Eines der Argumente Franklins gegen die Korpuskulartheorie war, daß alle Versuche, den Lichtdruck zu messen, den ein bestrahlter Körper durch den Teilchenstrom natürlicherweise erleiden sollte, erfolglos blieben.

Offensichtlich unter dem Einfluß Eulers und Lomonossows haben die russischen Gelehrten stets der Huygensschen Theorie den Vorzug gegeben. „Das Licht breitet sich wie der Schall aus und nicht wie der Geruch", schrieb 1793 Peter Gilarowski in seinem „Leitfaden der Physik".

Der Beitrag des 18. Jahrhunderts zur Entwicklung der Optik war gering. Bradley entdeckte die Aberration des Lichtes. Bouguer und Lambert legten den Grundstein für die Photometrie. Euler und Dollond bewiesen, daß man den Chromatismus beseitigen kann, und korrigierten dadurch einen seit Newton in der Wissenschaft bestehenden Irrtum; danach wurde die achromatische Linse hergestellt. Dies ist aber auch alles.

In dem Maße, wie in der Optik neue Entdeckungen gemacht wurden, waren die Anhänger der Korpuskulartheorie gezwungen, zur Grundhypothese weitere Annahmen hinzuzufügen, um nicht aus dem Sattel gehoben zu werden. Die Korpuskulartheorie wandelte sich aus einem einfachen und anschaulichen System in ein umfangreiches und verworrenes, wie seinerzeit das ptolemäische. ... Bedeutende Siege feierte sie in den Arbeiten von Laplace, Poisson und Biot. Niemand ahnte, daß dies die letzten Siege waren. Die Korpuskulartheorie, so schien es, hatte sich für immer behauptet; die Wellentheorie aber war gestürzt und schien sich nicht mehr zu erholen. Die Wellentheorie zeichnete sich jedoch durch eine beispiellose Lebensfähigkeit aus. Sie sammelte nach und nach Kräfte und wuchs inmitten eines Ozeans von Schmähungen und Ablehnung so, wie ein Atoll wächst. ... An einer Jahrhundertwende ging sie unerwartet zur Offensive über, die zu ihrem Siege führte.

Diese Offensive eröffnete Thomas Young.

5

Ein durch Erbschaft erworbenes bedeutendes Vermögen verlieh ihm Unabhängigkeit. Nach dem Aufenthalt in Cambridge ließ sich Young in London nieder. Er arbeitete viel und angestrengt. Experiment folgte auf Experiment, eine Idee jagte die andere. Bisweilen konnte er mit dem Gedankenflug kaum Schritt halten. Im Jahre 1798 kamen zu den optischen Arbeiten unerwartet akustische hinzu, was seltsam erscheinen mag. Aus dieser „Absonderlichkeit" erwuchs jedoch eine neue Physik. Young schrieb: „Ich habe nicht die Theorie der Blasinstrumente untersucht, sondern die Theorie der Luft, und, wie mir scheint, neue Beobachtungen über die Harmonischen angestellt." Bei der Untersuchung der Schwingungen von Saiten umwickelte er diese mit einem Silberfaden und betrachtete sie im Dunkeln, indem er auf einen bestimmten Punkt der Saite einen hellen Lichtstrahl richtete. Elegant und einfach, wie übrigens immer bei Young.

Es wird die Ansicht vertreten, daß Young erstmals über die Probleme bei der Schwingung einer Saite (und möglicherweise auch über die Probleme der Ausdehnung, der Kompression und der Verschiebung) gerade zu der Zeit nachdachte, als er als Seiltänzer auftrat. Diese Annahme erscheint recht glaubwürdig, da Young stets Naturforscher blieb, auch in der Zirkusarena. Der Verstand des Gelehrten war derart, daß ihm alles jederzeit als Anlaß und Gegenstand zu tieferem Durchdenken und zu Untersuchungen diente.

Im Sommer 1799 schrieb er seine Abhandlung „Versuche und Probleme bezüglich des Schalls und des Lichtes“. Young kritisierte kühn die Korpuskulartheorie und verteidigte die Wellentheorie. Damit bezog er endgültig die Position der Wellentheorie. Im Januar 1800 trug er vor der Royal Society seine Abhandlung vor, und bald darauf wurde diese veröffentlicht. Die Abhandlung faßt nicht nur Youngs eigene Untersuchungen zusammen, sondern trennt auch als Markstein die Optik zweier Jahrhunderte — die des relativ ruhigen achtzehnten und die des stürmischen, kämpferischen, später eine erstaunlich reiche Ernte bringenden neunzehnten.

Somit akzeptierte Young die Wellentheorie des Lichtes und folglich auch die Ätherhypothese. Aber gerade in der Begründung der Realität des Äthers bestanden die Hauptschwierigkeiten der Wellentheorie selbst. Young führt Argumente an, die angeblich die Existenz des Äthers bestätigen, wobei er diese auf dem Gebiet der elektrischen Erscheinungen findet. Er konstatiert: „..., daß ein Medium wirklich existiert, dessen Eigenschaften in vielem denen ähnlich sind, die den Äther charakterisieren, wird zweifellos durch die Erscheinungen der Elektrizität bewiesen ... .“ Und ferner: „Die schnelle Ausbreitung der elektrischen Ladung zeigt, daß das elektrische Medium eine so große Elastizität besitzt, wie man sie als notwendig für die Lichtausbreitung annehmen muß. Die Frage, ob man den elektrischen Äther als das gleiche wie den Lichtäther ansehen soll, vorausgesetzt, daß eine solche Flüssigkeit existiert, wird möglicherweise experimentell entschieden; bis jetzt war ich jedoch nicht imstande festzustellen, daß die brechende Kraft der Flüssigkeit unter der Einwirkung der Elektrizität irgendwelche Änderungen erleidet.“ Hierauf Bezug nehmend, bemerkt L. S. Polak: „Diese interessante Stelle zeigt die bemerkenswerte Kraft von Youngs wissenschaftlichem Denken. Die Notwendigkeit, ein kontinuierliches Medium einzuführen — den Äther —, und die Unmöglichkeit, dessen Existenz auf der Basis von Argumenten zu begründen, die allein aus der Optik entlehnt sind, führt dazu, daß Material aus anderen Bereichen der Physik herangezogen wird. Und wie stets, wenn sich die Einzelheiten nicht zu einem Gesamtbild zusammenfügen, erweist sich die Idee eines universellen Zusammenhanges der materiellen Erscheinungen der Natur als wirkungsvolles Leitprinzip. Der Äther existiert, aber seine Bedeutung ist größer als nur die eines Trägers optischer Erscheinungen. In ihm treten verschiedenartige Prozesse auf — sowohl elektrische als auch optische. Insbesondere ist nach der Hypothese von Young, der die Ansichten von Huygens und dessen Nachfolgern weiterentwickelt hat, das Licht eine Welle im Äther.“[1])

Bei der Beschäftigung mit der Akustik richtete Young seine Aufmerksamkeit auf die Verstärkung und Schwächung des Schalls bei der Überlagerung von Schallwellen. ... So entdeckte er die Interferenz des Schalls, indem er sich dem Superpositionsprinzip zuwandte.

---

[1]) Л. С. Полак, Из истории волновой теории света, in dem Sammelband: Вопросы истории еистествознания и техники, Изд-во АН СССР, Москва 1956, Heft 2, S. 76.

Einer der Abschnitte dieser Arbeit trug die bemerkenswerte Überschrift „Über die Analogie zwischen dem Schall und dem Licht“. Young setzte so buchstäblich den Fuß auf die nächste Stufe der großen physikalischen Leiter, die bald die Bezeichnung Interferenz des Lichtes erhielt. ...

Der erste, der die Erscheinung der Interferenz beschrieb, war Grimaldi. Dann beobachteten sie Boyle und Hooke; sie konnten sie jedoch wie Newton nicht erklären, obwohl dieser darauf viel Kraft und Zeit verwandte.

Young schrieb: „Im Mai 1801 entdeckte ich beim Nachdenken über die vorzüglichen Experimente Newtons ein Gesetz, welches, wie mir scheint, eine bedeutend größere Anzahl interessanter Erscheinungen erklärt als irgendein früher bekanntes optisches Prinzip.“

Das allgemeine Prinzip der Interferenz legte Young in seiner Erwiderung auf kritische Bemerkungen dar, die in der Zeitschrift „Edingburgh Review“ publiziert worden waren. In dieser Erwiderung heißt es unter anderem: „Stellen wir uns vor, daß sich eine Anzahl gleicher Wasserwellen auf der Oberfläche eines glatten Sees mit einer gewissen konstanten Geschwindigkeit bewegt und in einen schmalen Kanal hineinläuft, der aus dem See hinausführt. Stellen wir uns weiterhin vor, daß unter der Einwirkung einer anderen ähnlichen Ursache eine weitere gleiche Folge von Wellen erregt wird, die mit der gleichen Geschwindigkeit und zur gleichen Zeit wie die erste in diesem Kanal eintreffen. Keine dieser Folgen von Wellen wird die andere zerstören, vielmehr werden sich ihre Wirkungen kombinieren; wenn sie in den Kanal in der Weise eintreten, daß die Wellenberge der einen Folge mit denen der anderen zusammenfallen, so müssen sie zusammen eine Folge von Wellen mit größeren vereinigten Wellenbergen erzeugen. Doch wenn die Wellenberge der einen Folge so gelegen sind, daß sie den Tälern der anderen entsprechen, dann müssen sie diese Täler genau ausfüllen, und die Wasseroberfläche muß glatt bleiben. Ich behaupte, daß ähnliche Effekte jedesmal auftreten, wenn zwei

Lichtanteile sich so vermischen, und dies nenne ich das allgemeine Gesetz der Interferenz des Lichtes."[1])

Young vermochte das zu verstehen und zu erklären, was vor ihm niemandem gelungen war.

Der Anfang war seine Loslösung von der Vorstellung, daß sich die Wellen bei Überlagerung nur verstärken könnten. Vielmehr können sie sich, behauptete er, unter bestimmten Bedingungen auch schwächen und sogar gegenseitig vernichten. So entstehen dunkle Streifen auf dünnen Filmen, so kommen die bekannten „Newtonschen Ringe" zustande.

Young formulierte exakt auch die notwendige Bedingung für die Interferenz: Es interferieren nur „zwei Anteile ein und desselben Lichtes" (oder in moderner Terminologie: für die Verwirklichung des Interferenzprinzips müssen die Strahlen kohärent sein).

Der versierte und findige Experimentator Young schlug auch eine Beobachtungsmöglichkeit für die von ihm entdeckte Erscheinung vor: Er ließ zwei Lichtstrahlen miteinander interferieren, die von einer Lichtquelle aus durch nahe beieinander liegende Öffnungen in einem undurchlässigen Schirm hindurchtraten. „Die zwei Lichtkegel, die sich hinter dem undurchlässigen Schirm bilden und sich dank der Beugung verbreitern, überdecken sich teilweise und erzeugen im Überdeckungsbereich eine Serie von aufeinanderfolgenden dunklen und hellen Streifen, statt eine gleichmäßige Vergrößerung der Helligkeit zu ergeben. Wenn das eine Loch verschlossen ist, so verschwinden die Streifen, und es treten lediglich die Beugungsringe von der anderen Öffnung auf. Die Streifen verschwinden auch dann, wenn beide Öffnungen direkt durch Sonnenlicht oder eine künstliche Lichtquelle beleuchtet werden." Durch Heranziehen der Wellentheorie erklärt Young diese Erscheinung sehr einfach: „Die dunklen Streifen erhält man dort, wo die Täler der

---

[1]) Zitat aus dem Buch: Б. И. Спасский, История физики, изд. МГУ, Москва 1963, Teil 1, S. 238.

Wellen, die durch eine Öffnung hindurchlaufen, sich mit den Bergen der durch die andere Öffnung hindurchlaufenden Wellen überlagern, so daß sich ihre Wirkungen gegenseitig kompensieren; die hellen Streifen werden dort erhalten, wo sich zwei Berge oder zwei Täler der die beiden Öffnungen durchlaufenden Wellen überlagern."[1]

Auf der Grundlage des Interferenzprinzips gab Young in den Jahren 1801 bis 1803 in Veröffentlichungen („Die Theorie des Lichtes und der Farben", „Experimente und Berechnungen zur physikalischen Optik") eine Erklärung der „Newtonschen Ringe" und führte, indem er die Interferenz mit der Beugung in Verbindung brachte, eine Messung der Länge der Lichtwellen durch — eines von ihm eingeführten Grundbegriffes der Optik. Für das rote Licht erhielt er $^1/_{36\,000}$ Zoll (0,7 μm), für das ultraviolette $^1/_{60\,000}$ Zoll (0,42 μm). Dies waren in der Geschichte der Physik die ersten Messungen der Länge der Lichtwellen, und die Genauigkeit dieser Messungen ist verblüffend.

Young verdanken wir auch den Begriff „physikalische Optik", der sich seit jener Zeit in der Wissenschaft fest eingebürgert hat.

In der ersten der genannten Arbeiten beschreibt Young unter anderem den heute als Astigmatismus bekannten Effekt, in der zweiten führt er den Terminus „Interferenz" ein und macht die durch ein Experiment bestätigte Feststellung, daß die Reflexion eines Lichtstrahles an einem dichteren Medium mit dem Verlust einer Halbwelle verbunden sein muß.

(Interessant ist folgendes Detail: Zur Verteidigung seiner Theorie zitiert Young nicht selten Briefe und Werke Newtons, aber er beruft sich weder auf Huygens noch auf Euler. Heute erscheint dies seltsam. In jener Epoche aber besaßen nur Ausführungen von Newton Beweiskraft.)

Die von Young entwickelte Idee der Interferenz war von einer paradoxen Kühnheit, war originell und um-

[1]) M. Gliozzi, Storia della fisica, Torino 1965; russ. Übers.: М. Льоцци, История физики, Мир, Москва 1970, S. 200.

faßte einen großen Kreis von Erscheinungen. Die Versuche Youngs setzten die gesamte wissenschaftliche Welt in Erstaunen. Dies war die erste ernsthafte Herausforderung an die Korpuskulartheorie des Lichtes. Arago schrieb hierzu: „Dies ist unbestreitbar die seltsamste aller Hypothesen! Es war überraschend, die Nacht inmitten des hellen Tages zu sehen — in Punkten, die die Sonnenstrahlen frei erreichten; wer aber konnte denken, daß Licht, sich mit Licht überlagernd, Dunkelheit hervorrufen kann!" Und an einer anderen Stelle: „Die wertvollste Entdeckung Doktor Youngs, dessen Name für immer unsterblich sein wird, war ihm durch einen Gegenstand suggeriert worden, der äußerst unbedeutend zu sein schien: durch jene hellen und leichten Seifenschaumblasen, die, sich gerade vom Blasröhrchen eines Schülers lösend, zum Spielball der unmerklichsten Luftbewegungen wurden."

Die erstaunlichen Färbungen der Schmetterlinge und das helle Schillern der Farben auf Öl- und Fettflecken — alles dies sind Folgen der Interferenz. Auf dem Interferenzprinzip basiert die Farbphotographie.

Ein originelles Ergebnis der Youngschen Arbeit über die Interferenz war die Erfindung des Eriometers — eines Gerätes, in dem ein Beugungsspektrum zur Messung der mittleren Größe kleinster Teilchen benutzt wird (Blutkörperchen, Blütenstaub, Wollfasern usw.).

6

Die Interferenz ist eine der Erscheinungen, die unwiderlegbar die Wellennatur des Lichtes beweisen.

Die Korpuskulartheorie konnte weder die Interferenz noch die Beugung erklären, daher blieb ihr nichts weiter übrig, als sich auf eine Verteidigungsposition zurückzuziehen.

Ein Sprichwort besagt, daß einer allein im Felde kein Krieger ist; Young aber war in jener Zeit völlig allein. Er beherrschte die mathematische Analysis nicht in ausreichendem Maße, und ihre Darlegung war schwierig, schwer verständlich und allgemein wenig zugänglich. Aber nicht nur deswegen begegnete die wissenschaftliche Welt seinen Entdeckungen feindselig! ...

Der Chemiker Humphry Davy schrieb 1802 einem seiner Kollegen, mit denen er im Briefwechsel stand: „Kennen Sie die Theorie meines Kollegen Dr. Young, die als Ursache des Lichtes die Wellenbewegung eines Äthermediums annimmt? Sie kann nach dem, was Newton dazu gesagt hat, kaum zu einer populären Hypothese werden. Es wäre ihm sehr angenehm, wenn Sie irgendwelche Bemerkungen, *sei es dafür oder dagegen*, dazu machen könnten.“[1])

Young war sowohl von seiner als auch von der Kraft seiner Argumente überzeugt; er wartete darauf, daß der Gegner mit offenem Visier gegen ihn antrat, und wäre froh gewesen, sich offen mit ihm schlagen zu können. Aber zu einem fairen „ritterlichen Duell“ kam es nicht.

Im Jahre1803 wandte sich der Baron Henry Brougham leidenschaftlich gegen ihn, der spätere Lordkanzler und bekannte Politiker Britanniens, zu jener Zeit aber ein junger Mathematiker und Physiker, ein angehender Publizist, gehässig und maßlos ehrgeizig, wobei sein Ehrgeiz nicht selten in kleinliche Eitelkeit ausartete. In dem von ihm gegründeten „Edinburgh Review“ veröffentlichte Brougham drei Artikel, genauer drei Pamphlete, scharf geschrieben und von Bosheit und Feindseligkeit durchdrungen. Brougham griff weniger die Theorie Youngs an als vielmehr ihren Autor. Er klagte ihn der „gefährlichen Vernachlässigung der Prinzipien der Logik“ und des „gesunden Menschenverstandes“ an, er ordnete seine Theorie in den Bereich der „leeren Phantasien“ ein, an denen er, so sagt er, nichts bemerkt habe, was „die Bezeichnung Experiment oder Entdeckung verdienen würde“.

---

[1]) Zitat aus dem Buch: W. Whewell, History of the inductive sciences, London 1847, Bd. 2, S. 470; dt. Übers.: Geschichte der inductiven Wissenschaften, Hoffmann, Stuttgart 1840—41, Bd. 2.

Der Royal Society warf Brougham vor, daß sie „so oberflächliche und inhaltslose Werke“ veröffentliche, und er empfahl ihr, sich zu bessern und künftig nicht mehr solche „Unbedachtsamkeiten“ zuzulassen.

Die in ihrer Frechheit beispiellosen Ausfälle trafen Young empfindlich, als korrekter und zurückhaltender Mensch wahrte er jedoch eine gewisse Zeit Schweigen. Der Gegner beruhigte sich nicht. Da ließ sich Young, weniger seinetwegen als seines Werkes wegen beunruhigt, zu einer Antwort auf diese Niederträchtigkeit herab. Im Jahre 1804 schrieb er eine Widerlegung und gab sie als gesonderte Broschüre heraus. Lediglich ein Exemplar wurde abgesetzt!

Man kann sagen, daß dies ein neuer Sieg der Korpuskulartheorie war, allerdings auf einem nicht sehr würdigen Wege und für eine nicht sehr lange Zeit.

Die schmutzige „Kritik“ Broughams hatte zur Folge, daß die Entwicklung der Wellentheorie für eineinhalb Jahrzehnte aufgehalten wurde. Die von Young geworfene Harpune aber, die Interferenz des Lichtes, steckte doch fest im Inneren der Korpuskulartheorie, wenn sie auch nicht ins Herz getroffen hatte.

7

Über Young sagte man sehr viel später, „daß er als erster mit der Entzifferung der Hieroglyphen der Optik begann“. Er führte aber auch den ersten der Grundidee nach richtigen Versuch zur Entzifferung der echten Hieroglyphen auf dem sogenannten Stein von Rosette durch, der damals in Ägypten gefunden worden war. Diese Leistung vollbrachte er lange bevor sich der „Gründer der Ägyptologie“, Champollion, diesem Problem zuwandte.

Young besaß das Temperament und die Selbstüberwindung eines Kämpfers. Die Geschichte mit Brougham zerstörte jedoch sein Gleichgewicht. Und er begann, sich mit Archäologie zu beschäftigen, um das verlorene Gleichgewicht wiederzugewinnen. Doch diesmal gelang ihm das nicht. ...

Er hatte damals den Lehrstuhl für Naturphilosophie am Royal Institute inne. Das Institut war 1799 „zur Verbreitung von Wissen“ gegründet worden, zur Vervollkommnung des Handwerks und der Produktion dank der Verwendung neuer Entdeckungen der Wissenschaft, „und ebenfalls zur Entwicklung der dem Leben Komfort und Bequemlichkeit verleihenden Dinge“. Die Vorlesungen über mathematische Physik, die Young dort hielt, vergrößerten seinen Ruhm nicht. Seine Darlegungen litten unter übermäßiger Gedrängtheit. Er liebte es nicht, sich mit sekundären Problemen aufzuhalten, sie breitzutreten. Er nahm an, daß man ihn bei der ersten Andeutung verstehen würde, so wie er auch selber immer gleich begriff. Er sprach korrekt und schnell, seine Sätze waren deutlich und durchdacht. Ihn zu verstehen, war jedoch nicht leicht. Er bot für mittelgemäß begabte Verbraucher eine Nahrung, die im Verhältnis zu deren Aufnahmevermögen zu reichhaltig war. Diese gegenseitige Qual erstreckte sich über zwei Jahre. Im Jahre 1803 gab Young vernünftigerweise die Professur ab.

Ebenso erfolglos war Young als behandelnder Arzt. Er galt als „zu wissenschaftlich“. So kühn er eben kraft seiner Wissenschaftlichkeit in der Wissenschaft war, so zaghaft war er aus dem gleichen Grunde am Bett eines Kranken, schwankend, welches Rezept er ihm verschreiben solle. Seine Vorlesungen, die er einst im Londoner St. Georg-Krankenhaus hielt, begann er mit folgender philosophischen Offenbarung: „Es gibt keine Wissenschaft, die an Kompliziertheit die Medizin überragt. Sie übersteigt die Grenzen menschlichen Verstandes.“ All dies schreckte ab. Young besaß niemals einen großen Patientenkreis. Die Praxis, die er im Jahre 1799 eröffnet hatte, schloß er praktisch fünfzehn Jahre später.

Als man ihn fragte, ob er glücklich sei, antwortete er mit den Worten Vergils:

Glücklich ist der, dem es gelungen ist, die Ursachen der Dinge zu begreifen. ...

Im Sommer 1804 heiratete er Elise Maxwell, die fast um die Hälfte jünger war als er. Sie stammte aus einer aristokratischen Familie und war, nach Aussagen von Hudson Gurney, „eine Frau mit solidem, gesundem Menschenverstand". Sie verehrte und liebte ihren Mann sehr, teilte und wahrte seine Interessen. Arago vermerkte, daß „Young in seiner eigenen Familie einen Menschen gefunden hatte, der ihn verstand und dessen Zustimmung ihn für die Gleichgültigkeit des Publikums entschädigen sollte". Er hinterließ keine Nachkommen, im übrigen aber verlief sein Familienleben sehr glücklich.

Um nicht sein Ansehen bei seinen Patienten zu schädigen, publizierte Young viele seiner Arbeiten unter dem Deckmantel eines Pseudonyms oder auch völlig anonym. Hierbei handelt es sich jedoch um relativ kleine Arbeiten. Sein großes zweibändiges Hauptwerk „Vorlesungsreihe über Naturphilosophie und die Mechanischen Künste"[1]) veröffentlichte Young im Jahre 1807 unter seinem eigenen Namen. Hierbei handelte es sich um sein Leben als Physiker, daher waren Sorgen um sein „Renommee" als Arzt zweitrangig.

Von allen allgemeinen Vorlesungszyklen jener Zeit waren die „Vorlesungen" Youngs die bedeutendsten und originellsten. Charakteristisch für sein Schaffen zieht sich durch sie als roter Faden die Verbindung der wissenschaftlichen Theorie mit der breiten technischen Praxis. Er betrachtet gleichzeitig mit Problemen der theoretischen Physik und Mechanik die verschiedensten *angewandten* Probleme unterschiedlicher Produktionsverfahren, und das nicht nur von der technischen, sondern auch von der technologischen Seite.

In der „Vorlesungsreihe" sind vor allem die Resultate seiner Untersuchungen zur Theorie des Lichtes dargelegt, deren Krone das Interferenzprinzip ist.

---

[1]) Th. Young, A course of lectures on natural philosophy and the mechanical arts, London 1807, Bd. 1—2.

Die rein physikalischen Untersuchungen verband Young mit Untersuchungen auf dem Grenzgebiet der Physik, der Physiologie. Hier hatte er ebenfalls Erfolge: Er begann die wissenschaftlichen Grundlagen des Sehens zu untersuchen und legte damit auf diesem Gebiet ein festes Fundament. Die von ihm ausgearbeitete Theorie des Farbsehens wurde in der Folge von Helmholtz ausgebaut. Die Farbwahrnehmung ist nach Young durch das Vorhandensein dreier Arten von Nervenfasern in der Retina bedingt, die jeweils auf rotes, grünes oder violettes Licht reagieren. Im dritten Prinzip der Wellenoptik konstatiert Young: „Die Empfindung verschiedener Farben hängt von der unterschiedlichen Frequenz der Schwingungen ab, die durch das Licht in der Netzhaut angeregt werden.“ Maxwell, der selber viel auf dem Gebiet der Untersuchung der Farbentheorie leistete, betonte in seinem Artikel „Über das Farbsehen“: „Young ... schuf die erste folgerichtige Farbentheorie. Soweit mir bekannt ist, war Thomas Young der erste, der, ausgehend von dem allen bekannten Umstand, daß drei Grundfarben existieren, eine Erklärung dafür nicht in der Natur des Lichtes, sondern im Bau des Menschen fand. Sogar von denen, die nach Young über die Farbe schrieben, nahmen einige an, daß sie die Eigenschaften der Pigmente untersuchen müßten, und andere, daß sie die Lichtstrahlen zu analysieren hätten. Sie waren bestrebt, die Farben zu begreifen, indem sie etwas in der sie umgebenden Natur untersuchten — etwas außerhalb sich selbst.“[1])

Bei dieser Gelegenheit kehrte Young auch zu seiner Theorie der Akkomodation des Auges zurück, die man ihn seinerzeit zu widerrufen zwang. Indem er sie durch neue Versuche bekräftigte, gab er ihr furchtlos ihre „Bürgerrechte“ zurück.

Etwa im Jahre 1806 ereignete sich ein Fall, über den William Bragg berichtet: „John Dalton, der bekannte

[1]) J. C. Maxwell, The scientific papers of J. C. Maxwell, Dover Publ., New York 1965, Bd. 2, S. 267.

Chemiker, wußte bis zu seinem vierzigsten Lebensjahr nicht, daß er farbenblind war, bis Thomas Young diesen Fehler bei ihm feststellte."[1]) In der Folge erhielt diese Anomalie des Sehapparates die Bezeichnung *Daltonismus*.

Interessant ist, daß im zweiten Band der Youngschen „Vorlesungsreihe" die Arbeit von M. W. Lomonossow „Eine Bemerkung über den Ursprung des Lichtes" zitiert wird. (Im Literaturverzeichnis zur Optik finden wir auf Seite 290: „Lomonosov de origine lucis, Petersb., 1758".) Es erweist sich, daß Lomonossow fast ein halbes Jahrhundert vor Young die gleichen Probleme bewegten; der vollständige Titel seiner Arbeit ist folgender: „Eine Bemerkung über den Ursprung des Lichtes, die eine neue Theorie der Farben darstellt". In seinen Notizen, die später die „127 Bemerkungen zur Theorie des Lichtes und der Elektrizität" genannt und erst nach der Oktoberrevolution veröffentlicht wurden, vermerkt Lomonossow: „16. Es ist erforderlich, in einem Experiment zu prüfen, ob ein Strahl in elektrisiertem Glas oder Wasser anders gebrochen wird."[2])

In der gleichen grundlegenden „Vorlesungsreihe" schlägt Young vor, die Fähigkeit zu mechanischer Arbeit als „Energie" zu bezeichnen (anstatt als „Kraft"), und er gibt diesem Terminus eine wissenschaftliche Bedeutung als Fähigkeit, eine Arbeit zu leisten, wobei hierunter eine Größe zu verstehen ist, die proportional der Masse und dem Quadrat der Geschwindigkeit des sich bewegenden Körpers ist. Dieser außerordentlich wichtige Umstand wurde jedoch übersehen, und er wurde erst Mitte des 19. Jahrhunderts „wiederentdeckt".

Einen besonderen Platz sowohl in der „Vorlesungsreihe" als auch in der gesamten Tätigkeit Youngs nehmen die Arbeiten zur Festigkeitstheorie ein. „Young leistete viel beim wissenschaftlichen Aufbau einer Theorie des

[1]) W. Bragg, The Universe of Light, Bell, London 1933; dt. Übers.: Die Welt des Lichtes, Vieweg, Braunschweig 1935, S. 77.

[2]) М. В. Ломоносов, Полное собрание сочинений, Изд-во АН СССР, Москва-Ленинград 1952, Bd. 3, S. 241.

Widerstandes der Materialien, indem er in die Theorie den Begriff des Elastizitätsmoduls im Zusammenhang mit der Ausdehnung und Kompression einführte", schrieb der bekannte russische Wissenschaftler S. P. Timoschenko. — „Er ist außerdem auch der Begründer der Lehre von den Spannungen, die durch einen Stoß hervorgerufen werden, und er gab eine Methode zu ihrer Berechnung für ideal elastische, dem Hookeschen Gesetz bis zu ihrer Zerstörung folgende Medien an."

In der dreizehnten Vorlesung definiert Young den sogenannten Elastizitätskoeffizienten als das Gewicht, das imstande ist, einen Stab vom Querschnitt Eins um seine eigene Länge zu verlängern. Dies ist eine die Eigenschaften des Mediums charakterisierende Konstante. Für diesen Koeffizienten hat sich die Bezeichnung *Youngscher Modul* eingebürgert. Der Youngsche Modul geht in die Formel für das bekannte Hookesche Gesetz ein.

Robert Hooke war der hervorragendste Wissenschaftler der Newtonschen Epoche. Der Kreis seiner Interessen war so breit, daß ihn dies hinderte, sich auf irgendein Gebiet zu konzentrieren. Zuweilen äußerte Robert Hooke echt geniale Ideen, wobei er die wichtigsten Probleme und Entdeckungen aufspürte. Er führte seine Arbeiten jedoch nicht bis zu Ende durch und gab nicht einer seiner Entdeckungen seinen Namen, mit Ausnahme des *Hookeschen Gesetzes*, dem ein Jahrhundert später neben seinem Namen der Name Youngs hinzugefügt wurde. Auch hierin spiegelt sich eine gewisse „historische Gerechtigkeit" wider: In einem Gesetz sind die Namen zweier sich sehr ähnelnder Wissenschaftler vereint, die sehr vielseitig und außergewöhnlich talentiert waren, mitunter verwandte Aufgaben lösten und vom Glück wenig begünstigt waren. ...

Young interessierten nicht nur rein wissenschaftliche Probleme. Er löste auch viele Aufgaben der Ingenieurpraxis erfolgreich, darunter nicht wenige von schwierigster Art. Den Schiffskörper als Balken betrachtend, zeigte er ein Verfahren zur Berechnung seiner Durchbiegung auf.

Er schlug eine Anzahl wichtiger Veränderungen für die Konstruktion von Schiffen vor.

Überhaupt schrieb er über alles, womit er sich beschäftigte:

- über Physik, Chemie, Physiologie, Medizin, Astronomie, Geophysik, Technik;
- über Philologie, Musik, Malerei;
- über das gelbe Fieber und über das Zimmermannshandwerk;
- über Eisen produzierende Betriebe und über Hydraulik;
- über Mittel zur Verstärkung der Schiffsskelette von Linienschiffen und über die Atmosphäre des Mondes;
- über Möglichkeiten zur Berechnung von Sonnenfinsternissen und über die Rolle des Herzens und der Arterien bei den Vorgängen im Kreislauf;
- über die Reibung der Achsen von Maschinen und über die Theorie von Ebbe und Flut;
- über das Wärmefluid und über Restauration und Übersetzung griechischer Inschriften;
- über einen Versuch zur Abfassung einer Grammatik und über die Theorie der Epizykloiden;
- über die Gewohnheiten der Spinnen und über die Kapillarität;
- über die Jahresrente und über die Festigkeit von Brückenträgern.

Außerdem verfaßte er fünfundvierzig Biographien von Gelehrten für den Anhang zur „Britischen Enzyklopädie“.

Arago bemerkt aus diesem Anlaß: Man könnte denken, daß uns nicht das Verzeichnis der Werke eines Gelehrten, sondern zumindest mehrerer Akademiemitglieder vorliegt.

Aber vieles, was er schuf, ist noch nicht gesammelt, noch gar nicht identifiziert und offenbar hoffnungslos verlorengegangen. Bis heute existiert noch keine Gesamtausgabe seiner Werke. Jedoch kann man den Engländern wegen der Vernachlässigung seines Andenkens schwerlich einen Vorwurf machen, da sie doch bisher nicht einmal die Zeit gefunden haben, eine wissenschaftliche Gesamtausgabe der Werke Newtons und Shakespeares herauszubringen — ihrer nationalen Abgötter!

8

Die Optik entwickelte sich indessen weiter. Es erschienen bedeutsame Werke von Laplace, Brewster, Arago und Biot.

Young war ebenfalls nicht untätig, wir wissen das; zehn Jahre nach dem Erscheinen der „Vorlesungen" ist jedoch keine bedeutende Untersuchung von ihm auf dem Gebiet der experimentellen und theoretischen Optik zu verzeichnen. Entweder sind sie verlorengegangen, oder —

Eine außerordentlich wichtige und buchstäblich alle verblüffende Entdeckung — die Polarisation des Lichtes — machte im Jahre 1808 der junge Militäringenieur Étienne Louis Malus. Einhundertunddreißig Jahre vor ihm war Huygens nahe daran gewesen, als er die Doppelbrechung im Kalkspat untersuchte. Aber Huygens fand die Polarisation nicht. „... Die Reflexion des Lichtes beschäftigte die Menschen schon seit der Zeit Platons und Euklids", schrieb Arago. „Aber niemandem kam es in den Sinn, in ihr etwas anderes zu sehen als ein Mittel zur Ablenkung eines Strahls; niemand konnte sich vorstellen, daß eine Wegänderung Ursache für eine Veränderung der Natur sein könne."

Das Wesen dieser Erscheinung besteht in folgendem: Wenn man einen gewöhnlichen, unpolarisierten Strahl nimmt, so erfolgen in ihm die Schwingungen in allen möglichen Richtungen, während sie in einem polarisierten Strahl nur in einer Richtung erfolgen, oder, mit anderen Worten, in einer durch den Strahl hindurchgehenden Ebene. Eine teilweise Polarisation tritt zum Beispiel bei jeder Reflexion an einer Spiegeloberfläche auf. Malus beobachtete sie bei der Reflexion des Lichtes an Glas und an Wasser.

Vom Standpunkt der Wellentheorie aus gelang es nicht, die Polarisation zu deuten. Verdrossen konstatierte Young: „In ihrer derzeitigen Form reicht die Wellentheorie zur Erklärung aller Erscheinungen des Lichtes nicht aus.“ Mutlosigkeit durchzieht auch seinen Brief an David Brewster, einen außergewöhnlichen englischen Wissenschaftler auf dem Gebiet der Optik, der unter anderem das Stereoskop und das Kaleidoskop erfand. „Was meine eigenen grundlegenden Hypothesen über die Natur des Lichtes betrifft“, schrieb Young, „so bin ich in dem Maße immer weniger geneigt, mich mit ihnen zu beschäftigen, als mir immer mehr Fakten, wie etwa die von Malus entdeckten, zur Kenntnis gelangen. ...“

Im Verlaufe von siebenundzwanzig Jahren war Young ständiger Sekretär der Royal Society für die Verbindung mit ausländischen Gelehrten. Als er im Jahre 1810 Malus die Verleihung der Rumford-Medaille mitteilte, der höchsten Auszeichnung der Gesellschaft, schrieb Young, gleichsam einen gegen ihn gerichteten Stoß parierend: „Ihre Versuche beweisen die Unzulänglichkeit meiner Theorie, beweisen aber nicht, daß sie falsch ist.“

Kurz gesagt: Im Jahre 1815 wurde Young, den nie das Gefühl verließ, daß man sich seinen Entdeckungen gegenüber stets ungerecht verhielt, zudem noch einmal von den Möglichkeiten der Wellentheorie enttäuscht. ... In diesem kritischen Moment betrat Fresnel die wissenschaftliche Szene.

Galilei sagte: „Erstaunliche Dinge verblassen häufig angesichts noch wunderbarerer.“

Augustin Jean Fresnel — ein Cousin Prosper Mérimées — besaß einen außergewöhnlichen wissenschaftlichen Scharfblick. Er hatte ein besonderes Gefühl dafür, wo die Wahrheit liegt.

Fresnel war ein junger Ingenieur für die Instandsetzung von Brücken und Straßen. 1809 für einige Jahre in eine entlegene Provinz verschlagen, widmete er seine Mußestunden der Wissenschaft. Anfangs beschäftigte er sich mit Hydraulik, mit verschiedenen chemotechnischen Problemen und mit der Aberration. Im Frühjahr 1814 begann er sich plötzlich für die Optik zu interessieren. Von der „Tiefe“ und „Breite“ seiner damaligen Erkenntnisse auf diesem Gebiet zeugt sein Brief an den Bruder Léonor in Paris. „Informiere mich darüber, was über die Polarisation des Lichtes bekannt ist“, schrieb er im Juli des gleichen Jahres. „Du kannst Dir nicht vorstellen, wie gerne ich wissen möchte, was dies ist. ... Schicke mir irgendeine Schrift, die mir Auskunft gibt. ...“

Er beherrschte die englische Sprache nicht, daher hatte er die Arbeiten Youngs nicht gelesen und nichts von ihnen gehört. Dies ist eindeutig erwiesen. Im Jahre 1815 entdeckte er die Interferenz des Lichtes, und danach schuf er im Verlaufe von drei oder vier Jahren die gesamte Theorie der Beugung. In seinen Untersuchungen ging Fresnel bedeutend weiter als Young. „Young entwickelte als erster die Grundidee der Interferenz, Fresnel aber verdanken wir ihre mathematische Begründung“, schrieb J. J. Thomson in dem Artikel „Die Struktur des Lichtes“[1]).

Außerdem führte Fresnel eine Reihe von Experimenten mit hoher Meßgenauigkeit aus. Da er nie einen Sou zuviel in der Tasche hatte, klagte er seinem Bruder in einem Brief: „Einer von diesen Versuchen kostete mich 80 Francs, die ich für Geräte ausgeben mußte. Wie Du siehst, muß man sich in der Physik die Ehre, eine Entdeckung zu machen, erkaufen.“ Das Mikrometer ersetzte er durch ein Ende Draht mit einem Karton, als Heliostat diente eine einfache Linse. Mit Hilfe solcher „Geräte“ machte Fresnel seine genialen Entdeckungen.

Frankreich besaß ebenfalls seine eigenen Broughams; Fresnel beschuldigte man, daß er, ein „Straßeningenieur“, fremde Ideen stehle. Obwohl von schwacher Gesundheit, besaß dieser Wissenschaftler einen starken Willen. „Ich

---

1) J. J. Thomson, The structure of hight, University Press, Cambridge 1925.

fühlte, daß man auf den Vorwurf des Plagiats mit neuen Entdeckungen antworten muß", schrieb er seinem Bruder. Und er machte seine klassisch gewordenen Entdeckungen. Der vorzeitige Tod vergönnte es ihm nicht, das Begonnene zu vollenden; in den ihm zur Verfügung stehenden zehn Jahren formte er jedoch die Optik völlig um. Die in den genialen Arbeiten Fresnels entwickelte Beugungstheorie führte zum Sieg der Wellentheorie des Lichtes über die Korpuskulartheorie, zur Schaffung der modernen Optik.

9

Im Jahre 1816 besuchten Arago und Gay-Lussac auf ihrer Reise durch England Young in Worthing, wo er lange Jahre als Arzt in einem Seebad praktizierte. Das Gespräch berührte die gerade veröffentlichte Arbeit Fresnels über die Beugung. Arago, der auf Fresnels Seite stand, erinnert sich, daß er sich mit Gay-Lussac über die vielen Vorbehalte wunderte, die Young in ihre Lobpreisungen einflocht, daß Young ihnen dann aber erklärte, daß der Versuch, von dem sie so begeistert waren, von ihm, Young, bereits im Jahre 1807 beschrieben worden sei. „Diese Behauptung", sagt Arago, „erschien uns unbegründet."[1] Der Grund war, daß man die Arbeiten Youngs auf dem Kontinent nur ungenügend kannte. Sie fielen in die Epoche der Napoleonischen Kriege, und hierin lag wahrscheinlich eine der Ursachen. Als der Streit entbrannte, entfernte sich plötzlich Mrs. Young, die bis dahin schweigend zugehört hatte. Die dadurch in Verlegenheit gebrachten Gäste begannen, sich bei ihrem Mann für ihre Unhöflichkeit zu entschuldigen. Aber in diesem Moment kehrte Mrs. Young zurück „mit einem dicken Quartband in den Händen". Es war der erste Band der

---

[1] F. Arago, Thomas Young; in: F. Arago, Oeuvres complètes de François Arago, Paris 1854; dt. Übers.: Sämmtliche Werke, Leipzig 1854, Bd. 1, S. 232.

„Vorlesungen" Youngs. Sie legte ihn auf den Tisch, schlug wortlos die Seite 787 auf und zeigte mit dem Finger auf die Abbildung, in der anschaulich die Beugungsstreifen und ihre Erklärung auf der Grundlage der Wellentheorie dargestellt waren.

Was sollte man hierzu sagen? Wenn die Wissenschaftler jener Zeit die Arbeiten Youngs wenigstens in dem Grade gekannt hätten wie Mrs. Young, so wäre vieles in der Physik völlig anders verlaufen!

Als Fresnel durch Arago von diesem Vorfall erfuhr, sandte er an Young einen sehr freundschaftlichen und menschlich berührenden Brief. „Wenn man glaubt, eine Entdeckung gemacht zu haben", schrieb er, „so erfährt man nicht ohne Bedauern, daß ein anderer sie vor einem gemacht hat. Und ich gestehe Ihnen aufrichtig, Sir, daß dies in der Tat meine Gefühle waren, die ich empfand, als mich Arago davon überzeugte, daß in meiner der Akademie vorgelegten Abhandlung nur eine geringe Anzahl von wirklich neuen Beobachtungen enthalten ist. Wenn mich jedoch irgendetwas dabei trösten kann, daß ich nicht das Privileg der Priorität genieße, so ist es der Umstand, daß mich das Schicksal mit einem Wissenschaftler zusammengeführt hat, der die physikalische Wissenschaft durch eine so große Anzahl wichtiger Entdeckungen bereichert und nicht wenig dazu beigetragen hat, mein Vertrauen in die Theorie zu vergrößern, die ich mir zu eigen gemacht habe."[1])

Bis zum Erscheinen der Arbeiten Fresnels waren die Entdeckungen Youngs zur Wellentheorie im Grunde genommen in Vergessenheit geraten. Den Leistungen Fresnels gegenüber verhielt sich Young von Anfang an äußerst zurückhaltend.

Das aktuellste Problem war damals die Polarisation des Lichtes, die für die Wellentheorie eine Art Achillesferse

[1]) Zitat aus dem Sammelband Вопросы истории естествознания и техники, Изд-во АН СССР, Москва 1956, Heft 2, S. 89.

darstellte. Über diese Zeit äußerte jemand ironisch, daß „sie damit ausgefüllt war, das Subjekt zum Verb wogen[1]) zu suchen".

Es ergab sich, daß Young in freundschaftlichen Wettstreit mit der damaligen französischen Schule trat. Für ihn begann eine Art zweite wissenschaftliche Jugend. ...

Nachdem er die Arbeiten Fresnels zur Interferenz polarisierter Strahlen gelesen hatte, kam er zu der Schlußfolgerung, daß die Polarisation des Lichtes wirklich erschöpfend nur dann erklärt werden kann, wenn man zuläßt, daß die Lichtschwingungen senkrecht zur Ausbreitung der Welle erfolgen und nicht längs, wie es seit Huygens anzunehmen üblich war. (Zwar sprach bereits Robert Hooke im Jahre 1672 von einer Transversalität der Lichtschwingungen, jedoch äußerst verschwommen. Daher wurde diese wichtige Hypothese damals von niemandem beachtet.) Young berichtete Arago von seiner Schlußfolgerung in einem Brief vom Jahre 1817. Zur gleichen Feststellung — und wieder unabhängig von Young — kam auch Fresnel. Ihm war klar, daß dies eine Sensation hervorrufen würde, und er zögerte lange; ihm schien die neue Hypothese den Grundlagen der Mechanik zu widersprechen. Und erst im Jahre 1821 entschloß sich Fresnel, der Akademie der Wissenschaften zwei seiner Abhandlungen vorzulegen. Er schrieb später: „Kühner in seinen Annahmen und den Ansichten der Mathematiker weniger trauend, veröffentlichte Herr Young diese Hypothese früher als ich, obwohl er sie möglicherweise erst später entdeckte."

Über die gegenseitigen Beziehungen zwischen Young und Fresnel schrieb das Akademiemitglied G. S. Landsberg: „Fresnel unterstrich in allen seinen Abhandlungen und offiziellen Äußerungen stets mit großer Bereitwillig-

---

[1]) Das russische Verb волноваться bedeutet sowohl „wogen" (z.B. der Meereswellen) als auch im übertragenen Sinne „sich aufregen". Auf diesen Doppelsinn spielt jene Bemerkung an. (Anm. d. Übers.).

keit das Youngsche Recht auf Priorität. Allerdings verkannte er auch den relativen Wert seiner eigenen Arbeiten nicht. Und als ihm einmal eine Bemerkung zu Ohren kam, in der Young sich mit einem Baum, Fresnel aber mit einem an diesem Baum gewachsenen Apfel verglich, schrieb Fresnel einen erbitterten Brief an Young (am 26. November 1824). Er beschwerte sich über die fehlende Objektivität der Engländer gegenüber der französischen Wissenschaft überhaupt und bewies mühelos, daß „der Apfel ohne Baum gewachsen war". Der Brief war in einer Periode physischer und moralischer Erschöpfung des schwerkranken Fresnel geschrieben. Einige Monate später, nachdem er sich etwas erholt hatte, bat er Young, diesen Brief zu verbrennen, da er „in einer Minute der Erregung entstanden sei"[1]). In der Folgezeit trugen die Beziehungen zwischen Young und Fresnel freundschaftlichen Charakter.

Die Verdienste Youngs wurden von seiten Malus' und Fresnels hoch eingeschätzt: Im Jahre 1827 wurde er zu einem von acht ausländischen Mitgliedern der Französischen Akademie gewählt. Bei der Übermittlung dieser Nachricht teilte Arago ihm außerdem den Tod Fresnels mit.

Natürlich war der Apfel, allgemein gesehen, nicht ohne Apfelbaum gewachsen. Obwohl Fresnel zwei Jahre vor Young starb, ist er doch faktisch dessen Nachfolger. Und ein echter Nachfolger ist stets ein „Vertiefer". Professor Ferdinand Rosenberger vermerkt aus diesem Anlaß in seiner „Geschichte der Physik": „Sie haben zusammen eine Bresche in die Wand des festgefügten Gebäudes des sogenannten Newtonschen Systems geschlagen und damit die Festigkeit des ganzen Systems erschüttert." — „... Das von Newton geschaffene theoretische System", schrieb Einstein, „war besiegt ... die Wellentheorie des Lichtes von Huygens-Young-Fresnel überwand den

[1]) A. Fresnel, Oeuvres complètes, Paris 1866, Bd. 2, S. 772.

Widerstand der Physiker, indem sie die Erscheinungen der Interferenz und der Beugung erklärte.“[1])

In seiner „Bemerkung zur deutschen Übersetzung von Aragos Gedächtnisrede auf Thomas Young“ antwortete Einstein auf die Frage, was für uns das Wesentlichste im wissenschaftlichen Erbe Youngs sei: „Von den beiden großen Gedankenleistungen Youngs hat Arago nur diejenige klar erkannt, welche sich auf die Erklärung der Interferenz und Beugung des Lichtes bezieht, nicht aber jene, die sich auf die Erklärung der Mannigfaltigkeit unseres Farbenerlebens bezieht. Der Grund ist einfach. Young gehörte zu jenen seltenen phantasiebegabten Geistern, bei welchen die Ausdauer an der Ausarbeitung ihrer Ideen — oder sagen wir kurz, das Sitzfleisch — dem Reichtum ihrer originellen Gedankenwelt nicht Genüge leisten kann. Es bedurfte wissenschaftlicher Begabungen ersten Ranges — Fresnel und Helmholtz —, um jene zwei großen Gedanken so weit auszugestalten, daß sie von der wissenschaftlichen Welt assimiliert werden konnten. Fresnel hatte das Seine getan, als Arago schrieb, Helmholtz ließ noch ein paar Jahrzehnte auf sich warten. Arago hat also nur Youngs ersten großen Gedanken voll würdigen können, nicht aber den zweiten. Was ihm möglich war, leistete er mit erquickender Sympathie und Grazie.“[2])

10

Young, der aus Quäkerkreisen stammte, in denen noch die Erinnerungen an die Verfolgungen und Unterdrükkungen von seiten der Regierung frisch waren, ging der Politik aus dem Wege, ihn widerte die Politisiererei an. Die Politik, bemerkte er einst im Scherz, ist eine Art

---

1) A. Einstein, The new field theory. I., Observatory **52** (1929) 82.

2) A. Einstein, Naturwiss. **17** (1929) 363.

Wolfsgrube. In sie fällt man leicht hinein, aber es ist schwer, wieder herauszukommen.

Der Stern Napoleons sank, und der Stern des aufrührerischen Lord Byron ging auf. Robert Owen begann, die Idee des utopischen Sozialismus zu propagieren. Der endgültig dem Wahnsinn verfallene Georg III. wurde von Georg IV. abgelöst, der sich bald beim Volk noch mehr verhaßt machte als sein Vorgänger. Er führte das sogenannte „Maulkorbgesetz" gegen die Rede-, Versammlungs- und Pressefreiheit ein und errichtete ein Regime polizeilicher Willkür im Land.

Der gesprächige Gesellschafter Young kannte jedoch die Grenzen der Vernunft. Er vermied, sich über Fragen der Religion, Moral und Philosophie zu äußern, liebte es nicht, Menschen einer Bewertung zu unterziehen, nahm nicht an den Kämpfen der politischen Parteien teil. Sein Leben aber war dessenungeachtet voller großer und kleiner Kämpfe.

Unter kleinen Kämpfen und Zusammenstößen, die die Nerven zermürbten und böses Blut machten, verliefen auch die letzten Jahre des Wissenschaftlers.

Im Jahre 1818 übernahm Young die Pflichten des Sekretärs des Büros für geographische Längen. Gleichzeitig war ihm die Redaktion des bekannten „Nautischen Almanachs" aufgetragen worden. Hätte Young auch nur in geringstem Maße die Folgen vorhergesehen, hätte er diese Tätigkeit niemals angenommen.

Der „Nautische Almanach" war dazu bestimmt, die Bedürfnisse der Seefahrt zu befriedigen. In der Admiralität wünschte man außerdem, daß er auch die astronomischen Ephemeriden enthielt. Die mit der verbesserten Auflage verbundene Arbeit brachte dem Gelehrten nichts außer ungerechtfertigten Anschuldigungen ein. Die in einem großen Band mit Tabellen unvermeidlich auftretenden Druckfehler gaben Anlaß, dem Büro für Längen für fast alle Schiffskatastrophen die Schuld zu geben. Young übernahm edelmütig die Hauptverantwortung. Die groben Angriffe hörten nicht auf. Im Endresultat wurde das Büro für Längen umgebildet. Young wurde jedoch bald wieder zur Herausgabe des „Almanachs“ herangezogen, aber diese Affaire hatte starke Auswirkungen auf seine Gesundheit. Der durch übermäßige Arbeit ausgehöhlte Organismus begann, in seiner Widerstandskraft nachzulassen.

Der durch die endlosen Mißerfolge enttäuschte, erschöpfte und bereits schwerkranke Thomas Young wandte sich von der Physik ab. Erneut zog ihn die Ägyptologie in ihren Bann, und diesmal fand er dort Trost. Allerdings bestand hierbei auch ein nicht geringer Unterschied zu früher. Der junge Young zog sich in die Ägyptologie zurück, um mit ihrer Hilfe die Bitterkeit der Niederlage zu verarbeiten und zu überwinden, um dort neue Kräfte zu sammeln. Nun aber ging er unwiderruflich dorthin, zog sich eigentlich aus dem Leben zurück, das vorwiegend grausam zu ihm gewesen war.

Die letzten Jahre widmete er der Zusammenstellung eines ägyptischen Wörterbuches. Er arbeitete mit Elan und fand in dieser Beschäftigung eine große Befriedigung.

Im Januar 1829 verschlechterte sich der Gesundheitszustand des Gelehrten merklich, immer öfter wiederholten sich die Symptome des Asthmas und einer allgemeinen Schwäche. Dennoch nahm er noch bis zum 26. März an den Sitzungen des Rates der Royal Society teil. Er schrieb an seinen Freund Hudson Gurney: „Für mich ist es gut, daß ich nicht noch einmal leben muß. Ich bezweifle, ob ich meiner Zeit erneut soviel Nutzen bringen könnte, wie es mir gelungen ist. Vieles könnte ich natürlich besser machen, ich könnte meine Zeit besser nutzen und mich vor Aufregung hüten. ... Aber im großen und ganzen bereue ich nichts.“

Den ganzen April über fühlte er sich sehr schlecht. Er stand nicht vom Bett auf und führte die Korrekturen am Wörterbuch mit einem Bleistift aus, den seine Hand kaum noch halten konnte. Die ihn behandelnden erfahrenen Ärzte gaben ihn bereits auf. Young aber war ruhig. Die Freunde und Verwandten bestanden darauf, daß er sich Erholung gönne. Er antwortete ihnen, daß für ihn die Erholung in der Arbeit liege. Angesichts ihrer Betrübnis scherzte er, um sie, so gut er konnte, zu trösten. Beispielsweise zitierte er eine Zeile aus Lukrez:

Niemandem wird das Leben als Eigentum gegeben, sondern nur auf Zeit. ...

Außerordentlich begabt, war er sowohl im Leben als auch in der Arbeit freigiebig. Er konnte weder mit den Kräften noch mit seinem Talent sparsam umgehen. Er lebte so, als ob er einen Vorrat für mindestens ein Jahrhundert besäße. Young bedeutet im Deutschen „jung", „jugendlich". Und das war er auch wirklich. Er sagte: „Ich kann mir mich nicht als Greis vorstellen!" Und er wurde auch keiner. Das Feuer brannte so hell, daß es bald keine Nahrung mehr fand — das Leben Youngs endete an der Schwelle des Alters.

Er verstarb am 10. Mai des Jahres 1829, „umgeben, von seiner ihn verehrenden Familie, einen Monat und drei Tage vor seinem 56. Geburtstag", wie in einem der Nachrufe vermerkt wurde. Außerdem schrieb man über ihn: „Sein Talent war bedeutend, seine Schaffenskraft unermüdlich, seine Lebensweise makellos; zu seiner Religion verhielt er sich streng, aber tolerant."

Die ärztliche Untersuchung zeigte, daß er an „Verkalkung der herznahen Aorta" gelitten hatte. Hudson Gurney vermerkte naiv in seinem Tagebuch, daß sich dies offenbar durch seine Gewohnheit erkläre, mit den Händen auf dem Rücken auf und ab zu gehen. In Wirklichkeit aber ist dies eine Krankheit sehr alter Menschen, deren Organismus völlig verbraucht ist.

Der Tod Youngs erfolgte fast unbemerkt. England begriff nicht, wie dies auch in anderen Ländern oft vorkommt, welchen Verlust es erlitten hatte. ...

Thomas Young leistete soviel, daß sein Schaffen für den Ruhm eines Dutzends Gelehrter ausreichen würde, doch er selber erntete weder Ruhm noch Anerkennung. Er war kein Baronet, sondern lediglich ein unglückliches Genie; daher erwiesen sich die Pforten des „Pantheon großer Engländer" — der Westminster Abbey —, die beispielsweise für unbedeutende Titelträger gastfreundlich geöffnet waren, für Young als geschlossen. Der Gelehrte wurde auf einem stillen ländlichen Friedhof in Farnborough begraben, in der Familiengruft der Maxwell, der Verwandten seiner Frau.

11

Als Young im Juni 1827 Fresnel die Verleihung der Rumford-Medaille mitteilte, fügte er melancholisch hinzu: „Ich hätte das Recht, ein gewisses Lob zu empfinden, das man wortlos auch mir zusammen mit Ihnen durch diese Verleihung ausspricht. Wenn ich jedoch daran denke, daß mehr als ein Vierteljahrhundert vergangen ist, seitdem ich meine wichtigsten Experimente durchgeführt habe, kann ich lediglich so etwas wie das Vorgefühl des Nachruhms empfinden, den ich niemals besonders begehrt habe."

Aber auch mit Nachruhm wurde er nicht verwöhnt. Über dem Namen des großen Gelehrten und — was am wichtigsten war — über seinem Schaffen lag ein grausames Schicksal. Bereits in der Mitte des 19. Jahrhunderts waren der Name und das Schaffen Youngs sogar in seiner Heimat völlig in Vergessenheit geraten. J. J. Thomson begründete dies so: „Seine Werke zu Fragen der Physik waren so gedrängt dargelegt, daß seine Zeitgenossen sie als sehr schwer verständlich betrachteten. Young sagte treffend von sich, daß er wie Kassandra nichts als die reine Wahrheit gesagt habe, daß ihn aber nur wenige verstanden hätten und ihm niemand glaubte."

Helmholtz sah dies anders: „Er war einer der scharfsinnigsten Männer, die je gelebt haben, hatte aber das Unglück, seinen Zeitgenossen an Scharfsinn zu weit überlegen zu sein. Sie staunten ihn an, aber konnten dem kühnen Fluge seiner Combinationen nicht überall folgen, und so blieben eine Fülle seiner wichtigsten Gedanken in den großen Folianten der königlichen Gesellschaft von

London vergraben und vergessen, bis eine spätere Generation in langsamem Fortschritte seine Entdeckungen wieder entdeckte, und sich von der Richtigkeit und Beweiskraft seiner Schlüsse überzeugte.“

Fügen wir noch eine Äußerung von Rayleigh hinzu: „Aus verschiedenen Gründen gelang es Young nicht, die verdiente Anerkennung seitens seiner Mitmenschen zu erlangen. Die von ihm bereits eroberten wissenschaftlichen Positionen mußten von seinen Nachfolgern nicht nur einmal mit großem Aufwand an geistiger Energie aufs neue erkämpft werden.“[1]) Interessant ist, daß Rayleigh im Jahre 1892 im Royal Institute den Lehrstuhl innehatte, den fast ein Jahrhundert früher Young besaß. Beim gründlichen Studium der Youngschen „Vorlesungsreihe“ fand Rayleigh darin eine wahre Schatzkammer, voll von niemandem bekannten Erkenntnissen. „Eine der erstaunlichsten Stellen“, so berichtet der Sohn Rayleighs in seinen Erinnerungen, „war Youngs Abschätzung der Größe der Moleküle. Er gab als Durchmesser der Moleküle einen Wert an, der zwischen zwei und zehn Tausendsteln eines Millionstel Zoll liegt. Dies ist eine erstaunliche Vorwegnahme des gegenwärtigen Wissens, mehr als fünfzig Jahre vor der analogen Abschätzung der Molekülausdehnung, die Lord Kelvin vornahm.“[2])

Aber wer weiß, welche Überraschungen noch derer harren, die sich ernsthaft an das Studium Youngs machen, die die nicht leichte Arbeit auf sich nehmen, seine verlorengegangenen Arbeiten aufzusuchen und der Wissenschaft zurückzugeben! ...

12

Und abschließend ein Epilog, da die Pechsträhne der Heldin unseres Abrisses — der Wellentheorie des Lichtes — hiermit noch nicht zu Ende ist.

---

1) J. Rayleigh, Collected papers, Cambridge 1899, Bd. 1, S. 190.

2) Zitat aus dem Buch: С. П. Тимошенко, История науки о сопротивлении материалов, Москва 1957, S. 120.

Die Korpuskulartheorie existierte weiter und besaß ihre Anhänger. Noch im Jahre 1829 behauptete Jean Baptiste Biot in seinem, damals populärsten Lehrbuch der Physik, daß „sich zur gegenwärtigen Zeit die Emanationstheorie außerhalb jedes Zweifels befinde".

Young und Fresnel hinterließen die Wellentheorie im Prozeß ihres Werdens. Dieser langwierige und fruchtbare Kampf voller Dramatik setzte sich fort. Vieles wurde danach noch geändert, hinzugefügt und verworfen. Und manches, was außer Zweifel stand, erwies sich als seltsam, unbegründet und verlangte nach Klarheit: die Ätherhypothese, der Verlust einer Halbwelle bei der Reflexion. Die Lichtgeschwindigkeit in irgendeinem durchsichtigen Medium war experimentell nicht bestimmt — eine Frage, bei der Wellentheorie und Korpuskulartheorie zu einander widersprechenden Aussagen führten. Erst in der Mitte des 19. Jahrhunderts gelang es dem französischen Physiker Léon Foucault, die Lichtgeschwindigkeit im Wasser zu messen. Huygens hatte recht, sie erwies sich als kleiner als die Lichtgeschwindigkeit in der Luft. Die Wellentheorie erhielt dadurch einen Trumpf in die Hand, der jede Karte ihrer Konkurrentin stach. Nun war ihre Lage so unbestritten gefestigt, daß Arago, der in dieser Zeit eine Biographie Newtons schrieb, es nicht für erforderlich hielt, die Korpuskulartheorie auch nur zu erwähnen.

Wie wir oben bemerkten, lehnte Newton die Wellentheorie hauptsächlich deswegen ab, weil er nicht an die Existenz des Äthers, dieses besonderen mechanischen Mediums, glaubte. Young und Fresnel nahmen an, daß die Wellennatur des Lichtes gewissermaßen von sich aus schon die Existenz des Äthers bezeugt. Direkte Beweise dafür gab es jedoch nicht, und die Physiker waren im Verlaufe des ganzen 19. Jahrhunderts bemüht, sie zu finden — aber vergebens.

Durch die theoretischen Arbeiten Maxwells und die Experimente von Heinrich Hertz wurde bewiesen, daß die Lichtwellen eine elektromagnetische Erscheinung sind. Wenn es aber so ist, daß die Lichtwellen eine nichtmechanische Erscheinung sind, so ist auch der mechanische Äther durch einen elektromagnetischen zu ersetzen, was das Problem eher komplizierter als einfacher machte, da man damals nicht wußte, daß sich elektromagnetische Wellen im Vakuum ausbreiten können. Und erst die Relativitätstheorie befreite am Anfang unseres Jahrhunderts die Physik vom „Äther-Problem“.

Die Wellentheorie erwarteten jedoch neue Erschütterungen. J. J. Thomson stellte hierzu fest: „Keine physikalische Theorie hatte solche strengen Prüfungen zu überstehen wie die, denen die Wellentheorie am Ende des neunzehnten Jahrhunderts unterzogen wurde.“

Neue Entdeckungen (wie beispielsweise der Photoeffekt) zeugten davon, daß das Licht keine Welle, sondern ein Teilchen ist. Es zeigte sich, daß sich das Licht in vielen Fällen so verhielt, als ob es aus einem Strom energietragender Teilchen bestünde. Wohl oder übel mußte man sich erneut auf die Korpuskulartheorie besinnen.

Man besann sich auch auf einige Äußerungen des großen Newton. Obwohl er Anhänger der eben genannten Theorie war, meinte er dennoch, daß die Argumente für beide Theorien nahezu gleich stark seien und daß in Zukunft irgendeine dritte, sozusagen eine Kompromißtheorie, existieren würde, die in der Lage wäre, die beiden zu vereinen.

Eine der ersten Theorien dieser Art über das Licht stellte Nikolai Iwanowitsch Lobatschewski in den vierziger Jahren des vorigen Jahrhunderts auf. Mehrere Varianten der Korpuskular-Wellen-Theorie entwickelte J. J. Thomson. Aber zum Ziele führte eine ganz andere Richtung. ...

Zu Anfang unseres Jahrhunderts führte Max Planck die Korpuskularvorstellung wieder in die Physik ein, aber bereits in Form der sogenannten *Quanten*theorie. Mit dem Wort „Quant“ — Portion, Menge — bezeichnete Planck die kleinste Energie, die von einem Atom emittiert oder absorbiert werden kann.

So wurde die Quantentheorie geboren. Die Korpuskulartheorie aber zog sich endlich in eine „andere Welt“ zurück, wobei sie der neu entstandenen Theorie all ihren Besitz vermachte. ...

Im Jahre 1905 entwickelte Einstein die Ideen Plancks weiter und führte die Vorstellung ein, daß das Licht nicht nur in Form von Lichtquanten emittiert und absorbiert wird, sondern sich auch so ausbreitet. Diese Lichtquanten wurden später als Photonen bezeichnet. Sie stellen eine Art „Lichtatome“ dar, die ihrer Natur nach materielle Teilchen sind — gewissermaßen im Sinne der Newtonschen Vorstellungen! Nach Einstein ist das Licht ein Strom von Strahlungsenergieteilchen, das heißt von Photonen. Die Photonentheorie vereinigt in sich die korpuskularen Eigenschaften mit den Welleneigenschaften.

Die neue Theorie warf die alten Vorstellungen über das Licht über den Haufen. So nahm man beispielsweise an, daß das Licht in Form eines stetigen Flusses emittiert wird, die Quantentheorie aber behauptete paradoxerweise, daß das Licht in einzelnen Portionen oder Quanten emittiert wird. Die Lichtteilchen, die Photonen, unterscheiden sich voneinander nur durch ihre Energien: Die mit dem größten Energiebetrag sind die Quanten des violetten Lichtes. Während das Atom ein mehr oder weniger „ewiges“ Teilchen ist, ist die Lebensdauer eines Photons gleich der Dauer seines Fluges von dem Atom, von dem es ausgestrahlt wird, bis zum Stoß mit einem anderen Atom, dem es seine Energie überträgt.

Die Waagschalen neigten sich einmal der einen, einmal der anderen Seite zu. Anfangs stieß die Theorie der Lichtquanten auf zahlreiche Einwände. Es schien, als ob sie in gewissem Maße die Optik zu den Lichtkorpuskeln Newtons zurückführen würde und zur Absage an die Errungenschaften der Wellentheorie. Sie überzeugte jedoch immer mehr durch ihre Fruchtbarkeit. Mühelos und elegant erklärte sie den photoelektrischen Effekt, einige Besonderheiten der Emission von Röntgenstrahlen und die Erscheinung der Fluoreszenz. Gleichzeitig war es jedoch schwierig, viele Experimente zur Interferenz und Beugung des Lichtes im Rahmen der Quantentheorie zu erklären, unter anderem den klassischen Doppelspaltversuch Youngs.

Die Arbeiten von Laue, Friedrich und Knipping, die den Weg zur Untersuchung des Baues der Kristalle bahnten, zeigten, daß die Wellentheorie ihrerseits in der Lage ist, nicht nur bei der Erklärung vieler optischer Erscheinungen zu helfen, sondern auch neue Wege zu ihrer Untersuchung aufzuzeigen.

Die Quantentheorie blieb in ihrer Entwicklung ebenfalls nicht stehen. Im Jahre 1922 stellte Arthur Compton fest, daß bei der Streuung von Röntgenstrahlen neben der Streuung ohne Frequenzänderung, wie dies die Wellentheorie erforderte, auch eine Streuung mit Frequenzverkleinerung auftrat. Vom Standpunkt der Wellentheorie aus war dies nicht zu erklären, wohl aber einfach und überzeugend durch die Quantentheorie, wie Compton und Debye zeigten.

Somit erwies sich die Natur des Lichtes komplizierter, als man vorhersehen konnte. Die Natur des Lichtes ist zweideutig: Es besitzt Eigenschaften von Teilchen und Eigenschaften von Wellen. „Photonen und elektromagnetische Wellen sind im Licht untrennbar miteinander verbunden, doch sie lassen sich durch verschiedene Verfahren nachweisen“ (A. F. Joffé). „Je nachdem, welche Frage wir dem Licht stellen, kehrt es uns seine Wellen- oder korpuskulare Seite zu“ (A. Sommerfeld).

In dem Artikel „Was ist ein Elementarteilchen“ (1950) sagt Erwin Schrödinger: „Ein ungeheures Beobachtungsmaterial bestärkt uns in der Überzeugung, daß ≫Welleneigenschaften≪ und ≫Partikeleigenschaften≪ *niemals* getrennt vorkommen, immer vereint, und zwar so, daß sie verschiedene *Seiten* derselben Erscheinung bilden — und das gilt für alle physikalischen Erscheinungen schlechthin. Auch ist die Vereinigung nicht von lockerer, äußerlicher Art."[1])

„Der ständige siegreiche Kampf für die Wahrheit wird niemals durch einen endgültigen Sieg beendet werden, er hat jedoch eine unbestreitbare Berechtigung", schrieb das Akademiemitglied S. I. Wawilow. „Auf dem Wege zum Verständnis der Natur des Lichtes erhielt der Mensch Mikroskope, Teleskope, Entfernungsmesser, Radio und Röntgenstrahlen. Diese Untersuchung half, die Energie des Atomkerns zu beherrschen. Auf der Suche nach der Wahrheit vergrößert der Mensch unbegrenzt den Bereich seiner Herrschaft über die Natur. Und besteht nicht darin die wahre Aufgabe der Wissenschaft?"[2])

Thomas Young gehörte zu den großen Pionieren der Wissenschaft, die deren Grundsteine legten. Auf diesem Fundament wurde das grandiose Gebäude der modernen Physik errichtet. Auf dieses Gebäude ist mit Recht die ganze Menschheit stolz. Und ist die Menschheit nicht ebenso stolz, daß am Firmament der Wissenschaft solche Sterne glänzen wie Huygens, Fresnel und Thomas Young?

---

[1]) E. Schrödinger, Was ist ein Naturgesetz? Oldenbourg, München 1962, S. 123.

[2]) С. И. Вавилов, Глас и солнце. О „теплом" и „холодном" свете, Изд-во АН СССР, Москва 1961, S. 44.

A. Rubinowicz

Thomas Young und die Theorie der Beugung[1])

„Er [Thomas Young] war einer der scharfsinnigsten Männer, die je gelebt haben, hatte aber das Unglück, seinen Zeitgenossen an Scharfsinn zu weit überlegen zu sein. Sie staunten ihn an, aber konnten dem kühnen Fluge seiner Combinationen nicht überall folgen, und so blieben eine Fülle seiner wichtigsten Gedanken in den großen Folianten der königlichen Gesellschaft von London vergraben und vergessen, bis eine spätere Generation in langsamem Fortschritte seine Entdeckungen wieder entdeckte, und sich von der Richtigkeit und Beweiskraft seiner Schlüsse überzeugte.“

(H. Helmholtz, Populäre wissenschaftliche Vorträge)

Als Helmholtz[2]) im Jahre 1868 diese Worte schrieb, rechnete er wahrscheinlich nicht damit, daß es fast ein Jahrhundert später immer noch einige wissenschaftliche Leistungen von Thomas Young geben würde, die nicht allgemein anerkannt waren. Von all den großen Entdeckungen, die wir Thomas Young verdanken und die von den nachfolgenden Generationen nicht gebührend gewürdigt wurden, ist es seine Beugungstheorie, die am längsten warten mußte, bis sie voll und ganz anerkannt wurde.

Bedauerlicherweise scheint diese Tatsache nicht hinreichend bekannt geworden zu sein. In der Tat las ich mit großer Überraschung in einer kürzlich veröffentlichten Biographie, die eine tiefgehende Würdigung des

[1]) A. Rubinowicz, Thomas Young and the theory of diffraction, Nature **180** (1957) 160.

[2]) H. Helmholtz, Populäre wissenschaftliche Vorträge, Heft 2, Vieweg, Braunschweig 1876, S. 47.

Werkes dieses großen Entdeckers und Wissenschaftlers enthält, daß die Youngsche Beugungstheorie unhaltbar sei[1]) und daß man sagen könne, die Fresnelschen Auffassungen hätten die Youngsche Erklärung verdrängt[2]). Die gleiche Meinung kommt auch in fast allen Lehrbüchern der Experimentalphysik zum Ausdruck. Nur einige wenige Lehrbücher der theoretischen Optik (s. zum Beispiel die Literaturhinweise[3])) räumen den Youngschen Beiträgen den angemessenen Platz ein. Da ich mich in der Vergangenheit und speziell kürzlich im Zusammenhang mit der Vorbereitung einer Monographie über diesen Gegenstand für die Theorie der Beugungswellen interessiert habe, möchte ich den Ursprung der Youngschen Gedanken sowie ihre Bedeutung für die moderne Beugungstheorie umreißen.

Youngs größter Beitrag zur Beugungstheorie besteht in der Tatsache, daß er der erste war, der eine Erklärung der Beugungserscheinungen auf der Grundlage der Wellentheorie des Lichtes gab. Er ging[4]) von dem schon Newton bekannten Sachverhalt aus, daß der beleuchtete Rand eines Beugungsschirms selber leuchtet und somit die Quelle einer Wellenbewegung darstellt. Er nahm an, daß die Beugungserscheinungen als Ergebnis der Interferenz zweier Wellen zustande kommen. Die erste, die man als die direkt einfallende Welle bezeichnen kann, wird an allen Raumpunkten vorgefunden, an denen Licht entsprechend den Gesetzen der geometrischen Optik vorhanden ist, und sie wird dort durch die gleiche Wellen-

[1]) A. Wood, „Thomas Young, natural philosopher, 1773—1829" (completed by F. Oldham), Cambridge 1954, S. 166.

[2]) A. Wood, „Thomas Young, natural philosopher, 1773—1829" (completed by F. Oldham), Cambridge 1954, S. 195.

[3]) K. Försterling, Lehrbuch der Optik, Leipzig 1928; A. Sommerfeld, Vorlesungen über theoretische Physik, Bd. 4, Optik, Wiesbaden 1950; M. v. Laue, Handbuch der Experimentalphysik, Bd. 18, Akad. Verlagsges., Leipzig 1928, S. 211.

[4]) G. Peacock (Hrsg.), Miscellaneous works of the late Thomas Young, Bd. 1, London 1855, S. 80.

funktion beschrieben wie im Fall ungestörter Lichtausbreitung. Diese Wellenbewegung ist an der Grenze des geometrischen Schattens unstetig, da dort ein plötzlicher Wechsel von Licht zu Dunkelheit auftritt. Die zweite, als Streuwelle bezeichnete Wellenbewegung wird durch eine Welle wiedergegeben, die von dem beleuchteten Rand des Beugungsschirms ausgeht. Young[1]) nahm (im Jahre 1801) an, daß diese Wellenbewegung überall stetig ist, selbst an der Schattengrenze.

Diese Aufspaltung des Lichtes in zwei Teile kann man schon in der Newtonschen[2]) Theorie der Beugung finden, die auf der Basis seiner Korpuskulartheorie des Lichtes aufgebaut ist. Die direkt einfallende Welle rührt nach Newton von den Lichtteilchen her, die den beugenden Rand in beliebiger Entfernung passieren und von letzterem nicht abgelenkt werden, sondern sich ungestört längs gerader Linien bewegen. Die Streuwelle andererseits besteht aus Lichtteilchen, die in unmittelbarer Nähe des beugenden Randes vorbeilaufen und daher von ihren ursprünglichen Bahnen abgelenkt werden.

Daß sich die Youngsche Erklärung sozusagen von selber aufdrängt, wird durch die Tatsache demonstriert, daß Fresnel[3]) (im Jahre 1816) in seiner ersten Arbeit über die Beugungstheorie unabhängig davon selber darauf stieß. Doch schon im Jahre 1816 gelangte Fresnel in einem Anhang zu der genannten Arbeit zu der Schlußfolgerung, daß sich diese Erklärung angesichts der experimentellen Fakten nicht aufrechterhalten ließe. Nach Fresnel hat man sich vorzustellen, daß die Wellenbewe-

---

[1]) G. Peacock (Hrsg.), Miscellaneous works of the late Thomas Young, Bd. 1, London 1855.

[2]) I. Newton, Opticks or a treatise of the reflections, refractions, inflections and colours of light, London 1704; dt. Übers.: Sir Isaac Newton's Optik oder Abhandlung über Spiegelungen, Brechungen, Beugungen und Farben des Lichts, Ostwald's Klassiker der exakten Wissenschaften Nr. 96 u. 97, W. Engelmann, Leipzig 1898.

[3]) A. Fresnel, Oeuvres complètes, Bd. 1, Paris 1866.

gung im Ergebnis der Interferenz von Sekundärwellen entsteht, die von allen Punkten einer über die beugende Öffnung sich erstreckenden Oberfläche ausgehen. Man erkennt, daß eine auf diese Weise zustandekommende Wellenbewegung überall stetig ist und daher auch an der Schattengrenze. Bekanntlich kam Young schließlich selber zu dem Schluß, daß die Fresnelschen Auffassungen seinen eigenen überlegen seien, und er teilte dies Fresnel in einem vom 16. Oktober 1819 datierten Brief mit.[1])

Young und Fresnel stimmen darin überein, daß die Wellenbewegung sowohl bei der einfallenden Welle als auch bei den Sekundärwellen durch ein elementares Gesetz gegeben ist. Wenn wir jedoch der Meinung sind, daß die Bewegung des Lichtes nicht durch ein elementares Gesetz, sondern durch eine partielle Differentialgleichung zu beschreiben ist, können wir nur den Fresnelschen Standpunkt, nicht dagegen den Youngschen, als gerechtfertigt ansehen. Auf dem Gebiet der partiellen Differentialgleichungen ist jede Unstetigkeit durch eine physikalische Ursache bedingt; im Fall der skalaren Wellengleichung sind solche Ursachen einfache und Doppelquellen. Doch es ist in diesem Rahmen unmöglich, eine vernünftige physikalische Erklärung für die Unstetigkeit der einfallenden Welle zu geben, die in der Youngschen Beugungstheorie an der Grenze des geometrischen Schattens in Erscheinung tritt.

So ist verständlich, daß Kirchhoff[2]), als er im Jahre 1882 begann, auf der Grundlage der skalaren Wellengleichung eine Theorie der Beugung aufzustellen, ganz automatisch zu einer Entwicklung der Fresnelschen Gedanken kam. Das Kirchhoff-Huygenssche Prinzip kann man als Anpassung der Fresnelschen Gedanken an die Theorie der Wellengleichung ansehen. Auf diese Weise

[1]) G. Peacock (Hrsg.), Miscellaneous works of the late Thomas Young, Bd. 1, London 1855, S. 393.

[2]) G. Kirchhoff, Ges. Abhandlungen, Nachtrag, Leipzig 1891.

wurde das Schicksal der Youngschen Ansichten für viele folgende Jahre besiegelt.

Wir finden jedoch sogar in Kirchhoffs eigenen Werken[1]) — im Zusammenhang mit der Beugung an einem Schirm von der Form eines schmalen Streifens — die Bemerkung, daß „die Lage der Maxima und Minima bei den inneren Fransen [das heißt im Schatten des Schirms] dieselbe ist, wie wenn sie hervorgebracht wären durch Interferenz von Strahlen, die von Punkten in den Rändern des Schirms ausgegangen sind. Hierauf beruht der erste, freilich unvollkommene Versuch, die Erscheinung, mit der wir uns beschäftigt haben, zu erklären, der von Thomas Young gemacht worden ist.“

Eine Änderung in der Einschätzung der Youngschen Gedanken wurde durch die Dissertation von Eugen Maey[2]) (Königsberg 1893) herbeigeführt. Ausgehend von der Kirchhoffschen Theorie wies dieser Autor für den Spezialfall der Beugung an einer geradlinigen Kante die Existenz einer von Punkten auf der Kante ausgehenden Streuwelle nach. Er zeigte theoretisch und bestätigte experimentell, daß die einfallende Welle von der geraden Kante in Form von Lichtkegeln reflektiert wird, in der gleichen Weise wie von einem geraden zylindrischen Stab gemäß der geometrischen Optik.

Daraufhin gewann im Jahre 1896 A. Sommerfeld[3]), der zur selben Zeit in Königsberg studierte, eine exakte Lösung des Randwertproblems für die Streuung elektromagnetischer Wellen an einer vollständig leitenden Halbebene und wurde auf diese Weise zum Begründer der exakten Theorie der Beugung. In Übereinstimmung mit den Vorstellungen von Thomas Young kann sogar die exakte Sommerfeldsche Lösung in eine im Sinne der geometrischen Optik definierte einfallende Welle und eine

---

[1]) G. Kirchhoff, Vorlesungen über mathematische Optik, Leipzig 1891, S. 133.

[2]) E. Maey, Wiedemanns Ann. d. Phys. **49** (1893) 69.

[3]) A. Sommerfeld, Math. Ann. **47** (1896) 317.

vom Rand des Schirms ausgehende Beugungswelle zerlegt werden. Sommerfeld formulierte das Problem der Beugung als eine Randwertaufgabe im Rahmen der Maxwellschen Gleichungen. Das erklärt, weshalb in seiner Theorie keine Unstetigkeiten an der Grenze des geometrischen Schattens auftreten konnten, da sie hier als elektrische und magnetische Ladungen und Ströme interpretiert werden müßten. Die Sommerfeldsche Streuwelle muß daher die Unstetigkeit der einfallenden Welle an der Schattengrenze kompensieren und muß somit dort unstetig sein, im Gegensatz zur Youngschen Annahme.

Die Frage der Richtigkeit der Youngschen Ansichten wurde geklärt, als gezeigt wurde, daß sich die durch die Kirchhoffsche Beugungstheorie — das heißt Kirchhoffs Oberflächenintegral über die Beugungsöffnung — gegebene Wellenbewegung in exakter Weise in eine im Sinne der geometrischen Optik definierte einfallende Welle und eine vom Schirmrand ausgehende Streuwelle zerlegen läßt.[1]) Wenn man die Kirchhoffsche Beugungstheorie als eine präzise Formulierung der Fresnelschen Gedanken ansieht, dann muß die angegebene Umformung als eine präzise Formulierung der Youngschen Ansichten betrachtet werden (vgl. v. Laue[2])). Somit sind die Auffassungen von Young und Fresnel vollkommen gleichwertig: Keiner von ihnen kann eine bevorzugte Stellung eingeräumt werden. Es ist klar, daß die Umformung des Kirchhoffschen Integrals, genauso wie das Kirchhoffsche Integral selber, eine Wellenbewegung liefert, die überall im Raum stetig ist mit Ausnahme des Ortes der Lichtquelle. Daher muß die Streuwelle auch in diesem Fall die Unstetigkeit der einfallenden Welle an der Schattengrenze kompensieren.

---

[1]) G. A. Maggi, Ann. di Mat. IIa, **16** (1888) 21; A. Rubinowicz, Ann. d. Phys. (4) **53** (1917) 257.

[2]) M. v. Laue, Geschichte der Physik, 3. Aufl., Athenäum-Verlag, Bonn 1950, S. 46.

Die Physiker beschränkten sich, unter Verwendung der traditionellen Form der Kirchhoffschen Beugungstheorie, auf die Berechnung des Kirchhoffschen Oberflächenintegrals für solche spezielle Beugungsprobleme wie die Beugung an einem Schlitz, einem schmalen Streifen, einer kreisförmigen Öffnung oder einem kreisförmigen Schirm. Da die Streuwelle durch ein über den beugenden Rand erstrecktes Kurvenintegral gegeben ist und sich ein Kurvenintegral im allgemeinen viel leichter berechnen läßt als ein Oberflächenintegral, erwies es sich als möglich[1]), für eine sehr große Klasse von Beugungsschirmen die Eigenschaften der Streuwelle zu ermitteln und so auch die Natur der Beugungserscheinungen zu erklären. Gemäß diesen Untersuchungen kann man sich vorstellen, daß das Licht, das von einer Quelle auf ein bestimmtes Segment des beugenden Randes fällt, in Form von Reflexionskegeln reflektiert wird. Die Beugungserscheinung entsteht in einem herausgegriffenen Beobachtungspunkt als Resultat der Interferenz der einfallenden Welle (falls sie dort existiert) mit den Beugungswellen, die von denjenigen Punkten des beugenden Randes ausgehen, welche die einfallende Welle auf den fraglichen Beobachtungspunkt hin reflektieren. Diese Punkte auf dem beugenden Rand, die wir „aktive Punkte“ nennen, sind so gelegen, daß die Summe der beiden Entfernungen, nämlich der von der Lichtquelle bis zum aktiven Punkt und der vom aktiven Punkt zum Beobachtungspunkt, einen Extremwert besitzt. Somit gilt hier das Fermatsche Prinzip genauso wie in der geometrischen Optik im Falle der Reflexion an einer Ebene. Es muß jedoch darauf hingewiesen werden, daß — genau wie im Falle einer von einer Ebene reflektierten Welle — der Beitrag zu einem Reflexionskegel nicht nur von dem aktiven Punkt selbst stammt, sondern auch von der unmittelbaren Nachbarschaft dieses Punktes. Wir nennen diese Nachbarschaft den „aktiven Bereich“ des aktiven Punktes.

---

[1]) A. Rubinowicz, Ann. d. Phys. (4) **73** (1924) 339.

Da die Streuwelle die Unstetigkeit kompensieren muß, die an der Schattengrenze auftritt, ist klar, daß ihre Amplitude dort die gleiche Größenordnung erreichen muß wie die der einfallenden Welle. Die Rechnung zeigt, daß die Absolutwerte der Amplitude der Streuwelle zu beiden Seiten der Schattengrenze gleich der Hälfte der Amplitude der einfallenden Welle sind. Damit die Unstetigkeit der einfallenden Welle kompensiert wird, müssen die Phase der einfallenden und die der gebeugten Welle bei Annäherung an die Schattengrenze vom Lichtkegel her entgegengesetzt sein, und sie müssen gleich sein bei Annäherung von der Schattenseite. Daher erleidet die Beugungswelle an der Schattengrenze einen Phasensprung um π.

In Übereinstimmung mit der Tatsache, daß die Beugungserscheinungen am ausgeprägtesten an der Schattengrenze sind, fällt die Amplitude der Beugungswelle mit dem Abstand von der Schattengrenze schnell ab. Die oben erwähnte Phasendifferenz der Größe π zwischen den beiden Teilen der Beugungswelle zu beiden Seiten der Schattengrenze bleibt in diesen Raumpunkten ebenfalls erhalten.

Wenn der den aktiven Bereich eines aktiven Punktes enthaltende Teil des beugenden Randes hinreichend geradlinig ist, dann ist die Intensitätsverteilung in dem Reflexionskegel durch das bekannte Fresnelsche Integral gegeben. Dies erklärt, warum letzteres in der Beugungstheorie so häufig auftritt.

All diese Eigenschaften der Beugungswelle werden durch Experimente bestätigt. Daß tatsächlich eine von dem beugenden Rand ausgehende Wellenbewegung vorhanden ist, wird durch das Leuchten des beugenden Randes bei Beobachtung vom Schatten oder vom Lichtkegel aus bestätigt. Im letzteren Fall muß man jedoch das Auge gegen die direkt einfallende Lichtwelle abschirmen. Ein sehr eleganter objektiver Beweis für die Existenz der Beugungswelle wurde im Jahre 1912 von

Kalaschnikow[1]) geliefert. Dieser Autor beobachtete auf einer photographischen Platte den Schatten geeignet angebrachter Drähte, den das Licht der von einer Beugungskante ausgehenden Streuwelle warf. Die Lage der einzelnen Schatten zeigte, daß das für ihre Entstehung verantwortliche Licht von der beugenden Kante kam.

Die Existenz aktiver Bereiche auf dem beugenden Rand wird durch die experimentelle Tatsache bekräftigt, daß in einem gegebenen Beobachtungspunkt nur diejenigen Bereiche des Randes leuchtend erscheinen, die sich um die Punkte herum erstrecken, für welche die oben erwähnte Summe der Abstände einen Extremwert besitzt.[2]) Nehmen wir beispielsweise an, daß der Schirm kreisförmig ist und sich die Lichtquelle auf der Geraden befindet, die senkrecht auf der Ebene des Kreises steht und durch seinen Mittelpunkt hindurchgeht. Dann sind zwei leuchtende Punkte zu sehen, die sich jeweils an einem Ende eines Durchmessers befinden und dem Maximal- bzw. Minimalwert der Summe der Abstände entsprechen.

Die Existenz eines Phasensprungs um den Wert π zwischen den Teilen der Beugungswelle, die sich im Lichtkegel beziehungsweise im Schatten ausbreiten, wird dadurch bestätigt, daß sich mit Hilfe der vollständigen Beugungswelle — unter Ausschluß des direkt einfallenden Lichtes — ein Bild des beugenden Randes erhalten läßt. Da sich die Teile der Beugungswelle durch Interferenz gegenseitig aufheben, erscheint der beugende Rand als eine dunkle Linie.[3]) Als geeignet für den Aufbau eines derartigen Experiments bietet sich die Toeplersche Schlierenmethode an. Diese Methode erlaubt es, das direkt ein-

---

[1]) A. Калашников, Журн. русск. физ. хим. общ., физ. отдел **44** (1912) 137.

[2]) A. Rubinowicz, Ann. d. Phys. (4) **73** (1924) 339.

[3]) S. Banerji, Phil. Mag. (6) **37** (1919) 112; K. Noack, Phys. Z. **23** (1922) 228.

fallende Licht zu eliminieren und die physikalischen Vorgänge im Licht der Beugungswelle zu beobachten.

All dies sind Tatsachen, die sich vom Fresnelschen Gesichtspunkt aus nicht leicht erklären lassen, die jedoch direkt aus der Youngschen Theorie folgen. Sie liefern einen eindeutigen Beweis für die Richtigkeit seiner Hypothese.

Das letzte Stadium in der Geschichte der Eingliederung der Youngschen Gedanken in die Theorie der Beugungserscheinungen hat erst begonnen. Es wird sich mit der Frage zu beschäftigen haben, wie weit sich die Youngsche Beugungstheorie durch die exakte Theorie der Beugung begründen läßt. Die Tatsache, daß sich die Lösung des Sommerfeldschen Beugungsproblems in vollständigem Einklang mit der Youngschen Theorie befindet, stellt eher eine Ausnahme dar. Allgemein können wir nur eine genäherte Übereinstimmung erwarten. Man kann hoffen, daß sich diese Erwartung zumindest im Fall der Beugung elektromagnetischer Wellen an idealen oder nahezu idealen Leitern erfüllen wird. Die Integralgleichungen, die man in diesem Fall für die Oberflächenströme angeben kann, lassen sich mit Näherungsmethoden lösen. Die dieser Stromverteilung entsprechende Wellenbewegung kann genähert durch ein Fresnelsches Integral dargestellt werden[1]), das man als ein unfehlbares Anzeichen für die Existenz der Beugungswelle ansehen darf.

Die Realität der Beugungswelle kann somit sowohl theoretisch als auch experimentell als bestätigt angesehen werden. Zugegeben, die Struktur der Beugungswelle gleicht nicht genau der, die sich Young vorstellte. Dies vermindert jedoch keinesfalls Youngs große Leistung in der Beugungstheorie, nämlich gezeigt zu haben, daß die Beugungserscheinungen, zumindest in großen Zügen, durch die Beugungswelle und das Interferenzprinzip erklärt werden können. Jede große Idee ist im Laufe der Zeit einem Entwicklungsprozeß unterworfen. Die Tat-

[1]) V. Fock, J. Phys. **10** (1946) 399; vgl. auch Phil. Mag. (7) **39** (1948) 194.

sache, daß die Youngschen Gedanken weiterentwickelt werden konnten, ohne daß sie dabei ihren ursprünglichen Charakter verloren, ist ein Beweis ihrer Stärke. Die Saat, die Young in der Beugungstheorie ausgestreut hat, ergab eine reiche Ernte.

Augustin Jean Fresnel
(1788—1827)

Über das Licht[1])

Die Natur des Lichtes

Die Physiker sind seit langer Zeit geteilter Meinung über die Natur des Lichtes. Die einen nehmen an, daß es von den leuchtenden Körpern ausgeschleudert wird, und die anderen, daß es von Schwingungen einer unendlich dünnen, im Weltraum verteilten elastischen Flüssigkeit herrührt, wie der Schall von den Schwingungen der Luft. Das Wellenmodell, das dem Genie Descartes' zu verdanken ist und das Huygens in seinen Konsequenzen noch geschickter verfolgt hat, ist auch von Euler anerkannt worden und in jüngster Zeit von dem berühmten Doktor Thomas Young, dem die Optik viele wichtige Entdekkungen verdankt. Das Emissionsmodell, oder das Newtonsche Modell, das von dem großen Namen seines Ur-

[1]) Augustin Fresnel, De la lumière, Librairie Armand Colin, Paris 1914.

hebers getragen wird, und ich würde fast sagen, von jenem Ruf der Unfehlbarkeit, den sein unsterbliches Werk „Principia“ ihm eingebracht hat, fand allgemeinere Anerkennung. Die andere Hypothese schien sogar völlig aufgegeben, als Young die Physiker durch seltsame Experimente erneut auf sie aufmerksam machte. Diese Experimente stellen eine frappierende Bestätigung dieser Hypothese dar und scheinen gleichzeitig sehr schwer mit dem Emissionsmodell vereinbar zu sein.

Vergleicht man die neuen Phänomene mit den vorher bekannt gewesenen Fakten, so vergrößern sie mit jedem Tag die Wahrscheinlichkeit für die Richtigkeit des Wellenmodells. Obgleich lange vernachlässigt und in seinen mechanischen Konsequenzen diffiziler als die Emissionshypothese, liefert es schon viele weiterreichende Berechnungsmöglichkeiten. Dies ist eins der sichersten Anzeichen für die Gültigkeit einer Theorie. Wenn eine Hypothese richtig ist, muß sie zur Auffindung numerischer Beziehungen führen, die die entferntesten Tatsachen miteinander verbinden. Wenn sie hingegen falsch ist, kann sie im Notfall die Phänomene wiedergeben, für die sie erdacht worden ist, wie eine empirische Formel Messungen in den Grenzen wiedergibt, in denen sie berechnet worden ist; aber sie könnte nicht die verborgenen Knoten enthüllen, die diese Phänomene mit andersartigen Phänomenen verbinden.

So hat zum Beispiel Biot, als er mit ebensoviel Ausdauer wie Scharfsinn die Gesetze der von Arago in Kristallplättchen entdeckten schönen Farberscheinungen untersuchte, erkannt, daß die von den Plättchen gezeigten Farben hinsichtlich der Schichtdicke analoge Gesetze wie die farbigen Ringe befolgen, das heißt, daß die Dicken zweier gleichartiger Kristallplättchen, die zwei beliebige Farben ergeben, in demselben Verhältnis zueinander stehen wie die Dicken der Luftschichten, die die gleichen Farben in den farbigen Ringen zeigen. Diese Beziehung, die sich unabhängig von jeder theoretischen Vorstellung durch die Analogie andeutete, war ohne Zweifel schon sehr merkwürdig und sehr wichtig; aber Young ist mit Hilfe des Interferenzprinzips, das eine unmittelbare Folgerung aus dem Wellenmodell ist, weitergekommen. Er hat eine noch viel engere Verbindung zwischen diesen zwei Gruppen von Phänomenen entdeckt, und zwar: Der Gangunterschied zwischen den Strahlen, die in einem Kristallplättchen ordentlich gebrochen worden sind, und denen, die eine außerordentliche Brechung erfahren haben, ist genau gleich dem Gangunterschied der Strahlen, die an der ersten und an der zweiten Grenzfläche einer Luftschicht reflektiert werden, welche die gleiche Farbe wie das Kristallplättchen ergibt. Dies ist nun nicht mehr eine einfache Verwandtschaft, sondern eine völlige Gleichheit.

Ich könnte noch hinzufügen, daß die scheinbar so komplizierten Gesetze der Beugungsphänomene, die man mit der vereinten Kraft des Experiments und des Emissionsmodells vergebens zu erraten versucht hatte, in voller Allgemeinheit durch die einfachsten Prinzipien der Wellentheorie aufgezeigt worden sind. Zweifellos hat auch die Beobachtung zu dieser Entdeckung beigetragen; aber sie allein hätte dazu nicht genügt, während die Wellentheorie in diesem Fall, so wie auch in mehreren anderen, notfalls vor dem Experiment ausgereicht hätte, um die Fakten mit all ihren Besonderheiten vorauszusagen.

Die oben angeführten Ergebnisse zeigen zur Genüge, daß die Wahl der einen oder der anderen Theorie durchaus nicht gleichgültig ist. Der Nutzen einer Theorie beschränkt sich nicht darauf, die Untersuchung der Fakten zu erleichtern, indem man diese nach ihren auffälligsten Beziehungen in mehr oder weniger zahlreichen Gruppen zusammenfaßt. Ein anderes, nicht weniger wichtiges Ziel einer guten Theorie muß der Beitrag zum Fortschritt der Wissenschaft, zur Entdeckung von Fakten und von Beziehungen zwischen den unterschiedlichsten, scheinbar voneinander völlig unabhängigen Gruppen von Phänomenen sein. Nun ist es klar, daß man, ausgehend von einer erdachten Hypothese über das Wesen des Lichtes, das Ziel nicht so schnell erreichen wird wie bei Kenntnis des diesbezüglichen Geheimnisses der Natur. Die Theorie, deren Grundhypothese richtig ist, so widerspenstig sie auch hinsichtlich der mathematischen Analyse sein möge, wird selbst zwischen den entferntesten Fakten enge Beziehungen aufzeigen, die in dem anderen Modell für immer unbekannt bleiben würden. Abgesehen von dem auf jeden Fall notwendigen, sehr natürlichen Wunsch, die Wahrheit zu erkennen, sieht man so, wie interessant es für den Fortschritt der Optik und aller damit verbundenen Bereiche, das heißt der ganzen Physik und Chemie, ist, zu wissen, ob von den Körpern, die bis in unsere Augen leuchten, Lichtteilchen ausgesandt werden, oder ob sich das Licht durch die Schwingungen einer vermittelnden Flüssigkeit ausbreitet, auf welche die Partikel dieser Körper ihre Schwingungen übertragen. Und man glaube nicht etwa, daß dies eine von den Fragen ist, deren Lösung sich unmöglich finden läßt; daß sie lange Zeit unentschieden schien, darf nicht zu dem Schluß führen, sie könne nicht entschieden werden. Wir meinen sogar, daß sie schon entschieden ist und daß man sich nach einem aufmerksamen Vergleich der zwei Modelle und der Erklärungen, die sie für die bis jetzt bekannten Phänomene geben, außerstande sieht, die Überlegenheit der Wellentheorie zu leugnen.

Beugung des Lichtes

Als Beugung des Lichtes bezeichnet man die Veränderungen, die es erfährt, wenn es dicht an den Begrenzungen der Körper vorbeigeht.

Wenn man die Sonnenstrahlen durch eine Öffnung mit einem sehr kleinen Durchmesser in ein dunkles Zimmer eintreten läßt, bemerkt man, daß die Schatten der Körper, statt sauber begrenzt und wie abgeschnitten zu sein, wie es sein müßte, wenn das Licht immer entlang einer geraden Linie weiterliefe, in ihren Umrissen verschwommen sind und von drei gut unterscheidbaren farbigen Streifen eingefaßt werden, deren Breiten ungleich sind und sich vom ersten bis zum dritten vermindern; wenn der in das Lichtbündel gestellte Körper schmal genug ist, sieht man sogar in seinem Schatten Streifen, die nun als dunkle und hellere Bänder mit jeweils gleichem Abstand erscheinen.

Wir bezeichnen diese zweite Streifenart als innere Streifen, die anderen als äußere Streifen.

Grimaldi war der erste Physiker, der erstere beobachtet und sorgfältig untersucht hat, Newton, der sich auch mit der Beugung beschäftigt hat und diesem Gegenstand sogar das letzte Kapitel seiner „Optik" widmete, scheint die inneren Streifen nicht bemerkt zu haben, obwohl seine Untersuchungen später erfolgten als die Grimaldis. ... Es ist schwer zu verstehen, wie die Ablenkung des Lichtes in das Innere des Schattens einem so geübten Beobachter entgehen konnte, besonders wenn man bedenkt, daß er mit den schmalsten Körpern experimentierte, da er ja sogar Haare verwendete. Man ist versucht zu glauben, daß in gewissem Grade seine theoretischen Vorurteile dazu haben beitragen können, daß er die Augen vor diesen wichtigen Phänomenen verschloß, die das Hauptargument, mit dem er die Überlegenheit seines Modells begründete, stark abschwächten.

Da diese Ablenkung des Lichtes nach der Innenseite des Schattens eine fundamentale Tatsache ist, glauben wir, die Einzelheiten hervorheben zu müssen. Um das Experiment in einer Weise auszuführen, die bei Ihnen in dieser Hinsicht keinen Zweifel zurückläßt, lassen Sie das Sonnenlicht in ein dunkles Zimmer eintreten, indem Sie eine im Fensterladen angebrachte Öffnung benutzen, die Sie mit einem Blatt Stanniolpapier bedeckt haben, in das mit einer Nadel ein kleines, höchstens ein zehntel Millimeter großes Loch gestochen wurde; anstatt die Sonnenstrahlen direkt auf die Öffnung fallen zu lassen, was wegen ihrer Neigung nicht erlauben würde, sie in dem dunklen Zimmer weit zu verfolgen, fangen Sie sie mit einem Spiegel auf, der draußen aufgestellt wurde und so geneigt ist, daß die Strahlen in fast horizontaler Richtung reflektiert werden. In den Lichtkegel, der von den so hereingeführten Sonnenstrahlen gebildet wird, setzen Sie jetzt einen Draht, der aus Eisen oder Stahl oder einem ganz anderen völlig undurchsichtigen Material besteht und einen Durchmesser von beispielsweise einem Millimeter hat. Der Einfachheit halber nehme ich an, daß sich der Draht in einem Meter Abstand von dem kleinen Loch befindet und daß die weiße Pappe, auf der Sie seinen Schatten auffangen, zwei Meter weiter entfernt aufgestellt ist, also in drei Meter Entfernung vom Fensterladen. Wenn das kleine Loch unendlich eng wäre, wenn also der leuchtende Punkt ein mathematischer Punkt wäre, müßte der auf die Pappe geworfene geometrische Schatten offensichtlich drei Millimeter Breite haben; ich verstehe darunter den Schatten, dessen Grenzen von Strahlen aufgezeichnet würden, die keine Ablenkung erlitten hätten.

... Der geometrische Kernschatten ... wird eine Breite von 2,8 Millimetern haben. Wenn also die Strahlen keine Ablenkung nach der Innenseite des Schattens erleiden würden, müßte dieser Bereich in völliger Dunkelheit liegen. Nun, bei aufmerksamer Betrachtung desselben werden Sie schwach erhellte Streifen entdecken, die die dunklen Linien hervortreten lassen, die sie trennen, und Sie werden bemerken, daß selbst die Mitte des Schattens von einem leuchtenden Streifen[1]) eingenommen wird. Aus diesem so leicht nachprüfbaren Experiment folgt also, daß das Licht in den Schatten der Körper hineingebeugt wird, wie Grimaldi es bemerkt hatte. Allerdings wird das Licht sehr schnell in dem Maße schwächer, wie der Beugungswinkel wächst; aber diese schnelle Abnahme steht nicht im Gegensatz zur Schwingungstheorie, die sie zwanglos mit der Kleinheit der Lichtwellen erklärt

[1]) Von nun an werde ich die Bezeichnung „leuchtender Streifen" für jeden Streifen verwenden, der zwischen zwei angrenzenden dunklen Streifen eingeschlossen ist, wie gering auch immer seine Helligkeit sein möge.

und sogar das Gesetz dieser Abnahme erkennen läßt. Also hat sich Newton in der Annahme geirrt, daß sich hinter den undurchsichtigen Körpern überhaupt kein Licht ausbreitet, und der Einwand, den er daraus gegen die Wellentheorie ableitete, beruhte auf einer unrichtigen Hypothese.

Da wir soeben von den inneren Streifen gesprochen haben, erscheint es angebracht, hier das von Young zu diesem Gegenstand ausgeführte geistreiche Experiment und die von ihm daraus gezogene Folgerung zu beschreiben.

Als er mit einem Schirm alles Licht abfing, das von einer Seite des schmalen Körpers kam, bemerkte er, daß die auf der Innenseite des Schattens gelegenen Streifen völlig verschwanden, obwohl er so nur die Hälfte der gebeugten Strahlen weggenommen hatte. Er folgerte daraus, daß für die Streifenbildung das Zusammenwirken der zwei Lichtbündel notwendig ist und daß die Streifenbildung aus der Wirkung resultiert, die die Lichtbündel wechselseitig aufeinander ausüben; denn wenn jedes dieser zwei Bündel für sich genommen nur eine kontinuierliche Helligkeit im Schatten verbreitet, müßte die Vereinigung der Bündel gleichfalls eine kontinuierliche Helligkeit erzeugen, wenn die Bündel sich lediglich vermischen würden, ohne einen gewissen Einfluß aufeinander auszuüben. ...

Außerdem bewies er die gegenseitige Beeinflussung der Lichtbündel, indem er das Licht durch zwei kleine, genügend dicht benachbarte Löcher hindurchtreten ließ; er beobachtete im Schatten des Zwischenteils dunkle und leuchtende Linien, die natürlich aus der Wechselwirkung dieser zwei Bündel resultierten, da sie beim Verschließen eines der Löcher sofort verschwanden.

Die Streifen sind deutlicher, wenn man in dem Schirm statt der zwei kleinen Löcher zwei parallele Spalte mit einem Abstand von ein oder zwei Millimetern anbringt; durch Verschließen eines der Spalte bringt man die inneren Streifen dann gleichfalls zum Verschwinden, obwohl das von dem anderen Spalt in den Schatten des Zwischenteils gelangende Licht noch sehr gut wahrnehmbar ist. Wenn die Spalte nicht zu eng sind oder wenn man den Schatten genügend nahe am Schirm auffängt, geschieht es häufig, daß man noch nach dem Abschirmen eines der zwei Lichtbündel Streifen sieht; aber dies sind nicht die Streifen, über die wir sprechen wollen und von denen sie leicht zu unterscheiden sind, solange die Spalte viel enger sind als der sie trennende Zwischenraum; denn dann sind die aus dem Zusammenwirken der zwei Lichtstrahlen resultierenden Streifen, die man durch Wegnahme eines der Lichtbündel verschwinden lassen kann, viel feiner als die anderen. Diese sind viel breiter und werden von jedem Spalt einzeln erzeugt; dabei kann man feststellen, daß die feineren Streifen in der Mitte des Zwischenraumes entspringen, wo die zwei Gruppen der breiten Streifen sich vermischen.

Wir haben immer vorausgesetzt, daß alles bei diesen Experimenten verwendete Licht von demselben Lichtpunkt herrührt; wenn es anders wäre, wenn die zwei Lichtbündel, die man mischt, nicht von derselben Quelle ausgingen, kämen die soeben besprochenen Effekte nicht mehr zustande; die Ursache werden wir mit Hilfe der Wellentheorie bald deutlich machen. ...

Wir können jetzt das Experiment mit den zwei Spiegeln erklären, bei dem man sehr überraschende Effekte der gegenseitigen Beeinflussung von Lichtstrahlen durch die Vereinigung der zwei Bündel erhält, die an den Spiegelflächen regulär reflektiert werden. ... Nachdem man die zwei Spiegel so nebeneinander angeordnet hat, daß ihre Kanten sich vollständig berühren, dreht man sie so weit, daß sie sich fast in derselben Ebene befinden, aber dennoch einen geringfügigen Winkel miteinander bilden, so daß sie gleichzeitig zwei Bilder des Lichtpunktes liefern. Man kann diesen Winkel nach dem Zwischenraum beurteilen, der die Bilder trennt; dieser Zwischenraum muß klein sein, damit die Streifen genügend breit werden. Aber man muß größte Sorgfalt insbesondere darauf verwenden, daß die Spiegel an der Berührungslinie nicht gegeneinander versetzt sind, denn ein Absatz von ein oder zwei hundertstel Millimetern würde in vielen Fällen genügen, um das Auftreten der Streifen zu verhindern. Die Erfüllung dieser Bedingung erreicht man durch wiederholtes Probieren, indem man denjenigen Spiegel, den man für höher stehend hält, nach und nach gegen das weiche Wachs drückt, mit dem man die Spiegel auf einer gemeinsamen Unterlage befestigt hat; durch Fühlen oder noch besser durch Suchen der Streifen mit Hilfe der Lupe beurteilt man die Erfüllung der Bedingung. ...

Um die Streifen zu finden, muß man ein wenig von den Spiegeln weggehen und die von ihnen reflektierten Strahlen/direkt mit einer kurzbrennweitigen Lupe auffangen, hinter die man das Auge hält und die so aufgestellt wurde, daß ihre ganze Fläche beleuchtet wird. Dann sucht man die Streifen in dem Bereich, wo sich die von den zwei Spiegeln reflektierten Strahlen vereinigen; er ist durch seine größere Helligkeit leicht vom übrigen Lichtfeld zu unterscheiden.

Diese Streifen stellen eine Reihe von leuchtenden und dunklen Streifen dar, die parallel zueinander sind und gleiche Abstände voneinander haben. Im weißen Licht sind sie mit den lebhaftesten Farben[1]) ausgestattet, vor allem diejenigen, welche nahe der Mitte gelegen sind; in dem Maße, wie ihre Entfernung von der Mitte wächst, werden sie immer schwächer und verschwinden schließlich bei der achten Ordnung. In homogenem Licht, wie man es mittels eines Prismas oder gewisser rot gefärbter Gläser erhalten kann, bemerkt man eine viel größere Zahl von Streifen, die dann nur noch eine Folge von dunklen und leuchtenden Streifen gleicher Farbe darstellen. Durch Verwendung von möglichst homogenem Licht erzielt man die größte Einfachheit des Phänomens. ...

---

[1]) Um diese Farben gut unterscheiden zu können, muß man die Streifen genügend breit machen, indem man die zwei Bilder des Lichtpunktes einander stark nähert.

Es genügt, die dunklen Streifen der ersten, zweiten und dritten Ordnung mit dem von einem einzelnen Spiegel kommenden Licht zu vergleichen, um sich davon zu überzeugen, daß sie viel weniger erhellt sind und daß an den von ihnen eingenommenen Stellen die Addition der Strahlen des einen Spiegels zu denen des anderen, statt intensiveres Licht zu ergeben, Dunkelheit erzeugt. Dieser Vergleich ist leicht auszuführen, indem man nacheinander die schwarzen Streifen und die Teile des Lichtfeldes betrachtet, die rechts und links des doppelt beleuchteten Teils liegen, in dem sich die Streifen befinden. ...

Es ist also völlig erwiesen, daß in gewissen Fällen Licht, hinzugefügt zu Licht, Dunkelheit erzeugt. Diese fundamentale Tatsache, die Grimaldi nicht entgangen ist, die jedoch Newton unbekannt gewesen zu sein scheint, ist in jüngster Zeit durch die Experimente von Young hinreichend bewiesen worden; aber sie wird vielleicht durch das von mir soeben beschriebene Experiment noch besser hervorgehoben, weil die dunklen Streifen, die dieses Experiment liefert, im allgemeinen schwärzer sind als die des Beugungsphänomens im eigentlichen Sinne und dabei jeder Gedanke an eine Beugungswirkung, die die Lichtstrahlen an gewissen Stellen aufweiten und an anderen konzentrieren könnte, vermieden wird, da das Phänomen hier durch regulär reflektierte Strahlen erzeugt wird.

Es ist dabei, wie auch bei den Experimenten Youngs, leicht zu erkennen, daß die Streifen aus der Wechselwirkung der sich treffenden Strahlen resultieren; denn wenn man mit einem Schirm in der Nähe eines der Spiegel alle von diesem kommenden Strahlen entweder vor oder nach ihrer Reflexion abfängt, verschwinden diese Streifen vollständig, obwohl der Raum, den sie einnehmen, weiterhin von dem anderen Spiegel erleuchtet wird, und man bemerkt nichts weiter als die schwachen und ungleichmäßig verteilten Streifen, die den Schatten des Schirms säumen. Wenn man mit dem Schirm nur eine Hälfte des Spiegels abdeckt, so daß man die Streifen nur auf der Hälfte ihrer Länge zum Verschwinden bringt, kann man bequem den verbleibenden Teil der äußerst dunklen Streifen mit dem angrenzenden Bereich vergleichen, wo das Licht des einen Spiegels durch den Schirm abgefangen ist, und sich auch auf diese Weise vergewissern, daß dieser Bereich viel stärker erhellt ist als die Mitte jedes dunklen Streifens, wo aber die von beiden Spiegeln reflektierten Strahlen gleichzeitig ankommen. Diese Strahlen neutralisieren sich dort also kraft einer gewissen Wirkung, die sie aufeinander ausüben.

Diese gegenseitige Beeinflussung der Lichtstrahlen, die wir soeben durch mehrere Experimente festgestellt haben, wird noch durch eine große Zahl optischer Phänomene bestätigt, so daß sie jetzt eines der am besten gesicherten Prinzipien der Physik ist. Wir haben zunächst die Tatsachen ausgewählt, die dieses Prinzip von jedem Zweifel befreiten; wir wollen hierauf auf jene Tatsachen zurückkommen, die seine wichtigsten Bestätigungen darstellen. Aber vorher müssen wir das Gesetz studieren, nach dem diese bemerkenswerte Eigenschaft des Lichtes in Erscheinung tritt.

Wenn man die Differenzen der Wege berechnet, die von den Strahlen durchlaufen werden, welche bei der Erzeugung eines jeden der dunklen und der leuchtenden Streifen zusammenwirken, findet man zunächst, daß die Mitte des im Zentrum befindlichen leuchtenden Streifens gleichen Wegen entspricht und daß mit der Bezeichnung d für die Differenz der Wege, die von denjenigen Strahlen der Bündel durchlaufen werden, welche sich in der Mitte des rechts oder links folgenden leuchtenden Streifens vereinigen, die Mitten der anderen leuchtenden Streifen Wegdifferenzen von $2d$, $3d$, $4d$, $5d$, $6d$ usw. entsprechen, während die Mitten der dunklen Streifen, beginnend mit denen, die an den zentralen leuchtenden Streifen angrenzen, bis hin zu den entferntesten, aufeinanderfolgend den Wegdifferenzen $1/2\,d$, $3/2\,d$, $5/2\,d$, $7/2\,d$ usw. entsprechen.

Daraus folgt also, daß die Vereinigung der Strahlen das Lichtmaximum erzeugt, wenn die Differenz der von den Strahlen durchlaufenen Wege gleich $0d$, $2d$, $3d$, $4d$, $5d$ usw. ist, und daß sich die Strahlen im Gegensatz dazu gegenseitig neutralisieren und Dunkelheit erzeugen, wenn diese Differenz gleich $1/2\,d$, $3/2\,d$, $5/2\,d$, $7/2\,d$, $9/2\,d$, $11/2\,d$ usw. ist. Dies ist das allgemeine Gesetz der periodischen Wirkungen, die die Lichtstrahlen aufeinander ausüben.

Wenn die zwei Lichtbündel die gleiche Intensität haben, wie in dem von mir soeben beschriebenen Experiment, zeigt sich in der Mitte der dunklen Streifen ein vollständiges Fehlen von Licht, zumindest für die Streifen der ersten, zweiten und sogar der dritten Ordnung, wenn das verwendete Licht genügend homogen ist. Da es aber niemals vollkommen homogen ist, erweist es sich, daß der Helligkeitsunterschied zwischen den dunklen und den leuchtenden Streifen, der bei den ersten Streifen so hervorstechend ist, sich in dem Maße fortschreitend vermindert, in dem man sich vom Zentrum entfernt, und schließlich stets in einem gewissen Abstand verschwindet, das heißt unmerklich wird. Der Grund dafür ist leicht einzusehen: Das verwendete Licht, wie stark es auch immer vereinfacht worden sein mag, sei es durch seine Zerlegung in einem Prisma, sei es durch seinen Durchgang durch ein gefärbtes Glas, ist immer aus heterogenen Strahlen zusammengesetzt, deren Farbe und andere physikalischen Eigenschaften sich sehr wenig unterscheiden, für die aber die Periode d doch nicht exakt die gleiche Länge hat; daraus resultiert dann, daß die dunklen und die leuchtenden Streifen, deren Lage durch d bestimmt wird, nicht durch die gleichen Abstände getrennt sind. Die von den heterogenen Strahlen erzeugten Streifen differieren zwar in ihrer Breite um so weniger, je mehr das verwendete Licht der vollkommenen Homogenität nahekommt, aber wie klein auch immer diese Differenz sein mag, man sieht ein, daß sie bei einer Vielzahl von Wiederholungen schließlich zu einer unterschiedlichen Lage der Streifen führen wird, so daß die leuchtenden Streifen der einen Strahlenart mit den dunklen Streifen der anderen zusammenfallen; auf diese Weise werden sich die dunklen und die leuchtenden Streifen der verschiedenen Strahlenarten des verwendeten Lichtes in einem hinreichenden Abstand von der Mittellinie (die gleichen Wegen entspricht) durch ihre Vermischung gegenseitig auslöschen und einen gleichförmigen Farbton aufweisen. ...

Wenn sich die Lage des leuchtenden Punktes relativ zum Schirm nicht ändert und nur der Abstand zwischen dem Mikrometer und dem Schirm verändert wird, beobachtet man, daß die Breite der äußeren Streifen dem Abstand nicht proportional ist, wie es bei der Breite der inneren Streifen der Fall ist. Man kann diese Tatsache auf eine mehr geometrische Art ausdrücken, indem man sich eine durch den leuchtenden Punkt führende gerade Linie denkt, die den undurchsichtigen Körper am Rande berührt (die Linie, die die Grenze dessen bestimmt, was wir den geometrischen Schatten genannt haben), und indem man sagt: Wenn man der Mitte desselben dunklen oder leuchtenden Streifens im Raum folgt und von hier aus auf jedem Haltepunkt das Lot auf die genannte Berührende fällt, findet man, daß dieses kleine Lot um so größer wird, je weiter man sich von dem undurchsichtigen Körper entfernt, aber in geringerem Verhältnis als der Abstand zu diesem Körper. Daraus folgt, daß der gleiche Punkt eines dunklen oder leuchtenden Streifens aus dem äußeren Streifensystemkeine gerade Linie beschreibt, sondern eine Kurve, deren konvexe Seite nach außen gerichtet ist. ...

Welche Theorie man sich auch immer zu eigen machen mag, der krummlinige Weg der Streifen kann nur mit einer wechselseitigen Beeinflussung der Lichtstrahlen in befriedigender Weise erklärt werden; dies ist die einzige Möglichkeit zu verstehen, wie die abgelenkten oder gebeugten Strahlen in der Nachbarschaft des Körpers gekrümmte Bahnen der dunklen und der leuchtenden Streifen erzeugen können, ohne aufzuhören, sich längs gerader Linien fortzupflanzen; es genügt dazu in der Tat, daß die verschiedenen Punkte, in denen sich die Strahlen infolge ihrer Vereinigung am meisten verstärken oder schwächen, auf einer gekrümmten Linie liegen anstatt auf einer Geraden. Dies wäre zum Beispiel der Fall, wenn die äußeren Streifen aus dem Zusammenwirken der direkten Strahlen mit den am Schirmrand reflektierten Strahlen resultierten; denn dann lägen die Stellen des Lichtmaximums oder -minimums in verschiedenen Abständen vom Schirm auf Hyperbeln, die den leuchtenden Punkt und den Schirmrand als Brennpunkte hätten, wie man aus dem sehr einfachen Gesetz der gegenseitigen Beeinflussung der Lichtstrahlen leicht folgern kann. ...

Die Lichtstrahlen können durch die Nähe eines Schirms nicht nur dicht an den Rändern des Schirms aus ihrer ursprünglichen Richtung abgelenkt werden, sondern noch in sehr deutlichen Abständen von diesen Rändern.

... Es ist wohl erwiesen, daß sowohl die Beschaffenheit der Körper als auch ihre Masse oder ihre Randdicke gar keinen wahrnehmbaren Einfluß auf die Ablenkung der Lichtstrahlen haben, die in ihrer Nähe verlaufen, und es ist gleichermaßen offensichtlich, daß diese bemerkenswerte Tatsache nicht mit dem Emissionsmodell vereinbart werden kann.

Die Wellentheorie hingegen gibt dafür die Erklärung und liefert sogar die Mittel zur Berechnung aller Beugungsphänomene. ...

Ich werde hier nicht im einzelnen die Überlegungen und Rechnungen darlegen, die zu den allgemeinen Formeln führen, derer ich mich zur Berechnung der Streifenlage und der Intensität der gebeugten Strahlen bedient habe; aber ich halte es für notwendig, eine klare Vorstellung zumindest von den Prinzipien zu vermitteln, auf denen diese Theorie beruht, insbesondere vom Interferenzprinzip, das den gegenseitigen Einfluß erklärt, den die Lichtstrahlen aufeinander ausüben.

Dieses eigentümliche Phänomen, das im Emissionsmodell so schwierig in befriedigender Weise zu erklären ist, ist andererseits eine so natürliche Folge der Wellentheorie, daß es hätte vorhergesagt werden können. ...

Obwohl die Wellen, die sich innerhalb einer elastischen Flüssigkeit ausbreiten, ihrer Natur nach wohl verschieden von den soeben besprochenen sind, rufen sie bezüglich ihrer Interferenz vollkommen analoge mechanische Erscheinungen hervor, sobald sie den Molekülen der Flüssigkeit oszillatorische Bewegungen mitteilen. Tatsächlich genügt es, daß diese Bewegungen oszillatorisch sind, das heißt die Moleküle abwechselnd in zwei entgegengesetzten Richtungen mitnehmen, damit die Wirkung einer Wellengruppe durch die einer anderen Gruppe gleicher Intensität aufgehoben werden kann; denn sobald in jedem Punkt der Flüssigkeit der Wegunterschied zwischen den zwei Wellengruppen derart ist, daß die Bewegungen der ersten Gruppe in der einen Richtung mit den Bewegungen der zweiten Gruppe in der anderen Richtung zusammenfallen, werden sie sich gegenseitig neutralisieren, wenn sie von gleicher Intensität sind, und die Moleküle der Flüssigkeit bleiben in Ruhe. Es kommt stets zu diesem Resultat, welches auch immer die Richtung der oszillatorischen Bewegung bezüglich der Ausbreitungsrichtung der Wellen sein mag, wenn sie nur in den zwei Wellensystemen die gleiche ist. ...

Um die Zusammenstellung der Grundlagen abzuschließen, auf denen die allgemeine Beugungstheorie beruht, bleibt noch vom Huygensschen Prinzip zu sprechen, das mir eine strenge Konsequenz des Wellenmodells zu sein scheint.

Dieses Prinzip kann man so ausdrücken: Die Schwingungen einer Lichtwelle können in jedem ihrer Punkte als die Resultierende der Elementarbewegungen betrachtet werden, die von allen isoliert wirkenden Teilen dieser in einer beliebigen ihrer vorherigen Positionen betrachteten Welle im gleichen Augenblick dorthin gelangt wären.

Es ist eine Konsequenz des Prinzips der Koexistenz kleiner Bewegungen, daß die in einem beliebigen Punkt einer elastischen Flüssigkeit durch mehrere Erschütterungen erzeugten Schwingungen gleich der statischen

Resultierenden aller im gleichen Augenblick von den verschiedenen Wellenzentren auf diesen Punkt übertragenen Geschwindigkeiten sind, welches auch immer die Zahl, die relativen Positionen, die Natur der Schwingungszentren und die verschiedenen Zeiten der Erschütterungen sein mögen. Dieses allgemeine Prinzip muß für alle Sonderfälle gültig sein. Ich nehme an, daß alle diese unendlich vielen Erschütterungen von gleicher Art sind, gleichzeitig stattfinden, aneinander angrenzen und auf derselben Ebene oder auf derselben Kugelfläche gelegen sind. Ich stelle noch eine Hypothese bezüglich der Natur dieser Erschütterungen auf: Ich nehme an, daß die den Molekülen erteilten Geschwindigkeiten alle dieselbe Richtung senkrecht zur Kugelfläche haben und außerdem proportional zu den Verdichtungen sind, und zwar derart, daß die Moleküle keine rückläufige Bewegung haben können. So habe ich eine Welle rekonstruiert, die von der Gesamtheit dieser einzelnen Erschütterungen herrührt. Es ist also richtig zu sagen, daß die Schwingungen einer Lichtwelle in jedem ihrer Punkte betrachtet werden können als die Resultierende aller Elementarbewegungen, die im selben Moment von allen isoliert wirkenden Teilen dieser in einer beliebigen ihrer vorherigen Positionen betrachteten Welle dorthin übertragen würden.

E. Verdet

Das Schaffen von Augustin Fresnel[1])

Das wissenschaftliche Werk Fresnels läßt sich in drei Hauptgebiete unterteilen, die durch eine klare logische Abhängigkeit miteinander verbunden sind und ziemlich genau der chronologischen Reihenfolge seiner Arbeiten entsprechen.

Im ersten Teil seiner Forschungen setzt Fresnel einfach voraus, daß das Licht als Resultat sehr kurzperiodischer Schwingungen entsteht, die sich mit einer ungeheuer großen, vom Medium abhängigen Geschwindigkeit ausbreiten. Das Licht besitzt die Fähigkeit zu interferieren, das heißt, es gibt unendlich viele Möglichkeiten seiner Zerlegung in einander genau entgegengesetzte Halbschwingungen. Ohne irgendwelche Vorbehalte bezüglich Form und Richtung dieser Schwingungen zu machen, betrachtet er ausführlich alle sich aus diesem fundamentalen Postulat ergebenden Schlußfolgerungen und gibt so durch Zurückführung auf das fruchtbare Interferenzprinzip eine Abhandlung über die Gesetze der Beugung und Schattenbildung, der Reflexion und Brechung. Diese sich auf den ersten Blick nur auf isotrope Medien beziehenden Erörterungen haben in Wirklichkeit ein breiteres Anwendungsgebiet und können ohne besondere Abänderung der Rechnungen auf Medien angewendet werden, in denen die Ausbreitungsgeschwindigkeit des Lichtes richtungsabhängig ist, sofern das Gesetz der Geschwindigkeitsänderung bekannt ist. Die betref-

[1]) E. Verdet, Introduction aux oeuvres d'Augustin Fresnel, in A. Fresnel, Oeuvres complètes, Paris 1866, Bd. 1. Hier gekürzt wiedergegeben.

fenden Aussagen sind sogar von jeder beliebigen Hypothese bezüglich der Natur der Lichtschwingungen, über die Fresnel in seinen ersten Arbeiten spricht, unabhängig. Wie alle seine Vorgänger[1]) nimmt Fresnel an, daß in diesen elastischen Medien nur senkrecht zur Wellenfront verlaufende Schwingungen existieren, die abwechselnd von Verdichtung und Ausdehnung begleitet werden. Doch der wesentliche Inhalt seiner Theorie ist so wenig von einer solchen Interpretationsweise abhängig, daß er bei der Wiederholung dieser Betrachtungen im Artikel „Licht" und in der Ergänzung zu Thomsons „Chemie" kein Detail zu ändern brauchte, obwohl der große Unterschied zwischen Schall- und Lichtschwingungen damals bereits bekannt war.

Die Existenz dieses Unterschiedes, die Richtigkeit des Transversalitätsprinzips der Schwingungen, das Studium der mit diesem Prinzip verbundenen Erscheinungen und die Aufklärung der Bedingungen für die Interferenz — all das wurde in vielen verschiedenartigen und genauen Experimenten erforscht. Durch diese Fakten gelangte Fresnel zu dem Schluß, daß bei polarisiertem Licht die Schwingungen parallel zur Wellenfront verlaufen, geradlinig sind und in der Polarisationsebene beziehungsweise senkrecht zu dieser erfolgen. Weil man sämtliche Lichtarten als Kombination von in verschiedenen Ebenen polarisierten Lichtströmen erhalten kann, erweist sich das Transversalitätsprinzip der Schwingungen als allgemeingültig. Folglich lassen sich alle Erscheinungen, die durch die Aufteilung des Lichtes zwischen reflektierten und gebrochenen Strahlen oder zwischen zwei Strahlen bei der Doppelbrechung und ihrer anschließenden Vereinigung bedingt sind, auf das mechanische Gesetz der Zerlegung und Addition von Bewegungen zurückführen. Die Einfachheit dieser neuen Theorie unterstreicht auf erstaunliche Weise die Kompliziertheit jener Hypothesen, mit

[1]) Weiter unten werden wir sehen, in welchem Maße man Young als eine Ausnahme von dieser allgemeinen Regel ansehen kann.

deren Hilfe die Anhänger der Emissionstheorie bei der Erklärung der Erscheinungen mühsam eine gewisse Ähnlichkeit fanden. Die experimentelle Bestätigung der Vielfalt der verschiedenen Folgerungen stellt einen weiteren Beweis für das Transversalitätsprinzip der Schwingungen dar.

Schließlich bemühte sich Fresnel, nachdem er auf diese Art und Weise die Natur der Lichtschwingungen bestimmt hatte, in das Geheimnis ihrer Entstehung einzudringen; er strebte danach zu erfahren, wie die Struktur des Mediums beschaffen ist, in dem sie sich ausbreiten, und wie dieses Medium durch ponderable Körper, in denen es eingeschlossen ist, verändert wird. Die Abhandlungen über die Doppelbrechung sind die grundlegenden Arbeiten dieser neuen Richtung. Weiter sind dazu noch zu nennen: die letzten Untersuchungen über die Gesetze der Änderung der Polarisation des Lichtes bei Reflexion (oder Brechung), die Arbeiten über die Besonderheiten der Doppelbrechung in Bergkristall sowie in einigen homogenen Flüssigkeiten, die Erklärung des Einflusses der Erdbewegung auf optische Erscheinungen und schließlich einige allgemeine Angaben über die Theorie der Dispersion und Absorption, die beiläufig in einigen seiner Abhandlungen verstreut sind.

Wenn man die Arbeiten von Young mit denen von Huygens und Euler vergleicht, sieht man, daß zu Beginn des 19. Jahrhunderts in der Wissenschaft drei Grundthesen klar herausgearbeitet wurden: der Begriff der Periodizität der Lichtschwingungen, das Interferenzprinzip sowie die Methode, gemäß deren man nach Huygens jedes Element einer Welle als Zentrum von Partialwellen auffassen kann. Aber wir wissen auch, daß bei allen Anwendungen dieser Prinzipien ernste Schwierigkeiten auftraten und daß alle berühmten Mathematiker, deren Ansichten damals für wissenschaftliche Kreise bestimmend waren, ernsthafte Argumente zur Begründung ihrer beharrlichen Opposition gegenüber der neuen Lehre anführten. Niemand vermutete, daß die Verbindung des Interferenzprinzips mit dem Huygensschen Prinzip die meisten dieser Schwierigkeiten überwinden würde.

Dies zu entdecken war einem Brücken- und Straßenbau-Ingenieur bestimmt, der während der Arbeit durch sein Nachdenken über die Eigenschaften des Lichtes unter Bedingungen, die für seine Forschungen sehr ungünstig waren, zum Verständnis der Unzulänglichkeit des Newtonschen Systems gelangte. Augustin-Jean Fresnel — er wurde am 10. Mai 1788 in Broglie (Département Eure) geboren — trat ungeachtet seines anfälligen Gesundheitszustandes, der ihn im Studium zurückwarf, im Alter von 16 Jahren ins Polytechnikum ein. Nachdem er nach Schulabschluß dem Brücken- und Straßencorps zugeteilt worden war, verbrachte er drei Jahre in der Schule für angewandte Wissenschaften und wurde schließlich als Ingenieur zuerst zu Straßenarbeiten entsandt, welche die kaiserliche Regierung in der Umgebung der Stadt Napoléon-Vendée[1]) durchführen ließ. Gegen Ende des Jahres 1812 wurde Fresnel bevollmächtigt, die Straße über Nyons[2]) hinaus weiterzuführen, die durch das Eygues-Tal den Paß Mont-Genèvre erreichen und dadurch den kürzesten Weg von Spanien nach Italien darstellen würde. Da Fresnel einige Jahre in völliger Isolierung verbringen mußte, suchte er im Studium der Wissenschaften ein Mittel, sich von den Mühen und Schwierigkeiten des Alltags, denen gegenüber er sehr empfindlich war, abzulenken.[3]) Aber nicht die Optik be-

---

[1]) So wurde in der Zeit des Kaiserreichs die Stadt La Roche-sur-Yon genannt. (Anm. d. sowj. Red.).

[2]) Eine Kreisstadt im Département Drôme.

[3]) „Ein solcher Lebensstil, obgleich er etwas unangenehm ist", schrieb er einige Jahre später an Arago, als er von seiner Ingenieurtätigkeit berichtete, „würde mir vollkommen zusagen, wenn ich nicht so veranlagt wäre, daß mir die mit der Beaufsichtigung verbundene Unruhe und die Notwendigkeit zu schimpfen und den Bösen zu spielen, Kopfschmerzen bereiteten" (Brief an Arago vom 14. Dezember 1816). — „Ich finde nichts so unerfreulich wie die Notwendigkeit, Leute anzuleiten, und ich gestehe, daß ich nicht imstande bin, das zu tun" (Brief an den Onkel Léonor Mérimée vom 29. Dezember 1816).

schäftigte anfänglich seine Gedanken. Unter der Nachwirkung der häuslichen Erziehung, bei der an erster Stelle die Religion stand, begann er, über philosophische Fragen nachzudenken, und versuchte, einen wissenschaftlichen und strengen Beweis für die Richtigkeit einiger Glaubenssätze zu finden, die früher seiner innersten Überzeugung entsprochen hatten. Seine Gedanken teilte er nur Verwandten und seinen nächsten Freunden mit. Zu jener Zeit beschäftigten ihn auch Fragen der Hydraulik und der chemischen Technologie; zu ihrer Lösung nahm er Verbindung mit einigen Mitgliedern der Akademie der Wissenschaften auf, insbesondere mit Darcet, Thenard und Gay-Lussac. Wahrscheinlich in den ersten Monaten des Jahres 1814 wurde seine Aufmerksamkeit schließlich erneut auf jene Schwierigkeiten gelenkt, die ihm die allgemein anerkannte Lehre von der Stofflichkeit der Wärme und des Lichtes damals im Polytechnikum bereitet hatte; bald wurde die Suche nach einer befriedigenderen Theorie das Ziel seiner Bemühungen.[1])

Auf diese Untersuchungen war er durch das Studium am Polytechnikum nicht vorbereitet. Der Unterricht in Physik, mit dem seit Gründung der Schule der alte Professor Hassenfratz betraut war, war zu jener Zeit noch weit von dem Niveau entfernt, das er einige Jahre später

[1]) Einen ersten Hinweis auf eine veränderte Richtung seiner Gedanken finden wir in einem Brief an seinen Bruder Léonor vom 15. Mai 1814: Fresnel bat ihn, „ein Exemplar von Haüys ≫Physik≪ sowie Artikel zu schicken, an Hand derer man sich über die Entdeckungen französischer Physiker hinsichtlich der Polarisation des Lichtes informieren kann. Vor einigen Monaten las ich im ≫Moniteur≪, daß Biot im Institut eine interessante Vorlesung über die Polarisation des Lichtes gehalten hat. Ich zerbreche mir vergeblich den Kopf: Ich kann nicht erraten, worum es geht". Fresnel meint wahrscheinlich die Biotsche Arbeit „Abhandlung über eine neue Anwendung der Theorie der Lichtschwingungen", die er am 27. Dezember 1813 vor der ersten Klasse des Instituts vortrug. Dieses Datum gibt ungefähr den Zeitpunkt der ersten Überlegungen Fresnels über das Licht an.

dank Petit erreichte.[1]) Fresnel konnte gar keine Vorstellung — nicht einmal eine ungefähre — von den Arbeiten seiner Vorgänger über die Wellentheorie haben, und bei der Isolation, in der er lebte, konnten seine unvollständigen Kenntnisse nicht durch das Studium guter Bücher in allgemeiner Physik vervollständigt werden, da es sie zu jener Zeit einfach nicht gab.[2]) Diese Situation führte dazu, daß Fresnel seine Kräfte vergeblich für schon gelöste Fragen oder solche, die noch weit von ihrer Lösung entfernt waren, verausgabte.[3]) Das hätte noch lange so weitergehen können, wenn nicht die politischen Ereignisse des Jahres 1815, die für einige Monate seine Ingenieurlaufbahn unterbrachen, ihm erzwungenermaßen eine Erholungspause verschafft hätten, die entscheidend für seine spätere wissenschaftliche Tätigkeit wurde. Zu Beginn der „100 Tage" wegen seines freiwilligen Eintritts in die kleine Armee, die unter dem Kommando des Herzogs von Angoulême in Midi einige Zeit dem Vorrücken des von der Insel Elba zurückkehrenden Napoleon Widerstand entgegenzusetzen versucht hatte, seines Ingenieurpostens enthoben und in Nyons unter Aufsicht befind-

---

[1]) Über Hassenfratz und seinen Unterricht siehe: F. Arago, L'Histoire de ma jeunesse, S. 12; dt. Übers.: F. Arago, Sämmtliche Werke, Leipzig 1854, Bd. 1, S. 10.

[2]) Außer alten Arbeiten von Autoren des 18. Jahrhunderts existierten in jener Epoche lediglich Traktate über Physik von Haüy und de Libes, in denen die Optik sehr unvollständig dargelegt wird.

[3]) Man kann die von ihm als neu bezeichnete Erklärung der Aberration des Lichtes und den Versuch, eine neue Theorie der Ausdehnung der Körper zu schaffen, von denen in Briefen an Léonor Fresnel aus dem Jahre 1814 die Rede ist, nicht anders einschätzen. Die Erklärung der Aberration ist Gegenstand eines ausführlichen Briefes, in dem Fresnel selber dieses Problem als sein Hirngespinst bezeichnet. Später ließ er diese Erklärung in Vergessenheit geraten und veröffentlichte sie nicht. Der in den gesammelten Werken abgedruckte Brief gibt eine hinreichende Vorstellung davon.

lich, wurde er durch die zweite Restauration erst im Juli wieder in die Reihen des Brücken- und Straßencorps aufgenommen. Zum aktiven Dienst kehrte er jedoch erst Ende 1815 zurück. Die wohlwollende Unterstützung des Polizeipräfekten der Periode der „100 Tage", des Grafen Réal, der für Fresnel die Erlaubnis für eine Fahrt von Nyons zum Dorf Mathieu bei Caen erwirkte, wo seine Mutter lebte, ermöglichte es ihm, einige Tage nach Paris zu fahren, um sich mit einigen hervorragenden Wissenschaftlern, speziell mit Arago, zu beraten. Das, was über diese Ratschläge bekannt ist[1]), gibt keinen Grund zu der Annahme, daß sie Fresnel einen realen Nutzen brachten, aber der wohlwollende Empfang, den ihm Arago bereitete, diente auf jeden Fall als ein starker Anreiz zur Fortsetzung seiner Forschungen.

Die Zeit, die er in Mathieu verbrachte, widmete er dem Studium der Beugung. Ebenso wie Young verstand er sofort, daß die Erscheinung der Schatten, die als ernsteste Schwierigkeit der Wellentheorie galt, bei den zusätzlichen Beugungserscheinungen Besonderheiten erkennen läßt, die mit der Emissionstheorie überhaupt nicht erklärt werden können. Ihm war die Wichtigkeit eines genauen Studiums dieser Besonderheiten klar. Der junge Gelehrte hatte weder ein Mikrometer zur Messung der beobachteten Streifen zur Verfügung noch einen Heliostaten, um den Sonnenstrahlen eine konstante Richtung zu geben. Mit Hilfe von Drähten und einem Stück Karton baute er sich ein Mikrometer, und die Schwierigkeiten, die sich aus der scheinbaren Bewegung der Sonne ergaben, beseitigte er durch Verwendung einer Linse mit

---

[1]) Siehe die Notiz Aragos vom 23. September 1815. Arago beschränkte sich darauf, Fresnel irgendwelche Arbeiten über die Beugung zu zeigen, von denen er außerhalb von Paris keine Kenntnis erlangen konnte und die ihm, da sie in Englisch geschrieben waren, nur bei Mitwirkung eines Übersetzers mit guten wissenschaftlichen Kenntnissen hätten von Nutzen sein können, da er nur dann ihren tatsächlichen Sinn hätte verstehen können.

sehr kurzer Brennweite. Ein ländlicher Schlosser baute ihm einige Stative, und mit Hilfe dieser groben Geräte konnte er mit Beharrlichkeit und Geduld Resultate erzielen, die zur Aufstellung der wichtigsten Gesetze der Erscheinungen ausreichten. Zwei ausführliche Abhandlungen, die er der Akademie der Wissenschaften im Abstand von einigen Wochen vorlegte, waren die Frucht dieser ersten Forschungen. Arago, dem sie gemeinsam mit Poinsot zur Durchsicht gegeben wurden, erreichte dank des Eingreifens von Prony beim Generaldirektor für Brükken und Straßen, daß Fresnel Anfang 1816 die Erlaubnis erhielt, zwecks Wiederholung der Versuche unter besseren Bedingungen für einige Monate nach Paris zu fahren. Während seines Pariser Aufenthaltes überarbeitete Fresnel auch seine ersten beiden Arbeiten und schrieb die „Abhandlung über die Beugung des Lichtes", die im ersten Band der zweiten Serie der „Annales de chimie et de physique" veröffentlicht wurde. Diese aufeinanderfolgenden Fassungen unterscheiden sich nicht wesentlich, jedoch enthält die erste einige Betrachtungen, die in der zweiten gestrichen sind, was eine vollkommenere Vorstellung von dem stetigen Voranschreiten der Forschungen des Autors ergibt, besonders im Hinblick auf die Briefe an Arago aus den letzten Monaten des Jahres 1815.

Wie wir bereits oben bemerkten, begann Fresnel seine Untersuchungen mit dem Studium der Schatten; denn gerade die Beobachtung des Schattens eines dünnen Drahtes führte auf das Interferenzprinzip.

In seiner ersten Abhandlung schrieb er: „Wie oft habe ich schon ein kleines Quadrat schwarzen Papiers an eine Seite des in meinen Versuchen benutzten Eisendrahtes geklebt, und immer sah ich, daß die Streifen innerhalb des Schattens ausgerechnet an der dem Papier gegenüberliegenden Stelle verschwinden; jedoch *untersuchte ich nur den Einfluß dieses Papiers auf die äußeren Streifen* und richtete meine Aufmerksamkeit überhaupt nicht auf eine bemerkenswerte Schlußfolgerung, auf die diese Erscheinung führte. Sie überraschte mich, als ich mich mit den inneren Streifen zu beschäftigen begann, und sofort kam mir die folgende Idee: Da man durch Abdecken des von einer Seite des Drahtes ausgehenden Lichtes ein Verschwinden der inneren Streifen erreichen kann, ist folglich für die Entstehung der Streifen eine Wechselwirkung der von beiden Seiten des Drahtes herkommenden Strahlen nötig.

Die inneren Streifen können nicht durch einfache Mischung dieser Strahlen entstehen, da jede Seite des Drahtes für sich nur einen kontinuierlichen Lichtstrom in den Schatten schickt, folglich bilden sich die Streifen als Resultat einer gegenseitigen Beeinflussung dieser Strahlen. Diese sozusagen eine Übersetzung der Erscheinung in eine verständliche Sprache darstellende Schlußfolgerung widerspricht völlig der Newtonschen Hypothese und bestätigt die Schwingungstheorie. *Man sieht leicht ein, daß die Schwingungen zweier sich unter einem sehr kleinen Winkel kreuzenden Strahlen in jenen Fällen, wo die Knoten der einen Welle den Bäuchen der anderen entsprechen, einander entgegenwirken.*[1]"

Dieser Passus ist überaus charakteristisch: Die freimütige Anerkennung eines Vorurteils, das ihn anfangs über die Bedeutung des Experiments hinwegtäuschte, ist ein Beispiel für die gewissenhafte Ehrlichkeit, mit der Fresnel stets seine Forschungen beschrieb. Der seltsame theoretische Irrtum, der in den letzten Zeilen enthalten ist, zeigt, wie unvollkommen seine ersten wissenschaftlichen Untersuchungen waren; aber alles in allem stellt das ein Zeugnis jener wertvollen Fähigkeit dar, die er von Anfang an besaß, nämlich in irgendeinem experimentellen Detail einen Keim wichtiger Entdeckungen zu bemerken. Die Fortsetzung der Arbeit zeigt, wie es ihm gelang, alle Folgerungen auf ein fest begründetes Prinzip zurückzuführen.

---

[1]) Zu dieser fehlerhaften Behauptung siehe die Anmerkung des Herausgebers der russischen Übersetzung:
О. Френель, Избранные труды по оптике, Москва 1955, S. 81–82; Anm. auf S. 553–554.

Nach Wiederentdeckung des Interferenzprinzips fand Fresnel auch andere fundamentale Ideen Youngs von neuem, darunter die Erklärung der Farben dünner Plättchen und die Theorie der äußeren Schattenränder, die auf einer ungenauen Hypothese über die Interferenz zwischen direkt durchgehenden und von der Berandung des Körpers reflektierten Strahlen beruhte. Aber die richtige Beugungstheorie ist implizit in jenem Teil der ersten Mitteilung Fresnels an die Akademie enthalten, wo für Reflexion und Brechung eine Theorie dargelegt wird, die von den der Huygensschen Theorie anhaftenden Schwierigkeiten befreit ist. Tatsächlich zeigte er, daß diese Erscheinungen ein Ergebnis der Interferenz der Schwingungen sind, die von verschiedenen Elementen der reflektierenden oder brechenden Oberfläche ausgesandt werden, und daß eine spürbare Lichtmenge nur dann allein in Richtung des reflektierten oder gebrochenen Strahls vorhanden ist, wenn die Oberfläche nicht zu klein ist; doch nur unter diesen Bedingungen sind das Reflexions- und das Brechungsgesetz in Wirklichkeit überprüft. Er brauchte dieses Prinzip nur noch auf die Betrachtung des Effektes anzuwenden, der bei Kombination der von verschiedenen Elementen der Lichtwelle ausgesandten Schwingungsbewegungen erhalten wird, um die Bildung der Schatten zu erklären. In der zweiten Mitteilung, die vom 10. November 1815 datiert, nähert sich Fresnel dieser Entdeckung noch mehr, indem er auf der Grundlage eben dieses Prinzips die Erklärung der Farben gefurchter Oberflächen findet.

Er benötigte nicht viel Zeit, um diese Schlußfolgerung aus den Prinzipien zu ersehen und dank gründlicher experimenteller Untersuchungen zu verstehen, in welchem Punkt die Youngsche Theorie, die damals auch seine Theorie war, den Tatsachen widerspricht. Am 15. Juni 1816 legte er der Akademie eine Ergänzung[1]) zu seinen ersten Mitteilungen vor, in der die Beugung erstmals

[1]) A. Fresnel, Oeuvres complètes, Paris 1866, Bd. 1, S. 129.

auf den Interferenzeffekt von Schwingungen zurückgeführt wurde, die von verschiedenen Punkten einer von undurchsichtigen Abschirmungen begrenzten Welle ausgesandt werden. Im relativ einfachen Fall eines Drahtes mit kleinem Durchmesser oder einer schmalen Öffnung zeigt er für den Fall, daß sich der Beobachter in einem großen Abstand vom Draht oder der Öffnung befindet, ohne Rechnungen, daß dieser Effekt zum Auftreten eben jener Streifen führen muß, die tatsächlich auch im Versuch beobachtet werden. Ohne theoretische und experimentelle Daten zu vergleichen, konstatiert Fresnel an Hand einer gründlichen Diskussion, daß seine Theorie imstande ist, viele Besonderheiten zu erklären, die völlig unvereinbar mit der Youngschen Theorie sind. Im Falle eines Körpers mit großen Ausmaßen zeigen diese Betrachtungen, daß die geringe Wellenlänge des Lichtes zu einem sehr schnellen Abnehmen des Lichtes innerhalb des geometrischen Schatten führen muß, so daß schon bei einem geringen Abstand überhaupt kein Licht mehr nachweisbar ist; doch sie lehren außerdem, daß diese Abnahme auf stetige Weise geschehen muß. So erklären sich gleichzeitig die Schattenbildung und die Lichtablenkung in diesem Schatten.

Diese fruchtbare Bemerkung, aus der später die vollständige Theorie hervorging, ist nicht Fresnels einzige Entdeckung während seines Pariser Aufenthaltes im Jahre 1816. Die Ergänzung zu den „Abhandlungen über die Beugung“ enthält auch eine Beschreibung berühmt gewordener Versuche, in denen endgültig gezeigt wird, daß nicht nur Strahlen, die infolge der Beugung von ihrer ursprünglichen Richtung abgelenkt wurden, Interferenzeigenschaften besitzen, sondern auch Strahlen, die unter den verschiedensten Bedingungen reflektiert und gebrochen wurden. Die Ermittlung besonderer Bedingungen für die Interferenz polarisierter Strahlen, die den Grundstein für das Transversalitätsprinzip der Schwingungen legte, bezieht sich ebenfalls auf diese Periode. Darüber wird weiter unten noch mehr gesagt werden.

Seine dienstlichen Verpflichtungen veranlaßten Fresnel, nach Rennes zurückzukehren, wo ihn harte Arbeit erwartete, die ihn fast ein Jahr lang von seiner wissenschaftlichen Tätigkeit fernhielt.[1]) Erst zum Herbst 1817 erlaubte man ihm, den Urlaub in Paris zu verbringen, aber der dienstliche Einsatz am Ourcq-Kanal[2]) ermöglichte einen ständigen Aufenthalt in Paris.

Gerade zu dieser Zeit wurde Fresnel durch die Akademie der Wissenschaften beauftragt, ausführlich und in strenger Form all das darzulegen, was anfänglich nur ein flüchtiger und etwas verschwommener Überblick über die wahren Beugungsursachen war. Unter den einflußreichsten Akademiemitgliedern waren Gelehrte (zum Beispiel Laplace und Biot), die schon seit langem die Emissionstheorie als völlig richtig ansahen und glaubten, auf ihrer Grundlage solche Erscheinungen erklären zu können, die vorher im dunkeln geblieben waren. Sie waren durch die Entdeckungen von Young und Fresnel überhaupt nicht beunruhigt[3]), und da sie überzeugt

[1]) Aufsicht über die Wohltätigkeitswerkstätten, welche die Administration der öffentlichen Arbeit in der Hungerzeit des Jahres 1816 eröffnete.

[2]) Kanal, der den Fluß Ourcq mit der Seine verbindet. (Anm. d. sowj. Red.)

[3]) Alles, was Biot Ende des Jahres 1816 in seinem großen Traktat über experimentelle und mathematische Physik für nötig erachtete, über die Interferenz zu schreiben, ist dies: „Bei der Analyse dieser Idee (der Idee der Existenz einer gewissen Atmosphäre in der Umgebung der Körper, die schwächer brechend ist als Luft) könnte oder sollte es zumindest gelingen, die Ursache für die folgende Erscheinung aufzudecken, die zuerst von Young beobachtet wurde. Sie besteht darin, daß man Interferenzstreifen, die hinter einem dünnen undurchsichtigen Plättchen innerhalb seines Schattens entstehen, dadurch beseitigen kann, daß man einen undurchsichtigen Schirm so anbringt, daß er entweder das Plättchen berührt oder sich im Strahlenbündel vor oder hinter dem Plättchen befindet. Arago fand, daß die Streifen auch bei Verwendung eines durchsichtigen Schirms hinreichender Dicke verschwinden.“ (Traité de physique expérimentale et mathématique, Bd. 4, S. 775.)

waren, daß ein gründlicheres Studium jener Beugungs- und Emissionserscheinungen, die ihrer Lieblingsthese widersprachen, ein neuer Triumph dieser These werden würde, machten sie über die Akademie die Frage der Beugung zum Thema eines Wettbewerbes um den Großen Preis der mathematischen Wissenschaften des Jahres 1819. Das Thema war auf folgende Art und Weise formuliert:

„Die von Grimaldi entdeckten und dann von Hooke und Newton studierten Beugungserscheinungen waren in letzter Zeit Forschungsobjekt vieler Physiker, namentlich von Young, Fresnel, Arago, Pouillet, Biot u.a. Es wurden Beugungsstreifen beobachtet, die sich außerhalb des Schattens der Körper bilden und erstrecken, Streifen, die im Schatten selbst erscheinen, wenn die Strahlen gleichzeitig an zwei Seiten eines sehr schmalen Körpers vorbeilaufen, und Streifen, die dank der Reflexion an Oberflächen begrenzter Ausdehnung entstehen, wenn einfallendes und reflektiertes Licht sehr nahe an den Grenzen dieser Oberflächen vorbeigeht. Es wurde jedoch noch unzureichend die Bewegung der Strahlen in der Nähe der Körper selbst bestimmt, wo eine Beugung der Strahlen stattfindet. Gegenwärtig stellt die Natur dieser Bewegung den entscheidenden Punkt in der Frage der Beugung dar, der noch weit mehr vertieft werden muß, weil er das Geheimnis des physikalischen Prozesses enthält, auf Grund dessen die Strahlen gebeugt werden und sich in verschiedene Streifen unterschiedlicher Richtung und Intensität aufteilen. Das veranlaßt die Akademie, eine entsprechende Untersuchung als Thema für einen Preis vorzuschlagen, was folgendermaßen formuliert wird:

1. Mit Hilfe von genauen Versuchen sind alle Effekte der Beugung von Lichtstrahlen zu bestimmen, und zwar von direkten und reflektierten, wenn sie gleichzeitig oder getrennt an den Rändern eines oder mehrerer Körper, die begrenzt oder unendlich ausgedehnt sind, vorbeigehen, wobei sowohl auf den Abstand zwischen diesen Körpern als auch auf den Abstand zur Lichtquelle, von der die Strahlen ausgehen, zu achten ist;

2. mittels mathematischer Induktion ist aus diesen Versuchen die Bewegung der Strahlen bei ihrem Verlauf in der Nähe der Körper herzuleiten.

Der Preis wird in einer öffentlichen Sitzung im Jahre 1819 verliehen, der Wettbewerb wird am 1. August 1818 beendet, so daß die Abhandlungen bis zu dieser Frist eingereicht werden müssen, damit die in ihnen enthaltenen Versuche geprüft werden können."[1])

Dieses seltsame Programm, das von eingewurzelten Vorurteilen der Verfasser zeugt und sehr weit vom wahren Sachverhalt entfernt war, konnte Fresnel nicht zur Teilnahme am Wettbewerb bewegen. Nur auf die inständigen Bitten von Arago und Ampère hin entschloß er sich dazu und reichte noch vor Ablauf der Frist seine „Abhandlung über die Beugung des Lichtes" in der gewünschten Form[2]) ein. Im folgenden Jahr prämierte die Akademie diese Arbeit. Veröffentlicht wurde sie erst im 5. Band ihrer Abhandlungen[3]), nachdem Fresnel schon berufen worden war, einen Platz in ihrer Mitte einzunehmen.

---

[1]) Auszug aus dem Protokoll der öffentlichen Sitzung vom 17. März 1817, veröffentlicht in den „Ann. chim. phys.", Bd. 4, S. 303.

[2]) Nach alter akademischer Tradition wurden die Namen der Autoren bei den meisten Wettbewerben bis zur Bekanntgabe der Entscheidung der Akademie geheimgehalten. Diese Sitte ist günstig bei Wettbewerben in Rhetorik und Poesie. Bei wissenschaftlichen Wettbewerben jedoch kann sie dazu führen, daß der Autor einer wichtigen Entdeckung durch die Veröffentlichung irgendeines Artikels in dem mitunter recht großen Zeitraum zwischen der Beendigung des Wettbewerbs und der Veröffentlichung der Resultate seine Priorität verliert. Um sich nach Möglichkeit gegen einen solchen Zufall zu sichern, hinterlegte Fresnel am 20. April 1818 im Sekretariat der Akademie eine „Bemerkung zur Theorie der Beugung"; darin sind die wichtigsten der von ihm in seiner Abhandlung entwickelten Ergebnisse enthalten. (Siehe: A. Fresnel, Oeuvres complètes, Paris 1866, Bd. 1 S. 171.)

[3]) Im Jahre 1826. Siehe: A. Fresnel, Oeuvres complètes, Paris 1866, Bd. 1, S. 171.

Die von der Akademie gestellte Frage nimmt in dieser Abhandlung A. Fresnels einen zweitrangigen Platz ein. Der Autor betrachtet das Problem der Beugung wesentlich allgemeiner. Er stellt sich nicht mehr und nicht weniger als die Aufgabe, beide Theorien — die Emissions- und die Wellentheorie — durch eine Zusammenstellung der Gesamtheit von Erscheinungen, die entstehen, wenn das Licht sich in einachsigen homogenen Medien ausbreitet und auf seinem Wege auf undurchsichtige Körper trifft, einer Prüfung zu unterziehen. Unzählige Versuche zeigten ihm deutlich, daß die Emissionstheorie nicht in der Lage ist, Rechenschaft über viele genau und umfassend beobachtete Fakten abzulegen. Die Wellentheorie ist in der von Young ausgearbeiteten Form ebenfalls nicht viel leistungsfähiger, aber eine tiefergehende Wellenkonzeption beseitigt die Schwierigkeiten; dabei werden die Erklärungen so einfach, daß für ihre Übersetzung in die Sprache der Mathematik und für den Vergleich der quantitativen Resultate mit den Beobachtungen gar keine komplizierte wissenschaftliche Analyse mehr nötig ist.

„Wir werden das Problem der Schwingungen einer elastischen Flüssigkeit nicht von dem Standpunkt aus betrachten, mit dem gewöhnlich die Geometer operieren“, sagt Fresnel, „das heißt, wir werden nicht nur eine einzige Schwingung berücksichtigen. In der Natur kommen Schwingungen niemals isoliert vor; sie wiederholen sich immer sehr häufig, so wie man es bei Schwingungen eines Pendels oder bei tönenden Körpern beobachten kann. Wir setzen voraus, daß die Schwingungen der strahlenden Teilchen ebenso ablaufen, das heißt in Form zahlreicher Wiederholungen regelmäßig aufeinanderfolgen; das ist eine Hypothese, zu der uns die Analogie führt und die außerdem eine natürliche Schlußfolgerung aus den die Teilchen eines Körpers im Gleichgewicht haltenden Kräften darstellt. Um die oftmalige Aufeinanderfolge ungefähr gleicher Schwingungen ein und desselben leuchtenden Teilchens zu verstehen, braucht man sich nur vorzustellen, daß seine Dichte wesentlich größer als die der Flüssigkeit ist, in der es schwingt. Das ist das, was man bereits aus der Regelmäßigkeit und Konstanz der Planetenbewegung durch eben diese Flüssigkeit, die das Universum erfüllt, folgern mußte. Sehr wahrscheinlich ist außerdem, daß es für das Entstehen einer sichtbaren Wahrnehmung erforderlich ist, daß der optische Nerv eine bestimmte Zahl aufeinanderfolgender Stöße empfängt."[1])

Hieraus folgt, daß man bei Zerlegung einer Lichtwelle in unendlich kleine Elemente nach Huygens nicht nur die Wellen, die im gegebenen Moment gleichzeitig von diesen verschiedenen Elementen ausgehen, berücksichtigen muß, sondern auch die vorhergehenden und nachfolgenden Wellen. Man muß gemäß dem Interferenzprinzip verschiedene, aber nach einem bestimmten Gesetz voneinander abhängige Bewegungen kombinieren, welche die Wellen verschiedener Herkunft im gegebenen Moment einem bestimmten Raumpunkt mitteilen. Einfache und leicht zu verallgemeinernde geometrische Betrachtungen führen zu einer wichtigen Schlußfolgerung aus dieser Kombination: Die Bewegung, die ein äußerer Punkt durch eine Kugelwelle erfährt, reduziert sich auf die Bewegung, die ihm von einem sehr kleinen Teil dieser Welle mit einem Zentrum, das auf einer Geraden durch Lichtquelle und beleuchten Punkt liegt, mitgeteilt wird. So erwies sich die gewöhnliche Vorstellung von der geradlinigen Ausbreitung des Lichtes als begründet, und gleichzeitig verschwanden die Schwierigkeiten, die der unvollständigen Betrachtung von Huygens eigen waren. Jeder im Verhältnis zur Welle äußere Punkt erhält Licht nur vom nächstliegenden Bereich der Welle, und alles geht so vonstatten, als ob sich das Licht längs einer Geraden von der Quelle her ausbreitete, weil diese Gerade der kürzeste Weg ist. Weil alle im gleichen Abstand von der betrachteten Welle befindlichen Punkte von dieser Welle im gegebenen Moment die gleiche Bewegung erfahren, müssen wir annehmen, daß sie eine neue Welle bilden, welche die

---

[1]) A. Fresnel, Oeuvres complètes, Paris 1866, Bd. 1, S. 285.

Einhüllende aller Elementarwellen ist, so wie es sich Huygens vorstellte. Aber da all diese Betrachtungen ihrem Wesen nach nur auf allgemeinen Eigenschaften der Maxima und Minima basieren und von der Kugelform der Wellen überhaupt nicht abhängen, kann man sie sofort auf beliebige Medien übertragen, wie auch die Form der Elementarwellen und die Fläche, die man unter speziellen Versuchsbedingungen als Primärwelle anzusehen hat, beschaffen sein mag. Schließlich ist die Lösung des Reflexions- und Brechungsproblems implizit im Problem der geradlinigen Lichtausbreitung enthalten. Das, was wir als Reflexions- und Brechungsrichtung bezeichnen, ist nichts anderes als die Richtung des schnellsten Eintreffens der Schwingungsbewegung, und die reflektierte sowie die gebrochene Welle leitet sich von der einfallenden Welle genauso ab, wie sich im unbegrenzten Medium jede beliebige Welle von der vorhergehenden ableitet.

Fresnel weist kaum auf diese Schlußfolgerungen aus seinen Prinzipien hin. In den der Abhandlung beigefügten Bemerkungen, in denen Reflexion und Brechung betrachtet werden, beschränkt er sich sogar auf den einfachen Fall einer ebenen Fläche und einer ebenen einfallenden Welle. Ein aufmerksamer Leser kann nicht daran zweifeln, daß er sich über alle möglichen Verallgemeinerungen im klaren war, die seine Ideen einschlossen; anscheinend hielt er sie für zu offensichtlich, um sie noch formal darzulegen; vielleicht fand er aber auch, daß dafür in der Abhandlung kein Platz sei, da das Hauptthema die Beugungstheorie zu sein hatte. Der größte Teil seiner Abhandlung war deswegen der Beugung gewidmet, um diese Theorie endgültig auf ihre tatsächlichen Fundamente zu stellen. Eine Erklärung finden leicht die allgemeinen Züge der Phänomene der Schattenbildung, das ständige Auftreten farbiger Streifen außerhalb der Schatten sowie die Existenz eines weiteren Systems von Streifen innerhalb der Schatten, das bei hinreichender Verkleinerung der Ausmaße der undurchsichtigen Gegenstände in Erscheinung tritt. Wenn mit einem undurchsichtigen Körper ein Teil der von einem leuchtenden Punkt ausgesandten Welle verdeckt wird, breitet sich die Schwingungsbewegung nicht nur längs der Verlängerung jener Strahlen aus, die vom undurchsichtigen Gegenstand nicht versperrt werden; sie dringt in den Kegel ein, der von den diesen Körper berührenden Strahlen gebildet wird, aber sie schwächt sich schnell in dem Maße ab, wie sie in das Innere des Kegels vordringt, und verschwindet völlig, wenn der Abstand von der Begrenzung des Kegels groß gegen die Wellenlänge ist. Außerhalb des auf diese Weise gebildeten Schattens ist bei großem Abstand eine solche Menge übertragenen Lichtes spürbar, als ob der undurchsichtige Gegenstand überhaupt nicht vorhanden wäre, da er die Wirkung nur jener Elemente der Welle beseitigt, deren Einfluß auf die sich zu den betrachteten Punkten hin ausbreitende Bewegung vernachlässigbar klein ist. Aber ein völlig anderes Bild sehen wir in der Nähe des Schattens: Die unterdrückten Elemente der Lichtwelle haben einen spürbaren Einfluß, und in Abhängigkeit vom Vorzeichen der Geschwindigkeit der Schwingungen, die sie auf den betrachteten Punkt übertragen würden, und dem Vorzeichen der Geschwindigkeit, welche die erhalten gebliebenen Elemente übertragen, ist das Ergebnis dieser Unterdrückung manchmal eine Verstärkung und manchmal eine Schwächung des Lichtes; so entstehen die äußeren Streifen. Wenn der Schatten schließlich eine geringe Ausdehnung besitzt, haben die von beiden Seiten vordringenden Schwingungsbewegungen eine merkliche Intensität im gesamten Schattengebiet, und da sie offensichtlich verschieden lange Wege durchlaufen haben, muß ihre Interferenz zum Auftreten von Streifen führen.

Dieser allgemeinen Bestätigung der Theorie schließt sich ein noch stärkerer Beweis an: eine genaue zahlenmäßige Übereinstimmung der ausgerechneten und beobachteten Daten in den Fällen, in denen eine Berechnung möglich ist. Wenn die undurchsichtigen Körper von unendlichen, geradlinigen und zueinander parallelen Kanten begrenzt sind, welche die gleiche Entfernung zur Lichtquelle haben, hängt die Lösung der Aufgabe lediglich von zwei Integralen ab, die man nicht durch elementare Funktionen ausdrücken kann, die Fresnel aber näherungsweise berechnete und dann für eine Reihe von Spezialfällen einer Diskussion unterzog. Die Übereinstimmung von Theorie und Experiment blieb in allen Fällen bis ins kleinste Detail erhalten.

Derart war die Abhandlung, welche die Akademie dem Entscheid einer Kommission anvertraute, bei der drei Mitglieder (Laplace, Biot und Poisson) überzeugte Anhänger der Emissionstheorie waren; einer (Arago) war Vertreter der neuen Ideen, und der letzte (Gay-Lussac) neigte, obwohl durch seine Untersuchungen über Fragen, von denen die Rede war, bekannt, seinem Charakter nach zu weiser Unparteilichkeit. Zum Kampf mit Fresnel trat nur ein einziger Konkurrent an, offensichtlich ein erfahrener Physiker, der aber mit den neuesten Errungenschaften der Wissenschaft nicht vertraut war und sich mit Beobachtungsmitteln von mittelmäßiger Genauigkeit begnügte.[1]) Keine Minute lang hielt seine Arbeit einem Vergleich mit der Fresnelschen stand. Eine der Erinnerung werte Episode machte einen großen Eindruck auf die Jury, und ohne ihre grundsätzliche Überzeugung zu ändern, bestimmte sie offensichtlich die Einstimmigkeit ihres akademischen Urteils: Poisson bemerkte, daß die Integrale, aus denen sich die Intensität des gebeugten Lichtes berechnet, für das Zentrum des Schattens eines kleinen kreisförmigen undurchsichtigen Schirms und für das Zentrum der Kegelprojektion einer kleinen kreisförmigen Öffnung genau ausgerechnet werden können. Im ersten Fall liefern sie die gleiche Intensität wie bei Fehlen des kreisförmigen Schirms, im zweiten eine mit dem Abstand veränderliche Intensität, die für gewisse, durch ein sehr einfaches Gesetz bestimmte Abstände

[1]) Siehe den Schluß des Gutachtens von Arago in: A. Fresnel, Oeuvres complètes, Paris 1866, Bd. 1, S. 229.

praktisch gleich Null ist. Man schlug Fresnel vor, diese zwei Fälle experimentell zu überprüfen — eine Überprüfung, die für seine Theorie unvorhergesehen und paradox war, und der Versuch bestätigte wirklich alles glänzend.[1])

Die Zukunft bekräftigte den Schiedsspruch, und heute, mehr als ein halbes Jahrhundert nach dem Wettbewerb des Jahres 1818, wird die Fresnelsche Abhandlung von allen als eines jener unvergeßlichen Werke angesehen, deren Studium noch lange, nachdem sie von der Wissenschaft, wenn auch nicht wesentlich, überholt worden sind, fruchtbar geblieben ist: Das Problem, das Fresnel ausdrücklich beiseite ließ, nämlich den Mechanismus der Entstehung der Elementarwellen, die von verschiedenen Punkten der Primärwelle ausgehen, und die Gesetze, denen die Richtung und die Intensität der Schwingungen auf der Oberfläche dieser Wellen genügen, ist bis jetzt trotz der Anstrengungen einer Reihe von hervorragenden Physikern unserer Zeit ungelöst.[2]) Das zur ersten Fresnelschen Arbeit üblicherweise Hinzugefügte beschränkt sich auf die Entwicklung seiner Ideen und die Vervollkommnung seiner Rechenmethoden. Geschickte Mathematiker konnten auch wesentlich schwierigere Aufgaben als die von Fresnel betrachteten einer einfachen und eleganten Analyse zuführen. In allen Fällen blieb die Übereinstimmung zwischen Theorie und Experiment erhalten, und ohne Übertreibung kann man konstatieren, daß „die Wellentheorie die Beugungserscheinungen so genau vorhersagt wie die Gravitationstheorie die Bewegung der Himmelskörper“.[3])

---

[1]) Siehe das Gutachten Aragos und Fresnels ersten Zusatz zu seiner Abhandlung.

[2]) Siehe die Arbeiten von Stokes, Holtzmann, Eisenlohr und Lorenz über die durch Beugung hervorgerufenen Polarisationsänderungen in verschiedenen Heften der dritten Folge der Zeitschrift „Ann. chim. phys.“.

[3]) F. M. Schwerd, Die Beugungserscheinungen, Mannheim 1835, S. 10.

Zur gleichen Zeit, als Fresnel seine Prinzipien einer richtigen Beugungstheorie aufzuspüren begann, machte er sich auch an das Studium der Interferenz polarisierter Strahlen[1]), was zur Entdeckung des Prinzips der Transversalität der Schwingungen führte, das zur Grundlage weiterer Forschungen wurde. Die Geschichte dieser zweiten Reihe von Arbeiten wurde besonders durch das Eingreifen Youngs interessant, der unter dem Einfluß der Erfolge des jungen Rivalen zu seinen Lieblingsforschungen zurückkehrte; das Problem kann man nicht klar darlegen, ohne auch an die historische Entwicklung zu denken.

Die erste Beobachtung der Polarisationserscheinung ist Huygens zuzuschreiben. Gegen Ende des fünften Kapitels seines „Traktats über das Licht" gab er eine Beschreibung von Beobachtungen, bei denen festgestellt wurde, daß ein aus einem doppelbrechenden Kristall austretender Lichtstrahl beim Durchgang durch einen zweiten im allgemeinen erneut in zwei Strahlen ungleicher, von der Kristallorientierung abhängiger Intensität zerlegt wird. „Aber", so endet Huygens, „zur Erklärung, auf welche Weise das geschieht, fand ich bis jetzt nichts, was mich zufriedenstellte."[2]) Tatsächlich war es recht schwer zu verstehen, wie zur Strahlrichtung parallele Schwingungen auf verschiedene Weise in bezüglich des Strahls verschieden orientierten Ebenen wirken können.

Newton unterstrich oft diese Schwierigkeit und erhob sie zu einem unwiderlegbaren Einwand gegen die Wellentheorie. Möglicherweise wäre er, wenn er diese Huygenssche Beobachtung ignoriert hätte, letzten Endes ein Anhänger der Wellentheorie geworden; wie konnte er nicht fühlen, daß er im Gegensatz zu einer philosophischen

---

[1]) Die erste Arbeit Fresnels zu dieser Frage wurde der Akademie der Wissenschaften am 7. Oktober 1816 vorgelegt.

[2]) Ch. Huygens, Traité de la lumière. S. 89—91; dt. Übers.: Abhandlung über das Licht, Ostwald's Klassiker der exakten Wissenschaften Nr. 20, W. Engelmann, Leipzig 1913.

Maxime ohne besondere Notwendigkeit die Zahl der Wesenheiten erhöhte, wenn er Teilchen von besonderer Natur annahm, aus denen sich ein Lichtstrahl zusammensetzt, und gleichzeitig Schwingungen eines Äthers, der diese Teilchen veranlassen sollte, bestimmte Effekte hervorzurufen? Aber die Vorstellung, daß ein System von Schwingungen, so wie es zu seiner Zeit verstanden wurde, verschiedene Seiten haben kann, schien ihm völlig unzulässig. Umgekehrt schien ihm, daß gerade Teilchen mit einer einem Magnet ähnlichen Polarisation beim Zusammentreffen mit einem Medium, das aus gleichartig polarisierten Molekülen besteht, von der Orientierung der Achsen abhängige Effekte hervorrufen können. Man glaubte nämlich, daß sich bei Kristallbildung die Moleküle immer gleichartig anordnen. [1])

Diese Newtonsche Idee erfuhr am Anfang des Jahrhunderts eine Weiterentwicklung, als Malus auf unerwartete Weise die Beobachtungen von Huygens bestätigte und erweiterte. Eine Zeitlang schien es, als könne man die Existenz der Lichtteilchen und die Bewegung ihrer Polarisationsachsen mit Recht zu den experimentellen Fakten zählen. Auf diese Meinung hatte sogar die wachsende Kompliziertheit neuer Hypothesen keinen Einfluß, die man notwendigerweise annehmen mußte, um die Grundhypothese mit neuen Erscheinungen in Einklang zu bringen, die in jener Epoche so schnell die Wissenschaft bereicherten, insbesondere mit der chromatischen Polarisation. Wie bekannt, entdeckte Arago im Sommer 1811 bei der Fortsetzung seiner zu einem unerwarteten Ergebnis führenden Forschungen, daß polarisiertes Licht die Fähigkeit besitzt, sich in zwei Strahlen zu spalten, die in den Komplementärfarben gefärbt sind, wenn man es nach Durchgang durch ein doppelbrechendes Plättchen noch den doppelbrechenden Analysator passieren läßt. Arago betrachtete in der Folge die Entstehung der Farben als bedingt durch den Unterschied der Modifikationen

[1]) Siehe die 28. und 29. Frage in Newtons „Optik“.

der — durch das dünne Plättchen in den Zustand der Polarisation versetzten — verschiedenen einfachen Elemente des weißen Lichtes; aber nur Biot befaßte sich speziell mit dem Studium der Details dieser Modifikationen. Überrascht von einer solch bemerkenswerten Tatsache — der periodischen Wiederkehr zweier verschiedener Polarisationen, die durch dazwischenliegende Zustände getrennt sind, in denen das Licht den Eindruck eines Gemisches von natürlichem und polarisiertem Licht machte — glaubte Biot, eine periodische Schwingung der Polarisationsachsen entdeckt zu haben, die dem Moment vorausgeht, in dem sie sich in bestimmter Weise zwischen dem Hauptschnitt des Kristalls und der dazu senkrechten Ebene verteilen. Wenn man diesen Begriff der periodischen Bewegung zu anderen Hypothesen hinzunimmt, die zur Erklärung der übrigen optischen Erscheinungen erforderlich sind, sieht man, daß die Lichtteilchen insgesamt folgende Eigenschaften besitzen müßten:

1. Lichtteilchen sind Polyeder, denen man gleichzeitig eine Polarisationsachse, die Symmetrieachse ist, und eine weitere, senkrecht zur ersten stehende Achse zuschreiben muß, deren eines Ende durch brechende Körper angezogen, das andere aber abgestoßen wird.

2. In einem Strahl natürlichen Lichtes sind die Polarisationsachsen aufeinanderfolgender Teilchen auf jede mögliche Art und Weise orientiert, jedoch immer senkrecht zur Strahlrichtung.

3. Die Teilchen drehen sich pausenlos um ihre Polarisationsachsen mit einer konstanten Geschwindigkeit, die farbabhängig ist. Die Rotation kommt dadurch zustande, daß angezogenes und abgestoßenes Ende abwechselnd der Wirkung des brechenden Mediums unterliegen, auf das die Teilchen treffen. Das bedingt die „Anwandlungen“ (fits) leichter Transmission und leichter Reflexion.

4. Die Reflexion hat keinen Einfluß auf die Rotation eines Teilchens um seine Polarisationsachse, aber sie tendiert dazu, alle Achsen parallel zur Reflexionsebene

zu orientieren; in dieser regulären Anordnung besteht der Polarisationszustand.

5. Die Brechung ändert die Rotationsgeschwindigkeit der Teilchen in einem Verhältnis, das von der Natur des brechenden Mediums und dem Einfallswinkel abhängt; außerdem hat sie die Tendenz, die Polarisationsachsen senkrecht zur Polarisationsebene zu orientieren.

6. Bei Auftreten von Doppelbrechung beginnen die Polarisationsachsen zwischen ihrer Ausganglage und der zum Hauptschnitt symmetrischen Lage zu schwingen; die Dauer dieser Schwingungen ist für Teilchen verschiedener Farbe der Periode der Rotation um ihre Polarisationsachsen proportional.

7. In einer gewissen Tiefe hören diese Schwingungen auf, und es stellt sich eine bestimmte Verteilung der Polarisationsachsen zwischen zwei aufeinander senkrecht stehenden Ebenen ein. Niemals wurde gezeigt, auf welche Weise der Übergang von dem einen Zustand in den anderen vorsichgeht.

Um diese erdrückende Anhäufung voneinander unabhängiger Hypothesen zu stürzen, reicht es fast schon aus, sie sich anzusehen und den Versuch zu unternehmen, sie zu verstehen. Was können das für reflektierende und brechende Oberflächen sein, die gleichzeitig anziehend wirken, den Polarisationsachsen eine bestimmte Richtung verleihen und sie zu Schwingungen innerhalb bestimmter Grenzen veranlassen, die Rotationsgeschwindigkeit der Teilchen um ihre Achse ändern, usw. usf. Welcher Art sind jene wahren elementaren Kräfte, die einfach anziehend oder abstoßend sind und nur vom Abstand abhängen, der alle diese verschiedenen Wirkungen bedingt? Es wurde gar nicht der Versuch unternommen, all das zu untersuchen, und lange Zeit stellte dieses Chaos an Hypothesen tatsächlich eine mechanische Theorie der Erscheinungen dar; in den verschiedenen Ausgaben seines Leitfadens der Physik stellte sie Biot beständig den klaren und einfachen Ideen Fresnels entgegen.

Nur Young äußerte sich gegen die allgemeine Meinung und hörte nicht auf, gegen den Scheintriumph der Emissionstheorie zu protestieren. In Artikeln im „Quarterly Review", in dem er von 1809 bis 1814 Arbeiten hervorragender zeitgenössischer Physiker referierte, behauptete er — obwohl er zugeben mußte, daß die von Huygens und Newton aufgezeigten Schwierigkeiten noch nicht gelöst waren —, daß die Wellentheorie gegenüber der Emissionstheorie eine Reihe von Vorteilen besitzt, und wenn sie es auch nicht erlaubt, die Natur des polarisierten Lichtes zu verstehen, so sagt sie doch zumindest eine wesentliche Verknüpfung zwischen den wichtigsten Eigenschaften einer solchen Art von Licht und dem Interferenzprinzip voraus, eine Verknüpfung, in der ein Keim der richtigen Theorie enthalten sein muß. Nach Young ist das Gesetz, auf das Biot alle Eigenschaften der chromatischen Polarisation zurückführte, sehr einfach.

„Die Deutung der betrachteten Erscheinungen, losgelöst von den übrigen optischen Erscheinungen, ermöglicht ihre Einordnung in eine breitere Klasse von Erscheinungen. ... Wie alle übrigen Fälle von sich wiederholenden Farben lassen sich diese Erscheinungen vollständig auf die allgemeinen Interferenzgesetze zurückführen. ... Alle scheinbaren Komplikationen, alle Feinheiten ihrer Variabilität erweisen sich lediglich als notwendige Folgen der einfachsten Anwendung dieser Gesetze. In Wirklichkeit sind sie einfach nur Veränderungen der Farben von Kombinationen aus verschiedenartigen Plättchen, die dem Anschein nach die Farben gewöhnlicher dünner Plättchen reproduzieren, wenn man voraussetzt, daß ihre Dicken im Verhältnis der Differenz der optischen Dicken zum Doppelten der gesamten optischen Dicke erhöht sind. ... Die Messungen Biots unterscheiden sich von dem Resultat der Berechnungen, die auf diesem wichtigen Prinzip beruhen, weniger, als sie sich untereinander unterscheiden."[1]

[1]) G. Peacock (Hrsg.), Miscellaneous works of the late Thomas Young, Bd. 1, S. 269.

In diesem Passus, in dem die Scheindeutungen Biots verdientermaßen zurückgewiesen werden, macht Young in der ihm eigenen kurzen und bisweilen unklaren Art eine sehr wichtige Bemerkung: Die Dicken des Quarzplättchens und des Luftspaltes, die in den Versuchen Aragos und bei den Newtonschen Ringen gleiche Farben ergeben, sind gerade derart, daß der Unterschied der Laufzeiten des ordentlichen und außerordentlichen Strahls in dem Kristallplättchen gleich ist der Laufzeitdifferenz zwischen dem Strahl, der direkt durch den Luftspalt geht, und dem Strahl, der zweimal eine innere Reflexion erfährt. Wenn eine der beiden Erscheinungen das Ergebnis der Interferenz ist, kann man sich schwerlich vorstellen, daß die zweite nicht ebenfalls dadurch erklärt werden kann.

Aber dieser allgemeine Gedanke reichte, wie Young selber zugestand, noch nicht aus, um zu einer Theorie zu werden. Warum ist es für das Auftreten der Farben in diesem Spezialfall der Interferenz notwendig, daß die zwei Strahlen aus einem schon polarisierten Strahl hervorgehen, aber nicht aus einem Strahl natürlichen Lichtes? Warum entstehen die Farben nur unter den Bedingungen einer zweiten polarisierenden Wirkung nach Durchgang des Strahls durch das Plättchen? Und wenn diese polarisierende Wirkung das Ergebnis der Doppelbrechung ist, warum zeigt es sich bei zwei auf diese Weise entstandenen Strahlenbündeln, die in den Komplementärfarben gefärbt sind? Auf all diese Fragen konnte das Interferenzprinzip, so wie es Young verstand und begründete, keine Antwort geben. Dieser kühne Geist, der deutlich fühlte, daß er nahe an der Wahrheit war, mußte trotzdem eingestehen, daß sich vor ihm noch ein Hindernis auftürmte, dessen Natur er nicht erriet. In seiner Enttäuschung bekannte er Ende des Jahres 1815 Brewster, daß alle Bemühungen, damit fertig zu werden, fruchtlos waren. Er schrieb:

„Was meine grundlegenden Hypothesen bezüglich der Natur des Lichtes angeht, so bin ich mit jedem Tag, an dem ich neue Fakten, ähnlich den von Malus entdeckten, kennenlerne, weniger geneigt, darüber nachzudenken. Obwohl man meine Hypothesen auch nicht als unvereinbar mit diesen Fakten bezeichnen kann, bringen sie mir keinen Nutzen bei der Suche nach ihrer Erklärung."

Wie Young erkannte auch Fresnel sofort, daß zwischen den Gesetzen für die durch Interferenz hervorgerufenen Farben und den Gesetzen der Färbung kristalliner Plättchen im polarisierten Licht eine offensichtliche Analogie besteht, daß aber diese Analogie für sich allein zur Erklärung der zweiten Erscheinung nicht ausreicht.[1]) Er versuchte sogleich, die Bedeutung dieser Unzulänglichkeit herauszufinden, indem er untersuchte, ob nicht die Polarisation des Lichtes die gewöhnlichen Interferenzgesetze grundlegend verändert.

Die ersten Untersuchungen zu diesem Problem gehen auf den Sommer 1816 zurück, als ihm das Wohlwollen seiner Vorgesetzten die Reise nach Paris ermöglichte. Dieser Sommer war in puncto Entdeckungen sehr fruchtbar; am 7. Oktober dieses Jahres legte er seine Resultate der Akademie vor.[2]) An seine Versuche über die Interferenz von Strahlen, die von einem Doppelspiegel reflektiert werden, erinnernd, bemerkte er:

„Dieser in der letzten Abhandlung detailliert beschriebene Versuch, den der Akademie vorzustellen ich die Ehre hatte, brachte mich durch Analogie auf den Gedanken, nachzuprüfen, ob nicht die beiden Bilder, die entstehen, wenn man ein Rhomboeder aus Kalkspat vor einem der leuchtenden Punkte anbringt, den gleichen Effekt erzeugen wie die Strahlen, die von zwei Spiegeln reflektiert werden. Das von mir benutzte Rhomboeder hatte eine geringe Dicke, deshalb lagen die Bilder genü-

[1]) Durch Arago lernte Fresnel den Aufsatz im „Quarterly Review" kennen, dem das obengenannte Zitat entnommen wurde, aber erst nachdem er durch eigene Überlegungen zu den gleichen Schlußfolgerungen gelangt war.

[2]) Siehe die Arbeit über den Einfluß der Polarisation auf die Wirkung, welche die Lichtstrahlen aufeinander ausüben.

gend nahe beieinander, um hinreichend breite Streifen liefern zu können. Man hatte nur noch die Bedingung der Gleichheit der von beiden Systemen von Wellen zum gleichen Zeitpunkt durchlaufenen Wege zu befriedigen. Zu diesem Zweck ließ ich den außerordentlichen Strahl durch eine Glasplatte treten, deren Dicke so gewählt war, daß bei senkrechtem Einfall des Strahls der Gangunterschied, der im Kristall zwischen ihm und dem ordentlichen Strahl entstand, ungefähr kompensiert wurde. Durch Änderung der Neigung dieser Platte konnte eine völlige Kompensation erreicht werden. Trotz oftmaliger Wiederholung der Versuche konnte ich nicht ein einziges Mal Streifen bemerken.

Genau gesagt, hatte das Gebiet, in dem ich sie zu finden hoffte, eine kleine Ausdehnung; zudem bedeckte es sich teilweise mit Streifen, die von den Rändern der Glasplatte geworfen wurden. Aber durch Anordnung der Platte in der Weise, daß die von ihren Rändern hervorgerufenen Streifen sich mit den von den zwei leuchtenden Punkten herrührenden Streifen nicht vermischten, ließ sich eine Verwechslung vermeiden. Um dennoch diese Schwierigkeit völlig zu beseitigen, entfernte ich die Glasplatte und ersetzte sie durch einen kleinen nichtversilberten Spiegel. Die Spiegeldicke war so berechnet, daß der Gangunterschied der bei senkrechtem Einfall von der Vorder- und der Rückseite reflektierten Strahlen etwas größer als der Gangunterschied war, der durch die Doppelbrechung zustande kam. Es war leicht, eine solche Neigung des Spiegels herauszufinden, bei der die Gangunterschiede gleich wurden. Dann befanden sich die von der Vorderfläche reflektierten ordentlichen und die von der hinteren Fläche reflektierten außerordentlichen Strahlen unter Bedingungen, die eine Streifenbildung erlaubten. Nichtsdestoweniger gelang es mir nicht ein einziges Mal, Streifen zu beobachten, wie langsam ich auch den Spiegel neigte.

Ich probierte noch eine Methode aus, die bei Erhaltung der Gesamtintensität des einfallenden Lichtes den

Justierspielraum so weit verringerte, daß man der Möglichkeit des Nachweises von Streifen, erzeugt durch die Wechselwirkung zweier Lichtbündel, gewiß sein konnte, falls sich diese Streifen tatsächlich gebildet hätten. Ich zerschnitt das von mir benutzte Rhomboeder aus Kalkspat in zwei Teile und erhielt so zwei Rhomboeder gleicher Dicke. Sie wurden hintereinander mit gekreuzten Achsen so angeordnet, daß die Hauptschnitte aufeinander senkrecht standen. Bei einer solchen Anordnung der Kristalle sah ich durch sie hindurch nur zwei Bilder eines leuchtenden Punktes, und beide Lichtbündel, die nacheinander eine verschiedene Brechung erfahren hatten, mußten aus dem zweiten Rhomboeder gleichzeitig austreten, da beide Körper die gleiche Dicke hatten. Übrigens sah ich die Möglichkeit vor, das zweite Rhomboeder bezüglich des einfallenden Strahles langsam ein wenig zu neigen, um einen Unterschied in der Dicke zu kompensieren, wenn ein solcher doch noch existiert hätte; die Streifen suchte ich mit einer Lupe. Trotz aller dieser Umsicht konnte ich nichts entdecken, und dieser dritte Versuch war nicht erfolgreicher als die ersten beiden. -

Aus alledem schloß ich, daß jene zwei Systeme von Wellen, in die sich das Licht beim Durchlaufen eines Kristalls aufteilt, keine Wirkung aufeinander ausüben oder daß zumindest das Resultat ihrer Beeinflussung nicht bemerkbar ist.“

Fresnel beeilte sich, seine Schlußfolgerung Arago mitzuteilen, der sehr schnell seine Vertrauensperson in wissenschaftlichen Fragen und der aktivste Verteidiger seiner Entdeckungen wurde. Arago empfand ihre volle Bedeutung und hielt es für notwendig, einen direkten Beweis zu finden, „um sich zu überzeugen, daß die Streifen verschwinden, wenn man unter den üblichen Bedingungen, unter denen sich Streifen bilden, jene zwei Lichtbündel, die an ihrer Entstehung teilhaben, in entgegengesetzten Richtungen polarisiert“. So entwickelte sich zwischen den beiden Freunden ein Bündnis, das sowohl durch die Bedeutung der erzielten Resultate als auch durch die peinliche Sorgfalt, mit der sie bei der Darlegung der Ergebnisse das hervorhoben, wofür in der gemeinsamen Arbeit jeweils einem von ihnen das Verdienst gebührte, in Erinnerung blieb. Übernehmen wir von ihnen die endgültige Formulierung der Folgerungen aus ihren Versuchen:

„1. Unter genau den gleichen Bedingungen, unter denen sich zwei Strahlen gewöhnlichen Lichtes scheinbar gegenseitig auslöschen, üben zwei in entgegengesetzten Richtungen polarisierte Strahlen keine spürbare Wirkung aufeinander aus;

2. Lichtstrahlen, die in ein und derselben Richtung polarisiert sind, wirken wie natürliche Strahlen aufeinander; so sind für diese zwei Lichtarten die Interferenzerscheinungen völlig gleich;

3. zwei Strahlen, die anfänglich in entgegengesetztem Sinne polarisiert waren, können hierauf in die gleiche Polarisationsebene überführt werden, ohne jedoch dabei die Fähigkeit zu erlangen, aufeinander einwirken zu können;

4. zwei Strahlen, die in entgegengesetztem Sinne polarisiert waren und dann in den gleichen Polarisationszustand überführt wurden, wirken aufeinander wie natürliche Strahlen, wenn sie aus einem Lichtbündel hervorgegangen sind, das anfänglich in einer einzigen Richtung polarisiert war;

5. bei Interferenzerscheinungen, hervorgerufen durch solche Strahlen, die eine Doppelbrechung erfahren haben, wird die Lage der Streifen nicht ausschließlich durch den Gangunterschied, sondern auch durch die Geschwindigkeitsdifferenz bestimmt; in einigen von uns aufgezeigten Fällen muß man zusätzlich eine Differenz von einer halben Wellenlänge in Rechnung setzen.“[1])

[1]) Die Abhandlung von Arago und Fresnel wurde erst im Frühjahr 1819 in den „Ann. chim. phys.“ veröffentlicht, aber die beschriebenen Experimente beziehen sich auf den Sommer 1816. Die Abhandlung, die im Oktober 1816 der Akademie vorgelegt wurde, enthält eine ausführlichere Beschreibung dieser Versuche und spiegelt die Entstehungsgeschichte der Ideen der beiden Autoren besser wider.

Diese Gesetze stellen die notwendige Ergänzung dar, die in der Youngschen Erklärung fehlte.

Aber Fresnel konnte sich nicht darauf beschränken, den Spezialfall der Farbentstehung beim Experimentieren mit Kristallplättchen auf allgemeine Gesetze zurückzuführen. Für Fresnel war das Interferenzprinzip nicht einfach eine kuriose Eigenschaft des Lichtes, die vielleicht — wie für Biot — mit Gesetzen unserer Struktur erklärbar ist. Es war zugleich die augenscheinlichste Schlußfolgerung aus der Wellenhypothese, die der Mehrzahl seiner Theorien als Grundlage diente. Auf welche Weise kann die gegenseitige Auslöschung zweier Lichtstrahlen durch andere Bedingungen als durch einen speziellen Wert des Gangunterschieds bestimmt werden, wenn dieser spezielle Wert immer entgegengesetzte Vorzeichen der Geschwindigkeiten der Schwingungen bedeutet? Wie kann andererseits — diese Frage stellte auch Newton — ein System von Schwingungen irgendetwas Analoges zu der Vielfalt der Eigenschaften der Seiten eines Lichtteilchens ergeben? Fresnel begriff sehr schnell, daß man diese Fragen nie beantworten kann, wenn man sich nicht von der Vorstellung rein longitudinaler Schwingungen löst. Anfangs nahm er an, daß polarisiertes Licht aus transversalen Schwingungen bestehen könnte, die gleichzeitig Knoten der Verdichtung und Verdünnung auf einer Kugeloberfläche aufweisen, so daß in bestimmten Fällen von Interferenz die Punkte der Übereinstimmung und Nichtübereinstimmung hinreichend nahe beieinander liegen und auf diese Weise im Auge der Eindruck stetigen Lichtes entsteht. Ampère legte ihm die Vorstellung nahe, daß zwei Systeme von Wellen, bei denen die Vorwärtsbewegung der Teilchen einer Flüssigkeit durch eine transversale Hin- und Herbewegung gleicher Intensität modifiziert wird, keinen Einfluß aufeinander ausüben können, wenn die Übereinstimmung der Vorwärtsbewegungen der Nichtübereinstimmung der transversalen Bewegungen entspricht oder umgekehrt. Allen zeitgenössischen Gelehrten erschien jedoch die Idee eines

Systems von Wellen mit transversalen Schwingungen mechanisch unsinnig, besonders Arago, der sich bis an sein Lebensende nicht dazu entschließen konnte, sie anzuerkennen.[1]) Der Einfluß eines so bedeutenden Kollegen führte dazu, daß Fresnel eine Zeitlang alle Erklärungsversuche, die auf dieser Hypothese fußten, aufgab. In vielen seiner Arbeiten, darunter auch in seiner endgültigen Abhandlung über die Beugung, entschied er sich dazu, die der Hypothese der longitudinalen Schwingungen entsprechende Ausdrucksweise beizubehalten.

Analoge Ideen entstanden auch im Kopf von Young, als ihm die Versuche von Fresnel und Arago bekannt wurden. Aber er konnte sich ebenso wie Fresnel nicht dazu entschließen, die Hypothese transversaler Schwingungen offen anzuerkennen, obwohl er zugestand, daß zwei entgegengesetzte, zueinander senkrechte transversale Bewegungen nicht interferieren können, während beliebige andere Bewegungen immer eine Interferenz erzeugen. Doch hielt er diese Bemerkung nicht für eine physikalische Erklärung der Fakten. Er sah hier nur eine zulässige Analogie, die für eine symbolische Darstellung der Erscheinungen nützlich ist, doch er sprach von einer transversalen Bewegung im polarisierten Licht nie wie von einer Realität.[2]) Alles, was er zugunsten der Möglichkeit einer solchen Bewegung sagte, beschränkt sich auf die folgende Darlegung:

„Wenn wir im Falle einer Welle, die sich entlang der Oberfläche einer Flüssigkeit ausbreitet, annehmen, daß

---

[1]) Als der Autor dieser Einführung Arago im Jahre 1851 bat, der Akademie der Wissenschaften eine Notiz über die Interferenz von polarisiertem Licht vorzulegen, war dieser geneigt, diese Bitte zu erfüllen, aber er sagte mit Bestimmtheit, daß er von dem Augenblick an, als Fresnel von transversalen Schwingungen zu sprechen begann, entschlossen war, ihm nicht zu folgen.

[2]) Der Ausdruck „imaginary transverse motion“ (scheinbare Transversalbewegung) wiederholt sich jedes Mal in dem Artikel „Chromatics“ in der Ergänzung zur „Britischen Enzyklopädie“ vom Jahre 1817.

die Teilchen in einer geringen Entfernung unterhalb der Oberfläche an der Bewegung der Welle in horizontaler Richtung teilnehmen, können wir sehen, daß es tatsächlich eine seitliche Bewegung gibt, durch die ganze Flüssigkeit hindurch, und zwar in einer Ebene, die durch die der Gravitation bestimmt ist: Aber dies geschieht, weil die Flüssigkeit eine größere Freiheit hat, sich nach der einen Seite auszudehnen als nach der anderen, wobei die Schwerkraft bestrebt ist, sie zurückzuziehen mit einem Druck, dessen Wirkung ähnlich der der Elastizität ist; doch wir können für diese Kraft keine Parallele in den Bewegungen eines elastischen Mediums finden. Tatsächlich kann man sehr leicht eine zur resultierenden Ausbreitungsrichtung transversale Bewegung durch Kombination zweier von dicht beieinanderliegenden Punkten ausgehenden Wellen erhalten, die bei einem Gangunterschied von einer halben Wellenlänge miteinander interferieren; das Ergebnis dieser Kombination ist eine sehr schwache transversale Schwingung, die in Ausbreitungsrichtung der kombinierten Schwingungen vorhanden ist, die aber zweifellos über keine hinreichende Kraft verfügt, um den kleinsten spürbaren Effekt hervorzurufen. Bei allen einfachen divergierenden Wellen muß außerdem ein Unterschied zwischen den Bewegungen verschiedener Elemente der Kugeloberfläche existieren, wo die Wellenbewegung erfolgt. Selbst wenn man annimmt, daß die Schwingungen anfänglich in einer gegebenen Ebene liegen, wird die Geschwindigkeit der Schwingungen auf der Kugelwelle in der Ebene, in der die Schwingung wirkt, maximal und in der dazu senkrechten Richtung oder vielmehr längs der Richtung, die quer zum Strahl der Kugelwelle verläuft, minimal (gleich Null) sein. In allen übrigen Punkten der Welle ist eine schwache Tendenz zur Herausbildung einer Querbewegung als Folge des Intensitätsunterschieds zwischen benachbarten longitudinalen Bewegungen und der Ungleichheit der sie begleitenden Verdichtungen und Verdünnungen vorhanden. Es ist wahr, daß all diese Modifikationen der Bewegung unvorstellbar klein sind, selbst im Vergleich zu anderen Bewegungen, die über einen Raumbereich hinweg erfolgen, der viel zu klein ist, um von den Sinnen unmittelbar wahrgenommen zu werden; und diese Betrachtung mag vielleicht die Wahrscheinlichkeit der Theorie als eine physikalische Erklärung verringern, doch sie stellt nicht ihre Nützlichkeit als eine mathematische Darstellung der Fakten in Frage, vorausgesetzt, daß sich eine solche Darstellung in einer Form geben läßt, die allgemein ist und bis zu Rechnungen führt; und wenn die Alternative unvermeidbar wäre, so ist es in einem physikalischen Sinne sogar leichter, sich die Fähigkeit zur Empfindung winziger Änderungen als nahezu unendlich vorzustellen, als die unheimlichen Komplikationen einer Maschinerie in Kauf zu nehmen, die man anhäufen muß, um zu einer Lösung der Schwierigkeiten zu kommen, die der Anwendung der simplen Emissionstheorie auf all die Polarisations- und Farberscheinungen im Wege stehen."[1])

So konnte in Youngs Augen im polarisierten Licht nur eine sehr schwache transversale Bewegung existieren, während die hauptsächliche Bewegung stets in Ausbreitungsrichtung vonstatten ging, und gerade in dieser kaum spürbaren Bewegung glaubte er die Erklärung für alle Polarisationserscheinungen zu finden. Weiterhin steht die außerordentliche Kleinheit der Querbewegung der Möglichkeit entgegen, sie als Prinzip einer echten physikalischen Theorie anzuerkennen, und man muß sich darauf beschränken, die verschiedenen Formen der transversalen Bewegung und die Eigenschaften des polarisierten Lichtes als zwei parallele Reihen miteinander verbundener Termini anzusehen, von denen die ersteren für die zweiten eher als Symbole denn als Erklärung dienen.

Möge der Leser selber entscheiden, ob diese Andeutungen von seiten Youngs Fresnel irgendwelchen Nutzen

---

[1]) Aus dem Artikel „Chromatics" in der Ergänzung zur „Britischen Enzyklopädie" (Miscellaneous works of the late Thomas Young, Bd. 1, S. 333).

bringen konnten.[1]) Als Fresnel im Jahre 1821 nach einer wohlwollenden Äußerung Aragos über seine Arbeiten zur chromatischen Polarisation beschloß, mit seiner Hypothese über die transversalen Schwingungen an die Öffentlichkeit zu treten, tat er das jedenfalls in Formulierungen, deren Exaktheit und Vollendung mit dem angeführten Youngschen Zitat nichts gemein hatten. Die Berechnung der Lichtintensität bei Interferenz zweier Schwingungen, die in zueinander senkrechten Ebenen polarisiert sind, zeigte, daß diese zwei Schwingungen im Falle einer experimentellen Bestätigung der Unabhängigkeit der Intensität von der Phasendifferenz notwendigerweise geradlinig sind sowie senkrecht zum Strahl und parallel oder senkrecht zur Polarisationsebene verlaufen.

[1]) Anscheinend kannte Fresnel weder den Artikel „Chromatics“ noch den Youngschen Brief an Arago vom 12. Januar 1817, in dem eben diese Iddeen dargelegt werden. Aber er selber sprach von jenem Brief Youngs an Arago vom 29. April 1818, in dem die Schwingungen polarisierten Lichtes zu den Schwingungen einer gespannten elastischen Saite in Parallele gesetzt werden. Ob aber diese Parallele in Youngs Augen nur ein bequemes Symbol zur Darstellung der Fakten oder ein Argument war, das als ein Beweis für die Möglichkeit transversaler Schwingungen dienen sollte, entzieht sich vollständig unserer Kenntnis, da der bewußte Brief nicht erhalten geblieben ist.

P. W. Bojarski (*П. В. Боярский*)

Augustin Fresnel und das Polytechnikum

Der Charakter wissenschaftlicher Arbeiten und Entdeckungen hängt vom willkürlichen Bestreben der schöpferischen Persönlichkeit ab. Das, was sich bisweilen in ihrem schöpferischen Handeln als überraschend erweisen kann, ist in Wirklichkeit die Frucht der zu verschiedenen Zeiten des Lebens eingebrachten Samen an Ideen und Interessen, die nur auf günstigem Boden schnell und zielstrebig gedeihen.

Daher ist der Beitrag des Straßenbauingenieurs Augustin Fresnel zur Optik bei näherer Betrachtung absolut nicht unerwartet. Wegen seiner Mitwirkung als Freiwilliger bei den royalistischen Truppen am Anfang der „Hundert Tage“ (März 1815) aus dem Dienst entlassen, wurde Fresnel in das entlegene Dorf Mathieu nahe Caen geschickt. Dort beschäftigte er sich mit der Untersuchung der Beugung des Lichtes, wobei ihm nur die primitivsten Geräte zur Verfügung standen. Bereits am 15. Oktober 1815 sandte er an die Pariser Akademie der Wissenschaften zwei Schriften, die den Lichterscheinungen gewidmet waren.

Warum interessierte sich Fresnel gerade für die Optik? Wessen Einfluß spiegelte sich im Charakter seiner Arbeiten wider? Beeinflußte lediglich die seinem Verstand eigene analytische Denkweise die mathematisch-physikalische Interpretation der erhaltenen Resultate?

Uns scheint, daß man auf diese Fragen antworten kann, wenn man den Einfluß des Polytechnikums (Ecole Polytechnique) auf Fresnel betrachtet, an dem er von 1804 bis 1806 studierte.

Das Pariser Polytechnikum, das sich anfangs „Zentralschule für öffentliche Arbeiten" nannte, wurde auf Initiative von Lamblardie, der ihr erster Direktor wurde, und mit Unterstützung der größten französischen Gelehrten — Gaspard Monge, Fourcroy, Lazare Carnot — geschaffen. Auf die Rede von Barère am 11. März 1794 hin faßte der Konvent den Beschluß zu ihrer Gründung. Die Organisatoren der neuen höheren Schule sahen deutlich die gemeinsamen Interessen der verschiedenen Ingenieurrichtungen, die Notwendigkeit einer Kenntnis der Grundlagen der exakten Wissenschaften und Technik seitens der Ingenieure, und sie waren daher bestrebt, ihren Schülern eine ausgezeichnete Ausbildung zu geben — die Grundlage für ihren zukünftigen Beruf.

Fourcroy, ein Mitglied des Wohlfahrtsausschusses, beschäftigte sich intensiv mit der Ausarbeitung des Schulprojektes. Ihm halfen Lamblardie, Monge, Carnot und Prieur. Endlich, am 28. September 1794, bereits nach dem konterrevolutionären Umschwung des 9. Thermidor (27. Juli 1794), nahm der Konvent einstimmig das Projekt Fourcroys an. Die Gründung der neuen Schule erhielt Gesetzeskraft. Es wurde ausdrücklich festgehalten, daß das Ziel der Schule darin bestehen sollte, „Ingenieure verschiedener Spezialrichtungen auszubilden, den Unterricht auf dem Gebiet der exakten Wissenschaften wieder aufzunehmen, der während der Krisenzeit der Revolution unterbrochen worden war, und den jungen Leuten eine hohe wissenschaftliche Ausbildung zu geben, damit diese entweder von der Regierung für Aufgaben der Republik eingesetzt werden können oder aber das Wissen, das sie erhalten haben, in ihre Heimatorte bringen, um dort wirklich nützliche Kenntnisse zu verbreiten".

Der Beschluß sah vor, daß die Aufnahmeexamen in 22 Städten des Landes durchgeführt werden, um 400 Jünglinge im Alter von 16 bis 20 Jahren auszuwählen. Die Prüflinge sollten Kenntnisse in Arithmetik und ebenso in den Grundlagen der Algebra und Geometrie vorweisen. Die Ausbildungszeit in der Schule betrug drei Jahre.

Monge verfaßte den Lehrplan der neuen Schule, bei dem die Lehrmethode der Militärschule von Mézières Anwendung fand. Einen breiten Raum im Lehrprogramm nahm die von Monge geschaffene Darstellende Geometrie ein.

In der Geschichte des Polytechnikums konnte man bisweilen sehr gut das Bestreben ihrer Leiter erkennen, der Schule einen Charakter zu geben, der ihren wissenschaftlichen Interessen nahe kam. Vor der Restauration zum Beispiel befand sich die Schule unter dem Einfluß der Ideen von Monge, und die Schule nannte sich auch „Mongesche Schule“. Später aber wurde sie als „Laplacesche Schule“ bezeichnet. Außer der Darstellenden Geometrie wurde dem Studium der Analysis, der Mechanik, der Physik und der Chemie breiter Raum gewidmet. In diesen Fächern unterrichteten die bekanntesten französischen Gelehrten: Lagrange und Prony in Analysis und Mechanik, Monge und Hachette in Stereotomie, Hassenfratz in Physik, Fourcroy, Berthollet, Chaptal in Chemie.

Am 1. September 1795 und am 22. Oktober 1795 wurden zwei die Schule betreffende Gesetze erlassen: Von jetzt an trägt sie den Namen „Polytechnikum“; die Zahl ihrer Schüler wird von 400 auf 360 verringert.

Es änderten sich nicht nur der Name der Schule und die Anzahl ihrer Schüler, sondern auch die Struktur der Schule selbst. Spezielle Ingenieurschulen, oder — wie man sie auch nannte — „Schulen der Praxis“, wurden wieder eingerichtet. Die neuen Beschlüsse legten genauer fest, daß die Schüler nicht nur für die Arbeit als Ingenieure in den staatlichen Behörden, sondern auch für den privaten Sektor ausgebildet wurden. Außerdem, und das ist sehr wichtig, konnte sich ein Teil der Absolventen mit theoretischen Arbeiten auf dem Gebiet der exakten Wissenschaften beschäftigen. Darüber hinaus wurde darauf hingewiesen, daß das Polytechnikum verpflichtet sei, die Schüler auf eine Anzahl von Spezialschulen vorzubereiten: die Artillerie-Militärschule in Mézières, die Schule für Brücken- und Straßenbau (in die nach Abschluß des

Polytechnikums auch Fresnel eintrat), die Schule für Schiffsbau und Hafenanlagen, die Topographische Schule.

Die Aufgaben der Schule änderten sich und kamen denen näher, die ihr die Organisatoren stellten. Sie sollte nicht fertige Ingenieure ausbilden, sondern sich nur mit der gründlichen wissenschaftlichen Vorbereitung der Schüler auf ihre weitere Spezialisierung in praktischen Schulen beschäftigen; von da an war sie die einzige im Lande, die alle zukünftigen Zivil- und Militäringenieure erfaßte und in den Grundlagen ausbildete. Die übrigen Spezialschulen waren verpflichtet, nur Absolventen des Polytechnikums aufzunehmen.

Dank des gut durchdachten Ausbildungssystems, der glänzenden Lehrer und der hohen Wertschätzung, die ihre Absolventen erwarben, gewann die Schule immer größere Popularität. Hiervon zeugt auch die Tatsache, daß Bonaparte, als er im Mai 1798 mit einer Expedition nach Ägypten aufbrach, beschloß, eine Gruppe von Gelehrten mitzunehmen (unter ihnen 39 Schüler und 5 Professoren des Polytechnikums — Monge, Costaz, Fourier, Lepère und Berthollet).

Und später, nach dem Sturz des Direktoriums am 9. November 1799, als Bonaparte neue Minister ernannte, wurde der Examinator für Mathematik im Polytechnikum, Laplace, Minister des Inneren.

Monge, der nach dem Tode Lamblardies Direktor der Schule wurde, nutzte diese Berufung und brachte erneut das Projekt der Reorganisation der Schule auf die Tagesordnung. Am 16. Dezember 1799 erhielt das Projekt Gesetzescharakter und wurde in seinen Grundzügen für viele Jahre Statut der Schule.

Die Anzahl ihrer Schüler wurde auf 300 reduziert; die Dauer der Ausbildung auf zwei Jahre festgelegt. Die Privilegien der Schule festigten sich.

Von da an mußten die Teilnehmer bereits vor dem Eintritt in die Schule ihre Fachrichtung wählen. Das Lehrprogramm war wenig verändert. Das erste Jahr wurde, wie auch früher, fast vollständig dem theoretischen Unterricht gewidmet, wobei die Darstellende Geometrie im Vordergrund stand.

Die Reorganisation der Schule in diesen ersten Jahren ihres Bestehens war jedoch durch die Verfügung vom 16. Dezember 1799 noch nicht beendet. Die komplizierten, widersprüchlichen Beziehungen zwischen der Schule und dem zur Macht strebenden Bonaparte wurden nach 1800 noch schwieriger. Als im Mai 1804 der Senat einen Erlaß herausgab, demzufolge Napoleon zum Kaiser von Frankreich ausgerufen wurde, lehnten es die Studenten des Polytechnikums aus Protest ab, dem Kaiser den Treueid zu leisten. Napoleon beschloß, der Schule durch Einführung einer militärischen Ordnung Zügel anzulegen. Durch das Dekret vom 16. Juli 1804 wurde dieser Wunsch des Kaisers Wirklichkeit. Die in dem Dekret gestellte Hauptforderung war die Festlegung einer strengen Disziplin. Das Polytechnikum wurde zu einer Militärschule und war nicht nur dem Innenminister unterstellt, sondern auch dem Kriegsminister. Die Schüler wurden in einem Bataillon aus fünf Kompanien zusammengefaßt und, was das wesentlichste war, in Kasernen einquartiert.

Der im Jahre 1804 in das Polytechnikum eintretende sechzehnjährige Augustin Fresnel kam in eine Atmosphäre bereits gefestigter Lehrtraditionen, in der den ersten Platz unter allen Fächern die Darstellende Geometrie einnahm. Das große Lehrtalent von Monge, die Kraft seiner Autorität in Verbindung mit großen Kenntnissen auf dem von ihm selbst geschaffenen Wissenschaftsgebiet mußten ihre Wirkung auf den jungen Fresnel haben und ihm ein Gefühl von der Stärke der geometrischen Methoden und Konstruktionen sowie der Anschaulichkeit der räumlich-geometrischen Darstellung vermitteln. Dies war sicherlich für Fresnel eine Hilfe bei der Deutung der Schlußfolgerung aus seinen Rechnungen, daß „sich der Einfluß einer Kugelwelle in einem äußeren Punkte auf den Einfluß eines kleinen Segmentes der Welle reduziert, dessen Zentrum sich auf der Linie befindet, die die Lichtquelle mit dem beleuchteten Punkt verbindet; der restliche Teil der Welle ergibt in summa im betrachteten Punkt keinen Beitrag". Zweifellos erforderten die Prinzipien der neuen Wellentheorie auch ein komplizierteres räumliches Verständnis des Ausbreitungsmechanismus des Lichtes und eine Vorbildung ihrer Schöpfer, die auf eine gedanklich-übersichtliche Anschaulichkeit der erhaltenen Resultate abzielte.

Neben der Darstellenden Geometrie nahm auch das Studium der Analysis und Mechanik im Polytechnikum einen breiten Raum ein. In der Studienzeit Fresnels war Prony Professor für Analysis und Mechanik; außer ihm unterrichteten noch Labey in Analysis und Poisson in Mechanik.

Ein leuchtendes Beispiel für die Methodik und die Aufgaben, die sich die in diesen Fächern unterrichtenden Lehrer stellten, ist Pronys Rede „Einführung in die Vorlesungen über reine Analysis und angewandte Mechanik"[1]), die er vor den jungen, in die Schule aufgenommenen Bürgern der Französischen Republik hielt.

„Von dieser Quelle der Bildung aus", sagte Prony über die Schule, „geht in alle Teile der Republik eine Vielzahl gelehrter Leute, die ihr Wissen aus einer gemeinsamen Quelle schöpfen. Hieraus ergibt sich, daß mit großer Leichtigkeit Verbindungen geknüpft werden können, man sich untereinander versteht; es resultiert eine Vereinigung, ein Zusammenwirken der Anstrengungen, die, wenn sie von allen Seiten auf die Wissenschaft gerichtet werden, die Zeit der Entdeckungen und ihrer nützlichen Anwendungen beschleunigen."

Ferner sprach Prony über die Notwendigkeit einer Änderung der Sprache der Geometer, da die Geschichte lehre, daß die Vervollkommnung der mathematischen Sprache stets zu großen Entdeckungen führe. Er glaubte, daß die Zeit für eine solche Reform gekommen sei und

---

1) Journal de l'Ecole Polytechnique 2 (1799) Heft 6.

daß diese Reform „unter Führung der besten Leute eine gewisse Art von Isolation verringern sollte, die wir unter den Geometern bemerken und die ein Hemmnis bei der Entwicklung der menschlichen Vernunft darstellt". Eine der Aufgaben, die vor den künftigen Absolventen stünde, sah er in der Beseitigung der Trennlinie zwischen den Sphären der Beobachtung und der Berechnung.

Prony unterstrich, daß entsprechend allem oben Gesagten auch der Vorlesungsplan zusammengestellt wurde: Große Aufmerksamkeit wurde dem Gebiet der Mathematik gewidmet, die der Gelehrte als ein wichtiges und notwendiges Instrument zur Erkenntnis der Naturerscheinungen bezeichnete. Die Vorlesung über reine Analysis wurde bis zur Darstellung der Grundlagen der Mechanik gelesen; dies gestatte, die Aufmerksamkeit der Hörer auf die Grundfragen zu konzentrieren. Große Bedeutung maß Prony auch der Einbeziehung der neuesten Errungenschaften der Mechanik in die Vorlesungsreihe bei, und nicht nur der Behandlung von seit langem feststehenden Prinzipien und Aussagen, wie dies früher geschah. Prony erinnerte auch daran, daß das Polytechnikum eine Lehranstalt neuen Typs darstelle, in der „physikalische und mathematische Wissenschaften in gemeinsamem Zusammenwirken ein Lehrsystem bilden, dessen verschiedene Teile untereinander verbunden sind und sich dank ihrer Vereinigung bereichern und durchdringen".

Die Rede Pronys zeugt davon, daß man bestrebt war, den Studenten des Polytechnikums, unter denen sich auch Fresnel befand, ein modernes Rüstzeug der mathematischen Analysis in die Hand zu geben, daß man weiter bestrebt war, sie zu lehren, es zur Lösung der verschiedensten theoretischen und angewandten Probleme der Mechanik und Physik zu nutzen, um es in ein wirksames Instrument der Erkenntnis in den Händen der künftigen Wissenschaftler und Ingenieure zu verwandeln. Das bedeutet, daß Fresnel auch in dieser Hinsicht eine Grundlage für die mathematische Interpretation der von ihm erzielten experimentellen Daten erhielt.

Es verwundert auch nicht, daß der junge Wissenschaftler während der Zeit seines Aufenthaltes in Mathieu mit Hilfe primitiver Geräte so aussagekräftige Experimente durchführen konnte. Im Polytechnikum eignete er sich, wie viele seiner Kameraden, in den vorzüglich ausgerüsteten physikalischen und chemischen Laboratorien unter der Anleitung der größten Wissenschaftler des Landes die verschiedensten Verfahren experimenteller Forschungsarbeiten an.

Die verschiedenen experimentellen Methoden dieser zwei Wissenschaftszweige, die Notwendigkeit der Sorgfalt bei der Durchführung der Laboruntersuchungen in der Schule, die an Erfahrung reichen, stets zur Unterstützung bereiten Lehrer — alles dies sind Umstände, die, wenn sie auch nicht aus jedem Angehörigen der Schule einen versierten Experimentator machen konnten, dennoch jedem eine sehr gute Fertigkeit in Laboruntersuchungen und ein allgemeines, gut durchdachtes Schema für die Durchführung experimenteller Arbeiten vermittelt haben.

Es macht sich nun erforderlich, den Einfluß des Polytechnikums auf das Interesse Fresnels an optischen Untersuchungen zu betrachten. Und kann man wirklich behaupten, daß solche Untersuchungen „ein junger, in der Optik fast gar nicht bewanderter Ingenieur“[1]) begann?

Die Betrachtung der Entwicklungsgeschichte des Polytechnikums lehrt uns, daß sowohl unter den Lehrern wie auch unter den Studenten ein besonderes Interesse an optischen Erscheinungen bestand. So war es bereits bei denen, die vor Fresnels Eintritt die Schule abgeschlossen hatten.

Nach der Rückkehr aus Ägypten schreibt Gaspard Monge die Arbeit „Über die unter der Bezeichnung Fata Morgana bekannte optische Erscheinung“. Und noch früher, im Jahre 1789, veröffentlichte er die Arbeit „Über

---

[1]) M. Gliozzi, Storia della fisica, Torino 1965; russ. Übers.: М. Льоцци, История физики, Мир, Москва 1970, S. 203.

einige Erscheinungen des Sehens". Konnten den Schülern, denen Monge ein Vorbild war, dem nachzueifern viele bestrebt waren, diese seine Untersuchungen verborgen bleiben? Und mußte der Gelehrte selber, dessen Interessen so breit waren, die Schüler nicht zwangsläufig (und sei es durch zufällig fallengelassene Bemerkungen) für jene wissenschaftlichen Probleme begeistern, die ihn selbst interessierten?

In Physik unterrichtete am Polytechnikum zur Zeit der Ausbildung Fresnels Professor Hassenfratz, den optische Erscheinungen interessierten. Bereits im Jahre 1802 veröffentlichte er im „Journal de l'Ecole Polytechnique" (Bd. 4, Heft 11) eine „Erste Mitteilung über farbige Schatten", deren Ziel darin bestand (wie der Autor selber schreibt), „die große Vielfalt der farbigen Schatten zu zeigen, die man unterscheiden und ebenso beobachten kann, wie auch die sie erzeugenden Umstände".

Fresnel, der in den Vorlesungen unmittelbaren Umgang mit diesem Lehrer hatte und sich offenbar, wie die meisten Studenten an der Schule, für die Veröffentlichungen seiner Lehrer im „Journal de l'Ecole Polytechnique" interessierte, konnte unmöglich keine konkreten Kenntnisse in der Optik erworben haben und mußte an ihr interessiert sein.

Auch in das Lehrprogramm der Schule selbst ging das Studium des Buches „Optik" von Lacaille ein. Interessant ist, daß in der Einleitung zu diesem im Jahre 1802 neu herausgegebenen Buch gesagt wird, daß an den neu geschriebenen Kapiteln die Schüler des Polytechnikums beteiligt waren und daß unter den vielen Abhandlungen über die Optik kein kürzeres und exakteres Buch existiert, das alle Grundkenntnisse der modernen Optik der damaligen Zeit enthält.

All dies gestattet mit Sicherheit den Schluß, daß Augustin Fresnel, ebenso wie in gewissem Maße auch die übrigen Studenten, daraus Interesse für die Optik gewinnen mußte und daß er allem Anschein nach recht gute Kenntnisse auf diesem Gebiet besaß.

Nebenbei bemerkt war er nicht der erste unter den Absolventen der Schule, die sich später mit der Ausarbeitung optischer Theorien beschäftigten. Unter den ersten Schulabgängern waren Biot und Malus, deren Untersuchungen über die Polarisation des Lichtes vor 1815 veröffentlicht wurden — dem Beginn der Fresnelschen Untersuchungen zur Beugung in Mathieu. Ein Jahr vor Fresnel trat Arago in das Polytechnikum ein, dessen Beitrag zur Untersuchung der optischen Erscheinungen gut bekannt ist und mit dem Fresnel später die Interferenz von polarisiertem Licht experimentell untersuchte.

H. Fizeau
(1819–1896)

Über die Hypothesen bezüglich des Lichtäthers

und über ein Experiment, welches offensichtlich beweist, daß die Bewegung der Körper die Geschwindigkeit verändert, mit der sich das Licht im Innern derselben ausbreitet[1])

Es sind mehrere Theorien vorgeschlagen worden, um die Erscheinung der Aberration im Wellenbild verständlich zu machen. Fresnel zuerst und neuerdings Doppler, Stokes, Challis u.a. haben wichtige Arbeiten zu diesem Thema veröffentlicht; aber wie es scheint, hat keine der vorgeschlagenen Theorien die ungeteilte Zustimmung der Physiker erlangt. In der Tat war es bei dem völligen Fehlen gesicherter Vorstellungen über die Eigenschaften des Lichtäthers und seine Beziehungen zur ponderablen Materie notwendig, Hypothesen aufzustellen, darunter solche, die einigermaßen wahrscheinlich sind, aber keine, die als bewiesen gelten kann.

Diese Hypothesen lassen sich auf drei Grundannahmen zurückführen, die sich auf den Zustand des Äthers im Innern eines durchsichtigen Körpers beziehen:

Entweder haftet der Äther an den Molekülen des Körpers und nimmt demzufolge teil an der Bewegung, in die der Körper versetzt werden kann;

oder der Äther ist frei und unabhängig und wird bei den Bewegungen des Körpers nicht mitgeführt;

oder schließlich — eine dritte Hypothese, die eine Mischung der beiden anderen darstellt — könnte ein Teil des Äthers frei sein, während der andere Teil an den Molekülen haften und an ihren Bewegungen teilnehmen könnte.

Diese letzte Hypothese, die wir Fresnel verdanken, wurde aufgestellt, um sowohl der Erscheinung der Aberration Rechnung zu tragen als auch dem berühmten Ver-

[1]) H. Fizeau, Compt. rend. **33** (1851) 349–355.

such von Arago, durch welchen bewiesen wurde, daß die Bewegung der Erde ohne Einfluß auf die Brechung ist, die das Licht in einem Prisma erfährt.

Man kann sich zu jeder dieser Hypothesen überlegen, welchen Wert man der Lichtgeschwindigkeit im Innern der in Bewegung befindlichen Körper zuzuschreiben hat. Der Wert dieser Geschwindigkeit kann durch die Bewegung verändert werden.

Nimmt man an, daß der Äther vollständig mit dem Körper mitgeführt wird, so müßte sich die Lichtgeschwindigkeit um den vollen Betrag der Geschwindigkeit des Körpers erhöhen, falls die Richtung des Lichtstrahls mit der Bewegungsrichtung übereinstimmt.

Wenn man den Äther als frei annimmt, so würde sich die Lichtgeschwindigkeit überhaupt nicht ändern.

Wird schließlich ein Teil des Äthers mitgeführt, so würde sich die Lichtgeschwindigkeit erhöhen, aber nur um einen Teil der Geschwindigkeit des Körpers und nicht um den gesamten Betrag wie bei der ersten Hypothese. Diese Folgerung ist nicht so evident wie die vorangehenden, aber Fresnel hat gezeigt, daß sie durch sehr einleuchtende mechanische Überlegungen gestützt werden kann.

Wenn auch die Geschwindigkeit des Lichts sehr groß ist verglichen mit den Geschwindigkeiten, die wir den Körpern erteilen können, so besitzen wir heute doch so feine Meßmethoden, daß es möglich wird, durch ein direktes Experiment festzustellen, welches der wirkliche Einfluß der Bewegung der Körper auf die Lichtgeschwindigkeit ist.

Man verdankt Arago eine auf das Interferenzphänomen gegründete Methode, die geeignet ist, kleinste Änderungen im Brechungsindex der Stoffe nachzuweisen. Die Beobachtungen von Arago und Fresnel über den Unterschied der Brechung durch trockene und durch feuchte Luft haben die außergewöhnliche Empfindlichkeit dieses Meßverfahrens gezeigt.

Indem ich dieses Prinzip ausnutzte und die doppelte Röhre von Arago mit den zwei konjugierten Fernrohren vereinigte, die ich für eine Bestimmung der absoluten

Lichtgeschwindigkeit benutzt habe, konnte ich in zwei Medien, in Luft und in Wasser, die Einflüsse der Bewegung eines Körpers auf die Geschwindigkeit des durch ihn hindurchlaufenden Lichts studieren.

Ich will versuchen, ohne Zuhilfenahme einer Figur deutlich zu machen, wie der Lichtweg bei diesem Versuch verlief. Ausgehend von der Brennlinie einer Zylinderlinse liefen die Sonnenstrahlen fast unmittelbar in das erste Fernrohr durch eine seitliche Öffnung, die sich in der Nähe des Brennpunktes befand. Eine durchsichtige Glasscheibe, deren Ebene mit der Fernrohrachse einen Winkel von 45° bildete, lenkte den Strahl durch Reflexion zum Objektiv hin.

Beim Austritt aus dem Objektiv trafen die nun parallel gewordenen Strahlen auf einen Doppelspalt, dessen Öffnungen jeweils dem Eintritt in eine der Röhren entsprachen. Ein sehr enges Strahlenbündel breitete sich somit in jeder der beiden Röhren aus und durchlief die gesamte Rohrlänge (1,487 m).

Die beiden zueinander immer parallelen Bündel erreichten das Objektiv des zweiten Fernrohrs, wurden gebrochen und vereinigten sich infolge dieser Brechung wieder in dessen Brennpunkt. Dort trafen sie auf die zur Fernrohrachse senkrechte Ebene eines Spiegels und erfuhren eine Reflexion, wodurch sie wieder zum Objektiv zurückgeworfen wurden. Aber durch diese Reflexion hatten die Strahlen ihre Route vertauscht derart, daß der zuvor rechts gewesene Strahl sich nach der Reflexion links befand und umgekehrt. Nachdem die Strahlenbündel erneut das Objektiv durchlaufen hatten und somit wieder parallel geworden waren, liefen sie ein zweites Mal durch die Röhren. Da sie jedoch vertauscht waren, lief der Strahl, der die eine der Röhren durchlaufen hatte, auf dem Rückweg durch die andere.

Nach ihrem zweiten Durchgang durch die Röhren durchsetzten die Bündel erneut den Doppelspalt, traten wieder in das erste Fernrohr ein und interferierten schließlich in seinem Brennpunkt beim Durchgang durch die durchsichtige Glasscheibe. Dort erzeugten sie durch gegenseitige Wechselwirkung Interferenzstreifen, die man durch ein Okular beobachten konnte, das in der Brennebene einen Teilungsmaßstab trug.

Die Streifen mußten sehr breit sein, um kleine Bruchteile ihrer Breite messen zu können. Ich habe herausgefunden, daß man diesen Zweck erreicht und gleichzeitig eine hohe Lichtintensität erhält, wenn man vor einem der Spalte eine dicke Glasplatte anbringt, die man so orientiert, daß man die beiden Spalte viel näher beieinander sieht, als sie in Wirklichkeit sind. Man kann so den Streifen verschiedene Ausdehnungen geben und die für die Beobachtungen günstigste auswählen. Der doppelte Durchgang des Lichtes bezweckte, die Weglänge im bewegten Medium zu erhöhen und andererseits den Einfluß einer zufälligen Temperatur- oder Druckdifferenz zwischen beiden Röhren vollständig zu kompensieren, wodurch sonst eine Verschiebung der Streifen hätte entstehen können, die sich mit der durch die Bewegung bewirkten Verschiebung vermischt und dadurch eine unsichere Beobachtung ergeben hätte.

Es ist in der Tat leicht zu sehen, daß bei dieser Anordnung alle Punkte, die sich auf dem Weg des einen Strahls befinden, ebenso auf dem Weg des anderen Strahls liegen, so daß eine Dichteänderung in irgendeinem Punkt auf diesem Wege sich in gleicher Weise auf beide Strahlen auswirken würde und folglich keinen Einfluß auf die Lage der Streifen haben kann. Man vergewissert sich, daß die Kompensation tatsächlich vollständig ist, indem man eine dicke Glasplatte vor nur einem der beiden Spalte anbringt oder auch, indem man das eine Rohr mit Wasser füllt und das andere nur mit Luft. Keiner dieser beiden Tests ergab auch nur die geringste Streifenverschiebung.

In bezug auf die Bewegung aber sind, wie man sieht, die beiden Strahlen entgegengesetzten Einflüssen unterworfen.

In der Tat, wenn man annimmt, daß in dem rechts befindlichen Rohr das Wasser auf den Beobachter zuströmt, so wird derjenige der zwei Strahlen, der von rechts gekommen ist, das Rohr in Bewegungsrichtung durchlaufen haben, während der von links kommende Strahl es entgegengesetzt zur Bewegungsrichtung durchlaufen hat.

Wenn man nun das Wasser in beiden Rohren auf einmal und in entgegengesetztem Sinne in Bewegung setzt, so sieht man, daß sich die Wirkungen addieren müssen. Wenn man diese doppelte Strömung erzeugt hat, so kann man noch die Bewegungsrichtung in beiden Rohren auf einmal umkehren, wodurch der Effekt sich nochmals verdoppelt.

Alle diese Bewegungen des Wassers wurden in sehr einfacher Weise erzeugt. Jedes Rohr war über zwei Abzweigungen, die sich in der Nähe der Rohrenden befanden, mit zwei Glasbehältern in Verbindung, in denen mit Hilfe komprimierter Luft abwechselnd ein Druck erzeugt wurde. Unter dem Einfluß dieses Drucks strömte das Wasser aus dem einen Behälter in den anderen durch das Rohr hindurch, dessen Enden durch Glasplatten verschlossen waren. Der Innendurchmesser der Röhren betrug 5,3 mm, ihre Länge 1,487 m. Sie waren aus Glas.

Der Druck, unter dem die Strömung des Wassers stattfand, konnte 2 Atmosphären übersteigen. Die Geschwindigkeit wurde als Quotient des pro Sekunde strömenden Wassers und des Rohrquerschnitts berechnet. Um einem möglichen Einwand zu begegnen, muß ich sagen, daß man große Sorgfalt aufwenden muß, um zufällige Bewegungen zu vermeiden, welche der Druck und die Erschütterung des Wassers hervorrufen könnten. So waren die beiden Rohre und die Behälter, in denen die Bewegungen des Wassers erzeugt wurden, auf Trägern angebracht, die unabhängig waren von anderen Teilen der Apparatur und insbesondere von den zwei Fernrohren. Nur die Rohre selbst hätten eine zufällige Bewegung erfahren können. Aber die Überlegung wie auch das Experiment haben gezeigt, daß Bewegungen oder Verbiegungen der Rohre selbst ohne Einfluß auf die Position der Streifen waren.

Es wurde nun folgendes beobachtet:

Wenn das Wasser in Bewegung versetzt wird, verschieben sich die Streifen, und je nachdem, ob das Wasser in der einen oder der anderen Richtung strömt, findet die Verschiebung nach rechts oder nach links statt.

Die Streifen verschieben sich nach rechts, wenn das Wasser im rechten Rohr auf den Beobachter zu bewegt und im linken Rohr von ihm wegbewegt wird.

Die Streifen verschieben sich nach links, wenn die Strömung in jedem der Rohre in entgegengesetzter Richtung zu der oben beschriebenen stattfindet.

Bei einer Geschwindigkeit des Wassers von 2 m/sec ist die Streifenverschiebung schon deutlich merkbar; bei einer Geschwindigkeit von 4 bis 7 m/sec ist sie gut meßbar.

Nachdem ich die Existenz dieses Effekts festgestellt hatte, versuchte ich, seine zahlenmäßige Größe mit größtmöglicher Genauigkeit zu bestimmen.

Gestützt auf die einfache Verschiebung, die entsteht, wenn das zuvor in Ruhe befindliche Wasser in Bewegung versetzt wird, und auf die doppelte Verschiebung, die entsteht, wenn man die Bewegung des Wassers in die entgegengesetzte Bewegung verkehrt, wurde durch eine Mittelung über 19 gut übereinstimmende Beobachtungen der Wert 0,23 für die einfache und 0,46 für die doppelte Verschiebung erhalten, wenn man die Streifenbreite als Einheit benutzt. Die Geschwindigkeit des Wassers betrug 7,069 m/sec.

Dieses Resultat wird im folgenden mit denjenigen verglichen, die man rechnerisch aus den verschiedenen Ätherhypothesen ableitet.

Unter der Annahme, daß der Äther völlig frei und von der Bewegung der Körper unabhängig ist, müßte die Verschiebung Null sein.

Unter der Hypothese, daß der Äther mit den Molekülen verbunden ist derart, daß er an ihren Bewegungen teilnimmt, ergibt die Rechnung für die doppelte Verschiebung den Wert 0,92. Die Beobachtung hat einen um die Hälfte kleineren Wert ergeben, nämlich 0,46.

Unter der Hypothese, daß der Äther teilweise mitgeführt wird, ergibt die Rechnung nach der Theorie von Fresnel 0,40, also einen Wert, der dem durch Beobachtung gefundenen nahe kommt. Die Differenz beider Werte wäre höchstwahrscheinlich geringer, wenn bei der Berechnung der Geschwindigkeit eine Korrektur vorgenommen worden wäre, die aber vernachlässigt werden mußte, weil sie nicht genau genug gegeben ist. Diese Korrektur müßte die Ungleichheit der Geschwindigkeiten der verschiedenen Flüssigkeitsfäden berücksichtigen. Durch eine grobe Abschätzung sieht man, daß sich hierdurch der theoretische Wert ein wenig erhöht und dem Beobachtungsergebnis annähert.

Ein Experiment, das dem hier berichteten ähnlich ist, habe ich früher mit bewegter Luft ausgeführt und dabei festgestellt, daß *die Bewegung der Luft keine merkliche Streifenverschiebung bewirkt.* Unter den Bedingungen, unter denen dieser Versuch durchgeführt wurde, und bei einer Luftgeschwindigkeit von 25 m/sec findet man mit der Hypothese, daß der Äther mitgeführt wird, den Wert 0,82 für die Verschiebung.

Nach der Hypothese von Fresnel würde die Verschiebung nur 0,000465 betragen und somit nicht nachweisbar sein. Also ist die scheinbare Unbeweglichkeit der Streifen bei dem Experiment mit bewegter Luft völlig im Einklang mit der Theorie von Fresnel.

Nachdem ich dieses negative Resultat festgestellt hatte, suchte ich unter den verschiedenen Ätherhypothesen nach einer Erklärung, welche die Erscheinung der Aberration mit dem Versuch von Arago in Einklang bringt, und ich nahm mit Fresnel an, daß die Bewegung der Körper eine Änderung der Lichtgeschwindigkeit bewirkt und daß diese Geschwindigkeitsänderung größer oder kleiner ist für verschiedene Medien je nach der Stärke, mit denen sie das Licht brechen, so daß sie beträchtlich ist in stark brechenden Medien und sehr gering in schwach brechenden Medien wie Luft.

Dies erklärte, daß sich die Streifen nicht verschoben hatten, als sich das Licht durch bewegte Luft ausbreitete, man im Gegensatz dazu jedoch eine merkliche Verschiebung erhielt, als der Versuch mit Wasser durchgeführt wurde, da ja dessen Brechungsindex größer ist als der von Luft.

Ein Experiment, das man Babinet verdankt und das in Band IX der „Comptes rendus de l'Academie des Sciences" erwähnt ist, schien in Widerspruch zu stehen mit der Hypothese, daß eine Geschwindigkeitsänderung entsprechend dem Fresnelschen Gesetz auftritt. Als ich aber die Bedingungen dieses Versuches untersuchte, habe ich einen Kompensationseffekt gefunden, der den durch die Bewegung hervorgerufenen Effekt unmerklich werden läßt. Die Ursache dafür ist in der Reflexion begründet, die das Licht bei diesem Versuch erfährt. In der Tat kann man zeigen, daß für zwei Strahlen, zwischen denen ein gewisser zeitlicher Abstand besteht, dieser Abstand durch die Reflexion an einem bewegten Spiegel verändert wird. Wenn man nun die beiden Effekte, die bei dem Babinetschen Versuch auftreten, getrennt berechnet, so findet man, daß sie gleiche Werte mit entgegengesetztem Vorzeichen haben.

Diese Erklärung ließ die Hypothese der Geschwindigkeitsänderung noch wahrscheinlicher werden, und ein mit bewegtem Wasser durchgeführter Versuch schien mir geeignet, die Frage mit Gewißheit zu entscheiden.

Der Erfolg dieses Experiments muß, wie mir scheint, die Annahme der Fresnelschen Hypothese zur Folge haben oder zumindest des Gesetzes, das Fresnel gefunden hat, um die Änderung der Lichtgeschwindigkeit durch die Bewegung der Körper auszudrücken. Denn obwohl sich das Gesetz bewährt hat und einen sehr starken Beweis darstellen mag zugunsten der Hypothese, aus der es sich zwangsläufig ableiten läßt, so mag doch vielleicht die Konzeption von Fresnel als so außergewöhnlich erscheinen und in gewisser Beziehung so schwer zu akzeptieren sein, daß man noch andere Beweise verlangen wird sowie eine gründliche Prüfung von seiten der Mathematik, bevor man sie als Aussage über die Realität anerkennen wird.

III

James Clerk Maxwell (1831–1879)

Ein Brief J. C. Maxwells an D. P. Todd

Veröffentlicht von G. Stokes[1])

Einen Brief Maxwells an Todd „Über eine mögliche Methode zum Nachweis einer Bewegung des Sonnensystems durch den Lichtäther", genauer gesagt, eine Kopie dieses Briefes, übergab der Adressat Professor Stokes, der sie am 6. Januar 1880 der Royal Society mit folgendem Kommentar vorlegte:

„Da die Notiz in der ‚Encyclopaedia Britannica', auf die Maxwell verweist, sehr kurz ist — sie beschränkt sich auf einen einzigen Satz — und da der Gegenstand von großem Interesse ist, hielt ich es für das Beste, diesen Brief der Royal Society mitzuteilen.[2])

Nach den Untersuchungen von Herrn Huggins über die Radialkomponente der Relativbewegung unserer Sonne und gewisser Sterne, dürfte der Verzögerungskoef-

---

[1]) Veröffentlicht in „Nature" **21** (1879/1880) 314–315.

[2]) Stokes war zu der Zeit Sekretär der Royal Society. (Anm. d. sowj. Red.)

fizient, den wir mit einiger Wahrscheinlichkeit zu erwarten haben, nur von der Größenordnung einer halben (zeitlichen) Sekunde sein. Ohne Zweifel dürfte es eine sehr heikle Sache sein, diesen Wert zu messen. Doch könnte diese Bewegung nach allem, was wir im Gegensatz dazu a priori wissen, sehr viel größer sein, als dem genannten Wert entspricht; und die Idee hat einen eigenständigen Wert, ungeachtet der Möglichkeit einer tatsächlichen Durchführung der Messung.

Herr Todd bemerkt in seinem Brief an mich: ‚Ich halte die Mitteilung für außerordentlich bedeutsam, obwohl es (wie Sie feststellen werden, wenn Ihnen meine Erwiderung zugänglich ist) wahrscheinlich eine lange Zeit dauern wird, bis wir genügend genaue Tabellen für die Jupitermonde haben, um das Problem einer experimentellen Prüfung zu unterziehen.'

Ich hielt es nicht für angebracht, die Veröffentlichung dieses Briefes im Vertrauen darauf zu verzögern, daß in Maxwells Papieren noch etwas auf diesen Gegenstand Bezügliches gefunden werden könnte."

Cavendish Laboratory,
Cambridge, 19. März 1879

Mein Herr,
mit großem Vergnügen erhielt ich die Tabellen der Jupitermonde, die Sie so freundlich waren mir zu schicken, und mich ermutigt Ihr Interesse an dem Jupitersystem zu der Frage, ob Sie speziell eine Untersuchung der scheinbaren, durch die geozentrische Position des Jupiters bedingten Verzögerung der Verfinsterungen durchgeführt haben.

Man sagte mir, daß Beobachtungen dieser Art etwas aus der Mode gekommen seien zugunsten anderer Methoden zur Bestimmung von Größen, die mit der Lichtgeschwindigkeit zusammenhängen, doch sie bieten meines Wissens die *einzige* Möglichkeit für eine Abschätzung der

Richtung und Größe der Geschwindigkeit der Sonne in bezug auf das lichtübertragende Medium. Selbst wenn wir von der Richtigkeit der Theorie der Aberration überzeugt sind, können wir doch nur Unterschiede in der Position von Sternen beobachten, und bei den terrestrischen Methoden zur Bestimmung der Lichtgeschwindigkeit läuft das Licht den gleichen Weg wieder zurück, so daß die Geschwindigkeit der Erde in bezug auf den Äther die Zeit des doppelten Durchlaufs um einen Wert ändern würde, der von dem Quadrat des Verhältnisses der Geschwindigkeit der Erde zu der des Lichtes abhängt, und dieser Wert ist viel zu klein, um beobachtet zu werden.

Bezeichnen JE die Entfernung des Jupiters von der Erde, l die geozentrische Länge, l' die Länge und λ die Breite der Richtung, in der sich die Sonne mit der Geschwindigkeit v durch den Äther bewegt, und bedeuten V die Lichtgeschwindigkeit und t die Zeit, in der das Licht von J nach E läuft, so gilt jedoch $JE = [V - v \cos \lambda \cos (l - l')]\, t$. Aus einem Vergleich der Werte t, die auftreten, wenn sich der Jupiter in verschiedenen Zeichen des Tierkreises befindet, können l' und $v \cos \lambda$ bestimmt werden.

Ich sehe keine Möglichkeit zur Bestimmung von λ, es sei denn, wir hätten einen Planeten mit einer Bahn, die gegen die Ekliptik sehr stark geneigt ist. Es sei erwähnt, daß die Bestimmung von V, also der Lichtgeschwindigkeit, nach dieser Methode von den Differenzen von JE, das heißt vom Durchmesser der Erdbahn abhängt, wohingegen die Bestimmung von $v \cos \lambda$ von dem viel größeren Wert von JE selbst abhängt.

Doch keine Methode kommt ohne gute Tabellen für die Bewegung der Monde aus, und da ich kein Astronom bin, weiß ich nicht, ob beim Vergleich der Beobachtungen mit den Tabellen von Damoiseau irgendein Versuch gemacht worden ist, den zu $v \cos \lambda$ proportionalen Term mit zu betrachten.

Ich habe mir daher die Freiheit genommen, Ihnen zu schreiben, da diese Angelegenheit außerhalb des Kompetenzbereichs eines jeden liegt, der nicht speziell die Monde untersucht hat.

In dem Artikel E (ether) in der 9. Auflage der „Encyclopaedia Britannica“ habe ich alle mir bekannten Fakten über die relative Bewegung des Äthers und der darin sich bewegenden Körper zusammengestellt, und ich habe gezeigt, daß über diese relative Bewegung aus den bisher beobachteten Erscheinungen nichts gefolgert werden kann; eine Ausnahme bilden jedoch die Verfinsterungen der Trabanten eines Planeten, und je größer dessen Entfernung ist, um so besser ist es.

Wenn Sie irgendeine Arbeit kennen, die in dieser Richtung — entweder von Ihnen selbst oder von anderen — durchgeführt wurde, würde ich es als einen großen Vorzug betrachten, darüber informiert zu werden.

Ihr ergebener

J. Clerk Maxwell

Albert Abraham Michelson (1852–1931)

Die Relativbewegung von Erde und Lichtäther[1])

Die Wellentheorie des Lichtes setzt die Existenz eines Äther genannten Mediums voraus, dessen Schwingungen die Wärme- und Lichterscheinungen hervorrufen, und von dem man annimmt, daß es den gesamten Raum erfüllt. Nach Fresnel nimmt der in optischen Medien enthaltene Äther an der Bewegung dieser Medien in einem Maße teil, das von ihrem Brechungsindex abhängt. Für Luft würde diese Bewegung nur einen kleinen Bruchteil der Luftbewegung selbst ausmachen, und sie ist daher zu vernachlässigen.

Nimmt man nun an, daß der Äther ruht und sich die Erde durch ihn hindurchbewegt, so hängt die Zeit, die das Licht benötigt, um von einem Punkt auf der Erd-

[1]) A. A. Michelson, The relative motion of the earth and the luminiferous ether, Amer. J. Sci. **22** (1881) 120–129. Dieser Artikel stellt die erste Veröffentlichung dar, in der Michelson die Ergebnisse seines berühmten Versuches zum Nachweis des Ätherwindes mitteilte. (Anm. d. sowj. Red.)

oberfläche zu einem anderen zu gelangen, von seiner Laufrichtung ab.

Wir verwenden die folgenden Bezeichnungen: V Lichtgeschwindigkeit, v Geschwindigkeit der Erde in bezug auf den Äther, D Abstand zwischen den beiden Punkten; d Strecke, die von der Erde zurückgelegt wird, während das Licht von einem Punkt zum anderen gelangt; d_1 von der Erde in der Zeit zurückgelegte Strecke, in der das Licht in umgekehrter Richtung läuft.

Wir setzen voraus, daß die Richtung der Verbindungslinie der beiden Punkte mit der Richtung der Erdbewegung zusammenfällt, und bezeichnen mit T die Zeit, die das Licht braucht, um von einem Punkt zum anderen zu gelangen, sowie mit T_1 die Zeit, die für die Lichtausbreitung in der entgegengesetzten Richtung benötigt wird. Schließlich sei T_0 die Zeit, die bei als ruhend angenommener Erde zum Durchlaufen der Strecke benötigt wird.

Dann gilt

$$T = \frac{D + d}{V} = \frac{d}{v} \quad \text{und} \quad T_1 = \frac{D - d}{V} = \frac{d_1}{v}.$$

Aus diesen Beziehungen erhalten wir

$$d = D \frac{v}{V - v} \quad \text{und} \quad d_1 = D \frac{v}{V + v},$$

woraus folgt

$$T = \frac{D}{V - v} \quad \text{und} \quad T_1 = \frac{D}{V + v}$$

und näherungsweise

$$T - T_1 = 2T_0 \frac{v}{V} \quad \text{oder} \quad v = V \frac{T - T_1}{2T_0}.$$

Wenn es nun möglich wäre, $T - T_1$ zu messen, könnte man, da V und T_0 bekannt sind, die Geschwindigkeit bestimmen, mit der sich die Erde durch den Äther bewegt.

Clerk Maxwell führte in einem kurz nach seinem Tode in der Zeitschrift „Nature" veröffentlichten Briefe[1]) aus, daß man $T - T_1$ dadurch bestimmen könnte, daß man die Lichtgeschwindigkeit aus den Verfinsterungen der Trabanten des Jupiter ermittelt, und zwar zu solchen Zeiten, in denen die Richtung, unter der dieser Planet von der Erde aus erscheint, verschieden ist. Doch zu diesem Zweck müßten die Beobachtungen dieser Verfinsterungen eine wesentlich größere Genauigkeit erreichen, als es bei den bisher angestellten der Fall ist. In dem gleichen Brief wird auch festgestellt, daß die Ursache dafür, daß solche Messungen nicht auf der Erdoberfläche ausgeführt werden können, darin liegt, daß wir bis jetzt keine Methode zur Messung der Lichtgeschwindigkeit kennen, die nicht notwendig einen Rücklauf des Lichtes längs des ersten Weges erfordert, wodurch das beim Durchlauf in einer Richtung Gewonnene nahezu wieder verlorengeht.

Die Differenz, die von dem Quadrat des Verhältnisses der beiden Geschwindigkeiten abhängt, ist nach Maxwell viel zu klein für eine Messung.

Das Folgende soll zeigen, daß diese Größe — falls sie existiert — mit der Wellenlänge des gelben Lichtes als Maßstab leicht gemessen werden kann.

Verwenden wir die gleichen Bezeichnungen wie vorher, so gilt $T = D/(V - v)$ und $T_1 = D/(V + v)$. Die gesamte, für Hin- und Rücklauf benötigte Zeit beträgt daher $T + T_1 = 2DV/(V^2 - v^2)$. Wenn sich jedoch das Licht in einer Richtung ausbreitet, die einen rechten Winkel mit der Erdbewegung einschließt, bleibt es gänzlich

[1]) Es handelt sich um einen Brief Maxwells an Todd. Siehe dazu S. 293 in diesem Buch. (Anm. d. sowj. Red.)

unbeeinflußt[1]), und die Zeit für Hin- und Rücklauf ist daher $2\,D/V = 2T_0$. Der Unterschied zwischen den Zeiten $T + T_1$ und $2T_0$ beträgt

$$\tau = 2DV\left(\frac{1}{V^2 - v^2} - \frac{1}{V^2}\right) = 2DV\frac{v^2}{V^2(V^2 - v^2)}$$
$$\approx 2T_0\frac{v^2}{V^2}.$$

---

[1]) In dem Artikel „Über den Einfluß der Erdbewegung auf die optischen Erscheinungen" (Versl. Akad. Amster. **2** (1886) 297 sowie Arch. Néerl. **21** (1887) 103) wies H. A. Lorentz darauf hin, daß diese Aussage unrichtig ist. Während der Zeit, in der das Licht die Strecke D in Richtung der Erdbewegung und entgegengesetzt dazu durchläuft, verschiebt sich der Strahlteiler um die Strecke $2vT_2$, so daß der Weg, den der Strahl senkrecht zur Erdbewegung durchläuft, gegeben ist durch (siehe Abb.)

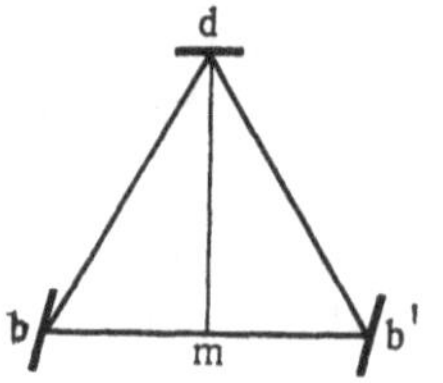

$$2VT_2 = 2\sqrt{v^2T_0{}^2 + D^2}, \text{ wobei } bd + db' = 2VT_2,$$
$$bm = vT_2,\ md = D.$$

Daraus folgt

$$2T_2 = \frac{2D}{\sqrt{V^2 - v^2}} = \frac{2D}{V}\frac{1}{\sqrt{1 - v^2/V^2}},$$

und nicht einfach $2T_2 = 2D/V$ wie bei Michelson. Damit ergibt sich

$$\tau = \frac{2DV}{V^2 - v^2} - \frac{2D}{\sqrt{V^2 - v^2}} \approx \frac{2D}{V}\cdot\frac{1}{2}\frac{v^2}{V^2},$$

wobei der letzte Ausdruck bis zu Gliedern zweiter Ordnung in v/V exakt ist. (Anm. d. sowj. Red.).

In der Zeit τ legt das Licht den Weg

$$V\tau = 2VT_0 \frac{v^2}{V^2} = 2D \frac{v^2}{V^2}$$

zurück.

Das bedeutet, die wirkliche Entfernung, die das Licht im ersten Fall zurücklegt, ist um den Wert $2Dv^2/V^2$ größer als im zweiten Fall.

Ziehen wir nun die Bewegung der Erde längs ihrer Bahn in Betracht, so beträgt das Verhältnis v/V näherungsweise 10^{-4}, und damit wird $v^2/V^2 = 10^{-8}$. Für $D =$ 1200 mm oder, in Wellenlängen des gelben Lichtes ausgedrückt, $2 \cdot 10^6$ ergibt sich dann in den gleichen Einheiten $2Dv^2/V^2 = 0{,}04$.

Wenn man daher einen Apparat so konstruiert, daß zwei Lichtbündel, die sich längs rechtwinklig zueinander liegender Wege ausbreiten, miteinander zur Interferenz gebracht werden können, wird der in Richtung der Erdbewegung laufende Strahl in Wirklichkeit einen um den vierhundertsten Bruchteil einer Wellenlänge längeren Weg zurücklegen, als es bei ruhender Erde der Fall wäre. Der senkrecht zur Erdbewegung laufende Strahl wird nicht beeinflußt.[1])

[1]) Die genaue Rechnung liefert unter Berücksichtigung der Lorentzschen Bemerkung einen anderen Wert. Tatsächlich gilt mit der gleichen Genauigkeit wie oben

$$V\tau = V \frac{D}{V} \frac{v^2}{V^2} = D \frac{v^2}{V^2},$$

das heißt, die gesuchte Verschiebung ist um den Faktor 2 kleiner als die von Michelson berechnete. Deshalb sind alle im weiteren angeführten theoretischen Werte der Verschiebungen um den Faktor 2 zu verkleinern, wodurch sie in den Bereich der Meßfehler geraten (siehe S. 310). Daher ist, obwohl sich die allgemeine von Michelson gezogene Schlußfolgerung als richtig erwies, die in diesem Artikel beschriebene erste Variante des Experiments de facto nicht beweiskräftig. (Anm. d. sowj. Red.).

Wird nun der Apparat um 90° gedreht, so daß der zweite Strahl in die Richtung der Erdbewegung gebracht wird, so verlängert sich sein Weg um 0,04 Wellenlängen. Die gesamte Änderung der Lage der Interferenzstreifen macht dann 8/100 des Abstandes zwischen den Streifen, also einen leicht meßbaren Wert aus.

Die Bedingungen für die Erzeugung von Interferenzen zwischen zwei Lichtbündeln, die senkrecht zueinander liegende Wege zurückgelegt haben, wurden in der folgenden einfachen Weise verwirklicht.

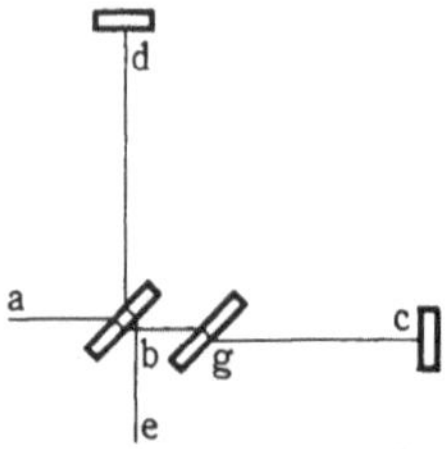

Abbildung 1

Licht von einer Lampe *a* (siehe Abb. 1) fiel auf eine planparallele Glasplatte *b*, wobei ein Teil zum Spiegel *c* gelangte und ein Teil zum Spiegel *d* reflektiert wurde. Die Spiegel *c* und *d* bestanden aus ebenen Glasplatten, die auf der Vorderseite versilbert waren. Von ihnen wurde das Licht nach *b* reflektiert, wo der eine Strahl reflektiert und der andere gebrochen wurde, worauf die beiden längs *be* zusammenfielen.

Macht man die Abstände *bc* und *bd* gleich und setzt eine Glasplatte *g* in den Weg *bc*, um die Dicke der Glasplatte *b* zu kompensieren, die von dem Strahl *bd* durchlaufen wird, so legen die beiden Strahlen gleiche Wege zurück und sind in der Lage, miteinander zu interferieren.

Das Instrument ist in Abbildung 2 schematisch und in Abbildung 3 perspektivisch dargestellt. Gleiche Buchstaben beziehen sich in beiden Abbildungen auf gleiche Teile.

Die Lichtquelle, eine kleine, mit einer Linse versehene Lampe, deren Flamme sich im Brennpunkt befand, ist bei *a* aufgestellt. *b* und *g* sind die beiden ebenen Glasplatten, die beide aus demselben Stück geschnitten wurden; *d* und *c* sind die versilberten Glasspiegel; *m* ist eine Mikrometerschraube, welche die Platte *b* in der Richtung *bc* zu verschieben gestattet. Das Fernrohr *e* zur Beobachtung der Interferenzstreifen ist mit einem Okularmikrometer ausgestattet. *w* ist ein Gegengewicht.

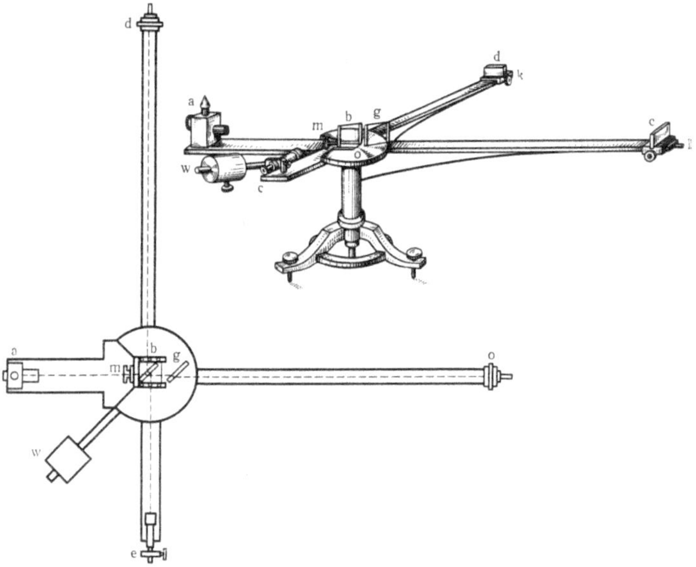

Abbildung 2

Abbildung 3

Bei den Experimenten wurden die Arme *bd* und *bc* mit langen (in den Abbildungen nicht gezeichneten) Papphülsen umgeben, um einen Schutz vor Temperaturschwankungen zu erreichen. Sie wurden an den äußeren Enden von den Stiften *k*, *l*, und an den anderen Enden von der kreisförmigen Platte *o* gehalten. Die Justierung geschah in folgender Weise:

Die Spiegel *c* und *d* wurden so nahe wie möglich an die Platte *b* herangeführt, und mit Hilfe der Schraube *m* und unter Verwendung eines Zirkels wurden die Abstände zwischen einem Punkt auf der Oberfläche von *b* und den beiden Spiegeln ungefähr gleich gemacht. Nach Entzünden der Lampe diente ein kleines Loch, das in einem davor aufgestellten Schirm angebracht war, als eine punktförmige Lichtquelle; und die in zwei Ebenen justierbare Platte *b* wurde so eingestellt, daß die beiden Bilder der Punktquelle, die von den Spiegeln reflektiert wurden, zusammenfielen. Dann erzeugte eine an die Stelle *a* gebrachte Natriumflamme sogleich die Interferenzstreifen. Diese ließen sich in ihrer Breite, Lage und Richtung durch eine geringfügige Bewegung der Platte *b* verändern, und als sie von geeigneter Breite und maximaler Schärfe waren, wurde die Natriumflamme entfernt und wieder durch die Lampe ersetzt. Die Schraube *m* wurde dann langsam gedreht, bis die Streifen wieder erschienen. Sie waren dann natürlich farbig, mit Ausnahme des Mittelstreifens, der fast schwarz war. Das Beobachtungsfernrohr war auf die Oberfläche des Spiegels *d* zu fokussieren, wo die Streifen am deutlichsten waren. Der ganze Apparat, einschließlich der Lampe und des Fernrohrs, war um eine vertikale Achse drehbar.

Man erkennt, daß dieser Apparat sehr leicht in ein „Interferenzspektroskop" verwandelt werden kann, und zwei große Vorteile, nämlich geringe Kosten und große räumliche Trennung der beiden Strahlen, besitzt.

Der oben beschriebene Apparat wurde von Schmidt und Hänsch in Berlin gebaut. Er wurde auf einem steinernen Sockel im Berliner Physikalischen Institut aufgestellt. Die erste Beobachtung zeigte jedoch, daß wegen der außerordentlichen Empfindlichkeit des Instruments gegenüber Vibrationen nicht tagsüber gearbeitet werden konnte. Danach wurde ein Versuch bei Nacht unternommen. Wenn die Spiegel in der Mitte der Arme aufgestellt wurden, waren die Streifen sichtbar, doch ihre Lage konnte erst nach 12^h, und auch dann nur zu gewissen Zeiten, gemessen werden. Wenn die Spiegel bis zu den Enden der Arme geschoben wurden, waren die Streifen nur noch gelegentlich sichtbar.

Es stellte sich so heraus, daß das Experiment in Berlin nicht durchgeführt werden konnte, und demzufolge wurde der Apparat in das *Astrophysikalische Observatorium* in Potsdam gebracht. Selbst hier reichten die gewöhnlichen Steinsockel nicht aus, und der Apparat wurde noch einmal umquartiert, dieses Mal in einen Keller, dessen kreisrunde Wände das Fundament für den Pfeiler des Äquatorials[1]) bildeten.

Hier war die Lage der Streifen unter normalen Bedingungen hinreichend stabil, um gemessen werden zu können, doch das Instrument war so außerordentlich empfindlich, daß das Getrappel auf einem ungefähr 100 m vom Laboratorium entfernten Bürgersteig die Streifen vollständig zum Verschwinden brachte!

Wenn das schon bei dem Instrument der Fall war, bei dessen Konstruktion eine möglichst geringe Empfindlichkeit angestrebt wurde, was wäre dann nicht von einem Gerät zu erwarten, das so empfindlich wie möglich ausgebildet würde!

Zu dieser Jahreszeit, Anfang April, stimmt die Bewegung der Erde längs ihrer Umlaufbahn in der astronomischen Länge mit der geschätzten Richtung der Bewegung des Sonnensystems (auf das Sternbild des Herkules zu) ungefähr überein. Die Richtung dieser Bewegung ist um einen Winkel von etwa $+26°$ gegen die Äquatorebene geneigt, und zu dieser Jahreszeit schließt die Tangente zur Bahnbewegung der Erde einen Winkel von

---

[1]) Nach Auskunft von Professor J. Wempe, Potsdam, handelt es sich um das Teleskop in der Ostkuppel. (Anm. d. dt. Red.).

—23,5° mit der Äquatorebene ein; daher können wir sagen, daß die Resultierende in ihrer Richtung um nicht mehr als 25° von der Äquatorebene abweichen wird.

Je weniger sich die beiden Komponenten der Größe nach unterscheiden, um so mehr nähert sich ihre Resultierende der Äquatorebene.

In diesem Fall wird, stellt man den Apparat so auf, daß die Arme nach Norden und Osten zeigen, der nach Osten weisende Arm am Mittag mit der resultierenden Bewegung zusammenfallen und der andere Arm sich in einem rechten Winkel dazu befinden. Wenn man daher den Apparat zu dieser Zeit um 90° dreht, sollte die Verschiebung der Streifen *zweimal* 8/100, das heißt 16 Hundertstel des Abstandes zwischen den Streifen ausmachen.

Wenn andererseits die Eigenbewegung der Sonne klein im Vergleich zur Erdbewegung wäre, so würde die Verschiebung 6/10 von 0,8, also 0,048 des Streifenabstandes betragen. Nehmen wir als wahrscheinlichsten Wert das Mittel dieser beiden Angaben, so können wir sagen, daß die gesuchte Verschiebung nicht sehr von einem Zehntel des Abstandes zwischen den Streifen abweichen wird.[1])

Die prinzipielle Schwierigkeit, die bei der Durchführung dieser Experimente zu befürchten war, bestand im Auftreten von Änderungen der Temperatur der beiden Arme des Instruments. Letztere bestanden aus Messing, dessen Ausdehnungskoeffizient 0,000019 beträgt, und sie hatten eine ungefähre Länge von 1000 mm bzw. 1700000 Wellenlängen, so daß die Streifen, sollte ein Arm eine nur um ein Hundertstel Grad höhere Temperatur besitzen als der andere, dadurch eine Verschiebung erfahren würden, die dreimal so groß wäre wie die von der Drehung herrührende. Da die Temperaturänderungen unabhängig von der Richtung der Arme sind, konnte andererseits der Effekt dieser Änderungen, falls letztere nicht zu groß waren, eliminiert werden.

---

[1]) Der tatsächliche Wert ist um den Faktor 2 kleiner. (Anm. d. sowj. Red.)

Es wurde jedoch festgestellt, daß die Verschiebung auf Grund einer Verbiegung der Arme während der Drehung so beträchtlich war, daß das Instrument an den Hersteller zurückgeschickt werden mußte mit der Anforderung, es so leicht drehbar wie nur möglich zu machen. Man kann aus den Tabellen ersehen, daß trotz dieser Vorsichtsmaßnahme in einer speziellen Richtung eine große Verschiebung beobachtet wurde. Daß dies seine Ursache vollständig im Stativ hatte, wurde dadurch gezeigt, daß sich bei Drehung des letzteren um 90° auch die Richtung, in der die Verschiebung auftrat, um 90° änderte.

Wegen der Empfindlichkeit des Instruments gegenüber Vibrationen konnte die Mikrometerschraube des Beobachtungsfernrohrs nicht benutzt werden, und stattdessen fand eine auf Glas geritzte Skala Verwendung. Der Abstand zwischen den Streifen überdeckte drei Skalenteile, und die Lage des Zentrums des dunklen Streifens wurde auf ein Viertel Skalenteil genau geschätzt, so daß die einzelnen Ablesungen auf 1/12 der Wellenlänge genau waren.

Häufig trat der Fall ein, daß die Streifen aus einem geringfügigen Anlaß (unter anderem durch ein Flackern der Lampenflamme infolge Erwärmung der aus Blech gefertigten Lampe) plötzlich ihre Lage änderten. In einem solchen Fall wurde die Meßreihe verworfen und eine neue begonnen. Bei der vor der dritten Meßreihe durchgeführten Justierung wurde durch Verstellung der Glasplatte *b* die Richtung, in der sich die Streifen bewegten, umgekehrt, so daß die Verschiebungen bei der dritten und vierten Reihe mit dem entgegengesetzten Vorzeichen zu nehmen sind. Am Ende einer jeden Reihe wurde das Stativ um 90° gedreht, und die Achse wurde mittels der Fußschrauben und einer Wasserwaage sorgfältig in Richtung der Vertikalen eingestellt. Die Spaltenüberschriften in Tabelle 1 geben die Richtung an, in die das Fernrohr zeigte. Bei den Spalten mit fehlerhaften Meßwerten wurde an Stelle der Summe x geschrieben, und in den Rechnungen wurde der Mittelwert zweier benachbarter Summen dafür ein-

Tabelle 1

	N	*NO*	*O*	*SO*	*S*	*SW*	*W*	*NW*	Bemerkungen
1. Drehung	0,0	0,0	0,0	−8,0	−1,0	−1,0	−2,0	−3,0	1. Meßreihe. Die
2. ,,	16,0	16,0	16,0	9,0	16,0	16,0	15,0	13,0	Fußschraube *B* zeigt
3. ,,	17,0	17,0	17,0	10,0	17,0	16,0	16,0	17,0	nach Osten.
4. ,,	15,0	15,0	15,0	8,0	14,5	14,5	14,5	14,0	
5. ,,	13,5	13,5	13,5	5,0	12,0	13,0	13,0	13,0	
	61,5	61,5	61,5	*x*	58,5	58,5	56,5	54,0	
	S 58,5	*W*	56,5		*NO*	61,5	*SO*	60,0	
	120,0		118,0			120,0		114,0	
	118,0					114,0			
Überschuß	+2,0					+6,0			
1. Drehung	10,0	11,0	12,0	13,0	13,0	0,0	14,0	15,0	2. Meßreihe. *B* zeigt
2. ,,	16,0	16,0	16,0	17,0	17,0	2,0	17,0	17,0	nach Süden.
3. ,,	17,5	17,5	17,5	17,5	17,5	4,0	18,0	17,5	
4. ,,	17,5	17,5	17,0	17,0	17,0	4,0	17,0	17,0	
5. ,,	17,0	17,0	17,0	17,0	16,0	3,0	16,0	16,0	
	78,0	79,0	79,5	81,5	80,5	*x*	82,0	82,5	
	S 80,5	*W*	82,0		*NO*	79,0	*SO*	81,5	
Überschuß	158,5		161,5			160,0		164,0	
	161,5					164,0			
	−3,0					−4,0			

Tabelle 1 (Fortsetzung)

	N	*NO*	*O*	*SO*	*S*	*SW*	*W*	*NW*	Bemerkungen
1. Drehung	3,0	3,0	3,0	3,0	2,5	2,5	2,5	10,0	3. Meßreihe *B* zeigt nach Westen.
2. „	18,0	17,5	17,5	18,0	18,5	19,0	19,5	26,0	
3. „	11,0	11,0	13,0	12,0	13,0	13,5	13,5	21,0	
4. „	1,0	0,0	0,5	0,5	0,5	0,0	0,0	14,0	
5. „	4,0	4,0	5,0	5,0	5,0	5,5	5,5	16,0	
	37,0	35,5	39,0	38,5	39,5	40,5	71,0	*x*	
	S 39,5	*W*	41,0		*NO*	35,5	*SO*	38,5	
	76,5		80,0			76,0		79,5	
			76,5					76,0	
Überschuß			+3,5					+3,5	
1. Drehung	14,0	21,0	15,5	17,0	14,0	14,5	14,5	16,0	4. Meßreihe. *B* zeigt nach Norden.
2. „	10,0	20,0	12,0	12,0	13,0	13,0	13,0	13,5	
3. „	14,0	25,0	15,0	16,0	16,0	16,0	16,0	17,0	
4. „	18,0	27,0	18,5	18,5	18,5	19,0	20,0	21,0	
5. „	15,0	24,0	15,0	15,0	15,0	16,0	16,0	16,5	
	71,0	*x*	76,0	78,5	76,5	78,5	79,5	84,0	
	S 76,5	*W*	79,5		*NO*	73,5	*SO*	78,5	
	147,5		155,5			152,0		162,5	
			147,5					152,0	
Überschuß			+8,0					+10,5	

gesetzt. Die Zahlen in den Spalten bezeichnen die Lage des Zentrums des dunklen Streifens, gemessen in *Zwölfteln* des Streifenabstandes.

Bei den ersten beiden Reihen, wo die Summen der Spalten *N* und *S* größer sind als die der Spalten *O* und *W*, wird der Überschuß als positiv gezählt. Der Überschuß der Summen bezüglich *NO*, *SW* im Vergleich zu denen bezüglich *NW*, *SO* wird ebenfalls als positiv bezeichnet. Bei der dritten und vierten Reihe ist es umgekehrt.

Die „Überschuß" genannten Werte sind die Summe von jeweils 10 Beobachtungsdaten. Dividieren wir daher, um den Mittelwert zu erhalten, durch 10, und außerdem durch 12 (da die zugrundeliegende Maßeinheit ein Zwölftel des Streifenabstandes beträgt), so finden wir das in Tabelle 2 dargestellte Ergebnis.

Tabelle 2

	N, *S*	*NO*, *SW*		*N*, *S*	*NO*, *SW*
1. Meßreihe	+0,017	+0,050	4. Meßreihe	+0,067	+0,087
2. Meßreihe	−0,025	−0,033		+0,089	+0,137
3. Meßreihe	+0,030	+0,030	Mittelwert	+0,022	+0,034

Die Verschiebung folgt also aus den Spalten *N*, *S* zu 0,022 und aus den Spalten *NO*, *SW* zu 0,034.

Der erste Wert ist zu klein, um als Anzeichen für eine Verschiebung auf Grund einfach der Richtungsänderung angesehen werden zu können, und der letztere sollte eigentlich gleich Null sein.

Diese Werte sind einfach systematische Meßfehler. In der Tat ersieht man aus den Summen der Spalten, daß die Werte mit mehr oder weniger großer Regelmäßigkeit von links nach rechts zunehmen (bzw. abnehmen).

Diese allmähliche Änderung selbst, welche die von uns gesuchte periodische Änderung nicht im geringsten beeinflussen dürfte, macht die Annahme eines systematischen Fehlers einfach deshalb erforderlich, weil die Summe der zwei weiter links stehenden Spalten kleiner (bzw. größer) sein muß als Summe der weiter rechts stehenden.

Diese Auffassung findet eine ausreichende Stütze in der Tatsache, daß der Überschuß dann, wenn er für die Spalten *N*, *S* positiv ist, auch für *NO*, *SW* positiv ist, und das gleiche gilt für negative Werte. Wir haben daher einen viel kleineren Fehler zu erwarten, wenn wir diese allmähliche Änderung eliminieren können. Dies läßt sich in einfachster Weise folgendermaßen erreichen: Durch Addition aller Summen der vier Reihen (die dritte und vierte Reihe mit negativem Vorzeichen) ergibt sich

N	*NO*	*O*	*SO*	*S*	*SW*	*W*	*NW*
31,5	31,5	26,0	24,5	23,0	20,8	18,0	11,0 .

Dividieren wir durch 20×12, um die Mittelwerte in Einheiten des Streifenabstandes zu erhalten, so finden wir

N	*NO*	*O*	*SO*	*S*	*SW*	*W*	*NW*
0,131	0,131	0,108	0,102	0,096	0,086	0,075	0,046 .

Bezeichnet x die Nummer der Spalte, wobei die Zählung von rechts beginnt, und y die zugehörige Summe, so liefert die Methode der kleinsten Quadrate als Gleichung der Geraden, von der die Punkte x, y am wenigsten abweichen,

$$y = 9{,}25x + 64{,}5.$$

Wenn wir nun eine Kurve zeichnen, bei der die Ordinate gleich der Differenz zwischen den aus der vorstehenden Gleichung folgenden Werten für y und den tatsächlichen y-Werten ist, so wird diese Kurve die von dem in Rede stehenden Fehler befreiten beobachteten Verschiebungen darstellen. Die genannten Ordinaten sind in der folgenden Tabelle aufgeführt.

Die kleinen Verschiebungen $-0{,}004$ und $-0{,}015$ sind einfach Meßfehler.

N	*NO*	*O*	*SO*	*S*	*SW*	*W*	*NW*
−0,002	−0,011	+0,003	−0,001	−0,004	−0,003	−0,001	+0,018
N	−0,002	*O*	+0,003	*NO*	−0,011	*NW*	+0,018
S	−0,004	*W*	−0,001	*SW*	−0,003	*SO*	−0,001
Mittelwert	−0,003		+0,001	Mittelwert	−0,007		+0,008
	+0,001				+0,008		
Überschuß	−0,004			Überschuß	−0,015		

Die erhaltenen Resultate werden noch besser verdeutlicht, wenn man die wirkliche Kurve zusammen mit der Kurve aufträgt, die dann zu finden sein müßte, wenn die Theorie richtig wäre (siehe Abb. 4).

Abbildung 4

Die gestrichelte Kurve wurde unter der Annahme gezeichnet, daß die zu erwartende Verschiebung ein Zehntel des Abstandes zwischen den Streifen ausmacht. Doch selbst wenn diese Verschiebung nur ein Hundertstel betrüge, würde die geknickte Linie besser mit der Geraden als mit der punktierten Kurve übereinstimmen.

Diese Ergebnisse sind so zu interpretieren, daß keine Verschiebung der Interferenzstreifen auftritt. Damit wurde gezeigt, daß eine aus der Hypothese eines ruhenden Äthers sich ergebende Konsequenz nicht richtig ist, was notwendig zu der Schlußfolgerung führt, daß die Hypothese selbst falsch ist.

Diese Folgerung steht in direktem Widerspruch zu der Erklärung der Aberration, die bisher allgemein anerkannt wurde und die voraussetzt, daß sich die Erde durch den Äther bewegt, wobei der letztere in Ruhe bleibt.

Es ist vielleicht nicht unangebracht, einen Auszug aus einem Artikel anzufügen, der im Jahre 1846 von Stokes in der Zeitschrift „Philosophical Magazine“ veröffentlicht wurde.

„Alle diese Ergebnisse folgen unmittelbar aus der Theorie der Aberration, die ich im Juliheft dieser Zeitschrift vorgeschlagen habe. Weiterhin war es mir nicht möglich, ein einen Vergleich mit dem Experiment zulassendes Ergebnis zu erhalten, das verschieden wäre, je nachdem, welche Theorie wir uns zu eigen machen. Dies liefert ein merkwürdiges Beispiel für zwei vollständig verschiedene Theorien, welche die Erscheinungen völlig parallel zueinander erklären. Ich bin nicht der Meinung, daß viele geneigt wären, die Fresnelsche Theorie aufrechtzuerhalten, wenn sich zeigt, daß man ohne sie auskommt, denn ohne guten Grund würden wir schwerlich daran glauben, daß sich der Äther frei durch die feste Masse der Erde hindurchbewegt. Doch es wäre befriedigend, wenn es möglich wäre, die beiden Theorien einer Überprüfung durch ein entscheidendes Experiment zu unterziehen.“[1])

Abschließend benutze ich die Gelegenheit, Herrn A. Graham Bell für die Gewährung der Mittel zur Ausführung dieser Arbeit zu danken, ebenso Herrn Professor Vogel, dem Direktor des *Astrophysikalischen Observatoriums*, für die Freundlichkeit, mir die Hilfsmittel seines Laboratoriums zur Verfügung zu stellen.

[1]) Michelson zitiert einen Ausschnitt aus dem Artikel von G. Stokes, Die Fresnelsche Theorie der Aberration des Lichtes, Phil. Mag. 28 (1846) 81. (Anm. d. sowj. Red.)

R. S. Shankland

Rayleigh und Michelson[1])

Während seiner ganzen langen wissenschaftlichen Laufbahn widmete Lord Rayleigh einen Großteil seiner wissenschaftlichen Tätigkeit der Optik und stand infolgedessen oft in Briefwechsel mit Albert A. Michelson. Rayleigh war einer der ersten gewesen, die den von Michelson schon frühzeitig in Annapolis und in Washington durchgeführten Messungen der Lichtgeschwindigkeit Beachtung schenkten; doch ein erstes gemeinsames Interesse an einem optischen Problem scheint sich erst im Jahre 1881 ergeben zu haben, zu der Zeit, als Michelson einen Ferienurlaub in Schluchsee im Schwarzwald verbrachte. Michelson war mit seiner Familie kurz nach Abschluß seines Ätherwind-Experimentes in Potsdam dorthin gefahren, eines Experimentes, das enttäuschenderweise ohne ein positives Resultat geblieben war. Nach Fertigstellung einer Beschreibung seines Experimentes für eine Veröffentlichung hatte er seine Aufmerksamkeit Messungen der Lichtgeschwindigkeit zugewandt, speziell einem kürzlichen Ergebnis, das Young und Forbes bei Messungen in Schottland über den Firth of Clyde hinweg erhalten hatten. Sie hatten Ergebnisse publiziert[2]), die anscheinend auf eine beträchtliche Dispersion des Lichtes im sichtbaren Spektralbereich im Falle von Luft hindeuteten. Lord Rayleigh[3]) hatte Zweifel an diesen Resultaten geäußert, da sie im Widerspruch zu seiner Theorie standen, die Phasen- und Gruppengeschwindigkeit miteinander

[1]) R. S. Shankland, Rayleigh and Michelson, Isis **58** (1967) 86–88.

[2]) J. Young and G. Forbes, Nature **24** (1881) 303.

[3]) Rayleigh, Nature **24** (1881) 382.

verknüpfte. Da Michelson bei seinen früheren Experimenten keine große Dispersion gefunden hatte, schrieb er einen Brief[1]) an die Zeitschrift „Nature", in dem er das Ergebnis von Young und Forbes anzweifelte und zum Beweis des Gegenteils einige seiner eigenen Messungen und Beobachtungen anführte. Die Michelsonsche Veröffentlichung erweckte Rayleighs Interesse, und so begann ihre lebenslange Freundschaft.

Michelson fühlte sich durch Rayleighs Interesse an seinen Lichtgeschwindigkeitsmessungen sehr ermutigt, in der Tat in einem solchen Maße, daß das Potsdamer Experiment im Michelsonschen Briefwechsel mehr als drei Jahre lang nicht einmal erwähnt wird! Als Michelson im Sommer 1882 nach Cleveland übersiedelte, um als Professor der Physik Forschung und Lehre an der neu gegründeten „Case School of Applied Sciences" aufzunehmen, fand die herzliche Beziehung zu Lord Rayleigh ihre Fortsetzung. Von Interesse waren damals die neuen, in Cleveland durchgeführten Messungen der Lichtgeschwindigkeit in Luft, bei denen Michelson besonders bemüht war, eine obere Grenze für die Dispersion des Lichtes in Luft dadurch zu finden, daß er nach einem Spektrum im Beugungsbild seines zurückkommenden Lichtstrahls suchte. Die Breite dieses Spektrums war so gering, daß die Behauptungen von Young und Forbes vollständig widerlegt wurden.[2]) Rayleigh interessierte sich auch stark für Michelsons Arbeiten über die Lichtgeschwindigkeit in Wasser und Carbondisulfid. In der ersteren bestätigte Michelson die früheren Messungen von Foucault, die zeigten, daß sich das Licht in Wasser langsamer ausbreitet als in Luft. Dieses Ergebnis lieferte zur damaligen Zeit eine entscheidende Stütze für die Wellentheorie des

[1]) A. A. Michelson, Nature **24** (1881) 460.

[2]) Brief Michelsons an Lord Rayleigh vom 20. November 1883 aus Cleveland, Ohio. (Dieser und die folgenden zitierten Briefe stammen aus den „Rayleigh Archives of the Air Force Cambridge Research Laboratories".)

Lichtes. Weiterhin kam das von Michelson gemessene Verhältnis der Lichtgeschwindigkeiten in Luft und Wasser dem aus dem Brechungsindex von Wasser folgenden sehr nahe. Michelsons entsprechende Messungen für Carbondisulfid standen anscheinend im Widerspruch zur Theorie, doch mit der für ihn charakteristischen Offenheit publizierte er nichtsdestoweniger sein Ergebnis.[1]) Lord Rayleigh und auch Willard Gibbs zeigten sogleich, daß sich die Michelsonschen Resultate für Carbondisulfid in Wahrheit in ausgezeichneter Übereinstimmung mit der Theorie befanden, wenn man die große Dispersion des Lichtes in Carbondisulfid berücksichtigte und die Meßdaten mit der Rayleighschen Theorie analysierte, derzufolge die von Michelson gemessene Geschwindigkeit nicht die Phasengeschwindigkeit, sondern die Gruppengeschwindigkeit war. Die grundlegende Theorie, die Phasen- und Gruppengeschwindigkeit in einem dispersiven Medium miteinander verknüpft, war viele Jahre zuvor von Lord Rayleigh[2]) entwickelt worden, doch erst die Michelsonschen Ergebnisse erlaubten eine zufriedenstellende quantitative Überprüfung. Von dieser Zeit an waren Rayleigh und Michelson enge Freunde. Im Jahre 1884 war Lord Rayleigh Präsident der „British Association for the Advancement of Science", und auf der in jenem Jahr in Montreal stattfindenden Tagung erwähnte er in seiner Präsidialadresse[3]) sehr beifällig Michelsons Arbeiten auf optischem Gebiet. Diese Aufmerksamkeit, die dem jungen Michelson von Rayleigh erwiesen wurde, war ein entscheidender Faktor für seine frühe Anerkennung seitens einer großen Gruppe von Physikern.

Von noch größerer Bedeutung war die Anregung und Inspiration, die Michelson durch die Vorlesungen von

---

[1]) S. Newcomb, On velocity of light (with a supplement by A. A. Michelson), Report of the Smithsonian Institution 1883.

[2]) Rayleigh, Proc. London Math. Soc. **9** (1877) 21; schon früher von W. R. Hamilton entwickelt, aber nicht veröffentlicht.

[3]) British Association Report 654 in: Rayleigh, Scientific papers, Cambridge 1899—1920, Bd. 2, S. 348.

Lord Kelvin (damals noch Sir William Thomson) in Baltimore erhielt. Diese Vorlesungen wurden im Oktober 1884 an der John-Hopkins-Universität gehalten und teilweise von Rayleigh besucht. Hier zollten sowohl Kelvin als auch Rayleigh den schönen experimentellen Arbeiten Michelsons ihre Anerkennung und ermutigten ihn auch, sein Potsdamer Experiment mit einer empfindlicheren Apparatur zu wiederholen. Weiterhin drängten sie Michelson, das Fizeausche Experiment[1]) zur Messung der Lichtgeschwindigkeit in bewegtem Wasser zu wiederholen, da dieses Experiment ein entscheidendes Argument für die Äthertheorie geliefert hatte, die zu der Zeit so heftig diskutiert wurde. Während dieser Gespräche in Baltimore wurde auch Professor E. W. Morley mit dem Problem vertraut gemacht[2]), und auf diese Weise begann die berühmte Zusammenarbeit zwischen Michelson und Morley bei einer Reihe von Experimenten, die von 1885 bis 1889 in Cleveland durchgeführt wurden. Während des gesamten Zeitraums, in dem diese berühmten Untersuchungen stattfanden, schrieb Michelson an Lord Rayleigh über die Planung und den Fortschritt der Arbeit.[3]) Die Wiederholung des Fizeauschen Experimentes lieferte ein ausgezeichnetes Ergebnis, das jedermann erfreute[4]), doch das Null-Resultat, das sich beim Experiment von Michelson und Morley[5]) ergab, stellte für Rayleigh und Kelvin, und besonders für Michelson und Morley[6]) eine echte Enttäuschung dar.

---

[1]) H. L. Fizeau, Compt. rend. **33** (1851) 34; Ann. chim. phys. **57** (1859) 385.

[2]) R. S. Shankland, Amer. J. Phys. **32** (1964) 16.

[3]) Briefe Michelsons an Rayleigh vom 9. Dezember 1884 (Fizeau-Experiment) und vom 6. März 1887 (Michelson-Morley-Experiment).

[4]) A. A. Michelson and E. W. Morley, Amer. J. Sci. **31** (1886) 377.

[5]) A. A. Michelson and E. W. Morley, Amer. J. Sci. **31** (1886) 333.

[6]) Brief Michelsons an Rayleigh vom 17. August 1887.

Ein wichtiges Nebenprodukt des Experimentes von Michelson und Morley war die Untersuchung von Spektrallinien; die Methode bestand in der Messung der „Sichtbarkeitskurven“ der Interferenzstreifen und anschließender Fourier-Analyse. Bei diesen Experimenten wurden die Feinstruktur von Wasserstofflinien und die Hyperfeinstruktur von Thallium- und Quecksilberlinien entdeckt.[1]) Diese grundlegende bahnbrechende Arbeit wurde durch Rayleighs Interesse an der theoretischen Seite des Problems[2]) gefördert. Rayleigh führte aus, daß sich das Verfahren der „Sichtbarkeitskurven“ nur im Falle eines in hohem Maße symmetrischen Multipletts korrekt auswerten läßt, und daß es selbst dann nur für die einfacheren Fälle eindeutig ist. Zweifellos besteht ein Zusammenhang zwischen dieser von Rayleigh aufgezeigten Begrenzung und Michelsons späterer Erfindung des Stufengitter-Spektrometers zum Zweck einer direkteren Beobachtung der Fein- und Hyperfeinstruktur von Spektrallinien.

In späteren Jahren, als sich die Quantentheorie zu entwickeln begann, verfolgten weder Michelson noch Rayleigh die neuen Ideen mit dem gleichen, von Freude an der Sache durchdrungenen Interesse, das sie früher für die klassische Optik gezeigt hatten. Ihre herzlichen Beziehungen und ihr Briefwechsel dauerten jedoch bis zum Tode von Lord Rayleigh im Jahre 1919 an. Es ist sicher, daß Rayleigh einen wesentlichen Einfluß auf Michelsons Laufbahn ausgeübt hat, den anzuerkennen Michelson stets ein Vergnügen war.

---

[1]) A. A. Michelson and E. W. Morley, Amer. J. Sci. **38** (1889) 181.

[2]) Rayleigh, Phil. Mag. **34** (1892) 407; siehe auch den Brief Michelsons an Rayleigh vom 18. Dezember 1888 aus Cleveland.

John William Strutt
(Lord Rayleigh)
(1842–1919)

Über den Charakter der vollständigen Strahlung bei gegebener Temperatur[1])

Unter vollständiger Strahlung wird hier die Strahlung verstanden, die sich letztlich in einem Hohlraum ausbilden würde, dessen Wände undurchlässig sind und auf einer gleichmäßigen Temperatur gehalten werden.[2]) Von Stewart und Kirchhoff wurde gezeigt, daß diese Strahlung nicht nur pauschal, sondern auch in ihren Details bestimmt ist; die Energie, die mit zwischen n und $n + dn$ liegenden Frequenzen ausgestrahlt wird, kann nämlich ausgedrückt werden als

$$F(n)dn, \qquad (1)$$

[1]) J. W. Strutt (Rayleigh), On the character of the complete radiation at a given temperature, Phil. Mag. **27** (1889) 460–469; siehe auch: Scientific papers, Bd. 3 (1902), S. 268–276.

[2]) Die hier als *vollständig* bezeichnete Strahlung wird manchmal auch *schwarze* Strahlung genannt. Die Bezeichnung schwarz für einen rotglühenden Feuerhaken bzw. dessen Strahlung erscheint mir nicht sehr glücklich.

wobei $F(n)$ bei gegebener Temperatur eine definierte Funktion von n ist. Der in dem Wort *letztlich* steckende Vorbehalt ist notwendig, um von Phosphoreszenz oder von chemischer Wirkung im Innern des Hohlraums herrührende Strahlung auszuschließen. Man nimmt an, daß die, was jedenfalls ihre sichtbaren Bestandteile betrifft, gewöhnlich durch den Terminus *weiß* gekennzeichnete Strahlung der vollständigen Strahlung bei einer bestimmten sehr hohen Temperatur näherungsweise ähnlich ist.

Wie von Kirchhoff bemerkt wurde, ist die Funktion F, die von den Eigenschaften irgendeiner speziellen Art von Materie unabhängig ist, wahrscheinlich von einer einfachen Form, und an Spekulationen darüber hat es natürlich nicht gefehlt. Innerhalb der letzten zwei Jahre wurde diese Frage von W. Michelson[1]) und H. F. Weber[2]) untersucht. Der erstere gelangt auf der Grundlage eines a priori-Arguments von nicht sehr überzeugender Art zu dem Schluß, daß die Intensität der Strahlung bei der Temperatur Θ und bezogen auf das Wellenlängenintervall zwischen λ und $\lambda + d\lambda$ in folgender Form ausgedrückt werden kann

$$I_\lambda d\lambda = B\Theta^{-3/2} f(\Theta)\, e^{-\frac{c}{\Theta\lambda^2}} \lambda^{-2p-4}\, d\lambda. \tag{2}$$

Gemäß Stefan ist die Energie der Gesamtstrahlung proportional zu Θ^4. In Übereinstimmung damit nimmt Michelson an, daß gilt

$$p = 1, \qquad f(\Theta) = K\Theta^3,$$

so daß (2) die speziellere Form

$$I_\lambda = B_1 \Theta^{3/2} e^{-\frac{c}{\Theta\lambda^2}} \lambda^{-6} \tag{3}$$

annimmt.

Wenn wir, wie es vorteilhafter erscheint, n als unabhängige Variable verwenden, ist $F(n)dn$ von der Form

$$A e^{-a^2n^2} n^4\, dn \tag{4}$$

---

[1]) J. de phys. **6** (Oct. 1887); Phil. Mag. **25**, 425.

[2]) Berliner Sitz.-Ber. (1888).

mit A, a als Funktionen von Θ, die jedoch nicht von n abhängen.

Webers Formel, soweit sie uns hier interessiert, ist von noch einfacherer Gestalt. Als Funktion von n geschrieben, unterscheidet sie sich von (4) nur durch das Fehlen des Faktors n^4 und entspricht so $p = -1$ in (2); es gilt also

$$F(n)dn = Ae^{-a^2n^2}dn. \tag{5}$$

Die Übereinstimmung zwischen (5) und den Strahlungsmessungen von Langley bei 178°C wird von Weber als hinreichend gut angesehen.

Bei der Betrachtung einer Formel von der Art (5) kann man unmöglich die Frage unterdrücken, in welchem Sinn wir sie in Übereinstimmung mit den Prinzipien der Wellentheorie zu interpretieren haben und ob wir eine klare Vorstellung von dem Charakter der Schwingungen gewinnen können, der durch die Formel nahegelegt wird. Mein Ziel in der vorliegenden Arbeit ist es, versuchsweise einige Vorschläge in Richtung auf eine Klärung dieser Fragen zu machen.

Die erste Bemerkung, die ich machen möchte, ist die, daß man die Formel nicht zu wörtlich nehmen darf. Wenn wir etwas mit Sicherheit sagen können, dann ist es das, daß eine definierte Frequenz einer Welle eine unendliche und ununterbrochene Folge von Wellen impliziert.[1]) Eine gute Illustration hierfür liefern unterbrochene Schwingungen, zum Beispiel wenn ein Laut, der selber einen reinen Ton darstellt, durch einen periodisch geöffneten und geschlossenen Kanal gehört wird. Solch eine unterbrochene Schwingung kann in der Form[2])

$$2(1 + \cos 2\pi mt) \cos 2\pi nt \tag{6}$$

[1]) „Die Tonhöhe eines tönenden, frei schwingenden Körpers kann mit keiner größeren Genauigkeit definiert werden, als der Gesamtzahl der Schwingungen entspricht, die er ausführen kann.“ (Proc. Mus. Assoc. (Dec. 1878) 25.)

[2]) Acoustical observations III, Phil. Mag. (April 1880); Scientific papers, Bd. 1 (1899), S. 468.

dargestellt werden, wobei n die Frequenz der ursprünglichen Schwingung und m die Unterbrecherfrequenz bezeichnet. Durch eine gewöhnliche trigonometrische Umformung kann (6) geschrieben werden als

$$2 \cos 2\pi nt + \cos 2\pi(n + m)t + \cos 2\pi(n - m)t, \quad (7)$$

was zeigt, daß in diesem Fall die unterbrochene Schwingung *drei* einfachen Schwingungen mit den Frequenzen n, $n + m$ und $n - m$ äquivalent ist.

Um Wellenfrequenzen zu unterscheiden, deren Differenz klein ist, benötigt man eine entsprechend lange Folge von Wellen; und von keinem endlichen Zug unregelmäßiger Schwingungen kann man sagen, daß Wellen einer bestimmten Frequenz vorhanden sind und Wellen einer unendlich wenig davon verschiedenen Frequenz fehlen. Genausowenig können die Proportionen, in denen die zwei Wellen vorliegen, angegeben werden. (5) und ähnliche Formeln gestatten aber, diese Proportionen zu bestimmen, und liefern so Behauptungen, die vom Experiment nicht direkt bestätigt werden. In gewissem Sinne gehören alle Formeln der mathematischen Physik zu dieser Kategorie, aber hier ist die Behauptung derart, daß man sie nicht anders prüfen könnte als durch Experimente, die sich über die gesamte Zeit erstrecken.

In praxi ist für die Begrenzung nicht die Zeit maßgebend, sondern das Auflösungsvermögen unserer Instrumente. Bei Gittern ist das Auflösungsvermögen durch das Produkt aus der Gesamtzahl der Linien und der Ordnung des untersuchten Spektrums gegeben.[1]) Wir lassen der weiteren experimentellen Entwicklung genügend Raum, wenn wir annehmen, daß es bei Energiemessungen möglich sei, Wellenlängen (oder Frequenzen) zu trennen, die sich in einem Millionstel Teil unterscheiden. Aber eine Million Wellenlängen würde bei gelbem Licht nur 60 cm ausmachen, und die Wellen würden in $2 \cdot 10^{-9}$ sec vorbeilaufen! Wellen, deren Frequenzen sich um einen klei-

[1]) Phil. Mag. **47** (1874) 200; Scientific papers, Bd. 1 (1899), S. 216.

neren Wert unterscheiden, sind unentwirrbar miteinander vermischt, obwohl wir die Freiheit haben, unsere Beobachtungen bis in alle Ewigkeit auszudehnen.

In jedem Punkt des Spektrums eines heißen Körpers gibt es daher vermischte Wellen mit verschiedenen Frequenzen, die innerhalb enger Grenzen liegen. Die Resultierende für ein beliebiges, *sehr kurzes Zeitintervall* kann mit einem einfachen Wellenzug identifiziert werden, dessen Amplitude und Phase, die de facto von den relativen Phasen der Komponenten abhängen, als eine Sache des Zufalls anzusehen sind. Die Wahrscheinlichkeit für die verschiedenen Amplituden wird durch die Prinzipien festgelegt, die in der früheren Veröffentlichung „Über die Resultierende einer großen Zahl von Schwingungen gleicher Tonhöhe und beliebiger Phase“[1]) erläutert wurden. Nach einem Zeitabschnitt von der Größenordnung 10^{-9} sec ist die Amplitude praktisch wieder eine Sache des Zufalls, so daß während des kleinsten Zeitintervalls, das unsere Sinne oder unsere Instrumente wahrnehmen können, eine ungeheuere Zahl von unabhängigen Kombinationen existiert. Doch unter diesen Umständen haben wir es, wie am angegebenen Orte gezeigt wurde, nur mit der Summe der einzelnen Intensitäten zu tun.

M. Gouy äußert in seiner ausgezeichneten Abhandlung „Über die Lichtbewegung“[2]) die Meinung, daß die Natur

---

[1]) Phil. Mag. (Aug. 1880); Scientific papers, Bd. 1 (1899), S. 491.

[2]) J. de phys. **5** (1886) 354. Ich stelle fest, daß M. Gouy mir (siehe Enc. Brit. **24**, 425 bzw. Scientific papers, Bd. 3 (1902), S. 60) mit der Bemerkung zuvorgekommen ist, daß die Erzeugung einer großen Zahl von Interferenzbanden aus ursprünglich weißem Licht nur einen Beweis für das Auflösungsvermögen des Spektroskops darstellt, nicht aber für die Regularität des weißen Lichtes. Es wäre instruktiv, wenn ein Anhänger der gegenteiligen Meinung erklären würde, was er unter regulärem weißen Licht versteht. Diese Redewendung scheint mir keine Bedeutung zu beinhalten, — also das zu sein, was Clifford Nonsens genannt hätte.

des weißen Lichtes am besten verstanden werden kann, wenn man es mit einer Folge von vollständig unregelmäßigen Impulsen vergleicht. Gerade mit Hilfe dieser Idee erklärte Young[1]) die Wirkung von Gittern; und obwohl J. Herschel[2]) Einwände erhob, gibt es keinen Zweifel, daß die Methode vollkommen vernünftig ist. Die Frage, die ich stellen möchte, ist die, ob es möglich ist, die Form der Impulse zu bestimmen, die — in unregelmäßiger Folge aneinandergereiht — die vollständige Strahlung bei einer bestimmten Temperatur repräsentieren könnten.

Als erstes hat man zu beachten, daß es nicht ausreicht, sich die Impulse selbst als willkürlich vorzustellen. Zum Beweis hierfür mag es genügen, darauf hinzuweisen, daß in diesem Falle kein Raum für die Unterscheidung der Strahlung bei verschiedenen Temperaturen bliebe. Wenn die (die Erregung des Mediums charakterisierende) Geschwindigkeit in jedem Punkte willkürlich wäre, das heißt unabhängig von der Geschwindigkeit in noch so nahen Nachbarpunkten, könnte die Strahlung in keiner definierten Beziehung zu einer endlichen Wellenlänge oder Frequenz stehen. Um diese Unstetigkeit zu vermeiden, müssen wir annehmen, daß die Geschwindigkeit in Nachbarpunkten durch die gleichen Ursachen bestimmt wird, so daß die Geschwindigkeiten erst dann voneinander unabhängig werden, wenn der Abstand einen gewissen Betrag überschreitet. Diese Unabhängigkeit kommt schrittweise zur Geltung. Wenn der Abstand sehr klein ist, sind die Geschwindigkeiten die gleichen. Mit zunehmendem Abstand beginnt das unabhängige Element sich durchzusetzen. Bei einem mäßigen Abstand stellt sich die Geschwindigkeit im zweiten Punkt zum Teil in Übereinstimmung mit dem ersten und zum Teil unabhängig davon ein. Bei Vergrößerung des Abstands ge-

1) Phil. Trans. (1801).

2) Encyclopaedia Metropolitana, „Light“ (1830) § 703.

winnt der zufällige Anteil an Bedeutung, bis schließlich das gemeinsame Element fühlbar verdrängt ist.[1])

Nun, das ist genau die Lage der Dinge, die sich aus der willkürlichen Verteilung einer großen Zahl von Impulsen ergeben würde, wobei die entsprechende Erregung des Mediums für jeden der Impulse einem definierten Gesetz gehorcht. Ein einfacher Fall wäre der, sich vorzustellen, daß jeder Impuls auf ein schmales Gebiet gegebener Breite beschränkt ist und innerhalb dieses Gebiets (dem Medium) eine konstante Geschwindigkeit mitteilt.[2]) Eine willkürliche Verteilung solcher Impulse über die gesamte Länge würde eine Erregung hervorrufen, die in vieler Hinsicht den gewünschten Charakter hätte. Aber es ist leicht zu sehen, daß diese besondere Art von Impulsen nicht allen Anforderungen genügt. Denn in einem jeden Impuls, und daher auch in der Ansammlung all dieser Impulse, wären die Wellenlängen nicht vertreten, die um einen ganzzahligen Faktor kleiner sind als die Impulslänge. Diesem

[1]) Das Folgende mag zur Illustration dienen. Aus einer sehr großen Zahl von Menschen (sagen wir, einer Armee) werde ein Regiment von 1000 Mann durch das Los ausgewählt, und es werde die Abweichung der mittleren Körpergröße im Regiment von der in der Armee als Ordinate einer Kurve aufgetragen. Wird eine zweite Gruppe von 1000 Männern durch das Los ausgewählt, so wird die neue Koordinate keine Beziehung zur alten haben. Doch wenn bei jedem Schritt nur ein Mann aus dem Regiment durch das Los ausgeschlossen und ein Nachfolger in der gleichen Weise gewählt wird, wird die neue Koordinate fast die gleiche sein wie die alte, und erst nach einer großen Zahl von Schritten (von der Ordnung 1000) wird die neue Koordinate merklich unabhängig. Wählt man die Werte auf der Abszisse als proportional zur Zahl der Schritte (jeder Schritt wird schließlich als infinitesimal betrachtet), so hat die resultierende Kurve die gewünschte Eigenschaft und stellt eine mögliche Form für die vollständige Strahlung dar. Es erscheint nicht unwahrscheinlich, daß das Gesetz hier das gleiche ist wie das unten auf der Grundlage von (8) erhaltene.

[2]) Der Leser mag sich eine gespannte, transversal schwingende Saite vorstellen.

Einwand könnte man durch Kombination von Impulsen verschiedener Länge begegnen; aber dann wäre die ganze Frage wieder offen, und zwar hinsichtlich der Proportionen, in denen die verschiedenen Impulse auftreten sollen. Was ich hier zu untersuchen vorschlage, ist die Frage, ob sich ein definierter Typ von Impulsen denken läßt, der so beschaffen ist, daß eine willkürliche Ansammlung solcher Impulse die vollständige Strahlung repräsentiert. Es ist einleuchtend, daß bei der Definition des Typs ein konstanter Faktor willkürlich wählbar bleibt. Mit anderen Worten, die Impulse brauchen nur *ähnlich*, aber nicht notwendig *gleich* zu sein.

Wahrscheinlich ist der einfachste Impulstyp $\varphi(x)$, der im vorliegenden Fall allen Anforderungen genügen könnte, der uns aus der Fehlertheorie vertraute, nämlich

$$\varphi(x) = e^{-c^2x^2}. \tag{8}$$

Er ist überall endlich, verschwindet in unendlichem Abstand und ist frei von Unstetigkeiten. Ein einzelner Impuls dieses Typs kann als Resultierende einer sehr großen Zahl von lokalisierten, infinitesimalen, gleichzeitigen Impulsen aufgefaßt werden, die alle auf einen einzigen Punkt ($x = 0$) hin *zielen*, aber auf Grund zufälliger Ursachen dazu neigen, von ihm abzuweichen. Ich mache keinen Versuch einer physikalischen Begründung dieses Gesichtspunktes, sondern erwähne nur die mathematische Tatsache. Der nächste Schritte besteht darin, die Erregung (8) gemäß dem Fourier-Theorem in ihre Elemente zu zerlegen. Wir haben

$$\begin{aligned} \varphi(x) &= \frac{1}{\pi}\int_0^{\infty}\int_{-\infty}^{+\infty} \cos k(v-x)\,\varphi(v)\,dk\,dv \\ &= \frac{1}{\pi}\int_0^{\infty}\int_{-\infty}^{+\infty} \cos kv \cos kx\, e^{-c^2v^2} dk\,dv. \end{aligned} \tag{9}$$

Nun ist

$$\int_{-\infty}^{+\infty} e^{-c^2v^2} \cos kv\,dv = \frac{\sqrt{\pi}}{c}\, e^{-k^2/4c^2}, \tag{10}$$

so daß gilt

$$e^{-c^2x^2} = \frac{1}{c\sqrt{\pi}} \int_0^\infty e^{-k^2/4c^2} \cdot \cos kx\, dk. \tag{11}$$

Diese Gleichung stellt die Zerlegung der Funktion (8) in ihre Fourier-Komponenten dar; aber es ist nicht auf Anhieb zu sehen, wieviel Energie wir jedem Wert von k, oder besser gesagt, jedem kleinen Bereich von k-Werten, zuzuschreiben haben. Wie bei der Theorie der transversalen Schwingungen von Saiten wissen wir, daß die dem Produkt zweier beliebiger, deutlich verschiedener Fourier-Amplituden entsprechende Energie verschwinden muß; doch die Anwendung dieses Satzes für den Fall, daß die Differenz zwischen zwei k-Werten infinitesimal ist, erfordert eine weitere Untersuchung. Das Folgende ergibt sich durch Übertragung der Stokesschen Untersuchung[1]) eines Beugungsproblems.

Gemäß dem Fourier-Theorem (9) haben wir

$$\pi\varphi(x) = \int_0^\infty f_1(k) \cos kx\, dk + \int_0^\infty f_2(k) \sin kx\, dk \tag{12}$$

mit

$$f_1(k) = \int_{-\infty}^{+\infty} \cos kv\, \varphi(v)\, dv, \quad f_2(k) = \int_{-\infty}^{+\infty} \sin kv\, \varphi(v)\, dv. \tag{13, 14}$$

Um die Ausdrücke zu vereinfachen, nehmen wir an, daß wie in (11) gilt

$$f_2(k) = 0.$$

Wir haben dann

$$\pi^2[\varphi(x)]^2 = \int_0^\infty \int_0^\infty f_1(k) f_1(k') \cos kx \cos k'x\, dk\, dk'.$$

Diese Gleichung ist nun über x von $-\infty$ bis $+\infty$ zu integrieren; um jedoch Mehrdeutigkeiten zu vermeiden,

[1]) Edinburgh Trans. **20** (1853) 317; siehe auch: Enc. Brit. **24**, 431; Scientific papers, Bd. 3 (1902), S. 86.

führen wir den Faktor $\exp\{\mp\alpha x\}$ ein, wobei α eine kleine positive Größe bezeichnet. Das positive Vorzeichen hat man zu wählen, wenn x negativ ist, und das negative, wenn x positiv ist. Die Reihenfolge der Integrationen ist dann zu vertauschen, so daß man zuerst die Integration über x ausführt; und zum Schluß nimmt man an, daß α verschwindet. Es entsteht so

$$2\pi^2 \int_{-\infty}^{+\infty} [\varphi(x)]^2 dx$$

$$= \lim \int_{-\infty}^{+\infty} \int_0^\infty \int_0^\infty e^{\mp \alpha x} f_1(k) f_1(k') \{\cos x(k'-k)$$

$$+ \cos x(k'+k)\} dk\, dk'\, dx.$$

Nun gilt

$$\int_{-\infty}^{+\infty} e^{\pm \alpha x} \cos hx\, dx = \frac{2\alpha}{\alpha^2 + h^2},$$

so daß sich ergibt

$$2\pi^2 \int_{-\infty}^{+\infty} [\varphi(x)]^2 dx$$

$$= \lim \int_0^\infty \int_0^\infty \left[\frac{2\alpha}{\alpha^2 + (k'-k)^2} + \frac{2\alpha}{\alpha^2 + (k'+k)^2}\right]$$

$$f_1(k) f_1(k') dk\, dk'. \tag{15}$$

Von dem Glied auf der rechten Seite von (15) verschwindet das zweite Integral im Limes, da k und k' beide positive Größen sind. Doch im ersten Integral verschwindet der Nenner immer dann, wenn k' gleich k ist. Wenn wir setzen

$$k' - k = \alpha z, \qquad dk' = \alpha dz,$$

dann finden wir im Limes

$$\int_0^\infty \frac{2\alpha f_1(k') dk'}{\alpha^2 + (k'-k)^2} = \int_{-\infty}^{+\infty} \frac{2 f_1(k) dz}{1 + z^2} = 2\pi f_1(k).$$

Auf diese Weise entsteht

$$\int_{-\infty}^{+\infty} [\varphi(x)]^2 dx = \frac{1}{\pi} \int_0^{\infty} [f_1(k)]^2 dk. \tag{16}$$

Falls $f_2(k)$ endlich ist, haben wir an Stelle von (16)

$$\int_{-\infty}^{+\infty} [\varphi(x)]^2 dx = \frac{1}{\pi} \int_0^{\infty} \{[f_1(k)]^2 + [f_2(k)]^2\} \, dk. \tag{17}$$

Bei der Behandlung dieses Problems durch M. Gouy wird die Funktion $\varphi(x)$ letzten Endes als periodisch angenommen. In diesem Falle verschwindet $f(k)$ immer dann, wenn k von Eins oder den anderen Gliedern einer arithmetischen Progression abweicht, und die gesamte kinetische Energie der Bewegung ist, wie bei allen Schwingungsproblemen, gleich der Summe der kinetischen Energien ihrer Normalkomponenten. Der Vergleich dieser Methode mit der oben verwendeten, bei der alle Werte von k auftreten, wirft ein gewisses Licht auf das Wesen der Fourier-Entwicklung.

Es ist kaum erforderlich näher auszuführen, daß Schwingungen, die impulsartig vom Ruhezustand aus erregt werden, sich in zwei Gruppen teilen, die in den beiden Richtungen fortlaufende Wellen bilden, und daß die gesamte Energie jeder dieser Wellen halb so groß ist wie die Energie, die dem System anfänglich in kinetischer Form mitgeteilt wurde.[1])

Die Anwendung von (17) auf (11) mit

$$f_1(k) = \frac{\sqrt{\pi}}{c} e^{-k^2/4c^2}$$

ergibt

$$\int_{-\infty}^{+\infty} e^{-2c^2x^2} dx = \frac{1}{c^2} \int_0^{\infty} e^{-k^2/2c^2} dk, \tag{18}$$

wie man leicht auch unabhängig zeigen kann. Die den Grenzen k und $k + dk$ entsprechende Energie ist daher

$$c^{-2} e^{-k^2/2c^2} \, dk,$$

---

1) Rayleigh, Theory of sound, Bd. 2, § 245.

und dieser Ausdruck ist, da k und n proportional sind, von der Form (5).

Wenn eine unendliche Zahl von Impulsen, die (8) ähnlich sind (aber (8) nicht notwendigerweise gleichen) und deren Vorzeichen willkürlich ist, in zufälliger Weise über den gesamten Bereich von $-\infty$ bis $+\infty$ verteilt wären, würde die Intensität der Resultierenden für einen exakt definierten k-Wert unbestimmt sein. Es könnten nur *Wahrscheinlichkeiten* für verschiedene Resultierende angegeben werden. Und bei beliebig kleiner Änderung des Wertes von k wäre die Resultierende wieder unbestimmt. Innerhalb des kleinsten angebbaren k-Bereichs besteht Spielraum für eine unendliche Zahl von unabhängigen Kombinationen. Wir haben es daher nur mit einem Mittelwert zu tun, und die Intensität einer jeden Komponente kann proportional zur Gesamtzahl der Impulse (falls diese gleich sind), ohne Rücksicht auf ihre Phasenbeziehungen, gesetzt werden. Für die Gesamtschwingung ist das Verteilungsgesetz für die Energie für alle praktischen Zwecke immer noch das gleiche, wie es (5) ausdrückt.

Wenn wir jeden Impuls (8) in der erläuterten Weise zerlegen, können wir die gesamte Erregung als herrührend von einer unendlichen Zahl von gleichzeitigen elementaren Impulsen auffassen. Diese elementaren Impulse sind nicht rein zufällig verteilt, denn sie können so zu Gruppen geordnet werden, daß die Mitglieder einer Gruppe das gleiche Vorzeichen besitzen und gleichsam auf den gleichen Punkt, unter Zugrundelegung eines Fehlergesetzes, zielen, während zwischen den verschiedenen Gruppen keine Beziehungen bestehen mit Ausnahme der Tatsache, daß das Fehlergesetz für alle das gleiche ist. Offensichtlich ist es nicht wesentlich, daß die verschiedenen Gruppen ihre Stöße gleichzeitig ausführen. Weiterhin wäre es auf das gleiche hinausgelaufen, wenn wir angenommen hätten, daß alle Impulse im gleichen *Raum*punkt wirken, aber *zeitlich* gemäß einem analogen Gesetz verteilt sind. Beim Vergleich der Strahlung bei verschiedenen Temperaturen hätten wir anzunehmen, daß mit steigender

Temperatur nicht nur die Gesamtzahl der elementaren Impulse (gegebener Größe) anwächst, sondern auch die *Zielgenauigkeit* einer jeden Gruppe.

Wir haben somit eine Impulsform in der Weise bestimmt, daß eine willkürliche Ansammlung derartiger Impulse vollständige Strahlung gemäß dem Weberschen Gesetz (5) repräsentiert. Eine charakteristische Eigenschaft dieses Gesetzes besteht darin, daß $F(n)$ mit abnehmendem n einem endlichen Grenzwert zustrebt. In dieser Hinsicht unterscheidet sich das spezielle, von Michelson angegebene Gesetz (4) stark, denn ihm zufolge geht $F(n)$ zusammen mit n gegen Null. Dieses Verschwinden von $F(n)$ hat zur Folge, daß das Integral über jeden unserer Teilimpulse gleich Null ist. Wenn wir das Gesetz für die Impulsform weiter untersuchen wollen, müssen wir $\varphi(x)$ so bestimmen, daß gilt

$$f_1(k) = Ck^2 e^{-k^2/4c^2}. \qquad (19)$$

Durch sukzessive Differentiation von (10) nach k kann man folgendes zeigen

$$\frac{\sqrt{\pi}}{c}\,\frac{k^2}{2c^2}\,e^{-k^2/4c^2} = \int_{-\infty}^{+\infty} e^{-c^2x^2}\,(1 - 2c^2x^2)\cos kx\,dx. \qquad (20)$$

Wenn wir also setzen

$$\varphi(x) = e^{-c^2x^2}\,(1 - 2c^2x^2), \qquad (21)$$

ist $f_1(k)$ von der geforderten Form. Die (21) wiedergebende Kurve, nämlich

$$y = e^{-x^2}(1 - 2x^2), \qquad (22)$$

ist symmetrisch bezüglich $x = 0$, sie verschwindet für $x = \pm\infty$ und außerdem für $x = \pm 2^{-1/2}$. Der positive Flächeninhalt zwischen den letztgenannten Grenzen ist zahlenmäßig gleich dem negativen Flächeninhalt außerhalb.

Andere vorgeschlagene Formen für $f(k)$, etwa von der in (2) enthaltenen Art, können in ähnlicher Weise behandelt werden; doch die obigen Beispiele mögen genügen. Die Einfachheit der Formel (8), verglichen beispielsweise mit (21), mag man als ein Argument zu ihren Gunsten ansehen. Doch wir wissen nicht genug über den Mechanismus der Strahlung, um einen zuverlässigen Schluß ziehen zu können. Was wir gegenwärtig am meisten benötigen, sind vollständigere experimentelle Daten von der Art, wie sie von Professor Langley in Aussicht gestellt wurden. Was die Strahlung bei sehr tiefen Frequenzen angeht, so erhebt sich die Frage, ob sie mit unseren gegenwärtigen Messungen erfaßt wird. Einige Autoritäten neigen zu der Ansicht, daß bei hinreichend kleinen Frequenzen alle Arten von Materie durchsichtig werden; aber die Elektronentheorie scheint in die entgegengesetzte Richtung zu weisen. Beim Vergleich irgendeiner theoretischen Formel mit dem Experiment dürfen wir nicht vergessen, daß das, was wir direkt aus dem letzteren erfahren, die *Differenz* der Strahlungsenergien bei *zwei* Temperaturen ist.

Zum Abschluß noch eine Bemerkung. Wenn die vollständige Strahlung bei gegebener Temperatur durch (5) wiedergegeben wird, folgt, daß man die Temperatur durch den Wert von a definieren kann. Das Gegenteil hätte zur Folge, daß das Verteilungsgesetz für alle Temperaturen das gleiche wäre, und das wäre unvereinbar mit der täglichen Erfahrung in Form von „roter“ und „weißer Wärme“. Nun ist die Dimension von a die einer *Zeit* oder (mit der Ausbreitungsgeschwindigkeit umgerechnet) einer *Länge*. Somit kann in den Kurven von Professor Langley, welche die Verteilung der Energie in einem Beugungsspektrum angeben, die der maximalen Ordinate entsprechende Wellenlänge als eine Art Längenmaß für die Temperatur angesehen werden, auf die sich die Kurve bezieht.[1])

---

[1]) Bezüglich einiger der hier diskutierten Fragen sei auf den Artikel von Schuster „Interference Phenomena“, Phil. Mag. **37** (1894) 509, verwiesen. Der Fortschritt in unseren Kenntnissen im Hinblick auf das Gesetz der vollständigen Strahlung spricht nicht zugunsten der Vorstellung, daß eine solche Strahlung durch eine zufällige Folge von Impulsen eines einfachen Typs repräsentiert werden kann. (Anmerkung Rayleighs aus dem Jahre 1901.)

L. Essen

Die Lichtgeschwindigkeit[1])

Wahrscheinlich gibt es in der physikalischen Theorie und Praxis keine fundamentalere Konstante als die Lichtgeschwindigkeit, was in der Vielzahl von Experimenten zum Ausdruck kommt, die zu ihrer Messung durchgeführt wurden. Die anscheinende Diskrepanz zwischen einigen sehr frühen Messungen führte auf den Gedanken, daß die Lichtgeschwindigkeit keine Konstante im strengen Sinn sei, sondern von der Meßdauer und der Frequenz der verwendeten Strahlung abhänge. Die Analyse der mit modernsten Methoden erhaltenen Ergebnisse liefert jedoch keine Stütze für diese Annahme.

Die Lichtgeschwindigkeit wurde zum ersten Mal im Jahre 1676 von dem Astronomen Roemer gemessen, der den unregelmäßigen Eintritt der Verfinsterungen der Jupitertrabanten in der Weise richtig deutete, daß das Licht eine endliche Zeit benötigt, um den Durchmesser der Bahn zu durchlaufen, welche die Erde um die Sonne beschreibt. Fünfzig Jahre später benutzte Bradley ein anderes astronomisches Verfahren, das auf der scheinbaren Veränderung der Sternorte auf Grund der Erdbewegung beruhte, doch erst 1849 gewann Fizeau einen Wert für die Lichtgeschwindigkeit aus Messungen der Laufzeit eines Lichtimpulses auf der Erde. Bei diesem berühmten Versuch wurde das Licht mit Hilfe eines vor der Lichtquelle rotierenden Zahnrades zerhackt und von einem in 9 km Entfernung aufgestellten Spiegel reflektiert. Traten die zurücklaufenden Lichtimpulse jeweils durch eine Lücke zwischen den Zähnen des Rades hin-

[1]) L. Essen, The velocity of light, Endeavour, April 1956, 87–91.

durch, so war mit einem dahinter aufgestellten Fernrohr ein helles Bild zu beobachten; andererseits wies das Bild eine minimale Helligkeit auf, wenn die Impulse jeweils auf einen Zahn trafen. Stellte man die Umlaufgeschwindigkeit des Zahnrades so ein, daß die Helligkeit minimal wurde, so konnte man die Lichtgeschwindigkeit aus dem zurückgelegten Weg, der Umdrehungszahl und der Zahl der Zähne berechnen.

In der zweiten Hälfte des 19. Jahrhunderts war die Kenntnis der Lichtgeschwindigkeit bei der mathematischen Behandlung elektrischer Probleme, zum Beispiel bei der Projektierung von Unterwasserkabeln vonnöten; deshalb wurde sie mehrfach sowohl mit elektrischen als auch mit optischen Methoden gemessen. Dieser Zusammenhang zwischen der Lichtgeschwindigkeit und der Theorie der Elektrizität ist so bedeutsam, daß es nützlich ist, daran zu erinnern, wie er entdeckt wurde. Man stellte fest, daß die zwischen elektrischen Ladungen wirksame Kraft von der Dielektrizitätskonstanten ε des Mediums abhängt, während die Kraft zwischen elektrischen Strömen von der magnetischen Suszeptibilität μ abhängig ist. Es bestand nun keine Notwendigkeit einer genauen Kenntnis des Zusammenhangs zwischen diesen beiden Konstanten, solange Elektrostatik und Elektromagnetismus als getrennte Gebiete angesehen wurden; bei geeigneter Wahl der Einheiten konnten die Vakuumwerte ε_0 und μ_0 gleich Eins gesetzt werden. Doch bei elektromagnetischen Problemen ist es sehr wichtig, das Verhältnis zwischen den Zahlenwerten zu kennen, durch die sich eine physikalische Größe in zwei verschiedenen Maßsystemen ausdrückt, und dieses Verhältnis erweist sich beispielsweise für die elektrische Ladung als identisch mit dem Ausdruck $(\mu_0\,\varepsilon_0)^{-1/2}$, der die Dimension einer Geschwindigkeit besitzt. Dieses Verhältnis wurde durch Messung der Ladung in zwei unterschiedlichen Maßsystemen bestimmt, und man stellte dabei fest, daß es innerhalb der experimentellen Fehlergrenzen gleich der Lichtgeschwindigkeit gemäß dem Fizeauschen Experiment war. Faraday äußerte dank seiner genialen Intuition sogleich die Idee, das Licht könne eine Erscheinung sein, die durch elektromagnetische Energie verursacht ist, und Maxwell verarbeitete diesen Gedanken in seiner berühmten elektromagnetischen Theorie des Lichtes. Der Maxwellschen Theorie zufolge beträgt die Geschwindigkeit aller elektromagnetischer Wellen im Vakuum $(\mu_0 \varepsilon_0)^{-1/2}$; sie hängt somit nicht von der Frequenz der Wellen ab, und diese Schlußfolgerung steht im Einklang mit sämtlichen experimentellen Resultaten. Die genaueste, von Rosa und Dorsey durchgeführte elektrische Messung ergab den Wert 299784 ± 30 km/sec, während die berühmten klassischen optischen Versuche von Michelson, Pease und Pearson, bei denen das Licht ein evakuiertes Metallrohr von 1600 m Länge durchlief, den Wert 299774 ± 11 km/sec lieferten.

Aus einer kritischen Analyse der experimentellen Resultate zog Birge[1]) im Jahre 1941 den Schluß, daß der wahrscheinlichste Wert 299776 ± 4 km/sec sei. Dieser Wert wurde allgemein als hinreichend genau auch für die neuen Anwendungen in der Kernphysik sowie der Radar- und Rundfunktechnik angesehen, die später eine so große Bedeutung erlangten. Doch jemandem, der sich — wie der Autor — mit genauen elektrischen Messungen beschäftigte, erschien die Fehlergrenze von ±4 km/sec im Hinblick auf die große Streuung der Meßwerte um etwa ±50 km/sec zu optimistisch. Dies gab den Anstoß zu einer neuen Messung mittels eines als Hohlraumresonator bezeichneten Gerätes, das während des letzten Krieges zur Messung der Frequenz sehr kurzer Wellen entwickelt worden war. Es besteht aus einem hohlen Metallzylinder oder Hohlleiter, der an beiden Enden durch Metallplatten abgeschlossen und durch kleine Löcher in den Wänden elektrisch mit einem Oszillator und einem Detektor gekoppelt ist. Elektrische Resonanz tritt ein, wenn die Resonatorlänge $n\lambda/2$ beträgt, wobei λ die Wellen-

[1]) R. T. Birge, Rep. Progr. Phys. 8 (1941) 90.

länge der Strahlung im Hohlraum und n eine ganze Zahl bezeichnet. Dieser Resonanzfall, der sich in einem steilen Anstieg des Detektorsignals bemerkbar macht, läßt sich durch Änderung entweder der Oszillatorfrequenz oder der Resonatorlänge erhalten. Der Vorzug des Gerätes liegt in seiner außerordentlichen Resonanzschärfe, die es ermöglicht, bei Einhaltung entsprechender Vorsichtsmaßnahmen die Frequenz oder die Wellenlänge mit einer Genauigkeit von $1:10^6$ einzustellen. Und gerade diese Meßgenauigkeit macht den Hohlraumresonator so attraktiv im Vergleich zu optischen Methoden.

Zwischen der Resonanzfrequenz, den Abmessungen des Hohlleiters und der Größe $(\mu_0 \varepsilon_0)^{-1/2}$ besteht ein einfacher Zusammenhang. Daher kann man die Frequenz berechnen, wenn man für $(\mu_0 \varepsilon_0)^{-1/2}$ den Wert für die Lichtgeschwindigkeit im Vakuum einsetzt. Noch günstiger ist es, das Gerät zu eichen, indem man mittels eines Frequenzstandards die einer bestimmten Resonatoreinstellung entsprechende Frequenz direkt mißt. Aus den gemessenen Werten für die Wellenleiterdimensionen und die Frequenz ergibt sich dann der Wert der Lichtgeschwindigkeit.

Die erste Messung nach diesem Verfahren wurde 1946 im National Physical Laboratory von L. Essen und A. C. Gordon-Smith[1]) mit der in Abbildung 1 dargestellten Apparatur ausgeführt. Der geometrisch möglichst einfach ausgebildete Hohlraumresonator wurde in einem evakuierten Gefäß aufgestellt, so daß keine Korrekturen hinsichtlich des Brechungsindexes der Luft erforderlich waren. Die Oszillatorfrequenz wurde in der Nähe des Wertes f = 3000 MHz (Wellenlänge 10 cm) langsam variiert, bis Resonanz eintrat; die zugehörige Meßgröße wurde auf der Skala eines Galvanometers abgelesen. Die zu der Spitze der Resonanzkurve gehörige Oszillatorfrequenz wurde durch Vergleich mit einem Frequenzstandard ge-

[1]) L. Essen and A. C. Gordon-Smith, Proc. roy. Soc. **A 194** (1948) 348.

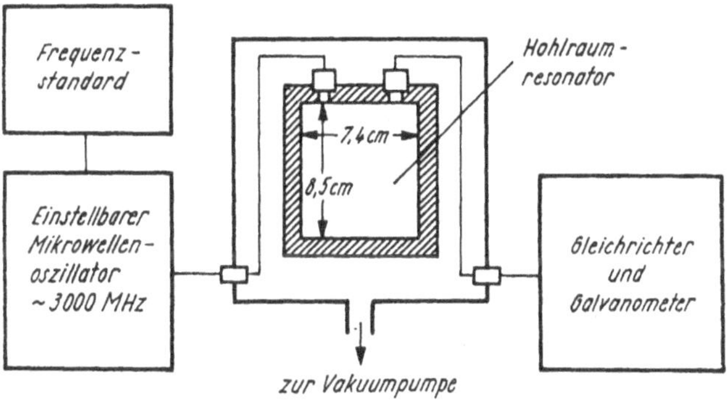

Abbildung 1

Bestimmung der Lichtgeschwindigkeit unter Verwendung eines Hohlraumresonators mit definierten Abmessungen

messen, und die Abmessungen des Hohlraumresonators wurden durch Präzisionsmessungen ermittelt. Die Reproduzierbarkeit betrug bei diesem vorläufigen Experiment ± 1 km/sec — sie war also ungefähr 50 mal besser als bei irgendeiner früheren Messung —, doch es gab Gründe für die Annahme, daß kleine systematische Fehler auftraten. Letztere verringerten sich[1]), wenn man einen Resonator des in Abbildung 2 dargestellten Typs verwendete. Durch Verschiebung eines Kolbens wurde die Resonatorlänge verändert, hierbei traten Resonanzen im Abstand $\lambda/2$ auf. Der Kolbenabstand wurde mit Hilfe von Längenlehren gemessen, die zwischen dem Kolbenende und einer festen Grundplatte eingeführt wurden. Die Resonatorlänge für die erste Resonanz ist auf Grund von Oberflächeneffekten nicht genau gleich $\lambda/2$, doch der exakte Wert für $\lambda/2$ ergibt sich aus dem Unterschied zwischen aufeinanderfolgenden Resonanzeinstellungen. Darüber hinaus war es möglich, durch Messungen bei verschiedenen Frequenzen — im Experiment variierten die Werte zwischen 5000 MHz

[1]) L. Essen, Proc. roy. Soc. **A 204** (1950) 260.

(6 cm) und 11000 MHz (2,7 cm) — sowohl den Durchmesser als auch den Wandwiderstand aus den Rechnungen zu eliminieren, so daß die Endformel nur Frequenzen und Längen enthielt. Dies war experimentell sehr vorteilhaft, da es sehr schwierig ist, den Einfluß der unvermeidlichen mechanischen und elektrischen Fehler der Wandoberfläche zu erfassen.

Ein später von K. Bol[1]) von der Stanford-Universität ebenfalls mit einem Hohlraumresonator ermittelter Wert für die Lichtgeschwindigkeit liegt um 3 km/sec unter dem im National Physical Laboratory gefundenen. Diese geringfügige Abweichung ist wahrscheinlich dadurch bedingt, daß Bol bei seiner Resonatorausführung den Einfluß von Wandfehlern nicht eliminieren konnte.

Bei neueren Messungen, wie sie von K. D. Froome[2]) am National Physical Laboratory ausgeführt wurden, fand eine Mikrowellenausführung des Michelson-Interferometers Verwendung (siehe Abb. 3). Kurzwellen von etwa 1,25 cm Wellenlänge (24000 MHz) durchlaufen einen

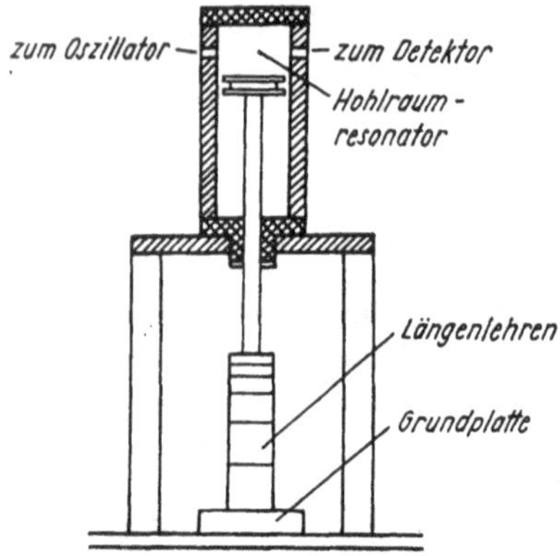

Abbildung 2
Hohlraumresonator veränderlicher Länge

[1]) K. Bol, Phys. Rev. **80** (1950) 298.
[2]) K. D. Froome, Proc. roy. Soc. **A 213** (1952) 123.

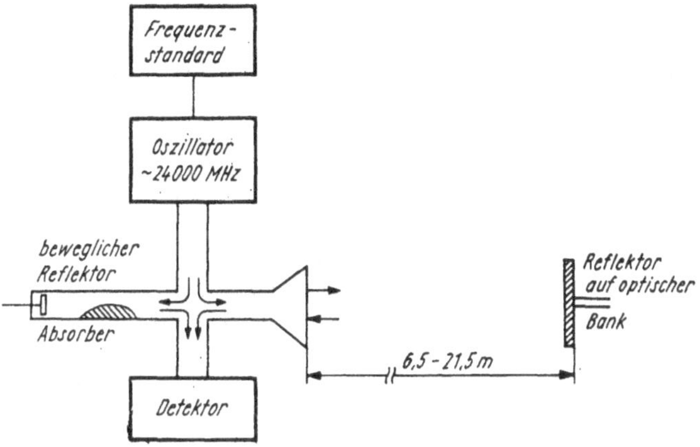

Abbildung 3

Bestimmung der Lichtgeschwindigkeit mit Hilfe eines Michelson-Interferometers für Funkwellen

Wellenleiter bis zu einer Verzweigung, wo sie sich in zwei gleichartige Strahlen teilen. Der eine Strahl tritt durch ein Horn in die Luft aus, wird von einem in einiger Entfernung aufgestellten Reflektor teilweise zurückgeworfen und läuft durch das Horn bis zur Verzweigungsstelle und weiter bis zum Detektor. Der andere Teilstrahl verbleibt innerhalb des Vierpol-Wellenleiters, es wird dabei in entgegengesetzter Richtung reflektiert und dann auf den Detektor geleitet, wobei er zuvor im gleichen Maße geschwächt wurde wie der andere Strahl beim Luftdurchgang. Auf diese Weise werden also zwei Strahlen gleicher Intensität auf dem Detektor wieder zusammengeführt, und die Größe des Signals hängt von ihrem Phasenunterschied ab. Wird der Freiluftreflektor auf das Horn zu bewegt, so ändert sich die Phase des Strahls bei jeder Verschiebung um eine halbe Wellenlänge um 360°, und das Detektorsignal durchläuft dabei jedesmal ein Maximum und ein Minimum. Man kann somit die Größe der Verschiebung als ein Vielfaches der Wellenlänge der Strahlung angeben, und da man auch die Frequenz mit sehr großer Genauigkeit messen kann, läßt sich so die Lichtgeschwindigkeit nach der Formel $c = \lambda f$ bestimmen. Dabei müssen zwei wichtige Korrekturen angebracht werden, von denen die eine dem Brechungsindex der Luft und die andere der Beugung der Wellen Rechnung trägt. Der Brechungsindex wurde vorher schon von Essen und Froome[1]) mit einer Genauigkeit von $1:10^7$ gemessen, während der durch die Beugung bedingte mittlere Fehler an Hand der experimentellen Resultate und mit Hilfe von theoretischen Überlegungen zu etwa 16 km/sec ermittelt wurde. Froome[2]) ist der Auffassung, daß weitere Messungen dieser Art unter Verwendung noch kürzerer Wellen einen Wert für die Lichtgeschwindigkeit liefern könnten, dessen Fehler höchstens $1:10^6$ ($\pm 0{,}3$ km/sec) beträgt.

Seit langem schon wird — mehr wegen des Fehlens direkter Beweise als aus irgendeinem anderen Grunde — die Frage nach einer Veränderlichkeit der Lichtgeschwindigkeit mit der Zeit oder der Frequenz diskutiert. Es ist daher bedeutsam, daß die neuen Resultate, die fast alle um etwa 17 km/sec von dem von Birge gefundenen Wert abweichen, mit verschiedenen Methoden und unter Verwendung eines großen Frequenzbereichs gewonnen wurden. In Ergänzung zu den schon erwähnten Arbeiten sei auf eine Untersuchung von E. Bergstrand[3]) hingewiesen. Dieser Autor führte eine Reihe wesentlich verbesserter optischer Messungen mit einem zu Vermessungszwecken entwickelten Gerät, dem sogenannten Geodimeter, durch. Dabei wird ein paralleler Lichtstrahl, der mittels einer Kerrzelle mit einer Frequenz von 10 MHz moduliert wird, von einem in einer Entfernung von etwa 10 km auf-

[1]) L. Essen and K. D. Froome, Proc. phys. Soc. Lond. **B 64** (1951) 862.
[2]) K. D. Froome, Proc. roy. Soc. **A 223** (1954) 195.
[3]) E. Bergstrand, Ark. Fys. **2** (1950) 119.

gestellten Spiegel reflektiert. Die zurückgeworfene Welle wird mit einem Photovervielfacher empfangen, dessen Empfindlichkeit sich im Takte der Modulationsfrequenz ändert. Die Stärke des Signals hängt daher von der Phasenlage der reflektierten Welle und demzufolge von der zurückgelegten Entfernung ab. Zwei weitere Besonderheiten tragen zum erfolgreichen Einsatz dieser Methode bei. Der Strahl wird mit einer Rechteckwelle, deren Frequenz 50 Hz beträgt, moduliert; dadurch wird erreicht, daß sich die Phase der 10 MHz-Modulation in aufeinanderfolgenden Halbperioden von 0,01 sec Dauer jeweils umkehrt. Somit breiten sich längs desselben Weges de facto zwei Strahlen aus, die bei gegenphasiger Kombination (Subtraktion) ihrer Photoströme anstelle eines flachen Minimums einen scharfen Nullwert ergeben, wenn die zurückgelegte Entfernung ein ganzzahliges Vielfaches der halben Modulationswellenlänge beträgt. Die zweite Besonderheit besteht in einer kurzen geeichten Wegstrecke, die durch mehrfache Reflexion zwischen zwei Prismen realisiert wird und den Nullpunkt in der Anzeige des Gerätes zu bestimmen gestattet. Das Geodimeter wird wahrscheinlich in einer Reihe von Fällen die übliche Verwendung von Bandmaßen zur Bestimmung einer Basislinie in der Weise ersetzen, daß man eine Entfernung bei gegebenem Wert der Lichtgeschwindigkeit aus der Laufzeit und Geschwindigkeit von Lichtimpulsen ermittelt. Bei diesen ersten Experimenten wurde es jedoch bei Vorliegen genau vermessener geodätischer Basisstrecken dazu benutzt, genaue Werte für die Geschwindigkeit von Lichtwellen zu gewinnen. Die Vereinigten Staaten haben im Jahre 1953 dem British Ordnance Survey ein Geodimeter für Kontrollmessungen an den Ridgeway- und Caithness-Basisstrecken zur Verfügung gestellt. Die Ergebnisse stimmten mit den geodätischen Werten gut überein.[1]) Da das Gerät vorher am National Physical Labora-

---

[1]) I. C. C. Mackenzie, Appendix 6, Ordnance Survey Professional Papers, New Series, Nr. 19.

tory geeicht worden war, kann man die Messungen als eine unabhängige Bestimmung der Lichtgeschwindigkeit ansehen, wobei sich ein Wert ergab, der um 0,8 km/sec kleiner ist als der von Bergstrand erhaltene.

Weiterhin führte C. I. Aslakson[1]) eine bedeutsame Reihe von Messungen durch, wobei er ebenfalls ein für die Zwecke der Geodäsie entwickeltes Verfahren benutzte. Er wandte es jedoch auf beträchtlich größere Entfernungen an. Es handelt sich dabei um eine abgeänderte Form des Shoran-Radar-Verfahrens, das mit einer Frequenz von etwa 300 MHz (Wellenlänge 1 m) arbeitet. Normalerweise werden von einem Flugzeug ausgesandte Radioimpulse von zwei Erdstationen reflektiert, und die zeitlichen Abstände werden auf der mit einem Quarzoszillator geeichten Zeitachse auf dem Schirm einer Kathodenstrahlröhre abgelesen. Die Entfernung des Flugzeugs von den beiden Erdstationen ergibt sich dann aus den Laufzeiten und der Lichtgeschwindigkeit. Während des Krieges wurden die Zeitskalen unter Verwendung des aus optischen Messungen gewonnenen Wertes für die Lichtgeschwindigkeit (299776 km/sec, wobei eine Korrektur bezüglich des Brechungsindexes der Luft vorgenommen wurde) direkt in Entfernungen geeicht. Die Position des Flugzeugs ließ sich dann aus den beiden Entfernungen ermitteln. Aslakson benutzte für seine Versuche zwei 160 km voneinander entfernte Erdstationen, deren genauer Abstand mit Hilfe geodätischer Verfahren bestimmt worden war. Das Flugzeug flog quer zur Verbindungslinie der beiden Stationen und bestimmte die kürzesten Entfernungen. Bei bekannter Höhe des Flugzeugs kann man dann die Entfernung zwischen den beiden Stationen auf der Erde berechnen. Ein Vergleich mit dem gemessenen Wert liefert den Fehler, der über den Wert für die Lichtgeschwindigkeit in die Eichung der Entfernungsskala eingeht. Eine der Hauptschwierigkeiten bildete die Korrektur bezüglich des Brechungsindexes der Luft, der

---

[1]) C. I. Aslakson, Trans. Amer. geophys. Un. **32** (1951) 813.

entlang der Flugstrecke beträchtlich schwankte. Schließlich gelang es Aslakson doch, reproduzierbare Resultate zu erhalten, und Radarverfahren werden jetzt sowohl in den Vereinigten Staaten[1]) als auch in Kanada[2]) für kartographische Vermessungen im Großen angewendet.

Schließlich ist noch ein weiteres, von Rank und Mitarbeitern[3]) benutztes Verfahren sowohl wegen seiner grundsätzlichen Bedeutung als auch wegen seiner künftigen Anwendungsmöglichkeiten bemerkenswert. Die Methode beruht auf der Bestimmung molekularer Konstanten von Wasserstoffcyanid mit Hilfe optischer Spektroskopie einerseits und Mikrowellenspektroskopie andererseits. In einem Fall drücken sich die Resultate durch die Wellenlänge, im anderen Fall durch die Frequenz aus; durch Kombination beider Methoden kann man dann die Lichtgeschwindigkeit c erhalten.

Die in den letzten Jahren mittels sehr unterschiedlicher Verfahren ausgeführten Messungen zeigen, daß sich der Wert für c mit der Frequenz nicht ändert, und bei Annahme realistischer Fehlergrenzen bei den früheren Messungen ergibt sich ebenfalls keinerlei Hinweis auf eine zeitliche Änderung.

Man hat oft gefragt, wie ein so großer Fehler bezüglich des Wertes dieser wichtigen Konstanten so lange unbemerkt bleiben konnte. Eine Antwort auf diese Frage erscheint uns wichtig. Zuerst muß man bedenken, daß vor 1946 die Werte durch Mittelung über eine große Zahl von Beobachtungen gewonnen wurden, wobei die Streuung etwa ± 50 km/sec betrug. Unter diesen Bedingungen gab es keine Möglichkeit, systematische Fehler zu untersuchen, obwohl die Schöpfer der beiden wichtigsten Verfahren, nämlich Michelson, Pease und Pearson sowie

---

[1]) C. I. Aslakson, Proc. Amer. Soc. civ. Engrs. **77** (1951) 1.

[2]) J. E. R. Ross, Report for International Union of Geodesy and Geophysics; Tenth Annual Conf. 1954.

[3]) D. H. Rank, J. N. Shearer and T. A. Wiggins, Phys. Rev. **94** (1954) 575.

Jahr	Verfasser	Verfahren	Ergebnis (km/sec)	Experimentelle Streuung (km/sec)
1941	Birge	Diskussion der bis 1941 erhaltenen Ergebnisse	299 776 ± 4	etwa 100
1948	Essen und Gordon-Smith	Hohlraumresonator	299 792 + 3	7 (einschließlich systematischer Fehler)
1949	Bergstrand	optisches; Geodimeter mit Kerrzelle	299 796 ± 2	4,8 (zwischen nächtlichen Mittelwerten)
1949	Aslakson	Radar	299 792,4 ± 2,4	11
1950	Houston[1]	optisches; Quarzplatte	299 775 ± 9	180
1950	McKinley	optisches; Quarzplatte	299 780 ± 70	*
1950	Bergstrand	optisches; Geodimeter mit Kerrzelle	299 793,1 ± 0,25	5
1950	Essen	Hohlraumresonator	299 792,5 ± 1	1,5 (einschließlich systematischer Fehler)
1950	Bol	Hohlraumresonator	299 789,3 ± 0,4	**
1951	Bergstrand	optisches; Geodimeter mit Kerrzelle	299 793,1 ± 0,2	5
1951	Aslakson	Radar	299 794,2 ± 1,9	13,5
1951	Froome	Radio-Interferometer	299 792,6 ± 0,7	2,5
1952	Rank, Ruth und Vander Sluis	Spektrallinien	299 776 ± 7	***

Jahr	Verfasser	Verfahren	Ergebnis (km/sec)	Experimentelle Streuung (km/sec)
1954	Froome	Radio-Interferometer	299 793,0 ± 0,3	0,7
1954	Rank, Shearer und Wiggins	Spektrallinien	299 789,8 ± 3	***
1954	Florman[2]	Radio-Interferometer	299 795 ± 3,1	***
1954	Plyler[3]	Spektrallinien	299 792 ± 6	***
	wahrscheinlichster Wert		299 793,0 ± 0,5	

* Arbeiten aus den Jahren 1937–1938
** Einzelheiten nicht bekannt
*** Auswertung nach der Methode der kleinsten Quadrate

[1]) R. A. Houston, Proc. roy. Soc. Edinb. **A 63** (1950) 95.
[2]) E. F. Florman, JOSA **44** (1954) 507.
[3]) E. K. Plyler, JOSA **44** (1954) 507.

Anderson, selber auf solche Fehler aufmerksam gemacht hatten. Trotz dieser Warnungen und möglicherweise getäuscht durch die Sorgfalt, mit der die Experimente durchgeführt worden waren, sowie die gute Übereinstimmung der mit verschiedenen Methoden erhaltenen Werte, gab die Mehrzahl der Autoren von Übersichtsartikeln zu diesem Thema den wahrscheinlichsten Wert mit sehr engen Fehlergrenzen an. Die Abschätzung der Fehler ist aber für den Experimentator selbst schon sehr schwierig, und dies trifft in noch stärkerem Maße für jemanden zu, der keine praktischen Erfahrungen mit der Apparatur besitzt. Es überrascht daher nicht, daß die genannten Autoren zu falschen Schlußfolgerungen sowohl hinsichtlich des Wertes selbst als auch seiner Genauigkeit gelangten. Solche zusammenfassende Artikel ersparen aber anderen Wissenschaftlern viel mühevolle Arbeit, deshalb wird nach ihrem Erscheinen nur noch selten auf die Originalarbeiten zurückgegriffen. Auf diese Weise werden Fehler leicht unkritisch auf längere Zeit beibehalten. Im vorliegenden Fall war der Einfluß dieser Übersichtsartikel so stark, daß die allgemeine Reaktion auf das erste mit einem Hohlraumresonator erhaltene Resultat, ungeachtet seiner im Vergleich zu allen vorangegangenen Messungen hohen Genauigkeit, dahin ging, daß es sich um ein interessantes neuartiges Verfahren handele, das nach seiner Vervollkommnung zweifellos zum richtigen Wert führen würde.

Bei den in der Tabelle aufgeführten Werten wurde, wo immer möglich, zusätzlich zu den von den Autoren angenommenen Fehlergrenzen die Streuung der experimentellen Werte angegeben, um eine Vorstellung von der Meßgenauigkeit zu vermitteln.

I. Ja. Itenberg (*И. Я. Итенберг*)

Über einige experimentelle Methoden zur Messung der Lichtgeschwindigkeit

In der Geschichte der Physik — vom Beginn der klassischen Physik bis in unsere Tage — war das Problem der Ausbreitungsgeschwindigkeit des Lichtes stets mit dem Kampf und der Entwicklung verschiedener spezieller Theorien verbunden. Schritt für Schritt wurden folgende Fragen gelöst:

a) Ist die Lichtgeschwindigkeit endlich, oder breitet sich das Licht augenblicklich aus?
b) Wie groß ist die Lichtgeschwindigkeit in den verschiedenen Medien? Damit wurde der Streit zwischen der Korpuskular- und der Wellentheorie entschieden.
c) Die Frage der „Konstanz der Geschwindigkeit" des Lichtes in Inertialsystemen.

In den Werken der Schöpfer der Relativitätstheorie wurde die Lichtgeschwindigkeit nicht nur zu einer physikalischen Konstanten, sondern auch zu einer der Grundgrößen der Physik.

Der Wert der Lichtgeschwindigkeit ging als physikalische Konstante auch in andere physikalische Theorien ein. Besondere Bedeutung erlangte die Lichtgeschwindigkeit mit der Entstehung der Maxwellschen elektromagnetischen Theorie.

Die ersten Bestimmungen der Lichtgeschwindigkeit durch terrestrische Methoden stammen von H. Fizeau (Zahnradmethode, 1849) und L. Foucault (Drehspiegelmethode, 1850). In den Experimenten von Fizeau wird das von der Quelle ausgestrahlte Licht durch ein Zahnrad mit 720 Zähnen unterbrochen, das von einer von Froman gebauten Maschine angetrieben wird. Die Frequenz der

Lichtunterbrechung ist durch die Größe nm gegeben, wobei n die Anzahl der Zähne des Rades und m die Anzahl der Umdrehungen pro Sekunde bedeuten. Die Umdrehungszahl des Rades wurde mit einem Zähler bestimmt, der im Augenblick des Auftretens eines Minimums oder eines Maximums mit der Achse des Zahnrades verbunden wurde und sich nach 60 Sekunden abschaltete. Das erste Minimum wird dann beobachtet, wenn in der Zeit, die das Licht benötigt, um durch eine Lücke zwischen den Zähnen hindurch zu einem in bekanntem Abstand aufgestellten Spiegel und wieder zurück zu gelangen, an die Stelle der Lücke ein Zahn getreten ist. Man kann zeigen, daß die Durchlaufzeit des Lichtimpulses, bei der ein Minimum der Lichtintensität auftritt, allgemein die Bedingung

$$\tau = \frac{2k - 1}{2mn} \text{ sec}$$

erfüllen muß, wobei $k = 1, 2, 3, \ldots$ die Ordnung des beobachteten Intensitätsminimums bedeutet. Cornu, der die Theorie der Zahnradmethode ausarbeitete, fand, daß die Genauigkeit der Bestimmung des Intensitätsminimums bei Änderung der Unterbrechungsfrequenz des Lichtes direkt proportional der Größe k ist.[1]) In der Arbeit selbst[2]) war es Fizeau nicht möglich festzustellen, von welcher Ordnung das von ihm beobachtete Minimum war. Über diese Arbeit Fizeaus schrieb Newcomb: „Es ist interessant, daß der Bericht des Autors über den bemerkenswerten, zum Meilenstein in der Geschichte der Physik gewordenen Versuch auf zwei Seiten dargelegt wird und ohne Angabe eines definierten Meßwertes endet."[3]) Fizeau bereitete eine Wiederholung der Messung mit einer verbesserten Apparatur vor; sie fand jedoch keinen Abschluß. Gemeinsam mit Breguet wandte er sich der

[1]) A. Cornu, Ann. Observ. Paris **13** (1876) 1—315.

[2]) H. Fizeau, Sur une expérience relative à la vitesse de propagation de la lumière, Compt. rend. **29** (1849) 90—92.

[3]) S. Newcomb, Astron. papers **2** (1891) 107—230.

Untersuchung der Lichtgeschwindigkeit im Wasser und in der Luft zu. Auf die Messung der Lichtgeschwindigkeit mittels der ersteren Methode aber kam er nicht mehr zurück. Interessanterweise sei vermerkt, daß in den russischen literarischen und gesellschaftlich-politischen Journalen des 19. Jahrhunderts die Experimente der französischen Gelehrten zur Messung der Lichtgeschwindigkeit relativ breit und ausführlich beleuchtet wurden. Das „Journal des Ministeriums für Volksaufklärung" berichtete seinen Lesern bereits im Jahre 1849 von dem Fizeauschen Versuch. In der Notiz „Ein neuer Versuch der Bestimmung der Bewegungsgeschwindigkeit des Lichtes"[1]) wurden die Apparatur Fizeaus und die von ihm benutzte Methode beschrieben. Der Verfasser der Notiz war offensichtlich von Fizeau begeistert, der „ohne zu astronomischen Beobachtungen Zuflucht zu nehmen, sozusagen ohne aus dem Haus zu treten, die Aufgabe befriedigend löste. Ihm genügte eine Entfernung von 8 Werst[2]), die sein Haus in Suresnes vom Telegraphenamt in Montmartre trennte, um die erstaunliche Schnelligkeit des Lichtstrahles zu erfassen und zu bestimmen". In der Notiz wird ein Vergleich der Resultate von Fizeau mit denen von Struwe, dem Direktor des Pulkowoer Observatoriums, durchgeführt. Eine kurze Mitteilung über die Bestimmung der Lichtgeschwindigkeit erschien im Jahre 1850 in „Otetschestwennye Sapiski" und in „Sowremennik"[3]), und im Jahre 1853 brachten die „Otetschestwennye Sapiski" eine Übersetzung des Artikels von Arago[4]) über die Lichtgeschwindigkeit, der im gleichen Jahr im Journal der Französischen Akademie erschienen war. Im folgenden erschien eine Anzahl weiterer Arbeiten.

---

[1]) ЖМНП **64** (1849), Abschn. VII, Nr. 12, S. 47–50.

[2]) Ehemaliges russisches Längenmaß; 1 Werst = 1 $^1/_{15}$ km. (Anm. d. Übers.)

[3]) Отечественные записки **69** (1850), Abschn. VIII, S. 114-115; Современник **19** (1850), Abschn. VI, S. 200–204.

[4]) Отечественные записки **88** (1853), Abschn. VII, Nr. 5, S. 94-102.

Die Messung der Lichtgeschwindigkeit wurde in den Arbeiten von Cornu fortgesetzt, der die Theorie der Zahnradmethode weiter vervollkommnete. Cornu beobachtete das aufeinanderfolgende Verschwinden der Minima und Maxima bei gleichzeitiger Messung der geänderten Rotationsgeschwindigkeit. Es gelang ihm, Messungen bis zum Minimum 21. Ordnung durchzuführen. Die Zahnradmethode wurde auch in den Arbeiten von J. Young und Forbes benutzt. Perrotin beobachtete die Minima und Maxima der Lichtintensität von der 16. bis zur 32. Ordnung (1902). Seine Arbeit war die letzte, bei der noch das Zahnrad verwendet wurde.

Die Genauigkeit der Bestimmung des Moments, in dem die Maxima und Minima der Lichtintensität auftreten, stellte eine schwierige experimentelle Aufgabe dar und trug Fehler in die Zeitmessung hinein.

Parallel zur Zahnradmethode wurde auch die Drehspiegelmethode angewandt und entwickelt. Sie wurde zum ersten Male von Foucault (1850) verwendet und besonders in den Arbeiten Michelsons weiterentwickelt. Infolge ihrer Einfachheit zog jedoch die Zahnradmethode die Forscher ständig wieder an. Im Jahre 1925 wies A. Karolus auf die Möglichkeit hin, den elektrooptischen Kerr-Effekt als „Schalter“ für das Licht zu verwenden, und schlug einen experimentellen Aufbau für die Messung der Lichtgeschwindigkeit vor. In diesem, der Idee nach dem Fizeauschen analogen, Versuchsaufbau wurde statt des Zahnrades eine Kerr-Zelle verwendet, ein praktisch trägheitsfreier Schalter für das Licht. Mit Hilfe der Kerr-Zelle gelang es, die Unterbrechungsfrequenz des Lichtes auf 10^7 pro Sekunde zu erhöhen, was die Möglichkeiten der mechanischen Zahnradmethode wesentlich übersteigt. Als „Schalter“ für das Licht besitzt die Kerr-Zelle auch eine Anzahl anderer Vorteile.[1]) Karolus führte mit seinen

[1]) Siehe В. Г. Вафиади, Ю. В. Попов, Скорость света и ее значение в науке и технике, Изд-во БГУ, Минск 1970, S. 41.

Mitarbeitern in den folgenden zehn Jahren eine ganze Serie von Versuchen zur Bestimmung der Lichtgeschwindigkeit unter Verwendung neuester experimenteller Hilfsmittel durch. Im Jahre 1926 wiesen Pringsheim und Gaviola[1]) — offenbar in Unkenntnis der Mitteilung von Karolus — ebenfalls auf die Möglichkeit der Verwendung des Kerr-Effektes zur Messung der Lichtgeschwindigkeit hin. Sie arbeiteten einen Versuchsaufbau aus, erörterten die Methode zur Berechnung von c, führten jedoch keinerlei Messungen durch. Die Kerr-Zelle wurde zur Messung der Abklingzeiten bei der Fluoreszenz benutzt.

Der von Kerr 1875 entdeckte Effekt besteht im Auftreten einer künstlichen Anisotropie bei einigen in ein elektrisches Feld gebrachten Medien. Diese Medien werden doppelbrechend, analog einem einachsigen Kristall, dessen optische Achse mit der Richtung des elektrischen Feldes zusammenfällt. Zur Beobachtung des Kerr-Effektes wird eine Kerr-Zelle verwendet. Sie besteht aus einem Polarisator und einem Analysator, meist einem Nicolschen Prisma, und einem ebenen Kondensator, bei dem der Raum zwischen den Platten mit einer Flüssigkeit ausgefüllt ist (Nitrobenzol). Auf den Kondensator fällt linear polarisiertes Licht, und aus ihm treten infolge der Doppelbrechung zwei Strahlen aus — ein ordentlicher und ein außerordentlicher. Innerhalb des Kondensators, in der Flüssigkeit, breiten sich diese Strahlen mit unterschiedlicher Geschwindigkeit aus, so daß zwischen ihnen ein Gangunterschied $\delta = BlE^2$ auftritt, wobei δ den Gangunterschied, ausgedrückt in Wellenlängen, l die Weglänge des Strahls im Medium, E die Feldstärke und B die Kerr-Konstante bedeuten. Während des Durchlaufs durch den Kondensator wird das Licht elliptisch polarisiert und fällt auf das zweite Nicolsche Prisma, das als Analysator dient. In Abhängigkeit vom Grad der elliptischen Polarisation des auf dieses Prisma fallenden Lichtes läßt der

[1]) E. Gaviola, Die Abklingungszeiten der Fluoreszenz von Farbstofflösungen, Phys. Ztschr. **35** (1926) 748.

Analysator einen unterschiedlichen Lichtfluß durch. Daher kann der Kerr-Effekt zur Lichtmodulation benutzt werden. Die Rechnung zeigt, daß für eine Änderung der Intensität des austretenden Lichtes von Null bis zum Maximum eine solche Stellung des Polarisators am vorteilhaftesten ist, bei der der Winkel zwischen der Richtung des elektrischen Feldes im Kondensator und der Schwingungsebene des elektrischen Vektors der Lichtwelle – bei gekreuztem Polarisator und Analysator – 45° beträgt. Man kann die Bedingungen so wählen, daß der Gangunterschied $\delta = \pi$ beträgt; dann wird aus elliptisch polarisiertem Licht linear polarisiertes.

Im Jahre 1928 beschrieben Karolus und Mittelstaedt eine Anordnung zur Messung der Lichtgeschwindigkeit mit Hilfe des Kerr-Effektes[1] (siehe Abb. 1). Das Licht

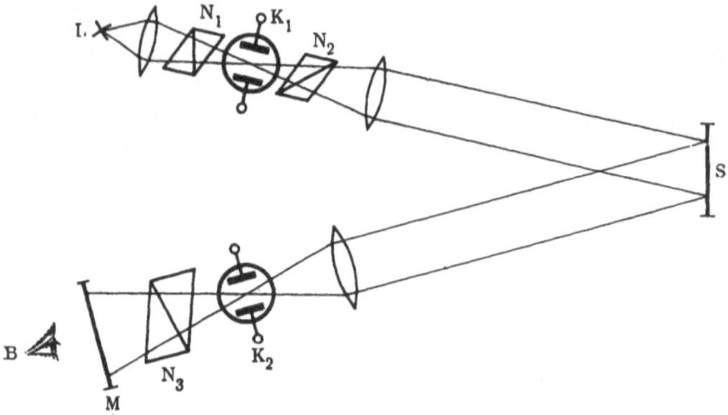

Abbildung 1

Die Versuchsanordnung von Karolus und Mittelstaedt (*L* Lichtquelle; K_1, K_2 Kerr-Zellen; N_1, N_2, N_3 Nicolsche Prismen; *S* Spiegel; *M* Mattglasscheibe; B Beobachter)

---

[1]) A. Karolus und O. Mittelstaedt, Die Bestimmung der Lichtgeschwindigkeit unter Verwendung des elektrooptischen Kerreffektes, Phys. Ztschr. **29** (1928) 698–702.

der Quelle L durchläuft das Nicolsche Prisma N_1 und wird linear polarisiert. Ein Bild der Quelle wird mit Hilfe einer Linse zwischen die Platten des Kondensators einer Kerr-Zelle projiziert. Für das Nicolsche Prisma N_1 und den Kondensator ist die oben erwähnte 45°-Bedingung erfüllt.

Aus dem Kondensator tritt, wenn man an ihn eine Spannung anlegt, das Licht elliptisch polarisiert aus. Die Doppelbrechung im Winkelmaß beträgt

$$\varphi = \frac{2\pi Bl}{300^2} \frac{V^2}{a^2},$$

wobei l die Länge der Kondensatorplatten, a der Abstand zwischen ihnen in cm und V die Spannung in Volt sind.

Wird an den Kondensator eine Wechselspannung angelegt, so gilt

$$\varphi = \frac{2\pi Bl}{300^2 a^2} e_0^2 \sin^2(2\pi\nu t).$$

Das zu N_1 gekreuzte Nicolsche Prisma N_2 polarisiert das durch den Kondensator gelaufene Licht linear. Das aus N_2 austretende Licht wird periodisch mit der Frequenz 2ν unterbrochen. Die Intensität des austretenden Lichtes beträgt

$$I = \frac{I_{\mathrm{H}}}{2}\left((1 - \cos f' \frac{V^2}{a^2}\right),$$

wobei

$$f' = \frac{2\pi Bl}{300^2}$$

ist, was mit Hilfe eines an die Kerr-Zelle angelegten schnell veränderlichen elektrischen Feldes erzielt wird. Nach Durchlaufen des Systems $N_1 K_1 N_2$ fällt das linear polarisierte Licht auf den Spiegel S, wird von ihm reflektiert und gelangt erneut in eine Kerr-Zelle K_2 und das Nicolsche Prisma N_3, das zu N_2 gekreuzt angeordnet ist.

Beide Zellen sind an ein und denselben Röhrenoszillator

angeschlossen; demzufolge haben die Spannungen an ihnen die gleiche Phase. In die Zelle K_2 gelangt das Licht später als in die Zelle K_1, nämlich um die Zeit τ verzögert, in der das Licht die Entfernung zwischen den beiden Zellen zurücklegt. Danach fällt das Licht auf den Schirm M, auf dem Maxima und Minima der Lichtintensität beobachtet werden. Nehmen wir nun an, daß an die Zellen eine sinusförmige Spannung gelegt wird. Wenn dann im Moment des Lichteinfalls auf K_1 die Spannung an dieser Zelle $e_0 \sin \omega t$ beträgt, so wird die Spannung an K_2, wenn das Licht dort ankommt, $e_0 \sin \omega (t + \tau)$ betragen. Die Intensität des auf dem Schirm M zu beobachtenden Lichtes wird mit Änderung der Phasendifferenz $\omega\tau$ variieren. Fällt in der Zeit τ die Spannung auf Null ab, so geht das Licht durch N_3 nicht hindurch, und auf M wird ein Intensitätsminimum beobachtet. Es ist jedoch klar, daß für eine genaue Beobachtung eines Minimums eine sinusförmige Änderung der Spannung nicht geeignet ist, da die Spannung dann nur für eine sehr kurze Zeit gleich Null ist. Der Charakter der Spannungsänderung an den Zellen hat einen wesentlichen Einfluß auf die exakte Bestimmung des Minimums der Lichtintensität. Erforderlich wäre, daß sich während der Meßdauer die Amplitude der Wechselspannung nicht ändert.

Vorläufige Versuche mit einem Aufbau dieser Art bestätigten die Brauchbarkeit der Methode, obwohl die Meßungenauigkeit hoch war: $\pm 1\%$. Von Mittelstaedt wurde eine andere Methode[1]) vorgeschlagen, die er als Kompensationsmethode bezeichnet. Diese Methode erfordert keine exakte Beachtung der genannten Bedingung. Das Schema der Anordnung ist in Abbildung 2 angegeben. Die Zellen

[1]) O. Mittelstaedt, Die Bestimmung der Lichtgeschwindigkeit unter Verwendung des elektrooptischen Kerreffektes, Ann. d. Phys. 2 (1929) 285—312. — Nach Auskunft von Professor A. Lösche, Leipzig, wurden die Experimente im Leipziger Physikalischen Institut, Linnéstr. 5, durchgeführt. Das 1945 zum größten Teil zerbombte Gebäude wurde 1956—1957 abgetragen. (Anm. d. dt. Red.)

K_1 und K_2 werden so angeordnet, daß ihre Felder aufeinander senkrecht stehen. Das im ersten Schema hinter der Zelle K_1 befindliche Nicolsche Prisma N_2 wurde entfernt. Die Spannungen an den Zellen haben die gleiche Phase. Man kann die Bedingungen so wählen, daß die im System N_1K_1 hervorgerufene Doppelbrechung durch das System K_2N_2 kompensiert wird und das Licht nach Passieren von K_2 erneut linear polarisiert ist. Dann läßt das zu N_1 gekreuzt aufgestellte Nicolsche Prisma N_2 dieses Licht nicht durch, und auf dem Schirm M wird ein Helligkeitsminimum beobachtet, wenn nach der Laufzeit des Lichtes von K_1 nach K_2 die Phase der Spannung an K_2 die gleiche ist wie an K_1 im Moment des Durchlaufens des Lichtimpulses durch K_1. In allen anderen Fällen wird der Schirm beleuchtet. Das Auftreten der Minima hängt weder vom Charakter der Spannungsänderung an der Zelle noch von Schwankungen der Wechselspannung bei Änderung der Frequenz ab. Die mittlere Meßgenauigkeit wurde von Mittelstaedt zu $\pm 0{,}025\%$ abgeschätzt. Daher wurde diese Methode auch im folgenden zu Messungen benutzt.

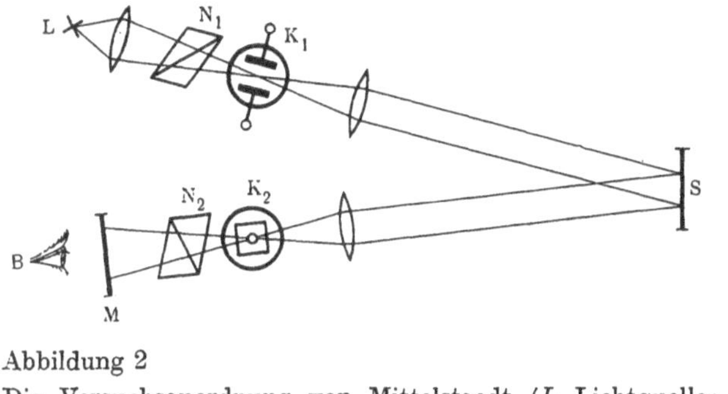

Abbildung 2
Die Versuchsanordnung von Mittelstaedt (L Lichtquelle; K_1, K_2 Kerr-Zellen; N_1, N_2 Nicolsche Prismen; S Spiegel; M Mattglasscheibe; B Beobachter)

Als Lichtquelle wurde eine Bogenlampe verwendet. Von einem optischen System gefaltet, durchlief das Licht eine Gesamtstrecke von 250 bis 330 m. Von außerordentlicher Wichtigkeit war die Registrierung des Minimums der Lichtintensität. Das Minimum der Lichtintensität kann durch unmittelbare Beobachtung festgestellt werden (subjektive Abschätzung) oder mit Hilfe photographischer oder photoelektrischer Methoden (objektive Abschätzung). Mittelstaedt benutzte die erste Methode, da er annahm, daß die objektiven Methoden größere experimentelle Schwierigkeiten bereiten würden. Gleichzeitig mit der Beobachtung des Minimums der Lichtintensität wurde auch die Frequenz gemessen. Die Messung der vom Licht durchlaufenen Entfernung ist für das Endresultat sehr wesentlich. Das Licht durchlief mehrmals eine Grundstrecke von etwa 41,40 m, die mittels dreier verschiedener Maßstäbe gemessen wurde. Als Basis wurde eine Strecke von 41,386 m $\pm$ 0,5 mm festgelegt. Die Länge des vom Licht durchlaufenen Weges lag zwischen 250 m $\pm$ 1 cm und 330 m $\pm$ 1,2 cm. Die Frequenzmessung der an die Zellen angelegten Wechselspannung wurde mit Hilfe des Kammertones nach der von Hensel beschriebenen Methode durchgeführt. Die Frequenz wurde mit einer Genauigkeit von $\pm$200 GHz bestimmt. Für die Lichtgeschwindigkeit gibt Mittelstaedt folgenden Wert an: $c = 299\,778$ km/sec $\pm$ 20 km/sec. Die visuelle Bestimmung des Momentes, in dem ein Minimum der Lichtintensität im Versuch von Karolus und Mittelstaedt auftritt, wirkte sich zweifellos auf die Meßresultate aus. In den Versuchen von A. Hüttel[1]), der 1940 auf Vorschlag von A. Karolus eine Messung der Lichtgeschwindigkeit vornahm, wurde die subjektive Beobachtungsmethode durch die Registrierung des Minimums mit Hilfe eines Photoelementes ersetzt. Als Modulator für das Licht diente weiterhin eine Kerr-Zelle (siehe Abb. 3). An den

[1]) A. Hüttel, Eine Methode zur Bestimmung der Lichtgeschwindigkeit unter Anwendung des Kerreffektes und einer Photozelle als phasenabhängigen Gleichrichter, Ann. d. Phys. **37** (1940) 365—402.

Kerr-Kondensator wird eine Spannung angelegt, die sich entsprechend der Beziehung

$$U = U_m + U_0 \sin \omega t$$

ändert, wobei U_m eine konstante Spannung und $U_0 \sin \omega t$ eine variable Spannung bedeuten. Der durch die Zelle hindurchgehende Lichtfluß ist gegeben durch

$$I = I_m + I_0 \sin \omega t.$$

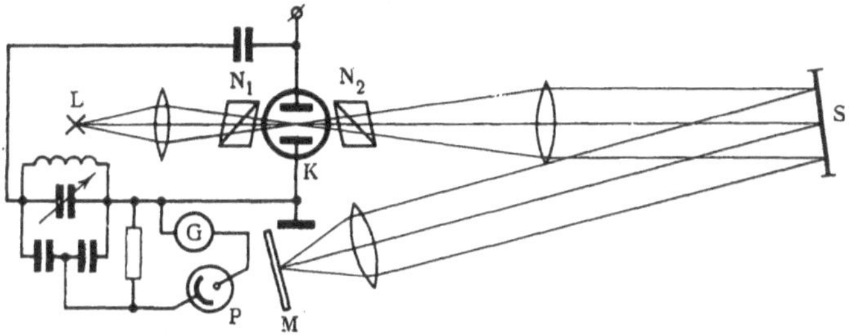

Abbildung 3

Die Hüttelsche Versuchsanordnung (L Lichtquelle; N_1, N_2 Nicolsche Prismen; K Kerr-Zelle; S Spiegel; M Mattglasscheibe; P Photoelement; G Galvanometer)

Nach Passieren der Zelle durchläuft der modulierte Lichtfluß eine definierte Strecke bis zum Spiegel S, wird an ihm reflektiert und gelangt auf die Mattglasscheibe M. Hinter dieser Mattglasscheibe befand sich ein Vakuumphotoelement P, dessen Photostrom mit dem Galvanometer G gemessen wurde. An das Photoelement und die Kerr-Zelle wird, wie aus Abbildung 3 ersichtlich ist, eine von ein und demselben Röhrenoszillator gelieferte Wechselspannung angelegt, die demzufolge mit ein und derselben Frequenz schwingt. Im Photoelement fließt nur bei einem positiven Anodenpotential ein Strom, und er erreicht den Sättigungswert in dem Moment, in dem die Spannung an der Anode maximal ist, wenn der auf das Photoelement auftreffende Lichtfluß am intensivsten ist.

Da das Licht eine bestimmte Zeit für das Durchlaufen des Weges zum Spiegel und wieder zurück benötigt, gelangt es auf das Photoelement mit einer Phasenverschiebung: Die Lichtintensität ist mit der Spannung am Photoelement nicht in Phase. Daher verringert sich der Photostrom. Bei einer Phasendifferenz $\varphi = \pi$ besitzt der Photostrom einen Minimalwert. Bei Änderung des vom Licht durchlaufenen Weges kann man der Reihe nach Maxima und Minima des Photostromes beobachten. Die Größe des Photostroms bestimmt sich aus dem Integral über eine positive Halbperiode

$$P = \int_0^{\tau/2} [I_m + I_0 \sin(\omega t + \varphi)] dt.$$

Die Lichtgeschwindigkeit findet man aus der Beziehung

$$c = S\nu,$$

wobei ν die Modulationsfrequenz des Lichtflusses bedeutet und S den Lichtweg bezeichnet, der einer Drehung der Phase um 2π entspricht. Man kann allgemeiner einen Lichtweg benutzen, für den die Phasendrehung $2\pi n$ ($n = 1, 2, 3, \ldots$) beträgt. Die Weglänge S wird mit Hilfe der Kurve bestimmt, welche die Abhängigkeit des Photostroms von der Lage des Spiegels wiedergibt (siehe Abb. 4). Auf der Kurve sind zwei gleiche Werte des Photostroms

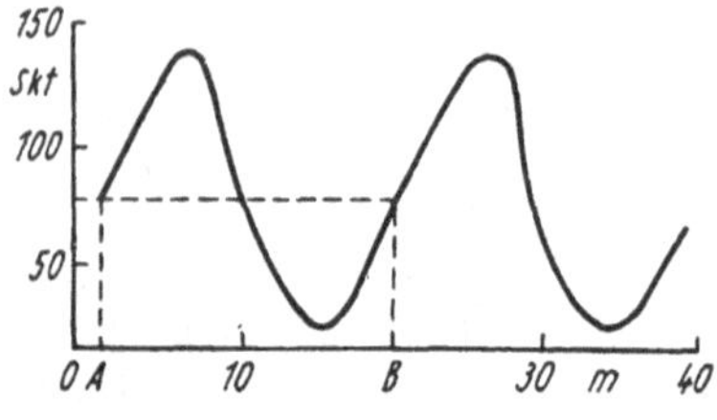

Abbildung 4

Zur Hüttelschen Messung: Abhängigkeit des Photostroms vom Lichtweg. Auf der Abszissenachse ist der Lichtweg, auf der Ordinatenachse der Photostrom (in Skalenteilen, abgelesen am Galvanometer) aufgetragen angegeben, die auf einander entsprechenden Ästen (zum Beispiel den ansteigenden) liegen. Der Abstand zwischen zwei Spiegellagen, die diesen Punkten entsprechen, ergibt dann die Weglänge S.

Bei den Messungen wurden im optischen Teil der Anordnung drei verschiedene Verfahren zur Vergrößerung des Lichtweges angewandt. Die Längenmessung erfolgte mit Hilfe eines Maßstabes analog dem von Mittelstaedt verwendeten.' Hüttel führte 135 Messungen für drei Frequenzwerte durch, nämlich für 5 058 560, 8 299 889 und 12 646 400 Hz. Der mittlere Wert der von Hüttel erhaltenen Lichtgeschwindigkeit beträgt

$$c = 299\,768 \pm 10 \text{ km/sec}.$$

Am Schluß seiner Arbeit führt Hüttel eine Tabelle der Werte der Lichtgeschwindigkeit an, die von verschiedenen Autoren von 1875 bis 1937 erhalten wurden. Er spricht sich gegen die Theorie von G. de Bray aus, der glaubte, daß sich die Lichtgeschwindigkeit pro Jahr um 4 km verringert. Anhand einer Analyse der verschiedenen Messungen leitete de Bray eine Formel zur Berechnung der Lichtgeschwindigkeit in Abhängigkeit von der Zeit her, die mit dem Jahre 1900 beginnt. Nach de Bray sollte die Lichtgeschwindigkeit 1937 den Wert

$$c = 299\,752 \text{ km/sec}$$

haben.

Eine etwas andere Abhängigkeit für die Verkleinerung der Lichtgeschwindigkeit erhielt F. Edmundson. Nach seiner Formel sollte die Lichtgeschwindigkeit 1937 den Wert 299 785 km/sec erlangen. Hüttel meint, daß die Nichtübereinstimmung seines Resultates und der etwas früher von Anderson durchgeführten Messung der Lichtgeschwindigkeit mit den von de Bray und Edmundson vorhergesagten Werten die Theorie einer nicht konstanten Lichtgeschwindigkeit widerlegt.

Im Jahre 1959 beschrieben A. Karolus und D. Fries eine neue Anordnung zur Bestimmung der Lichtgeschwindigkeit.[1]) Ein modulierter Lichtstrahl wird durch einen halbdurchlässigen Spiegel in zwei Teilstrahlen aufgespalten, in den Meßstrahl und den Vergleichsstrahl. Beide Strahlen treffen nach Durchlaufen verschiedener Lichtwege mit einer Phasendifferenz auf die Kathode eines Photovervielfachers. Als „Schalter" für das Licht wurde ein Ultraschallmodulator benutzt. In der Arbeit werden die Eigenschaften eines solchen Modulators und die Meßmethode ausführlich beschrieben, aber Messungen der Lichtgeschwindigkeit wurden noch keine durchgeführt. Das hier ausgearbeitete Schema wurde jedoch im folgenden von Karolus und Helmberger zur Bestimmung der Lichtgeschwindigkeit mit Hilfe verschiedener Modulatoren verwendet. Von Juni 1963 bis November 1964 wurden von Karolus 14000 Messungen durchgeführt, bei denen die Basis eine Länge von 48 m hatte. Für die Lichtgeschwindigkeit wurde nach einer Fehlerbetrachtung der Wert

$$c = 299\,792{,}1 \pm 0{,}2 \text{ km/sec}$$

erhalten.

Im Jahre 1965 wurde eine Messung mit der in Abbildung 5 angegebenen Anordnung durchgeführt, bei der als Lichtquelle ein Gaslaser (Helium-Neon) gewählt wurde.[2]) Zur Erhöhung der Meßgenauigkeit ist es wünschenswert, einen monochromatischen Lichtstrahl zur Verfügung zu haben. Ein solcher Strahl wurde gewöhnlich aus einer Quecksilberhochdruck- oder Xenonhochdrucklampe mit Hilfe eines Interferenzfilters erhalten, was zu großen Lichtverlusten führte. Der Gaslaser liefert einen Lichtstrahl mit einem sehr engen Frequenzbereich, wobei das Licht linear polarisiert ist.

---

[1]) A. Karolus und D. Fries, Eine neue Anordnung zur Bestimmung der Lichtgeschwindigkeit, Ann. d. Phys. **4** (1959) 269—282.

[2]) A. Karolus und J. Helmberger, Lichtgeschwindigkeitsmessungen mit einem He-Ne-Gaslaser als Lichtquelle, Ann. d. Phys. **19** (1967) 390—416.

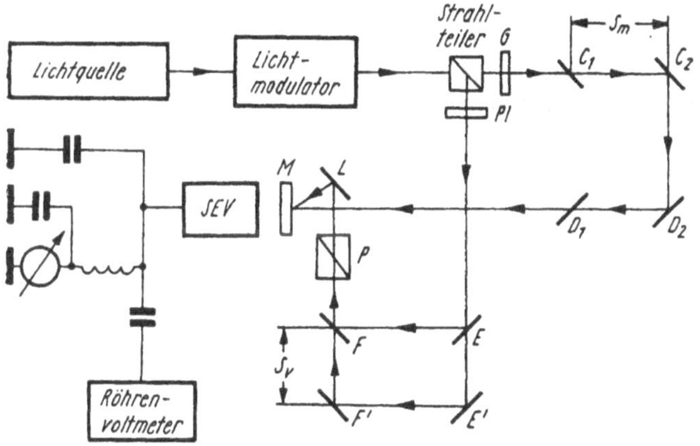

Abbildung 5
Die Versuchsanordnung von Karolus und Helmberger (*M* Mattglasscheibe; *G* Graukeil; *P* Polarisator; *Pl* $\lambda/2$-Plättchen)

Die Strahlung des Lasers (mit einer Wellenlänge $\lambda_0 = 632{,}8$ nm) wurde mit einer Ultraschallwelle der Frequenz 18,72 MHz moduliert. Die Modulationsfrequenz wurde mit Hilfe eines elektronischen Zählers bestimmt. Mit diesem wurde die Frequenz der an den Lichtmodulator angelegten Wechselspannung gemessen. Mittels eines Strahlteilers — eines halbdurchlässigen Spiegels — wurde der modulierte Lichtstrahl in zwei Strahlen gleicher Intensität zerlegt, den „Meßstrahl" und den „Vergleichsstrahl", mit deren Hilfe die „Modulationswellenlänge" bestimmt wurde. Der Meßstrahl durchläuft den „Meßweg", der bis zu dem Spiegelpaar C_1—D_1 und zurück zur Mattglasscheibe verläuft. Der Vergleichsstrahl durchläuft den „Vergleichsweg", der über das Spiegelpaar E—F zur gleichen Mattglasscheibe führt. Die Anfangsphasen dieser beiden Strahlen sind die gleichen; auf der Mattglasscheibe besitzen sie jedoch eine Phasendifferenz, da sie unterschiedliche Lichtwege zurückgelegt haben. Hinter der Mattglasscheibe ist ein Photoelektronenvervielfacher angeordnet. Der entstehende Photostrom hängt von der Phasendifferenz der Strahlen ab, von dem „Meßweg“ S_M und dem „Vergleichsweg“ S_V. An den Ausgang des Photoelektronenvervielfachers ist ein Resonanzkreis angeschlossen. Die veränderliche Komponente der Spannung wird mit einem Röhrenvoltmeter gemessen. Diese Spannung

$$U_{\text{eff}} = \frac{J_0 R_{\text{res}}}{\sqrt{2}} \cos \frac{\varphi}{2}$$

hängt von der Phasendifferenz $\varphi = 2\pi(S_M - S_V)/\lambda_m$ ab (λ_m Modulationswellenlänge) und besitzt bei einer Phasendifferenz von π bzw. allgemein von $(2n + 1)\pi$ ein Minimum.

Zur Bestimmung von c ist es erforderlich, eine derartige Phasendifferenz durch Änderung des Lichtweges beider Lichtstrahlen einzustellen. Hierzu wurde diejenige Lage der Spiegel bestimmt, bei der der Unterschied der von den Strahlen durchlaufenen Wege die Hälfte der Modulationswellenlänge λ_m des Lichtes beträgt. Dann ist

$$S_M - S_V = \frac{\lambda_m}{2}(2n + 1), \qquad n = 0, 1, 2, \ldots$$

und

$$c = \lambda_m f_m = f_m \frac{2(S_M - S_V)}{2n + 1}$$

mit f_m als Modulationsfrequenz.

Zur Erhöhung der Meßgenauigkeit wurden die Daten für geänderte Werte von S_M und S_V registriert, was durch Verschieben der Spiegel in die Positionen $C_2 - D_2$ sowie $E' - F'$ bewerkstelligt wurde. Alle Messungen wurden vom 22. September bis zum 16. Dezember 1965 im Deutschen Geodätischen Forschungsinstitut in München unter Verwendung einer Basis von 48 m Länge durchgeführt. Es wurden 60 Meßreihen aufgenommen. Die Basislänge wurde nach der Methode von Väisälä mit einem Interferenzkomparator bestimmt. Für die Lichtgeschwindigkeit im Vakuum wurde der Wert

$$c = 299\,792{,}5 \pm 0{,}15 \text{ km/sec}$$

erhalten.

Die gleiche Anordnung wurde später von Karolus und Helmberger zur Messung der Lichtgeschwindigkeit unter Verwendung anderer Modulatoren (einer Kerr-Zelle und einem KDP-Kristall) mit dem Ziel benutzt, die erhaltenen Resultate zu vergleichen.[1]) Ein Ultraschallmodulator ergab kein bezüglich der Phase völlig homogenes moduliertes Licht. Die „Phasenstruktur" des modulierten Lichtes erschwert die Messung der Lichtgeschwindigkeit, da sie die Durchführung einer großen Anzahl von Kontrollmessungen erfordert. Die auf der Benutzung des elektrooptischen Kerr-Effektes beruhenden Lichtmodulatoren sind fast frei von dieser Phaseninhomogenität. Die Messungen bestanden aus drei unabhängigen Teilen:

1. Messungen mit einer Kerr-Zelle bei einer Frequenz von 6,24 MHz;
2. Messungen mit einem Kristall als Modulator bei einer Frequenz von 6,24 MHz;
3. Messungen mit dem Kristall als Modulator bei einer Frequenz von 18,72 MHz.

In jedem Falle wurden 60 Meßreihen aufgenommen.

Bei den Messungen mit der Kerr-Zelle wurde für die Lichtgeschwindigkeit der Wert

$$c = 299\,792{,}47 \pm 0{,}2 \text{ km/sec}$$

erhalten. Die Messungen mit dem KDP-Modulator ergaben

$$c = 299\,792{,}48 \pm 0{,}35 \text{ km/sec}$$

bei der Frequenz von 6,24 MHz und

$$c = 299\,792{,}54 \pm 0{,}2 \text{ km/sec}$$

---

[1]) A. Karolus und J. Helmberger, Lichtgeschwindigkeitsmessungen mit Kerrzelle und KDP-Lichtmodulator, Dtsch. geod. Kommission Bayer. Akad. Wiss. (1969), Heft 65, S. 1—30.

bei der Frequenz von 18,72 MHz. Diese Resultate stimmten mit den vorangegangenen Messungen mit dem Ultraschallmodulator überein.

Eine völlig neue Methode zur Bestimmung der Lichtgeschwindigkeit wurde von A. I. Kartaschew[1]) vorgeschlagen. Diese Messungen wurden in den Jahren 1951 und 1952 im Allunions-Forschungsinstitut für Metrologie „D. I. Mendelejew“ durchgeführt. Sie stellten in der Sowjetunion die erste Bestimmung der Lichtgeschwindigkeit mittels Labormethoden dar. Von Kartaschew wurde eine originelle Konstruktion eines optomechanischen Lichtmodulators vorgeschlagen, den er Interferenzmodulator nannte. Dieser Modulator besteht aus zwei ebenen, halb versilberten Spiegeln, zwischen denen sich eine planparallele Platte befindet. Diese Platte kann mit Hilfe eines Synchron-Elektromotors in eine gleichmäßige Drehung versetzt werden. Die Spiegel werden nach Möglichkeit genau parallel aufgestellt und mit einem monochromatischen Lichtstrahl beleuchtet. Der Strahl erleidet mehrfache Reflexionen an den Spiegeln, so daß aus dem Modulator eine Vielzahl von Strahlen austritt. Zwischen diesen besteht ein Gangunterschied, so daß sich ein Interferenzbild (Interferenzkurven gleicher Neigung) ergibt. Die schmalen Interferenzmaxima sind durch breite Interferenzminima voneinander getrennt. Wird die planparallele Platte in Drehung versetzt, so ändert sich der Gangunterschied, und das ganze Interferenzbild verschiebt sich in Abhängigkeit von der Rotationsgeschwindigkeit der Platte. Das monochromatische Licht der Frequenz ν_1 wird kontinuierlich mit einer Frequenz ν_2 moduliert, die durch die Schnelligkeit des Wechsels der Maxima und Minima bestimmt wird. Der schnelle Wechsel der Interferenzmaxima gibt die Möglichkeit, zeitlich sehr kurze Lichtimpulse zu erhalten.

---

[1]) А. И. Карташев, Новый метод измерения скорости света, Труды ВНИИМ (1955) Heft 26 (86), S. 17-36.

Von der Lichtquelle aus gelangt das Licht als paralleler Strahl auf den Interferenzmodulator (siehe Abb. 6). Als Lichtquelle diente eine Quecksilberhochdrucklampe, aus

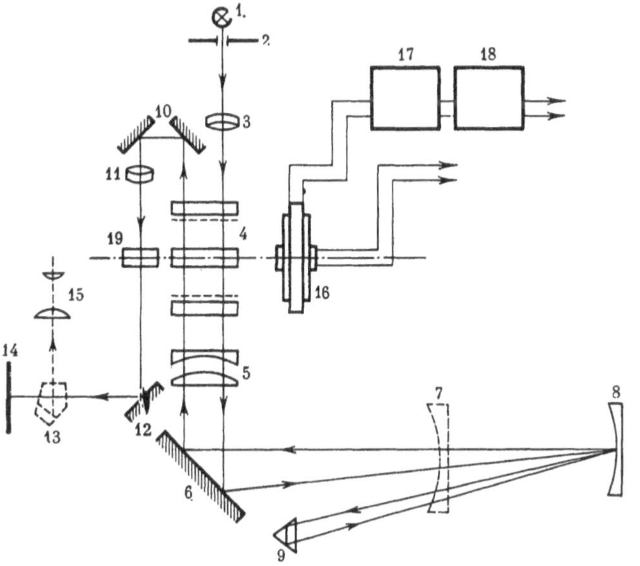

Abbildung 6
Schema der Versuchsanordnung von A. I. Kartaschew

deren Spektrum die grüne Quecksilberlinie ausgefiltert wurde. Nach mehrfachen Reflexionen im Modulator gelangen die Strahlen zu dem in einiger Entfernung aufgestellten Spiegel 7 bzw. 8 und von diesem erneut zurück in den Modulator, wo sie wiederum mehrfache Reflexionen erleiden. Im Ergebnis entstehen durch Überlagerung Interferenzstreifen. Bei der Drehung der Platte ändert sich das Interferenzbild, da sich in der Zeit, in der das Licht zum entfernt gelegenen Spiegel und wieder zurück läuft, die Platte um einen gewissen Winkel gedreht hat und der Gangunterschied sich ändert. Zur

Registrierung der Maxima und Minima wurde eine spezielle Anordnung benutzt, die das zeitlich periodisch sich ändernde Bild im Gesichtsfeld räumlich entfaltete. Sie bestand aus einer gleichen planparallelen Platte wie die im Modulator, die auf derselben Drehachse angebracht war. Das Strahlenbündel wurde durch den Spiegel 10 und das Objektiv 11 auf die Photoplatte 14 geworfen. „Im Laufweg der Strahlen befand sich die Platte 19, die zur räumlichen Entfaltung des periodischen Prozesses der Änderung des Gangunterschiedes bei Drehung der Modulatorplatte diente. Bei ihrer Rotation versetzt die Platte 19 den Lichtstrahl so, daß sich die Abbildung des Spaltes 2 auf der Photoplatte längs einer Geraden um ein bestimmtes Stück verschiebt. Wenn der Zuwachs des Gangunterschieds ein ganzzahliges Vielfaches der Wellenlänge des Lichtes beträgt, zeigt das Bild des Spaltes die größte Helligkeit, da ein Maximum der Interferenz vorliegt. Dieses Maximum wird auf der Photoplatte festgehalten.“[1]) Der Gangunterschied bestimmt sich aus dem Ausdruck

$$\delta = 2d(\sqrt{n^2 - \sin^2 i} - \cos i),$$

wobei d die Dicke der planparallelen Platte, n den Brechungsindex der Platte und i den Einfallswinkel des Lichtstrahls auf die Platte bedeuten.

Nehmen wir an, daß das Licht die Strecke $2L$ in der Zeit τ durchläuft. Während dieser Zeit dreht sich die Platte um den kleinen Winkel Δi. Der Zuwachs des Gangunterschieds beträgt dann

$$\Delta\delta = \frac{2d \sin i}{\sqrt{n^2 - \sin^2 i}} (\sqrt{n^2 - \sin^2 i} - \cos i)\Delta i.$$

Ferner sei $\Delta\delta = \lambda$, das heißt, es liege ein Maximum vor. Bei gleichmäßiger Drehung der Platte ist

$$\Delta i = 2\pi N\tau,$$

[1]) А. И. Карташев, Труды ВНИИМ (1955) Heft 26 (86), S. 20.

wobei N die Anzahl der Umdrehungen pro Sekunde angibt. Wenn

$$\tau = \frac{2L}{c}, \quad \text{dann gilt } \Delta i = \frac{4\pi NL}{c} \quad \text{und}$$

$$\lambda = \frac{2a4\pi NL}{c}.$$

Hieraus folgt

$$c = \frac{8\pi NaL}{\lambda}$$

mit a als der Verschiebung des Bildes bei einer Drehung der Platte um den Winkel Δi, das heißt als dem Abstand zwischen den Interferenzstreifen,

$$a = \frac{d \sin i(\sqrt{n^2 - \sin^2 i} - \cos i)}{\sqrt{n^2 - \sin^2 i}}.$$

Die Registrierung des Interferenzbildes erfolgte auf photographischem Wege. Zur Bestimmung von a wurde der Abstand zwischen den äußersten Maxima gemessen und durch die Anzahl der Maxima dividiert. Hierzu wurde ein gewisser Abstand l_0 in der Fokalebene des Objektivs der Photokamera fixiert und die Differenz $P_2 - P_1$, das heißt die Anzahl der Interferenzmaxima, gezählt, die auf diese Strecke fallen, wenn die Reflexion an dem Spiegel (dem nähergelegenen 7 bzw. dem weiter entfernt liegenden 8) erfolgt. Dann beträgt

$$c = \frac{8\pi NL_0 l_0}{\lambda(P_2 - P_1)},$$

wobei $L_0 = L_2 - L_1$ der Abstand zwischen den Spiegeln 7 und 8 (den Endreflektoren) ist.

Zur Bestimmung von l_0 wurden auf der Photoplatte Eichstriche aufgetragen, die zuvor mit einer Teilermaschine auf einer Schablone angebracht worden waren. Der Wert von l_0 betrug

$$l_0 = 24{,}2300 \text{ mm} \pm 0{,}0001 \text{ mm}.$$

Die genaue Lage der Interferenzmaxima wurde mittels einer speziell entwickelten photoelektrischen Methode mit einem Komparator bestimmt. Der erhaltene Wert der Lichtgeschwindigkeit hängt von der Art und der Frequenz der Modulation des Lichtflusses der Quelle ab. Die wesentlichsten charakteristischen Parameter eines jeden Modulators sind der Maximalwert der Modulationsfrequenz und die die Halbwertsdauer der Impulse bestimmende Impulsform. Je höher die Frequenz und je kleiner die Halbwertsdauer, um so geringer ist der Fehler bei der Messung von c. Der von Mittelstaedt benutzte Modulator besaß eine Frequenz von 19,2 MHz, und die Halbwertsdauer der Impulse betrug $13 \cdot 10^{-9}$ sec, während bei Hüttel die entsprechenden Werte 8,6 MHz und $29 \cdot 10^{-9}$ sec waren. Der Modulator von A. I. Kartaschew wies eine Frequenz von 47 MHz und eine Halbwertsdauer von $1 \cdot 10^{-9}$ sec auf.

Die konkaven Spiegel 7 und 8, die Endreflektoren, befanden sich in einem Abstand von 24 m voneinander, wobei man den Spiegel 7 in den Lichtfluß stellen oder ihn herausnehmen konnte.

Der Abstand zwischen den Spiegeln wurde mittels Invardrähten mit einer Genauigkeit von $\pm 0{,}1$ mm bestimmt. Alle Messungen wurden mit einer Basis von 48 m Länge durchgeführt bei Drehgeschwindigkeiten der Platte von 3750 und 5000 U/min. Im Jahre 1951 wurden 10 Serien von Messungen ausgeführt, im Jahre 1952 15 Meßreihen mit einer etwas verbesserten Anordnung aufgenommen. Die erhaltenen Werte der Lichtgeschwindigkeit betrugen

$$c = 299\,794 \pm 6{,}5 \text{ km/sec} \quad (1951),$$

$$c = 299\,788 \pm 5{,}4 \text{ km/sec} \quad (1952).$$

In dem 1962 veröffentlichten Artikel „Zur Frage des wahrscheinlichen Wertes der Ausbreitungsgeschwindigkeit der elektromagnetischen Wellen (der Lichtgeschwindigkeit)“[1]) analysiert A. I. Kartaschew die Messungen der Lichtgeschwindigkeit von 1949 bis 1959, die mittels verschiedener Methoden ausgeführt wurden. Als wahrscheinlichsten Wert der Lichtgeschwindigkeit gibt er die Größe

$$c = 299\,792{,}5 \pm 0{,}5 \text{ km/sec}$$

an.

D. Rank und Mitarbeiter bestimmten die Lichtgeschwindigkeit mit einer indirekten Methode aus einem Bandenspektrum.[2]) Für ein zweiatomiges oder ein lineares mehratomiges Molekül hat die Rotationskonstante den Wert $B_m = h/(8\pi^2 I)$, wobei h die Plancksche Konstante und I das Trägheitsmoment des betrachteten Schwingungszustandes des Moleküls bezeichnen. Mit radiospektroskopischen Methoden läßt sich B_m sehr genau bestimmen. Aus einer Analyse der Rotations-Schwingungsbanden im infraroten Spektrum kann man den Wert der Rotationskonstanten $B_i = h/(8\pi^2 cI)$ finden. Dann ergibt sich aus $B_m/B_i = c$ die Lichtgeschwindigkeit im Vakuum.

Zur Bestimmung von c wurden die Absorptionsspektren von HCN im Spektralbereich zwischen 8000 und 9000 Ångström verwendet, die sich mit einer Photoplatte gut aufnehmen lassen. Als Quelle diente der Krater eines 30-Ampere-Kohlenbogens. Das Licht fiel auf ein 8 m langes, mehrfach reflektierendes, absorbierendes Rohr. Die Aufnahmen des Spektrums erfolgten bei tiefen Drücken im Bereich von 35 bis 70 mmHg.

Im Versuchsaufbau befand sich ein Fabry-Perot-Etalon in gekreuzter Stellung zu einem Spektrographen mit einem

---

[1]) Измерительная техника (1962) Nr. 3, S. 59.

[2]) D. Rank, R. Ruth and K. Vander Sluis, Precision determination of the velocity of light derived from a band spectrum method, JOSA **42** (1952) 693–698.

ebenen Beugungsgitter von hohem Auflösungsvermögen (15000 Linien pro Zoll). Das optische Schema des Interferometers ist aus Abbildung 7 ersichtlich. Mit Hilfe dieses Schemas erfolgte die Eichung des Fabry-Perot-Etalons. Aus den erhaltenen Aufnahmen wurde die Lage der Absorptionsbanden im Spektrum bestimmt und die Konstante B_i berechnet. Ihr Wert ergab sich zu

$$B_i = 1{,}47830 \pm 0{,}00002\ (\mathrm{cm}^{-1}).$$

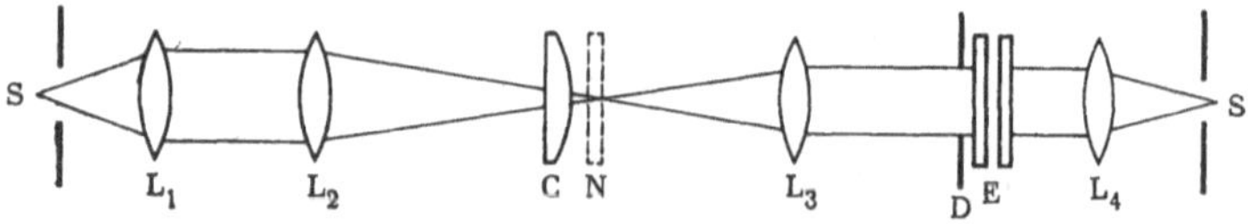

Abbildung 7

Schema des Interferometers (S von dem mehrfach reflektierenden, absorbierenden Rohr gelieferte Abbildung; L_1, L_2, L_3, L_4 achromatische Linsen; C Zylinderlinse; D Blende; E Fabry-Perot-Etalon; S' Spalt des Spektrographen; N mit Neon gefülltes Rohr)

Der Wert für B_m ist 44 315,9 ± 0,25 MHz (nach den Messungen von Nethercot, Klein und Townes). Daraus folgt

$$c = 299\,776 \pm 6\ \mathrm{km/sec}.$$

Später wurden die Messungen mit einer verbesserten Methode fortgesetzt. Im Jahre 1954 führten Rank, Shearer und Wiggins eine interferometrische Bestimmung der Rotationskonstanten von HCN aus der Feinstruktur der 000-002-Bande durch.[1]) Für sie wurde der Wert 1,43823 cm^{-1} erhalten. Unter Verwendung des von Nethercot und Klein angegebenen, aus radiometrischen Messungen gefundenen Wertes $B_m = 44\,315{,}978 \pm 0{,}011$ MHz erhielt Rank

$$c = 299\,789{,}8 \pm 3{,}0\ \mathrm{km/sec}.$$

[1]) D. Rank, J. Shearer and T. Wiggins, Precision determination of the velocity of light derived from a band spectrum method, Phys. Rev. **94** (1954) 575–578.

Im Jahre 1955[1]) wurde durch eine genauere Bestimmung der Wellenlänge für die Lichtgeschwindigkeit der Wert

$$c = 299\,791{,}9 \pm 2{,}2 \text{ km/sec}$$

gefunden.

Ein neuer Wert für die Lichtgeschwindigkeit wurde von Rank und Mitarbeitern im Jahre 1957 mitgeteilt.[2]) Dank technischer Verbesserungen wurde es möglich, die Meßgenauigkeit für die Wellenlänge der Linien zu erhöhen. Es wurden im nahen infraroten Gebiet des HCN 30 Linien gemessen. Für B_i wurde der Wert 1,478218 ± 0,000008 cm^{-1} erhalten. Für die Konstante B_m wurde aus radiometrischen Messungen der Wert 44 315,975 ± 0,011 MHz entnommen. Für die Lichtgeschwindigkeit wird der Wert

$$c = 299\,793{,}2 \pm 1{,}8 \text{ km/sec}$$

angegeben.

In einem der Bestimmung der Lichtgeschwindigkeit gewidmeten Übersichtsartikel[3]) beschränkte Rank seine Betrachtung auf nur die Methoden, die in der zweiten Hälfte des 20. Jahrhunderts entstanden sind. Die hohe Präzision der Messungen mit Hilfe der neuen Methoden rechtfertigt es, die alten Resultate bei der Bestimmung des wahrscheinlichsten Wertes der Lichtgeschwindigkeit außer acht zu lassen. D. Rank führt sechs unterschiedliche experimentelle Methoden auf:

1. Die geodimetrische Methode, die ihrem Wesen nach eine modifizierte Kerr-Zellenmethode ist;

---

[1]) D. Rank, J. Bennett and H. Bennett, Improved value of the velocity of light derived from a band spectrum method, Phys. Rev. **100** (1955) 993.

[2]) D. Rank, A. Guenther, J. Shearer and T. Wiggins, Precision determination of the velocity of light derived from a band spectrum method, JOSA **47** (1957) 148–150.

[3]) D. Rank, Determination of the velocity of light, in: Advances in spectroscopy, Interscience Publ., New York 1959, Bd. 1, S. 79.

2. die einen Mikrowellen-Hohlraumresonator verwendende Methode;
3. die ein System exakter Navigation verwendende Methode;
4. die Methode des Mikrowelleninterferometers;
5. die Methode der Radiofrequenzinterferometrie;
6. die Berechnung der Lichtgeschwindigkeit aus dem Bandenspektrum.

Alle aufgezählten Methoden ermöglichen es, die Genauigkeit der Zeit- (bzw. Frequenz-)messung wesentlich zu erhöhen. Nach einer Analyse der Resultate der Messungen der Lichtgeschwindigkeit mittels der verschiedenen Methoden nimmt D. Rank als wahrscheinlichsten Wert

$$c = 299\,793{,}04 \pm 0{,}17 \text{ km/sec}$$

an.

Laut Beschluß der Internationalen Assoziation für Geodäsie wird gegenwärtig als wahrscheinlichster Wert für die Lichtgeschwindigkeit

$$c = 299\,792{,}5 \pm 0{,}4 \text{ km/sec}$$

angenommen.[1])

[1]) Neueste Messungen über einen Vergleich der Frequenz eines optischen Übergangs mit einer Mikrowellenfrequenz führten zu:

$$c = 299\,792{,}458 \pm 0{,}0012 \text{ km/sec.}$$

Dieser Wert wurde 1975 als verbindlich angenommen vom International Committee of Weights and Measures auf der 14. General Conference on Weights and Measures. (Anm. d. dt. Red.)

A. M. Frenk (*А. М. Френк*)

Fizeau und Michelson

Der Beitrag Fizeaus zur Optik

Hyppolyte Armand Louis Fizeau (1819—1896) war der Sohn eines Professors der Medizin und studierte selber Medizin. Unter dem Einfluß Aragos aber wandte er sich der Physik zu. Seine hauptsächlichen Arbeiten beziehen sich alle auf die physikalische Optik. Seine ersten Arbeiten betrafen die Untersuchung der Natur der photographischen Abbildung (1843). Eine Anzahl von Untersuchungen führte er zusammen mit Léon Foucault (1819—1868) durch, der sich ebenfalls auf den Arztberuf vorbereitet hatte, sich dann aber der Physik zuwandte. Hierzu zählen Versuche zur Interferenz infraroter Strahlen (1847), die Untersuchung der Interferenz des Lichtes bei großen Gangunterschieden (1849) — Erscheinungen, die für die Wellentheorie des Lichtes große Bedeutung besaßen. Gemeinsam begannen sie auch die Arbeiten zur Messung der Lichtgeschwindigkeit mit terrestrischen Quellen; später jedoch trennten sich ihre Wege.

Im Dezember 1848 hielt Fizeau vor der Pariser Philomathischen Gesellschaft den Vortrag „Über Erscheinungen, die beim Schall auftreten, wenn sich der tönende Körper oder der Beobachter bewegen, und über entsprechende Erscheinungen, die beim Licht auftreten". Im ersten Teil des Vortrages handelte Fizeau den Einfluß einer hinreichend schnellen Bewegung der Schallquelle oder des Beobachters auf die Frequenz des vom Beobachter wahrgenommenen Tones ab. Zum Nachweis baute er eine spezielle Apparatur. Sie bestand aus einem schnell rotierenden Rad, an dem ein Hebel angebracht war mit einem Stückchen Karton am Ende. Bei der Rotation des Rades stieß das Kartonstück gegen Zähne, die am oberen und unteren Teil eines Gestells befestigt waren. Auf diese Weise war ein Modell einer sich entweder schnell nähernden oder schnell entfernenden Quelle hergestellt. Da die Dichte der oberen und der unteren Zähne nicht gleich war, konnte man die abgegebenen Töne leicht unterscheiden. Im Grunde genommen enthielt dieser Teil des Vortrages nichts prinzipiell Neues. Bereits im Jahre 1842 formulierte Ch. Doppler in Prag in einer Reihe von Artikeln in den „Abhandlungen der Tschechischen Wissenschaftlichen Gesellschaft" das seinen Namen tragende Prinzip, welches besagt, daß bei Annäherung der Quelle der Wellen zum Beobachter, bzw. des Beobachters zur Quelle der Wellen eine höhere Frequenz als die ausgesandte wahrgenommen wird, beim Entfernen aber eine geringere. Für Schallwellen wurde diese Tatsache bald experimentell von Buys-Ballot durch Versuche bei der holländischen Eisenbahn bestätigt. Eine Gruppe von Musikanten befand sich auf einer Plattform, welche sich mit gegebener Geschwindigkeit bewegte; die von den Instrumenten abgegebenen Töne aber wurden von Beobachtern empfangen, die auf dem Bahnsteig standen. Danach wurden die Gruppen vertauscht, so daß sich die Beobachter auf der sich bewegenden Plattform befanden und die Musikanten auf dem Bahnsteig. In beiden Fällen wurde sorgfältig sowohl die Höhe der von den Instrumenten abgegebenen wie auch der von den Beobachtern wahrgenommenen Töne gemessen. Die erhaltenen Resultate stimmten mit den nach der Doppler-Formel berechneten gut überein.

Komplizierter war die Anwendung des Doppler-Prinzips auf die Lichtwellen. Der Effekt hängt von dem Verhältnis der Geschwindigkeit der Quelle (oder des Beobachters) zur Lichtgeschwindigkeit ab. Daher bestanden zu jener Zeit keinerlei Möglichkeiten zur experimentellen Überprüfung der Anwendung des Prinzips auf das Licht unter terrestrischen Bedingungen. Doppler bemühte sich, eine Bestätigung seiner Ideen in der Astronomie zu finden, beispielsweise bei der Erklärung der Farbe von Doppelsternen. Eine Verwirklichung dieser Absicht aber gelang nicht und rief eine Anzahl berechtigter Einwände hervor. Obwohl die Ausgangsidee Dopplers, daß die Geschwindigkeit der Sterne in Richtung Erde-Stern auf die Frequenz des von den Sternen abgestrahlten Lichtes einen Einfluß haben sollte, richtig war, stellte er sich den Charakter der im Spektrum auftretenden Änderungen falsch vor.[1])

Im zweiten Teil seines Vortrages ging Fizeau in richtiger Weise an diese Frage heran. Da er Erfahrung in der Arbeit mit Interferenzspektren besaß, wußte er, daß bei einem komplizierten Spektrum die Bewegung der Quelle keine sichtbaren Veränderungen hervorrufen kann. Fizeau wies zu Recht darauf hin, daß diese Änderung zur Verschiebung der Spektrallinien führt. Auf diese Weise führte gerade Fizeau den Begriff in die Wissenschaft ein, der später die Bezeichnung Doppler-Verschiebung erhielt. Mitunter wird das Prinzip auch Doppler-Fizeau-Prinzip genannt. Lediglich eine Kurzfassung des Vortrages von Fizeau wurde in dem allgemeinwissenschaftlichen Journal „L'Institut"[2]) veröffentlicht; sie erregte keine besondere Aufmerksamkeit bei den Physikern. Erst im Jahre 1870, als sich nach der Entdeckung der Spektralanalyse die große Bedeutung dieses ganzen Problemkreises für die Astrophysik zeigte, veröffentlichte Fizeau den vollständigen Text seiner Arbeit in einer physikalischen Zeitschrift[3]). Im Text des Artikels findet sich weder ein Hinweis auf die Arbeiten Dopplers noch auf andere Arbeiten aus den Jahren 1842—1848. Daher ist schwer zu sagen, ob Fizeau bis zu seinem Vortrage etwas von diesen Arbeiten wußte.

---

[1]) Zur Geschichte dieser Frage siehe У. И. Франкфурт, А. М. Френк, Очерки развития оптики движущихся тел (Кар. 2. К истории эффекта Допплера), Труды института истории естествознания и техники, Москва 1961, Bd. 43, S. 21—36.

[2]) L'Institut, journal universel des sciences et des sociétès savantes en France et à l'étranger **17** (1849) N 784, S. 11.

[3]) Ann. chim. phys. **19** (1870) 211.

Als man die Existenz irdischer Elemente auf den Sternen festgestellt hatte, trat erneut die Frage der Anwendungsmöglichkeit des Doppler-Prinzips — in der Fizeauschen Formulierung — auf das Licht auf, und in Verbindung damit die Frage der Bestimmung der Geschwindigkeit der Eigenbewegung der Himmelskörper aus der Verschiebung der Spektrallinien. Die ersten erfolgreichen Messungen wurden in den Jahren 1867—1868 von Huggins durchgeführt. Er fand, daß die Radialgeschwindigkeit des Sirius 41,4 Meilen/sec beträgt. In seiner Arbeit von 1870[1]) machte Fizeau darauf aufmerksam, daß die spektroskopischen Messungen der Geschwindigkeit der Sonnenränder eine Möglichkeit zur Überprüfung der Formel für die Doppler-Verschiebung ergeben könnten, da auch eine andere Methode zur Messung dieser Geschwindigkeit bekannt sei (über die Bewegung der Sonnenflekken). Die Vervollkommnung der Spektralapparate gestattete es, diese Idee zu verwirklichen. Die Messungen von Secchi (1870), Vogel (1871), Hastings (1873) und Young (1876) bestätigten, daß sich das Doppler-Prinzip auf das Licht anwenden läßt.

Entscheidende Versuche jedoch mußten mit terrestrischen Quellen durchgeführt werden, da die physikalischen Bedingungen in den Sternen und auf den vom Lichtstrahl durch den kosmischen Raum durchlaufenen Wegen nicht genügend gut bekannt waren. Ein solcher Versuch wurde erstmals von dem russischen Astrophysiker A. A. Belopolski in den Jahren 1898—1899 durchgeführt und 1907 von B. B. Golizyn und Wilip[2]) wiederholt.

Am bekanntesten wurde Fizeau durch seine Arbeiten zur Messung der Lichtgeschwindigkeit und zur Beob-

---

[1]) H. Fizeau, Compt. rend. **70** (1870) 1062.

[2]) Siehe A. M. Френк, Работы русских ученых по экспериментальному обоснованию эффекта Допплера, in: Ученые записки Тираспольского désинститута, Кишинев 1966, Bd. 16, S. 8.

achtung des Einflusses der Bewegung der Körper auf die Geschwindigkeit des sich in ihnen ausbreitenden Lichtes.

Im Jahre 1849 gelang es Fizeau, erstmals die Lichtgeschwindigkeit unter terrestrischen Bedingungen mittels der Zahnradmethode zu messen, wobei er eine Basis von insgesamt 8633 m benutzte. Ein Jahr später untersuchte er zusammen mit Breguet die relative Lichtgeschwindigkeit in der Luft und im Wasser und fand, daß die Lichtgeschwindigkeit im Wasser kleiner war.[1])

Resultate von Untersuchungen zur Mitführung des Äthers durch bewegte Körper wurden von Fizeau im Jahre 1851 veröffentlicht. Da eine Übersetzung dieses Artikels im vorliegenden Buch abgedruckt ist, beschreiben wir den Versuch selbst nicht ausführlich. Wir heben nur die wesentlichen Aussagen hervor. Erstens widerlegt die bloße Tatsache einer Verschiebung der Interferenzstreifen bei der Bewegung des Wassers bereits die Annahme einer vollständigen Mitnahme des Äthers. In der auf dieser Annahme basierenden Elektrodynamik von Hertz gelang es daher auch nicht, die Resultate des Fizeauschen Versuchs zu erklären. Zweitens bestätigten die Versuche die Richtigkeit des von Fresnel erhaltenen Ausdruckes für den Mitführungskoeffizienten $k = 1 - 1/n^2$. Gerade dieses Resultat veranlaßte Einstein im Jahre 1917 in seinem Buch „Über die spezielle und allgemeine Relativitätstheorie", Fizeau einen „genialen Physiker" zu nennen. Er schrieb dazu folgendes: „Hierüber belehrt uns ein höchst wichtiges Experiment, welches der geniale Physiker Fizeau vor mehr als einem halben Jahrhundert ausführte, und das seitdem von einigen der besten Experimentalphysiker wiederholt wurde, so daß das Resultat unbezweifelbar ist. Das Experiment behandelt folgende Frage. In einer ruhenden Flüssigkeit pflanze sich das Licht mit einer bestimmten Geschwindigkeit w fort.

---

[1]) Siehe У. И. Франкфурт, К истории определения скорости света, im Sammelband Из истории французкой науки, Москва 1960, S. 70—84.

Wie rasch pflanzt es sich in der Röhre ... fort, wenn diese von der vorhin genannten Flüssigkeit mit der Geschwindigkeit v durchströmt ist?“[1])

Der von Fizeau bestätigte Wert des Fresnelschen Mitführungskoeffizienten bildet die Grundlage der Theorie der optischen Erscheinungen bewegter Körper von Lorentz. Bereits im Jahre 1886 beweist Lorentz in seinem ersten Artikel über diese Fragen eine These, die er danach in all seinen weiteren Arbeiten benutzt. Eine beliebige Theorie der optischen Erscheinungen in bewegten Körpern kann gleichzeitig die Aberration des Lichtes und das Fehlen eines Einflusses der Erdbewegung auf diese Erscheinungen erklären, wenn sie den Fresnelschen Mitführungskoeffizienten enthält. Als es Lorentz später gelang, den Ausdruck für diesen Koeffizienten aus seiner Elektronentheorie herzuleiten, betrachtete er dies als ein äußerst wichtiges Ergebnis.

Es muß bemerkt werden, daß Fizeau selber, als er in seinen Versuchen die Bestätigung der Fresnelschen Formel sah, diese Versuche nicht als eine Bestätigung der recht künstlichen Annahmen betrachtete, von denen Fresnel bei der Herleitung seiner Formel ausgegangen war. Obwohl Fresnel versuchte, der Erscheinung der teilweisen Mitführung eine dynamische Interpretation zu geben, und annahm, daß ein „Überschuß an Ätherdichte“ — im Vergleich zur Ätherdichte im Vakuum — in den Körpern mitgeführt wird, wurde eine solche Interpretation nicht ohne Grund angefochten. Schwierigkeiten entstanden auch bei der Betrachtung der Dispersion und der Doppelbrechung, da es nicht möglich war zu verstehen, wieso bei Strahlen unterschiedlicher Brechbarkeit gleichzeitig unterschiedliche Ätheranteile mitgeführt werden. Bei Lorentz gewinnt dieses Problem sofort Klarheit: Es werden die Ladungen mitgeführt, der Äther aber bleibt unbewegt.

---

[1]) A. Einstein, Über die spezielle und allgemeine Relativitätstheorie, Vieweg, Braunschweig 1917, S. 24.

In der Relativitätstheorie erklären sich die Resultate des Fizeauschen Versuches einfach als Folge der relativistischen Formel für die Addition von Geschwindigkeiten. Nach dieser Formel beträgt die Geschwindigkeit des Lichtes in einem sich bewegenden Medium

$$u = \frac{\frac{c}{n} \pm v}{1 \pm \frac{v}{nc}},$$

wobei c/n die Lichtgeschwindigkeit im ruhenden Medium, n den Brechungsindex und v die Geschwindigkeit des Körpers bedeuten. Hieraus erhalten wir, wenn wir uns auf Glieder erster Ordnung bezüglich v/c beschränken,

$$u = \left(\frac{c}{n} \pm v\right)\left(1 \mp \frac{v}{nc}\right) = \frac{c}{n} \pm v \mp \frac{vc}{n^2 c}$$

$$= \frac{c}{n} \pm v\left(1 - \frac{1}{n^2}\right).$$

Einstein unterstrich mehrfach die Bedeutung des Fizeauschen Versuches für die experimentelle Begründung der Relativitätstheorie. In seinem bereits erwähnten Buch schrieb er: „Es ist nun allerdings hervorzuheben, daß eine Theorie dieses Phänomens lange vor der Aufstellung der Relativitätstheorie auf rein elektrodynamischem Wege unter Benutzung bestimmter Hypothesen über die elektromagnetische Struktur der Materie von H. A. Lorentz gegeben worden ist. Dieser Umstand vermindert aber die Beweiskraft des Versuches als experimentum crucis zugunsten der Relativitätstheorie keineswegs. Denn die Maxwell-Lorentzsche Elektrodynamik, auf welcher die ursprüngliche Theorie beruhte, steht in keinerlei Gegensatz zur Relativitätstheorie.“[1])

Im Jahre 1920 schrieb Einstein in dem Artikel „Äther und Relativitätstheorie“ erneut: „Diese Theorie — auch

[1]) A. Einstein, Über die spezielle und allgemeine Relativitätstheorie, Vieweg, Braunschweig 1917, S. 25.

Theorie des ruhenden Lichtäthers genannt — fand ferner eine gewichtige Stütze in dem auch für die spezielle Relativitätstheorie fundamentalen Experimente von Fizeau, aus welchem man schließen mußte, daß der Lichtäther an den Bewegungen der Körper nicht teilnehme."[1]) In einem Gespräch mit dem amerikanischen Physiker R. S. Shankland im Jahre 1952 sagte Einstein: „Der Versuch Fizeaus und dessen Ergebnis waren so wichtig, daß seine verbesserte Wiederholung in jedem Falle außerordentlich wünschenswert war."[2])

Die erste Wiederholung wurde von Michelson und Morley im Jahre 1886 vorgenommen. Die Forscher führten einige technische Verbesserungen ein und bestätigten die Fizeauschen Resultate. Im Jahre 1914 wurde eine Reihe von Messungen von Zeeman und seinen Mitarbeitern durchgeführt. Sie benutzten monochromatisches Licht, photographierten die Verschiebung der Streifen, achteten sorgfältig darauf, daß keine Vibrationen von den Röhren auf das Interferometer übertragen wurden, und verbesserten die Genauigkeit der Methode zur Bestimmung der Geschwindigkeit des Wassers längs der Röhrenachse. Zur Aufrechterhaltung der Konstanz der Geschwindigkeit des Wassers während der gesamten Meßdauer wurde die Anlage an das System des Amsterdamer Wassernetzes angeschlossen und der Druck sorgfältig registriert. Die Abweichungen von den nach der Fresnelschen Formel berechneten Resultaten überstiegen nicht 2,6%. Zeeman beschränkte sich nicht auf die Versuche mit Wasser. Eine spezielle Apparatur gestattete es, die Mitführung des Lichtes durch bewegte feste Körper zu messen (Zylinder aus Flintglas). Diese Versuche erlaubten nicht nur, die Fresnelsche Formel zu bestätigen, sondern auch die von Lorentz hergeleitete Formel für den Mitführungskoeffi-

[1]) A. Einstein, Äther und Relativitätstheorie, Springer, Berlin 1920, S. 5.

[2]) R. S. Shankland, Conversations with Albert Einstein, Amer. J. Phys. **31** (1963) 47.

zienten, die die Abhängigkeit des Brechungsindex von der Wellenlänge (die Dispersion) berücksichtigt. Die Arbeiten Zeemans und seiner Mitarbeiter schlossen die Gruppe der Versuche ab, an deren Anfang der Fizeausche stand. Lediglich in den letzten Jahren, nach den Versuchen Cantors, der meinte, einen Mitführungseffekt beobachtet zu haben, der der Relativitätstheorie widerspricht, wurde ein Versuch von der Art des Fizeauschen mit Hilfe eines Ringlasers mit einem Helium-Neon-Gemisch durchgeführt. Die Lichtgeschwindigkeit in bewegter Luft, CCl_4 und Quarz wurde gemessen. Es wurden keinerlei Abweichungen von der Theorie beobachtet, obwohl die Genauigkeit die der früheren Versuche bedeutend überstieg.

Interessant ist, noch an ein anderes Experiment Fizeaus zu erinnern, in dem der Versuch unternommen wurde, den Einfluß der Erdbewegung auf eine optische Erscheinung festzustellen. Und obwohl sich die Resultate dieser Versuche, wie sich in der Folge zeigte, als falsch erwiesen, förderte ihre Erörterung die Klärung der fundamentalen These, daß in Versuchen erster Ordnung ein Einfluß der Erdbewegung auf optische Erscheinungen prinzipiell nicht nachweisbar ist.

Schon Malus, Biot und Brewster stellten fest, daß sich bei schrägem Durchgang durch eine transparente Platte das Azimut der Schwingungsebene des polarisierten Strahls (das heißt der Winkel zwischen der Schwingungsebene und der Einfallsebene) ändert. Aus der im Jahre 1823 von Fresnel aufgestellten Formel für die Brechung des Strahls folgt[1]), daß

$$\operatorname{tg}\alpha_1 = \cos(i-r)\operatorname{tg}\alpha$$

wobei α das Azimut des einfallenden Strahls, α_1 das des gebrochenen Strahls, i den Einfallswinkel und r den

[1]) Siehe M. Born and E. Wolf, Principles of optics, Pergamon Press, Oxford 1964, S. 45.

Brechungswinkel bezeichnen. Bei n-facher Brechung in parallelen Platten gilt

$$\operatorname{tg}\alpha_n = \cos^n (i-r) \operatorname{tg}\alpha.$$

Bei gegebenem Azimut α und Einfallswinkel i hängt die Drehung $\alpha_n - \alpha$ nur vom Brechungsindex ab, das heißt, im Endresultat von der Lichtgeschwindigkeit im brechenden Medium. Wenn die Erdbewegung diese Geschwindigkeit beeinflußt, so wäre es möglich, eine Abhängigkeit der Größe $\alpha_n - \alpha$ von der Orientierung des Gerätes relativ zur Richtung der Bahngeschwindigkeit der Erde zu finden. Obwohl bei seinen Messungen, die im Jahre 1859 durchgeführt wurden, eine große Streuung der Daten vorlag, gelangte Fizeau zu der Schlußfolgerung, daß der gesuchte Einfluß existiere.[1])

Die Glaubwürdigkeit dieser Resultate wurde mehrfach diskutiert. Im Jahre 1867 zeigte Maxwell[2]), daß die Möglichkeit der Feststellung eines Einflusses der Erdbewegung auf optische Erscheinungen, und damit auch auf die Drehung der Polarisationsebene bei der Brechung, faktisch den Resultaten des Versuchs von Fizeau im Jahre 1851 widerspricht, der die Richtigkeit der Formel für den Fresnelschen Mitführungskoeffizienten bestätigt. Ungeachtet dessen ließen sogar bekannte Spezialisten auf dem Gebiet der Optik bewegter Körper (Mascart, Ketteler), die die Existenz eines positiven Effektes in allen anderen Fällen verneinten, die Möglichkeit eines Einflusses der Bewegung auf die Drehung der Polarisationsebene zu. Dies zeugt lediglich davon, wie kompliziert eine richtige Behandlung des gesamten Fragenkomplexes der Optik bewegter Körper erschien, als ein genügend gut theoretisch fundierter Standpunkt noch nicht vorhanden war. Erst im Jahre 1895, als die berühmte Arbeit von Lorentz „Versuch einer Theorie elektrischer und opti-

---

1) H. Fizeau, Ann. chim. phys. **58** (1860) 129; Compt. rend. **49** (1859) 717.

2) J. C. Maxwell, Phil. Trans. **158** (1868) 532.

scher Erscheinungen in bewegten Körpern“ veröffentlicht wurde, in der streng das Theorem über das Fehlen von Einflüssen der Bewegung bei Versuchen erster Ordnung bezüglich v/c bewiesen wurde, wurde endgültig klargestellt, daß die Fizeauschen Resultate in diesem Falle falsch waren und das Vorhandensein eines positiven Effektes durch andere Ursachen bedingt war. Fizeau gestand zu, daß Lorentz recht hatte.

Dennoch erachteten es Brace im Jahre 1905 und Strasser im Jahre 1907 für erforderlich, den Versuch Fizeaus in einer präziseren Form zu wiederholen, und sie fanden, daß der Effekt nicht einmal 1,5% des von Fizeau vorhergesagten beträgt.

Von den anderen Arbeiten Fizeaus zur Optik seien die Untersuchungen der Abhängigkeit des Brechungsindex von verschiedenen Faktoren, die Erfindung des Interferenzdilatometers, die theoretische Betrachtung der Reflexionsgesetze an bewegten Spiegeln und die Analyse der Bedingungen einiger astrophysikalischer Beobachtungen erwähnt.

Im Jahre 1860 wurde Fizeau zum Mitglied der Pariser Akademie der Wissenschaften gewählt und trat oft als Berichterstatter über Arbeiten aus der Optik auf. In einem dieser Vorträge sprach er die Idee aus, daß es möglich sei, ein Sterninterferometer zu bauen. Diese Idee wurde später von Michelson verwirklicht. Viele Jahre war Fizeau Professor an dem berühmten Polytechnikum. Mit seinem Namen ist eine Reihe von Reformen des Physikunterrichts an dieser Lehreinrichtung verbunden.

Selbst eine kurze Analyse des wissenschaftlichen Schaffens von Fizeau gibt Grund dazu, ihn als einen der Schöpfer der physikalischen Optik zu bezeichnen, und bestätigt völlig die Einsteinsche Wertung Fizeaus als „genialen Physiker“.

Michelson und seine Experimente zur Optik bewegter Körper

Albert Abraham Michelson wurde im Jahre 1852 in der polnischen Stadt Strelno geboren. Zwei Jahre nach seiner Geburt emigrierte die Familie in die USA. Die Kinderjahre verbrachte er in Murphy im County Calaveras im Staate Kalifornien. Nach Abschluß der Schule im Jahre 1869 in San Francisco trat er in die Marineakademie in Annapolis ein, wo er nur bescheidene Fähigkeiten in den Militärwissenschaften, dafür aber sehr gute in den Naturwissenschaften und in der Mathematik zeigte. Nachdem Michelson einige Jahre als Offizier auf Schiffen der Kriegsflotte der USA gedient hatte, wurde er Lehrer für Physik und Chemie an der genannten Akademie. Hier führte er im Jahre 1877 seine ersten wissenschaftlichen Untersuchungen durch. Es waren Arbeiten zur Messung der Lichtgeschwindigkeit.

Durch Anbringen einiger Verbesserungen an der Apparatur von Foucault erhielt Michelson den Wert 300092 km/sec. Sein erster wissenschaftlicher Artikel, der insgesamt nur aus 19 Zeilen und einem Schema bestand, wurde im Jahre 1878 unter dem Titel „Über eine Methode zur Messung der Lichtgeschwindigkeit" im „American Journal of Science" veröffentlicht und enthielt lediglich eine Beschreibung der Anordnung. Damals hielt er auch in St. Louis einen Vortrag auf der Sitzung der „American Association for the Advancement of Science". Im folgenden Jahre veröffentlichte er den Artikel „Experimentelle Bestimmung der Lichtgeschwindigkeit", in dem bereits die Resultate der Versuche angegeben wurden.

Nach kurzer Zusammenarbeit mit Newcomb bei Versuchen zur Messung der Lichtgeschwindigkeit verbrachte Michelson fast zwei Jahre an den Universitäten Frankreichs und Deutschlands. In Paris hatte er die Möglichkeit, die berühmten Physiker Cornu und Mascart zu konsultieren, die durch ihre geschickten optischen Experimente berühmt waren. In Berlin hörte er Vorlesungen bei Helmholtz. In dessen Laboratorium begann Michelson auch mit der Ausführung des Versuches, der seinen Namen unvergessen machte.

Das Problem der Wechselbeziehung zwischen dem Äther und der ponderablen Materie entstand im Prinzip im 17. Jahrhundert zusammen mit der Wellentheorie des Lichtes. Wird der Äther von den bewegten Körpern mitgerissen? Diese Frage wurde bereits von Huygens erörtert. Besonders aktuell aber wurde sie zu Anfang des 19. Jahrhunderts in Verbindung mit der Wiederbelebung der Wellentheorie in den Arbeiten Youngs und Fresnels. L. I. Mandelstam schreibt hierzu: „Wir sehen, daß die ganze Frage prinzipielles Interesse erlangt, daß hier sofort jenes Kardinalproblem entsteht, das später bis zum Relativitätsprinzip ungelöst blieb — das Problem der Wechselwirkung zwischen der sich bewegenden Erde und dem Äther, und damit auch das Problem der Wechselwirkung zwischen dem Äther und der Materie überhaupt.“[1])

Im Verlaufe des gesamten 19. Jahrhunderts wurden Versuche zur Feststellung des Einflusses der Bahnbewegung der Erde auf den Ablauf von auf der Erde selbst erfolgenden optischen Prozessen unternommen. Im Jahre 1810 bemühte sich Arago, einen Einfluß dieser Bewegung auf die Brechung im Prisma zu finden; Babinet untersuchte den Einfluß auf die Interferenz des Lichtes in dünnen Plättchen (1838), Hyppolyte Fizeau auf die Drehung der Polarisationsebene (1859), Ångström auf die Beugung (1865), Mascart auf das Beugungsspektrum des Sonnenlichtes (1869) und in den Jahren 1872—1874 auf die Reflexion, Brechung, Doppelbrechung und die Drehung der Polarisationsebene. Am Ende aber erwies sich, daß bei korrektem Aufbau des Experimentes sowie richtiger Auswertung und Interpretation der Daten keines dieser Experimente ein positives Resultat ergab. Dies bedeutete, daß innerhalb der Grenzen der erreichten

[1]) Л. И. Мандельштам, Лекции по теории относительности, in: Полное собрание трудов, Москва 1950, Bd. 5, S. 98.

Genauigkeit das Relativitätsprinzip auch für optische Erscheinungen gültig ist. Die Klärung dieses Fragenkomplexes aus der Optik bewegter Körper war eng mit der Theorie der Aberration des Lichtes verbunden. Die Fresnelsche Theorie der Aberration basierte auf der Annahme eines ruhenden Äthers, während Stokes von der entgegengesetzten Annahme ausging: Der Äther wird von den bewegten Körpern vollständig mitgeführt. Im ersten Falle sollte man prinzipiell die relative Bewegung des Äthers und der Erde feststellen können, den sogenannten „Ätherwind". Im zweiten Falle gilt das Relativitätsprinzip, und ein „Ätherwind" existiert nicht. Um das Jahr 1880, als Michelson zwecks Vervollständigung seiner physikalischen Ausbildung in Europa eintraf, war der allgemeine Stand der Theorie unbefriedigend; davon zeugen die zahlreichen Diskussionen zwischen den Anhängern der beiden Standpunkte. Die verallgemeinernden Arbeiten von Hertz und Lorentz, in denen beide Theorien bis zu logischer Vollkommenheit weiterentwickelt worden waren, erschienen erst in den neunziger Jahren.

Kurz vor der Ankunft Michelsons in Paris veröffentlichte die Zeitschrift „Nature" einen Brief von Maxwell[1]), in dem darauf hingewiesen wurde, daß der durch die Bahnbewegung der Erde hervorgerufene „Ätherwind" nur in Versuchen festgestellt werden kann, die es gestatten, Effekte zweiter Ordnung bezüglich v/c (v Erdgeschwindigkeit, c Lichtgeschwindigkeit) zu messen, das heißt Größen von der Ordnung 10^{-8}. Maxwell war hinsichtlich der Möglichkeit, derart kleine Effekte nachzuweisen, äußerst skeptisch. Der junge Amerikaner war jedoch anderer Meinung und beschloß, die praktische Durchführbarkeit solcher Messungen zu beweisen. Es ist möglich, daß der Brief Maxwells oder eine Unterredung mit Mascart, der selber viele Jahre die optischen Erscheinungen in bewegten Körpern untersucht hatte, einen Einfluß auf seinen Entschluß hatten. Es kann aber auch

---

[1]) Siehe S. 293 in diesem Buch.

sein, daß dabei das bereits früher hervorgetretene Interesse an schwierigen Präzisionsmessungen zum Ausdruck kam. Auf jeden Fall besaß Michelson bereits ein sorgfältig durchdachtes Schema der Anordnung, als er im Laboratorium von Helmholtz erschien. Das Interferometer wurde mit Mitteln gebaut, die der bekannte amerikanische Erfinder und Unternehmer A. G. Bell zur Verfügung stellte. Die Resultate der Messungen aus dem Jahre 1881 wurden im „American Journal of Science“ veröffentlicht.

Zu dieser Zeit endete der Studienaufenthalt Michelsons. Da sich im Bereich der amerikanischen Seestreitkräfte für Michelson keine geeignete Anstellung finden ließ, reichte er seinen Abschied ein und nahm das Angebot der Stelle eines Lehrers für Physik und Chemie an der neu gegründeten „Case School of Applied Science“ in Cleveland an. Nach seiner Rückkehr nach Amerika im Jahre 1882 widmete sich Michelson sogleich der Schaffung eines Laboratoriums für die Fortsetzung seiner Versuche. Dem Rate Rayleighs und W. Thomsons folgend, begann er mit der Wiederholung des Versuches von Fizeau. Diese Arbeit, wie auch eine Reihe darauffolgender, führte er gemeinsam mit dem Professor für Chemie der „Western Reserve“-Universität in Cleveland, Edward Morley (1838—1923), durch.

Michelson und Morley stellten eine Reihe von Unzulänglichkeiten an der Fizeauschen Anordnung fest: die Unmöglichkeit, die Verschiebungen auszuschließen, die von der Deformation der die Röhre verschließenden gläsernen Stirnplatten und der asymmetrischen Änderung der Dichte des Wassers herrührten, die schwache Intensität der Lichtstrahlen, die durch den kleinen Durchmesser der verwendeten Röhren bedingt war, die Ungenauigkeit der Bestimmung der Geschwindigkeit des Wassers längs der Röhrenachse. Nachdem Michelson und Morley einen Teil der festgestellten Mängel beseitigt und die Anordnung zweckmäßiger für den Betrieb gestaltet hatten, bestätigten sie den Wert des Fresnelschen Koeffizienten für Wasser.[1])

In all diesen Jahren aber beschäftigte sich Michelson gedanklich mit seinem Experiment zur Beobachtung des Ätherwindes. Im Dezember des Jahres 1884 schrieb er folgendes an Willard Gibbs — den bekanntesten amerikanischen theoretischen Physiker:

„Sehr geehrter Professor Gibbs! ... Ich hatte das Vergnügen, mich mit Sir W. Thomson und Lord Rayleigh über die Frage des Einflusses der Bewegung eines Mediums auf die Lichtausbreitung zu unterhalten, und beide sind der Meinung, daß ich mit der Wiederholung des Fizeauschen Versuches beginnen sollte. Ich habe die erforderlichen Geräte bestellt und hoffe, das Problem im Verlaufe einiger Monate zu lösen. Unterdessen hätte ich gern Ihre Meinung zur Durchführbarkeit des Experimentes erfahren, das ich Ihnen etwas flüchtig bei unserem letzten Zusammentreffen beschrieben habe, und zwar zu folgendem:

1. Wenn man davon ausgeht, daß man die Wirkung der Atmosphäre vernachlässigen kann, und zugesteht, daß sich die Erde relativ zum Äther mit einer Geschwindigkeit von etwa 20 Meilen pro Sekunde bewegt, wird dann ein Unterschied von einem Hundertmillionstel in der Zeit auftreten, welche die Lichtstrahlen zur Ausbreitung einmal parallel zur Bewegungsrichtung der Erde und einmal senkrecht dazu, einschließlich ihrer Rückkehr zum Ausgangspunkt, benötigen?
2. Ruft dies eine Verschiebung der von diesen beiden Strahlen erzeugten Interferenzstreifen hervor?
3. Wenn die Antwort auf diese Fragen positiv ist, unter der Bedingung, daß das Experiment in solcher Höhe über der Erdoberfläche durchgeführt wird, daß die umgebenden Körper keinen Einfluß haben, welcher Art

[1]) A. A. Michelson and E. W. Morley, Influence of motion of the medium on the velocity of light, Amer. J. Sci. **31** (1886) 377—386.

wird dann der Ausgang des Experiments sein, wenn es in einem Gebäude ausgeführt wird?"[1])

Die Notwendigkeit einer Wiederholung dieses Versuches wurde besonders akut, als Lorentz einen Fehler in den allerersten Rechnungen Michelsons gefunden und gezeigt hatte, daß in den Versuchen des Jahres 1881 der gesuchte Effekt von der gleichen Größenordnung war wie die Meßfehler.

Michelson berücksichtigte die Hauptfehlerquellen: die Deformation der Arme bei der Drehung, den Einfluß der verschiedenen äußeren Schwingungen, die Temperatureffekte. Zur Beseitigung der ersten Fehlerquelle wurde der gesamte optische Teil auf einer massiven Steinplatte aufgestellt, die auf einem in Quecksilber schwimmenden Holzring ruhte. Das Quecksilber war in ein ringförmiges gußeisernes Gefäß gefüllt worden, das auf einem Ziegelsteinfundament ruhte, welches tief in die Erde bis auf das Grundgestein reichte. Dadurch war eine leichte Drehbarkeit gewährleistet und der Einfluß äußerer Schwingungen ausgeschlossen. Die Gesamtlänge des optischen Weges wurde durch Aufstellen zusätzlicher Spiegel auf 11 m erhöht. Unter diesen Bedingungen betrug die zu erwartende Verschiebung 0,40 einer Streifenbreite bei einer Ablesegenauigkeit von 0,1. Die statistische Auswertung der Daten gestattete, nichtperiodische Verschiebungen auszuschließen, die durch zufällige äußere Ursachen bedingt waren. Und trotzdem lieferte der Versuch ein negatives Resultat. In einem im Jahre 1887 veröffentlichten Artikel schrieben Michelson und Morley, daß die von ihnen festgestellte Verschiebung kleiner als 1/20 des theoretischen Wertes war, das heißt, die Geschwindigkeit des Ätherwindes dürfte nicht mehr als 5—7 km/sec betragen, was innerhalb der Fehlergrenzen der Messung lag.

Michelson war von dem negativen Resultat seines Versuches etwas enttäuscht. Im Jahre 1899 schrieb er in

---

[1]) Zitat aus dem Buch: У. И. Франкфурт, А. М. Френк, „Джозайя Виллард Гиббс", Наука, Москва 1964, S. 59-60.

seinem Buch ‚Lichtwellen und ihre Anwendungen‘: „Dieser Versuch ist für mich nur von historischem Interesse, da gerade für die Lösung der genannten Aufgabe das Interferometer ersonnen wurde. Ich glaube, man wird zugeben, daß das Problem uns für das negative Resultat des Versuches dadurch mehr als entschädigt hat, daß es zur Erfindung des Interferometers führte.“[1])

Anders wurde dieses Resultat von den führenden Physikern der Welt aufgenommen. Es ist bekannt, daß gerade der Michelsonsche Versuch Fitzgerald und Lorentz veranlaßte, die Hypothese der Längenkontraktion der Körper in Bewegungsrichtung einzuführen. Nur um den Preis eines ad hoc-Postulats dieser Hypothese gelang es, die Resultate der Versuche von Michelson und Morley mit der allgemeinen Lorentzschen Theorie der Erscheinungen in bewegten Körpern in Übereinstimmung zu bringen.

Die Lorentzsche Erklärung der negativen Resultate der Michelsonschen Versuche war am überzeugendsten, jedoch war die Möglichkeit anderer Erklärungen nicht ausgeschlossen. Beispielsweise wurde lange die Stokessche Hypothese diskutiert, derzufolge die relative Geschwindigkeit des Äthers in der Nähe der Erdoberfläche Null ist, sich mit zunehmender Entfernung von der Erde aber allmählich vergrößert. Im Jahre 1897 entschloß sich Michelson, diese Annahme zu überprüfen. Zu diesem Zweck ließ er zwei Lichtstrahlen, die mit Hilfe einer Teilerplatte erzeugt worden waren, in entgegengesetzten Richtungen in einem vertikalen Rechteck umlaufen, dessen eine Seite sich in Erdnähe, die gegenüberliegende aber in einer Höhe von 50 Fuß befand. Wenn die Geschwindigkeit des Äthers in unterschiedlichen Höhen verschieden wäre, so müßte dies den Charakter des In-

---

[1]) A. A. Michelson, Light waves and their uses, Chicago 1907; dt. Übers.: Lichtwellen und ihre Anwendungen, J. A. Barth, Leipzig 1911, S. 168.

terferenzbildes beeinflussen. Der Effekt erwies sich jedoch als kleiner als $^1/_{12}$ des erwarteten. Auf der Grundlage dieses Versuches schloß Michelson, daß der Äther frei durch die Erde hindurchgeht und daß seine Geschwindigkeit in allen Höhen gleich ist. Folglich ist die einzig richtige Erklärung des negativen Resultats bei der Suche nach dem „Ätherwind" die Kontraktion der Körper in Bewegungsrichtung.

Im Jahre 1888 verließ Michelson die „Case School" und übersiedelte zuerst nach Worcester (im Staate Massachusetts), wo er Professor an der Clark-Universität wurde, später an die Universität Chicago. Er beschäftigte sich weiterhin mit optischen Präzisionsmessungen, aber diese betrafen bereits ein anderes Gebiet — die Spektroskopie.

Die Suche nach dem Ätherwind setzte der Nachfolger Michelsons in Cleveland, Professor Dayton Miller fort. Im Jahre 1897 begann er zusammen mit Morley mit der Vorbereitung einer Wiederholung des Versuches. Die Forscher arbeiteten an der gleichen Apparatur im Keller des Laboratoriums in Cleveland, trafen jedoch eine Anzahl von Maßnahmen zur Erhöhung der Empfindlichkeit. Die Länge des optischen Weges wurde auf 32,00 m erhöht, infolgedessen müßte die Verschiebung 1,13 Streifenbreiten betragen. Bei der Beobachtung wurde nicht nur die Bahnbewegung der Erde um die Sonne berücksichtigt, sondern auch die angenommene Bewegung des gesamten Sonnensystems bezüglich des Sternbildes Herkules mit einer Geschwindigkeit von 17,7 km/sec. Für die Beobachtungen wurde ein solcher Zeitpunkt gewählt, für den die Kombination beider Bewegungen einen maximalen Effekt ergeben müßte. Die Versuche wurden mit Unterbrechungen bis zum Jahre 1905 durchgeführt, ergaben aber unverändert den allgemeinen negativen Effekt, obgleich bei einzelnen Messungen hinreichend große Verschiebungen auftraten. Im Herbst des Jahres 1905 wurde das Gerät auf den Hügel Euklid (870 Fuß über dem Meeresspiegel) überführt. Einige Meßreihen ergaben Verschiebungen, die $^1/_{10}$ der zu erwartenden betrugen; die

Resultate wurden jedoch nicht veröffentlicht, da sich Morley bald darauf wieder chemischen Untersuchungen zuwandte und die Arbeiten eingestellt wurden. Dies geschah noch, bevor den Autoren das Erscheinen des Artikels von Einstein bekannt wurde, der das Fundament für die Relativitätstheorie legte, jener Theorie, die sofort das gesamte Knäuel von Widersprüchen löste, die mit dem Problem der Mitführung des Äthers verbunden waren.

Die Rolle des Michelsonschen Versuches bei der Entstehung der Relativitätstheorie wird häufig überschätzt, besonders in Lehrbüchern und populärwissenschaftlichen Nachschlagewerken. Es ist sogar möglich, daß Einstein bei der Schaffung der speziellen Relativitätstheorie die Resultate dieses Versuches gar nicht kannte.[1]) Der Nährboden für die Entstehung der neuen Theorie war einerseits die Elektrodynamik von Maxwell und Lorentz, aus der die Relativitätstheorie „als verblüffend einfache Zusammenfassung und Verallgemeinerung der früher voneinander unabhängigen Hypothesen, auf welchen die Elektrodynamik aufgebaut war, herausgewachsen ist"[2]). Andererseits war dies ein Komplex von Resultaten zahlreicher Versuche, von denen Planck schrieb: „Die Untersuchungen über eine Messung der Erdbewegung relativ zum Lichtäther füllen viele Seiten der Annalen der Physik. Aber aller Scharfsinn, alle experimentellen Künste scheiterten an der Hartnäckigkeit der Tatsachen. Die Natur blieb stumm und verweigerte die Antwort. Es ließ

[1]) Eine Darlegung dieser Frage findet sich in folgenden Arbeiten: У. И. Франкфурт, А. М. Френк, Очерки развития оптики движущихся тел, Труды института истории естествознания и техники, Bd. 43 (1961), S. 3. R. S. Shankland, Conversations with Albert Einstein, Amer. J. Phys. **31** (1963) 47. L. S. Swenson, The Michelson-Morley-Miller experiments before and after 1905, J. Hist. Astron. **1** (1970) 968. G. Holton, Einstein and the „crucial" experiment, Amer. J. Phys. **37** (1969) 968. В. А. Угаров, Специальная теория относительности и опыт Майкельсона, УФН **102** (1970) 657.

[2]) A. Einstein, Über die spezielle und allgemeine Relativitätstheorie, Vieweg, Braunschweig 1917, S. 25.

sich nirgends eine Spur des Einflusses der Erdbewegung auf die optischen Vorgänge innerhalb unserer Atmosphäre auffinden."[1])

Wenn auch Einstein während der Periode der Entstehung der speziellen Relativitätstheorie den Versuchen von Michelson und Morley nicht die ausschließliche Bedeutung beimaß, so unterstrich er doch in seinen weiteren Arbeiten und Reden mehrfach ihren Wert für die Relativitätstheorie. Diese Versuche betrachtete man lange Zeit als die einzige experimentelle Bestätigung der Theorie. Als nach dem Jahre 1905 eine Anzahl von Diskussionen betreffs der Grundlagen der speziellen Relativitätstheorie entstand, nahm darin der Versuch von Michelson und Morley einen breiten Raum ein. Die Gegner der Relativitätstheorie glaubten, daß sie, wenn es ihnen gelänge, die Beweiskraft dieses Versuches zu widerlegen, damit auch die Theorie als Ganzes widerlegt hätten. Die Teilnehmer an den Diskussionen unterzogen die theoretischen Voraussetzungen der Rechnungen, die dem Versuch zugrunde lagen, einer sorgfältigen Analyse[2]) und betrachteten die Möglichkeit des Einflusses einzelner Faktoren (die Breite des Lichtbündels, die gegenseitige Lage der Spiegel und der Teilerplatte, die Reflexionen an dem sich bewegenden Spiegel, die Orientierung der Geräte im Raum). Und obwohl im Ergebnis der Diskussionen festgestellt wurde, daß die ursprüngliche, etwas vereinfachte Theorie des Michelsonschen Versuches nicht alle Faktoren berücksichtigte, wurde zugleich damit geklärt, daß die Berücksichtigung dieser Faktoren zu keiner Änderung der allgemeinen Abschätzung der Resultate der Versuche führte und daß an ihrer Beweiskraft nicht zu zweifeln sei.

---

[1]) M. Planck, Die Stellung der neueren Physik zur mechanischen Naturanschauung, in: M. Planck, Wege zur physikalischen Erkenntnis, Hirzel, Leipzig 1944, S. 33.

[2]) M. v. Laue, Ist der Michelsonversuch beweisend?, Ann. d. Phys. **33** (1910) 186; Zur Theorie des Michelsonversuches, Phys. Ztschr. **13** (1912) 501.

Die Überzeugungskraft dieser Schlußfolgerung kommt auch darin zum Ausdruck, daß man sich im Verlaufe von fast zwei Jahrzehnten nicht mehr bemühte, die Versuche von Michelson und Morley wiederaufzunehmen. Lediglich Miller gab nicht auf; er setzte die Suche nach dem Ätherwind hartnäckig fort, anfangs in Cleveland und später auf dem Mount Wilson. Im Jahre 1921 begann er seine Resultate zu veröffentlichen; die wesentliche Schlußfolgerung aus ihnen formulierte er so: „Es existiert eine definierte Verschiebung der Interferenzstreifen von der Art, wie sie durch die relative Bewegung der Erde und des Äthers auf dem Mount Wilson bei einer Geschwindigkeit von etwa 10 km/sec, das heißt etwa einem Drittel der Bahngeschwindigkeit der Erde, hervorgerufen werden würde. Ein Vergleich dieses Resultats mit den früheren Beobachtungen in Cleveland legt den Gedanken einer teilweisen Mitführung nahe, die sich mit der Höhe verringert. Man sollte meinen, daß eine Überprüfung der Beobachtungen in Cleveland von diesem Standpunkte aus zeigen müßte, daß sie sich in Übereinstimmung mit ähnlichen Annahmen befinden, und weiterhin müßte diese Überprüfung zu der Schlußfolgerung führen, daß der Versuch von Michelon und Morley kein Nullergebnis im exakten Sinne dieses Wortes liefern darf und aller Wahrscheinlichkeit nach ein solches Resultat auch niemals geliefert hat.“[1])

Die Veröffentlichung der Millerschen Werte führte zu einer bedeutenden Aktivierung der Gegner der Relativitätstheorie. In einigen Arbeiten wurde die Relativitätstheorie bereits für endgültig gestürzt erklärt. Und obwohl die Fehlerhaftigkeit einer solchen Interpretation der Millerschen Resultate, ihr Widerspruch zu anderen experimentellen Tatsachen, in vielen Arbeiten aufgedeckt wurde, schritt eine Reihe von Experimentatoren zur Wiederholung der Versuche. Der erste — in chronologischer Reihenfolge — war der Versuch von Tomaschek,

---

[1]) D. C. Miller, Science **61** (1925) 617; УФН **5** (1925) 177.

der in Heidelberg durchgeführt wurde. Allerdings war seine ursprüngliche Bestimmung eine andere. Eine der vorgeschlagenen Erklärungen für die negativen Resultate Michelsons basierte auf der sogenannten ballistischen Hypothese, derzufolge sich die Geschwindigkeit der Quelle zu der Lichtgeschwindigkeit addiert. Im Jahre 1912 war gezeigt worden, daß diese Erklärung widerlegt wäre, wenn es gelänge, das Fehlen eines Ätherwindes bei einem Versuch mit einer Quelle zu bestätigen, die nicht an der Bewegung der Erde um die Sonne teilnimmt. Tomaschek arbeitete mit dem Licht der Sonne, des Jupiters, des Sirius und des Arkturus, erhielt jedoch keinen Effekt.

Im Jahre 1926 führten Kennedy und Thorndike einen Versuch in Millikans Laboratorium in Pasadena und auf dem Mount Wilson durch. Den Umstand berücksichtigend, daß die große Länge des optischen Weges im Millerschen Gerät die Möglichkeit des Auftretens von durch Temperaturfluktuationen bedingten Einflüssen bietet, reduzierten Kennedy und Thorndike die Gesamtlänge des optischen Weges auf 200 cm, doch dafür verwendeten sie eine sehr genaue Methode zur Registrierung der Streifenverschiebungen. Nach ihren Meßdaten überschreitet die Geschwindigkeit des Ätherwindes nicht den Wert 2 km/sec. An der gleichen, jedoch etwas vervollkommneten Apparatur arbeitete im Jahre 1927 Illingworth. Er stellte keinen Wind fest, der 1 km/sec überstiegen hätte. In den Jahren 1926—1927 verwirklichten Piccard und Stahel eine Anzahl scharfsinniger Versuche. Um die Illusion einer möglichen Existenz des Windes im freien Äther endgültig zu zerstreuen, ließen sie an einem Luftballon ein kleines Michelsoninterferometer mit einer Weglänge von 280 cm aufsteigen, das in einem Thermostaten untergebracht war. In einer Höhe von 2500 m betrugen die Verschiebungen nicht mehr als $^1/_{28}$ der berechneten. Es ergaben sich auch keine merklichen Verschiebungen in einer Höhe von 4500 m. Sie wiederholten ihre Versuche in Brüssel und auf dem Berg Rigi in der Schweiz. Schließlich wurde der Versuch im Jahre 1930 in Deutschland von

Joos in Jena wiederholt. Das von der Firma Zeiss gebaute Interferometer erlaubte eine Äthergeschwindigkeit von 1,5 km/sec zu messen, aber auch die trat nicht auf.

In den Jahren 1926—1929 übernahm Michelson selber in Zusammenarbeit mit Pease und Pearson die Wiederholung des Versuches. Ihr Ziel war die Überprüfung der von Strömberg ausgesprochenen und von Miller verwendeten Annahme, daß sich das Sonnensystem mit einer Geschwindigkeit von 200—300 km/sec auf einen Punkt im Sternbild des Drachens zu bewegt. Die Genauigkeit dieser Versuche war etwas geringer, sie zeigten jedoch, daß die Verschiebungen 15mal kleiner waren als der Wert, den man bei einer Bewegung der Erde im Äther mit der angegebenen Geschwindigkeit beobachten müßte. Auf der Konferenz, die im Jahre 1927 im Observatorium auf dem Mount Wilson stattfand, konnte Michelson mit voller Berechtigung erklären, wenn auch bei den Millerschen Versuchen gewisse positive Resultate erhalten worden seien, so hätten sie jedoch mit dem Ätherwind nichts gemein.

Die Konstatierung der Beweiskraft der Michelsonschen Versuche führte dazu, daß nach dem Jahre 1930 bedeutend seltener Arbeiten erschienen, die ihnen gewidmet waren, und eine Wiederholung des Versuches selbst als nicht notwendig empfunden wurde. Hierbei kam auch die Stärke der Relativitätstheorie zum Ausdruck: Die Resultate des Michelsonschen Versuches waren nicht länger ihre einzige experimentelle Bestätigung.[1])

---

[1]) Siehe У. И. Франкфурт, А. М. Френк, Теория относительности и некоторые вопросы оптики движущихся тел, in dem Sammelband Эйнштейн и развитие физико-математической мысли, Москва 1962, S. 210. Б. И. Спасский, А. М. Френк, К истории экспериментального обоснования специальной теории относительности, in dem Buch История и методология естественных наук, Москва 1966, Heft 4, S. 213. Д. И. Блохинцев, Обоснованность специальной теории относительности опытами в области физики высоких энергий, УФН **89** (1966) 185.

In den letzten Jahren wurde eine Wiederholung der klassischen Versuche in neuen Varianten möglich, bedingt durch die Vervollkommnung der Technik des physikalischen Experiments und die Schaffung prinzipiell neuer Geräte. So fand im Jahre 1955 Essen im National Physical Laboratory in Todingstone (England) unter Verwendung eines Hohlraumresonators für elektromagnetische Wellen, daß die Geschwindigkeit des Ätherwindes, wenn letzterer existieren würde, 0,24 km/sec nicht übersteigen könnte. In den sechziger Jahren wurde die Suche nach dem Ätherwind mit Hilfe eines Masers, der mit Ammoniakmolekülen betrieben wurde, und danach mit Hilfe eines Gaslasers durchgeführt. Die Resultate blieben jedoch negativ. Die obere Grenze für die Geschwindigkeit des Ätherwindes wurde auf 0,03 km/sec herabgedrückt.[1])

Schon im Jahre 1904 schlug Michelson einen anderen Interferenzversuch vor, der ebenfalls auf die Klärung der Frage nach der Mitführung des Äthers durch bewegte Körper zielte. Bei dem von ihm vorgeschlagenen Versuch sollten zwei kohärente Strahlen auf der Erde einen geschlossenen Weg in entgegengesetzten Richtungen durchlaufen. Wenn der Äther von der sich um ihre Achse drehenden Erde mitgeführt wird, ist keine Zeitdifferenz beim Lichtdurchlauf in beiden Richtungen zu erwarten. Ist jedoch der Äther unbeweglich, so muß eine Zeitdifferenz existieren, die das Interferenzbild bestimmt. Ur-

---

[1]) А. Г. Молчанов, Опытная проверка постулатов специальной теории относительности, УФН **83** (1964) 753. Г. М. Страховский, А. В. Успенский, Экспериментальная проверка теории относительности, УФН **86** (1965) 421. А. Г. Баранов, О некоторых экспериментах по проверке постулатов специальной теории относительности, in Эйнштейновский сброрник 1966 г., Москва 1966, S. 284. А. М. Френк, Некоторые вопросы экспериментальных основ теории относительности, indem Buch: У. И. Франкфурт, Специальная и общая теориа относительности, Москва 1968, S. 241.

sprünglich war von Michelson eine Formel für die Streifenverschiebung für einen Weg von rechteckiger Form unter der Annahme gefunden worden, daß die Seiten des Rechtecks in Richtung der Breitengrade und senkrecht dazu angeordnet sind. Im Jahre 1911 behandelte Laue die Theorie eines ähnlichen Versuches und fand die allgemeine Formel $\Delta = 4\omega S/c\lambda$, wobei Δ die Verschiebung des zentralen Streifens, S die von dem Weg eingeschlossene Fläche, ω die Winkelgeschwindigkeit der Apparatur, λ die Wellenlänge des Lichtes und c die Lichtgeschwindigkeit bedeuten. Diese Formel ergibt sich sowohl in der Relativitätstheorie wie auch in der Theorie des ruhenden Äthers von Lorentz.

Die Michelsonsche Idee wurde mit rotierenden Apparaturen erstmals 1911 von Harress verwirklicht, danach 1913 von Sagnac und in den Jahren 1925—1928 von Pogány. Im Jahre 1923 wandte sich Michelson wieder seiner ursprünglichen Idee zu, wobei er beschloß, als rotierenden Körper die Erde zu verwenden. Die erste Reihe von Versuchen wurde von ihm im Freien auf dem Mount Wilson durchgeführt. Jedoch sogar unter den besten atmosphärischen Bedingungen waren die Interferenzstreifen verwaschen und konnten nicht als Grundlage für irgendwelche Schlußfolgerungen bezüglich des Verhaltens des Äthers dienen. Michelson hörte mit seinen Versuchen auf und begann erst 1925 gemeinsam mit H. Gale mit dem Aufbau einer neuen Apparatur. Um sicherzustellen, daß das Interferenzbild stehenblieb, beschloß man, die Versuche mit Röhren durchzuführen, aus denen die Luft herausgepumpt worden war. Obgleich zu jener Zeit bewiesen war, daß die Form des geschlossenen Weges keine Rolle spielt und die Richtung der Röhren beliebig sein kann, wählte Michelson die Röhren in Form eines Rechtecks, das in Richtung der Längen- und Breitengrade der Erde angeordnet war. Die Gesamtlänge der Röhren betrug 1901 m, sie umschlossen eine Fläche von 0,208 km^2. Bei einer Wellenlänge von 5700 Å macht die zu erwartende Streifenverschiebung $0{,}236 \pm 0{,}002$ Streifenbreiten aus. Der aus 269 Beobachtungen folgende Mittelwert betrug $0{,}235 \pm 0{,}005$. Dies stellt eine gute Bestätigung der verwendeten berechneten Formel dar. Für die Messung der Streifenverschiebung bei den Versuchen mit rotierenden Apparaturen wurde als Nullpunkt die Lage der Streifen bei ruhender Anordnung gewählt. Da die Lage für eine ruhende Erde nicht bestimmbar ist, führte Michelson eine fünfte Röhre ein, und zwar in der Nähe der Röhre, die die kleinere Seite des Rechtecks bildete, und parallel zu ihr. Es ergab sich ein kleiner geschlossener Weg, für den die Fläche praktisch gleich Null war, folglich war auch $\Delta = 0$. Bei den Beobachtungen wurde die Streifenverschiebung beim Übergang von dem kleinen geschlossenen Weg zum großen gemessen. Die Versuche von Michelson und Gale schlossen einen Komplex von Experimenten ab, dessen Ziel die Beobachtung von Effekten erster Ordnung bezüglich v/c war.

Die Versuche zur Klärung des Problems der Wechselbeziehung zwischen dem Äther und der ponderablen Materie nahmen einen breiten Raum im wissenschaftlichen Schaffen Michelsons ein. Jedoch bereits ab 1887 begann er, sich mit spektroskopischen Messungen zu beschäftigen. Er war der Ansicht, daß das von ihm gebaute Interferometer auch für andere Präzisionsmessungen verwendbar sei, insbesondere für sehr exakte Messungen der Länge der Lichtwellen.

Nachdem Gould vorgeschlagen hatte, das übliche Urmeter durch eine Lichtwellenlänge zu ersetzen, wurde die Herstellung eines Gerätes notwendig, welches alle Eigenschaften besitzt, die für die Wahl eines neuen Längenstandards erforderlich sind. Die Michelsonschen Untersuchungen bildeten die Grundlage für die internationale Konvention hinsichtlich des Übergangs zu dem neuen Standard. Im Verlaufe dieser Untersuchungen entwickelte Michelson auch eine Interferenzmethode zum Studium der Breite der Spektrallinien.

Als im Jahre 1895 der holländische Physiker Zeeman den nach ihm benannten Effekt entdeckte, erkannte Michelson sofort, daß die von ihm selbst entwickelten Methoden zur Untersuchung des Einflusses eines Magnetfeldes auf die Strahlung eines Atoms verwendet werden könnten. Es gelang ihm, eine Anzahl von Besonderheiten des anomalen Zeemaneffektes zu beobachten. Diese Untersuchungen führten dazu, daß Michelson 1897 ein neues Gerät erfand — das sogenannte Stufengitter (das Michelsonsche Echelon). Viele Jahre beschäftigte er sich auch mit der Verbesserung der Beugungsgitter, und er erfand hierfür eine spezielle Maschine zur Gitterteilung. Im Jahre 1907 wurde Michelson „für die Schaffung optischer Präzisionsgeräte und die mit deren Hilfe ausgeführten spektroskopischen und metrologischen Messungen" der Nobelpreis verliehen.

Schon im Jahre 1890 interessierte sich Michelson für das Problem der Messung des Winkeldurchmessers von Sternen, aber erst in den Jahren 1920—1921 gelang es ihm, ein Sterninterferometer zu bauen, das diese Aufgaben zu lösen gestattete.

In den letzten Jahren seines Lebens wandte sich Michelson wieder dem Problem zu, mit dem seine wissenschaftliche Laufbahn begonnen hatte — der Messung der Lichtgeschwindigkeit. Sein am 9. Mai 1931 eingetretener Tod erlaubte es ihm nicht, diese Arbeit zu beenden. In einer Rede auf einem einige Monate vorher ihm zu Ehren veranstalteten Bankett im Kalifornischen Technologischen Institut sagte Einstein, indem er sich an den anwesenden Michelson wandte: „Sie, mein verehrter Dr. Michelson, begannen mit dieser Arbeit, als ich noch ein kleiner Junge war, kaum drei Fuß hoch. Sie waren es, der die Physiker auf neue Wege führte und durch seine wunderbare experimentelle Arbeit den Weg für die Entwicklung der Relativitätstheorie bahnte. Sie haben einen heimtückischen Fehler in der Äthertheorie des Lichtes aufgedeckt, wie sie damals existierte, und die Ideen von H. A.

Lorentz und Fitzgerald angeregt, aus denen sich die spezielle Relativitätstheorie entwickelt hat. Ohne Ihre Arbeit wäre diese Theorie heute kaum mehr als eine interessante Spekulation; es waren Ihre Bestätigungen, welche die Theorie zuerst auf eine reale Grundlage stellten."[1]

---

[1] Zitat aus dem Buch: B. Jaffe, Michelson and the speed of light, Heinemann, London 1961, S. 167.

IV

P. N. Lebedew
(П. Н. Лебедев)
(1866–1912)

Der Lichtdruck[1])

Wenn ein Strahlenbündel auf irgendeinen Körper fällt, so wird ein Teil der auftreffenden Strahlen reflektiert, der andere aber durchdringt entweder den Körper (durchsichtiger Körper) oder wird von ihm absorbiert (undurchsichtiger Körper). Diese Erscheinungen können wir erklären und sogar den Verlauf der Strahlen in zahllosen Spezialfällen vorhersagen, wenn wir, Maxwell folgend, annehmen, daß die Lichtwellen elektromagnetische Wellen sind, also Wellen der gleichen Art wie die, die wir gegenwärtig künstlich durch elektrische Prozesse anregen können und die wir für die drahtlose Telegraphie benutzen. Der Unterschied besteht lediglich darin, daß die Länge der bei der drahtlosen Telegraphie benutzten Wellen einige hundert Meter erreicht, während die elek-

---

[1]) Im russischen Original gedruckt nach der Ausgabe: П. Н. Лебедев, Собрание сочинений, Изд-во АН СССР, Москва 1963, S. 294–298. Erstmals veröffentlicht in Физ. обозрение **11** (1910) 98–103.

tromagnetischen Wellen eines Lichtbündels näherungsweise eine Milliarde mal kleiner sind und in Hundertsteln des millionsten Teils eines Millimeters gemessen werden.

Als es Maxwell gelang, ausgehend von den Vorstellungen über die elektromagnetische Natur des Lichtes alle uns bekannten Eigenschaften eines Lichtbündels zu erklären, wies er auch schon darauf hin, daß seine Hypothese untrennbar mit neuen, bisher unbekannten magnetischen und elektrischen Kräften des Lichtes verbunden ist: Die Lichtstrahlen müssen auf alle Körper einen Druck ausüben, auf die sie auftreffen. Der Umstand, daß diese Besonderheit eines Lichtstrahls bisher den Beobachtern entgangen ist, erklärt sich leicht durch die kleine Größe dieser Druckkräfte: Maxwell berechnete im Jahre 1873, daß bei klarem Himmel der Druck der Sonnenstrahlen auf eine Fläche von 4 m^2 mittags knapp die Größe eines tausendstel Teiles eines Gramms erreicht.

Unabhängig von Maxwell und, wie es scheint, ohne Kenntnis seiner Arbeit gelangte Bartoli (1879) auf völlig anderem Wege ebenfalls zu der Schlußfolgerung, daß die Lichtstrahlen einen Druck auf die Körper ausüben müssen. Bartoli ging von der bekannten Tatsache aus, die in der Theorie der Wärme der zweite Hauptsatz der Thermodynamik genannt wird, nämlich davon, daß es unmöglich ist, ohne Aufwand an Arbeit Wärmeenergie von einem kälteren Körper auf einen wärmeren zu übertragen. Bartoli wies darauf hin, daß jeder Körper Strahlen aussendet und daß es im Prinzip durchaus möglich sei, eine Maschine zu bauen, die aus einem abgeschlossenen, vollständig reflektierenden Zylinder mit einem verschiebbaren spiegelnden Kolben besteht; mit Hilfe dieser Maschine könnte man durch Herausziehen des Kolbens Strahlungsenergie von einem kalten Körper in den Zylinder saugen; danach könnte man, indem man den Zylinder mit einem warmen Körper in Berührung bringt, letzterem Strahlungsenergie durch Hineinschieben des Kolbens zuführen, ähnlich wie wir mit Hilfe einer Gartenpumpe Wasser ansaugen und bis zu einer beträchtlichen Höhe emporspritzen können.

Wenn auch die praktische Herstellung einer solchen Maschine außerordentliche Schwierigkeiten bereitet, so ist dessenungeachtet die prinzipielle Möglichkeit ihrer Herstellung durchaus gegeben. Daraus zog Bartoli den Schluß, daß der zweite Hauptsatz der Thermodynamik nur dann nicht verletzt wird, wenn die Übertragung der Strahlungsenergie vom kalten Körper auf den wärmeren Körper mit einem Arbeitsaufwand erfolgt. Mit anderen Worten, bei der Verschiebung des Kolbens muß eine gewisse Kraft überwunden werden, die durch den Druck der Strahlen auf den Kolben bedingt ist.

Auf diese Weise gelangten Maxwell und Bartoli gleichermaßen zu der Behauptung, daß die Lichtstrahlen auf die Körper, auf die sie auftreffen, einen Druck ausüben.[1]

Bartoli machte den Versuch, diese theoretische Annahme auf experimentellem Wege zu überprüfen, konnte aber trotz seiner großen Geschicklichkeit das gesteckte Ziel nicht erreichen, da die Mittel nicht ausreichend waren, die der Experimentierkunst seiner Zeit zur Verfügung standen.

Im Verlaufe der darauffolgenden zwanzig Jahre wuchsen die Möglichkeiten der experimentellen Technik in unvorhergesehenem Maße. Sogar in bescheiden ausgerüsteten Laboratorien konnte der Experimentator über leistungsstarke Lichtquellen in Form elektrischer Bogenlampen verfügen, und die neuen Quecksilberpumpen ermöglichten es ihm, die Luft mühelos auf den Millionstel Teil einer Atmosphäre zu verdünnen.

---

[1]) Für den Fall, daß ein Bündel paralleler Strahlen normal auf eine ebene Oberfläche fällt, fanden Maxwell und Bartoli, daß die Größe des Lichtdruckes

$$p = (1 + \varrho)\frac{E}{v}$$

beträgt, wobei E der Betrag der Lichtenergie ist, der pro Sekunde auf die Oberfläche auftrifft; c bedeutet die Lichtgeschwindigkeit und ϱ den Reflexionskoeffizienten der Oberfläche; für eine schwarze Oberfläche gilt $\varrho = 0$, während für eine ideal spiegelnde Oberfläche $\varrho = 1$ ist.

Damit war die Zeit gekommen, in der eine experimentelle Untersuchung des Lichtdruckes möglich wurde, und nach einer dreijährigen Arbeit gelang es mir, diese Versuche durchzuführen (1900).

Mein Versuchsaufbau war der folgende: In einem sehr sorgfältig ausgepumpten Glasballon hing an einem sehr dünnen Glasfaden ein kleiner horizontaler Waagebalken, an dessen Ende Flügelchen von fünf Millimeter Durchmesser befestigt waren, die aus Platin, Aluminium, Nickel oder Glimmer hergestellt waren. Mit Hilfe von Linsen konnte das Licht einer Bogenlampe auf diese Flügelchen gerichtet werden; die auftretenden Kräfte des Lichtdrucks konnten dadurch gemessen werden, daß das auf ein Flügelchen auftreffende Licht dieses zu einer Bewegung veranlaßt und dadurch den Glasfaden der Aufhängung soweit verdreht, bis sich ein Gleichgewicht einstellt. Wenn der Lichtzutritt unterbrochen wurde, kehrte das Flügelchen in seine Ausgangslage zurück. Die Größe der experimentell gemessenen Ablenkung der Drehgewichte und die Größe der Ablenkung des Flügelchens, berechnet nach der Theorie von Maxwell und Bartoli aus der gemessenen Größe der einfallenden Energie des Lichtbündels, stimmten innerhalb der Grenzen der möglichen Beobachtungsfehler völlig miteinander überein.

Fast gleichzeitig mit meiner Arbeit erschien ein Bericht von Nichols und Hull (1901) über eine analoge Untersuchung des Lichtdrucks auf einen Silberspiegel, und etwas später veröffentlichte Poynting (im Jahre 1903) eine Arbeit, die die Untersuchung einiger besonders interessanter Spezialfälle des Lichtdrucks zum Inhalt hatte.

Ich erlaube mir noch hinzuzufügen, daß es mir vor kurzem gelang, den Lichtdruck auf Gase zu messen.[1]) Ich konnte experimentell zeigen, daß ein das Gas durchdringendes Strahlenbündel einzelne Moleküle davon in seiner Bewegungsrichtung mitreißt. Wie nach der Theorie

[1]) Diese Arbeit wurde auf dem XII. Kongreß der Naturwissenschaftler und Ärzte in Moskau vorgetragen.

von Maxwell und Bartoli zu erwarten, waren die in diesem Falle beobachteten Druckkräfte ungefähr noch um das Hundertfache kleiner als die Kräfte des Lichtdrucks auf feste Körper.

Anhand des oben Dargelegten können wir heute feststellen, daß die Existenz der Kräfte des Lichtdrucks sowohl von seiten ihrer theoretischen Begründung durch Maxwell und Bartoli als auch von seiten einer vollständigen experimentellen Überprüfung dieser Kräfte ohne Zweifel vollkommen bewiesen ist.

Dieses Resultat findet eine weitere Bestätigung in dem allgemeinen Theorem von Lord Rayleigh (vom Jahre 1902), das besagt, daß nicht nur das Licht, sondern allgemein jede wellenförmige Bewegung bei ihrer Ausbreitung einen Druck auf die Körper ausübt, auf die sie auftrifft, und daß in Übereinstimmung mit den für den Lichtdruck geltenden Gesetzen der Druck einer jeden wellenförmigen Bewegung direkt proportional zu der Größe der einfallenden Energie und umgekehrt proportional zu der Ausbreitungsgeschwindigkeit der Schwingung ist. Dieses allgemeine theoretische Resultat hielt auch der experimentellen Überprüfung glänzend stand: Kapzow zeigte (im Jahre 1903), daß Wellen, die sich auf der Oberfläche von ruhendem Wasser ausbreiten, in Richtung ihrer Bewegung einen Druck auf schwimmende Körper ausüben. Der Druck von Schallwellen wurde von Altberg (im Jahre 1902) demonstriert; wenn Schallwellen auf eine sie reflektierende Wand auftreffen, so entsteht auf dieser ein gewisser Drucküberschuß, der bestrebt ist, die reflektierende Wand zu bewegen, und zwar sie von der Schallquelle wegzuschieben

Die Existenz des Lichtdrucks führt uns zu Schlußfolgerungen, die unsere Kenntnisse in zwei Richtungen vertiefen und erweitern. Sie gestattet uns einerseits, die Emissionsgesetze warmer Körper theoretisch zu begründen, und andererseits, einigen Erscheinungen, die wir aus der Astrophysik kennen, eine einfache Erklärung zu geben.

Die von Bartoli geäußerten Überlegungen fortführend, stellte Boltzmann (im Jahre 1883) die Frage: In welchem Grade müssen die Kräfte des Lichtdrucks und folglich auch die Strahlung selber von der Temperatur des Körpers abhängen, damit der zweite Hauptsatz der Thermodynamik befriedigt wird? Durch eine Anzahl von scharfsinnigen Überlegungen gelang es ihm, Gesetze aufzustellen, die die Strahlung mit der Temperatur in Zusammenhang bringen. Eine lange Reihe von Versuchen, unternommen zur Überprüfung dieser Gesetze, zeigte ihre vollständige Richtigkeit. Sie geben uns heute Antwort auf eine ganze Reihe von Fragen betreffs der Strahlung der Sonne und unserer künstlichen Lichtquellen. Mit den gewonnenen Resultaten ist der Bereich der von Boltzmann aufgezeigten Anwendung der Gesetze des Lichtdrucks keinesfalls erschöpft, und eine große Anzahl mit der Strahlung und folglich auch mit den Größen des Lichtdrucks verbundener Probleme harrt noch einer gründlichen Bearbeitung.

Auf einem anderen Gebiet, der Astrophysik, und bereits lange bevor Maxwell und Bartoli die Erscheinungen des Lichtdrucks theoretisch begründeten, fand dieser bereits Anwendung bei der Erklärung von Besonderheiten in der Form der Kometenschweife. Fast drei Jahrhunderte zuvor legte der große Kepler (im Jahre 1617) das Fundament für die Bearbeitung astronomischer Aufgaben, als er die Vermutung aussprach, daß sich die von den Kometenköpfen ausgehenden Kometenschweife stets in der zur Sonne entgegengesetzten Richtung ausbilden und daß sie leicht erklärt werden könnten, wenn man den Sonnenstrahlen Druckkräfte zuschriebe, die die Materie des Schweifes wegstoßen. Im Laufe der Zeit wurde die Keplersche Vermutung vergessen, da sie nicht die erforderliche Begründung erhielt, und erst in neuester Zeit konnte Arrhenius im Jahre 1902 auf theoretischer und experimenteller Grundlage in glänzender Weise auf jene große Rolle hinweisen, die der Lichtdruck in der kosmischen Physik spielt: Die abstoßende Kraft, mit der die

Sonnenstrahlen auf irgendeinen Körper wirken, ist, wie wir gesehen haben, äußerst klein; sie wird jedoch um so merklicher im Vergleich zur anziehenden Kraft der Sonnenmasse, je kleiner die Ausmaße des Körpers sind. Man kann leicht ausrechnen, daß ein kleines Schrotkörnchen aus Blei durch die Sonne etwa hundertmal stärker angezogen, als es durch den Druck der darauftreffenden Sonnenstrahlen abgestoßen wird. Wenn wir aber Kügelchen nehmen, deren Durchmesser hundertmal kleiner als der Durchmesser eines Schrotkörnchens ist, so ist deren Masse und damit auch die Kraft, mit der sie von der Sonne angezogen werden, 1000000mal kleiner als die Anziehung der Schrotkörnchen, während ihre Oberfläche, und folglich auch die Größe der durch die darauffallenden Sonnenstrahlen bedingten Abstoßung, nur 10000mal kleiner ist als bei den Schrotkörnchen. Die Kraft, mit der die Sonnenmasse diese kleinen Kügelchen anzieht, wird gleich der Kraft der durch die Sonnenstrahlen verursachten Abstoßung — beide Kräfte sind gleich groß und heben sich gegenseitig auf. Für Körper, deren Ausmaße noch kleiner sind, überwiegen die Druckkräfte der Lichtstrahlen, und diese Körper werden von der Sonne mit einer Kraft abgestoßen, die um ein mehrfaches die Kraft ihrer Anziehung übersteigt. Auf diese Weise besitzen die Druckkräfte für alle Erscheinungen, die mit der Bewegung des organischen und des mineralischen kosmischen Staubes verbunden sind, eine entscheidende Bedeutung.

In einer interessanten theoretischen Arbeit gelang es Debye (im Jahre 1909), noch weiter zu gehen und die Größe des Drucks der Sonnenstrahlen auf einzelne Gasmoleküle in den Kometenschweifen zu berechnen und zu zeigen, daß sich durch diese Kräfte die Formen der Kometenschweife vollständig erklären. In diesem März sehen wir, gemäß den Vorhersagen der Astronomen, erneut den Halleyschen Kometen, von dessen prächtigem Schweif Kepler im Jahre 1607 entzückt war.[1]) Wir haben

[1]) Siehe Физ. обозрение (1909), S. 266.

die Gelegenheit, an klaren Abenden eine Erscheinung zu sehen, die, wie wir nun wissen, ohne Zweifel durch die Kräfte des Lichtdrucks auf Gase hervorgerufen wird, und sie in der einfachsten Weise zu beobachten und dazu in einer solchen Schönheit, wie sie in unseren Laboratorien niemals beobachtet werden kann.

L. I. Mandelstam
(1879—1944)

Eine neue Erscheinung bei der Streuung des Lichtes

Vorläufige Mitteilung[1])

Bei der Untersuchung der Molekularstreuung des Lichtes in Festkörpern, die von uns zur Klärung der Frage vorgenommen wurde, ob hierbei eine Änderung der Wellenlänge erfolgt, wie das die Debyesche Theorie der spezifischen Wärme anzunehmen gestattet, wurde von uns eine Erscheinung entdeckt, die von bedeutendem theoretischen Interesse ist. Diese Erscheinung besteht in einer Änderung der Wellenlänge des gestreuten Lichtes, die jedoch bedeutend größer ist und einen anderen Cha-

[1]) Gemeinsam mit G. S. Landsberg. Erstmals in ЖРФХО **60** (1928) 335—338 gedruckt. Ähnliche Mitteilungen wurden ebenfalls in den „Naturwissenschaften“ **16** (1928), Heft 28, S. 557—558, und in den „Comptes rendus“ **189** (1928) 109 veröffentlicht. Im russischen Original dieses Buches erfolgte der Abdruck nach der Ausgabe: Л. И. Мандельштам, Полное собрание трудов, Изд-во АН СССР, Москва 1950, Bd. 1, S. 293—296.

rakter und eine andere Ursache besitzt als die von uns gesuchte.

Der Aufbau der Versuchsanordnung ähnelt dem, der von einem von uns in vorangegangenen Arbeiten [1]) benutzt wurde. Im vorliegenden Falle diente lediglich als Quelle eine Quecksilber-Quarzlampe (Heraeus, 110 V), da es erforderlich war, monochromatisches Licht zu verwenden. Darüber hinaus bestanden alle benutzten Linsen aus Quarz, da die Untersuchung mit ultraviolettem Licht vorgenommen wurde. Letzteres geschah deshalb, weil die Strahlen kurzer Wellenlängen bedeutend stärker gestreut werden und es darüber hinaus für uns wesentlich war, eine Resonanzlinie des Quecksilbers zur Verfügung zu haben (siehe weiter unten). Es wurden Quarzkristalle untersucht, die in Form rechtwinkliger Parallelepipede (zwei Proben mit den Abmessungen $20 \times 40 \times 40$ mm und $25 \times 35 \times 35$ mm) geschliffen waren.

Das gestreute Licht wurde mit Hilfe eines Quarzspektrographen (Fuess, Modell B, Lichtstärke 1:5) photographiert, wobei der Spalt des Spektrographen unmittelbar hinter den streuenden Kristall gesetzt oder ein Stück davon abgerückt wurde, das gestreute Licht aber wurde mit Hilfe einer Quarzlinse auf den Spalt konzentriert. In beiden Fällen wurde zwischen Kristall und Spektrograph eine Blende mit einer kleinen Öffnung gesetzt, so daß in den Spektrographen Licht gelangte, welches etwa unter einem Winkel von 90° zum ursprünglichen Strahl gestreut war. Die Belichtung erfolgte im Verlauf von 2 bis 14 Stunden auf Ulford-Zenith-Platten mit einer Empfindlichkeit von 650 H. et D. Bei unveränderter Stellung aller Apparate wurde als Vergleichsspektrum auf der gleichen Platte auch das von einem Stück schwarzen Samt — das an die Stelle des Quarzkristalles gesetzt wurde — reflektierte Licht aufgenommen. Ohne Ausnahme trat in allen Spektrogrammen eine charakteristische Besonderheit im Spektrum des gestreuten Lichtes auf:

[1]) G. Landsberg, Z. f. Phys. **43** (1927) 773; **45** (1927) 442.

Es war nämlich die relative Intensität der kurzwelligen Linien im Vergleich zu den langwelligen größer als im normalen Spektrum des Quecksilberbogens (Rayleighsches Streugesetz, demzufolge die Intensität des gestreuten Lichtes proportional $1/\lambda^4$ ist).

Darüber hinaus wurde völlig unerwartet festgestellt, daß alle Linien des Quecksilbers von Satelliten begleitet werden, deren Lage sich völlig gesetzmäßig in der Nähe einer jeden Linie wiederholt. Einer dieser Satelliten, der besonders deutlich ausgeprägt ist, liegt in dem der größeren Wellenlänge entsprechenden Bereich; der zweite, weniger intensive, ist ebenfalls in Richtung des roten Spektrums verschoben, aber weniger stark als der erste; schließlich umrahmen noch zwei Satelliten von beiden Seiten die Hauptlinie; sie liegen dabei in ihrer unmittelbaren Nähe.

Diese beiden letzteren Satelliten sind weniger sicher und haben aller Wahrscheinlichkeit nach einen anderen Ursprung als die ersten beiden. In beiden untersuchten Quarzproben tritt das gesamte System der Satelliten genau an den gleichen Stellen auf: Die Spektren fallen beim Übereinanderlegen zusammen.

Es versteht sich von selbst, daß nicht einer der genannten Satelliten mit der Lage von irgendwelchen weniger hellen Linien der Quecksilberlampe zusammenfällt und daß auf den Vergleichsspektren keinerlei Spuren dieser Satelliten zu sehen sind, ungeachtet der bedeutend größeren Intensität der Hauptlinien. Die Intensität des hellsten Satelliten macht nach einer groben Abschätzung 20—30% der Intensität der entsprechenden Hauptlinie aus.

Auf ... dem typischen Spektrogramm ... sind lediglich die intensivsten Satelliten der hellsten Linien zu sehen. Die mit einem engeren Spalt erhaltenen Spektrogramme gestatten es, die beobachtete Verschiebung zu bestimmen. Diese fürs erste recht groben Messungen sind in der Tabelle angegeben.

λ in Å	Vergrößerung der Wellenlänge in Å	
	beobachtet	berechnet
2536	ungefähr 31,5	30,8
3126	„ 45,0	47,0
3650	„ 61,5	64,0

Es wurden verschiedene Kontrollversuche zur Klärung der Frage durchgeführt, ob die erhaltenen Linien nicht durch zufällige Reflexion des gesamten Spektralbildes („falsches Licht") auftreten. Der überzeugendste davon ist der folgende:

Zwischen den streuenden Kristall und den Spalt des Spektrographen wurde ein Quarzgefäß gebracht, das mit Quecksilberdämpfen gefüllt war. Erhöht man durch Erwärmung die Dichte der Quecksilberdämpfe und reguliert andererseits den Betriebszustand der Lampe, die als Lichtquelle dient, so kann man erreichen, daß die Resonanzlinie des Quecksilbers (2536 Å) absorbiert wird.

Die unter diesen Bedingungen erhaltenen Spektrogramme des gestreuten Lichtes weisen natürlich diese Linie nicht auf, aber es sind ihre beiden Hauptsatelliten deutlich zu sehen, was beweist, daß diese wirklich eine andere Wellenlänge besitzen.

Es wäre verfrüht zu versuchen, eine endgültige theoretische Interpretation der beobachteten Erscheinungen zu geben. Eine Analogie zu der Compton-Verschiebung (nach der roten Seite) ist augenfällig. Der Mechanismus der Wellenlängenänderung sollte jedoch aller Wahrscheinlichkeit nach ein anderer sein.

Eine der möglichen Interpretationen kann die folgende sein. Bei der Lichtstreuung können infrarote Eigenschwingungen des Quarzes auf Kosten der Energie des gestreuten Quants angeregt werden. Hierbei muß die Energie und folglich auch die Frequenz des gestreuten Quants um die Größe des infraroten Quants verringert worden sein, die den Eigenschwingungen des Kristalls entspricht.

Wenn man aus den Eigenschwingungen des Quarzes diejenige auswählt, die $\lambda = 20{,}75$[1]) entspricht, so erhält man für die Änderung der Wellenlänge den in der dritten Spalte der Tabelle angegebenen Wert. Er stimmt gut mit den beobachteten überein. Es ist verständlich, daß die angeführte Erklärung als nur vorläufig anzusehen ist. Zu ihrer Begründung ist es vor allem erforderlich, aus anderen Stoffen bestehende Kristalle zu untersuchen.

In welchem Maße die von uns entdeckte Erscheinung mit den Erscheinungen zusammenhängt, die von Raman und Krishnan in Flüssigkeiten und Gasen beobachtet und in Briefen[2]) an „Nature" beschrieben wurden, können wir gegenwärtig noch schwer sagen.[3])

---

[1]) Rubens und Nichols, Ann. d. Phys. **60** (1897) 418. Wir verwenden den Wert $\lambda = 20{,}75\ \mu\mathrm{m}$, den man unmittelbar aus den Maxima der Reflexion erhält, ohne eine Korrektur zur Eigenfrequenz einzuführen, da es hier nur um einen Vergleich der Größenordnung geht. Die genannte Korrektur ist für den Fall des Quarzes wegen des recht komplizierten Spektrums seiner Infrarotschwingungen etwas schwierig.

[2]) Raman and Krishnan, Nature (1928) March 31, April 21, May 5.

[3]) Heutzutage trägt dieser Effekt den Namen Raman-Mandelstam-Landsberg-Effekt. (Anm. d. sowj. Red.)

D. S. Roshdestwenski
(Д. С. Рождественский)
(1876–1940)

Was vermochte das Mikroskop zu leisten, und was muß es noch vollbringen?

Abriß einer Geschichte der Mikroskopie[1])

1

Im Jahre 1681 erörterte die Londoner Royal Society in ihrer Sitzung ausführlich eine eigentümliche Situation. Ein gewisser Holländer namens Leeuwenhoek hatte bereits seit acht Jahren eine Mitteilung nach der anderen an die Gesellschaft versandt. Er beschrieb erstaunliche Wunder, die er mit seinem Mikroskop in einem Wassertropfen, in Pfefferaufguß, im Flußschlamm und im Loch seines eigenen Zahns entdeckt hatte.

„Mit größter Verwunderung habe ich in einem Tropfen eine Vielzahl von Tierchen erblickt, die sich lebhaft in allen Richtungen bewegten, wie ein Hecht im Wasser. Das allerkleinste dieser Tierchen ist tausendmal kleiner

---

[1]) Erstmals veröffentlicht in der Zeitschrift Природа (1936, Nr. 6). Im russischen Original dieses Buches erfolgte der Abdruck nach der Ausgabe: Д. С. Рождественский, Избранные труды, Наука, Москва-Ленинград 1964, S. 325–337.

als das Auge einer ausgewachsenen Laus." Es wurde eine neue Welt von Lebewesen entdeckt, verschiedenartiger und unendlich origineller als die uns sichtbare Welt. Anfangs konnte niemand diese Beobachtungen wiederholen. Dann aber erblickte ein Mitglied der Gesellschaft, der berühmte Hooke, der in seinem Buch „Micrographia" fünfzig Jahre zuvor eine — wie es schien, die vollkommenste — Ausführung des Mikroskops beschrieben hatte, mit Mühe Tierchen in großer Zahl in Pfefferaufguß und zeigte sie den erstaunten Mitgliedern der Gesellschaft. Was für ein Mikroskop aber besaß der Holländer, wenn er mühelos noch kleinere Geschöpfe sah? Auf dieser Sitzung, von der die Rede war und an der auch Hooke teilnahm, wurde beschlossen, den seltsamen Korrespondenten zu bitten, er möge doch veröffentlichen, womit und wie er beobachte. Der eigensinnige Holländer wich jedoch aus. Er fuhr fort, immer neue Wunder mitzuteilen, schwieg aber über sein Gerät. Da entsandte die wissenschaftliche Gesellschaft einen Bevollmächtigten zu ihm, um sein Mikroskop zu kaufen. Sich windend und krümmend deckte der patentrechtlich nicht gesicherte Forscher — ein Tuchhändler, der sich vierzig Jahre seines Lebens mit dem Mikroskop beschäftigt hatte — sein Geheimnis auf, lehnte es aber entschieden ab, auch nur eines seiner vielzähligen Mikroskope zu verkaufen. Der Gelehrte erblickte fast alles, was Leeuwenhoek beschrieben hatte. Allerdings verheimlichte letzterer seine zwei besten Mikroskope — es tat ihm leid, alles zu zeigen, wie aus den „Geheimnissen der Natur, entdeckt von Anton van Leeuwenhoek" zu entnehmen ist — dies ist der Titel seines Werkes, das er im 63. Lebensjahr herausgab. Immerhin war klar, daß alle seine Mikroskope einfache Lupen waren, Lupen so groß wie ein Stecknadelkopf. Je kleiner eine Lupe ist, um so stärker vergrößert sie. Dem Schleifen und Polieren dieser kleinen Linsen hatte Leeuwenhoek viele Jahre seines Lebens gewidmet. Er erreichte das, was die Gelehrten nicht erreicht hatten. Er schmolz das Glas selber, schliff es selber, polierte es selber, praktizierte es selber zwischen silberne und goldene Plättchen und suchte und fand insbesondere auch selber die Beobachtungsobjekte. Ich unterstreiche dies deswegen, weil in der Mikroskopie Neues und Vollkommeneres nur derjenige vollbringen wird, der weiß, wofür er schaffen und was er suchen will. Die besten Lupen Leeuwenhoeks vergrößerten 270fach. Mit ihnen erblickte er zum ersten Male die Blutkörperchen, die Bewegung des Blutes in den Kapillargefäßen des Schwanzes einer Kaulquappe, die Faserstruktur der Muskeln. Er entdeckte die Infusorien (Aufgußtierchen). Er drang erstmals in die Welt der mikroskopischen einzelligen Algen ein, wo die Grenze zwischen Tier und Pflanze liegt, wo sich Tiere bewegen, die wie grüne Pflanzen Chlorophyll besitzen und sich unter Lichtabsorption ernähren; wo die Pflanze, noch am Substrat befestigt, das Chlorophyll verloren hat und Bakterien verschlingt. Schließlich sah er sogar Bakterien in großer Vielfalt. Es versteht sich, daß damals auch noch nicht die entfernteste Möglichkeit bestand, die Bedeutung der Bakterien für den Menschen oder den Sinn des grünen Stoffes, des Chlorophylls — oder gar die Grenze zwischen Pflanze und Tier zu verstehen.

Leeuwenhoeks Ruhm wuchs ins Unermeßliche. Die neue mikroskopische Welt um uns herum und in uns erregte die Phantasie sogar in jenem an wundersamen Entdeckungen reichen 17. Jahrhundert, das in erster Linie neue Perspektiven eröffnete.

Im 17. Jahrhundert wachte die Menschheit sozusagen auf und begriff, daß man durch das Experiment und durch die Beobachtung seine Macht über die Natur verzehnfachen kann, und begann, Wissen in sich einzusaugen. Mit dieser Zeit beginnen wir unsere Erzählung über die wachsende Bedeutung des Mikroskops.

Im 17. Jahrhundert entstanden aber auch jene Gedanken, die in der Zukunft der Macht des Menschen Grenzen setzten. Es tauschte das Rätsel vom Wesen des Lichtes auf. Klären wir zuerst, wie sich im 17. Jahrhundert diese Ideen der Reihe nach entwickelten. Am Anfang des Jahrhunderts baute Galilei ein Fernrohr. Als er damit die kreisende Bewegung der Jupitertrabanten beobachtete, sah er mit eigenen Augen konkret das, was man über die Bewegung der Erde und der Planeten um die Sonne erraten hatte. Mit dem Fernrohr entdeckte er die Sternenwelt, so wie fünfzig Jahre später Leeuwenhoek die mikroskopische Welt entdeckte. Jedoch nicht darauf ist im Moment unsere Aufmerksamkeit gerichtet. Anscheinend baute Galilei in diesen Jahren das erste zusammengesetzte Mikroskop. Es ist doch so einfach — so scheint es uns heute —, eine Linse hinter der anderen anzuordnen, um den Gegenstand erst einmal zu vergrößern und im zweiten Schritt abzubilden. Das Fernrohr und das Mikroskop sind in dieser Hinsicht beide gleich.

In diesem erstaunlichen Jahrhundert sind jedoch — besonders für uns — fünf Ereignisse wichtig, die am Anfang der Lehre vom Licht stehen. In der Mitte des Jahrhunderts entdeckte Newton die zusammengesetzte Beschaffenheit des weißen Lichtes, und er zerlegte es mit einem Prisma. Ferner hatte Roemer unwiderlegbar bewiesen, daß sich das Licht mit einer endlichen Geschwindigkeit ausbreitet, und diese gemessen. Newton hatte die berühmte — wie wir wissen, unrichtige — Hypothese aufgestellt, daß das Licht ein Strom fliegender Teilchen ist, die von solch ungewöhnlicher Feinheit und Häufigkeit sind, daß sie durch durchsichtige Körper wie Glas und durch die Augenlinse dringen und, indem sie die Retina durch Stöße erschüttern, die physiologische Empfindung des Lichtes hervorrufen. Das vierte unverständliche Ereignis waren die Newtonschen Ringe, die heute noch die Optiker beim Polieren von Linsen ausnutzen. Das fünfte Ereignis waren die Ideen von Huygens. Er sprach erstmals von der Wellennatur des Lichtes und bewies, auf welch natürliche Weise sie sowohl die Gesetze der einfachen Reflexion und Brechung erklärt als auch die Gesetze der Doppelbrechung im Kalkspat. Die Gedanken von Huygens und Newton standen im scharfen Gegensatz zueinander.

Auf diese Weise erhob sich im 17. Jahrhundert in hartem Streit in der Tat die Frage nach dem Wesen des Lichtes. Leeuwenhoeks Beobachtungen aber stellten die Menschheit direkt dem größten aller Geheimnisse gegenüber — dem Geheimnis der lebenden Materie. Wie entstand die lebende Materie?

Aufgezeigt wurde auch der Lösungsweg mit Hilfe des Lichtes, mit Hilfe des Mikroskops.

Im Verlaufe von 250 Jahren, von jener Zeit an gerechnet, wurde ein Schleier nach dem anderen von diesem Geheimnis gelüftet. Es war dies die Epoche, in der die Lichtwelle das Untersuchungsinstrument war, in der gerade durch die kleinen Ausmaße der Lichtwelle — ein halbes Mikron (die Hälfte des tausendsten Teiles eines Millimeters) — die Schärfe des Eindringens in das Wesen der lebenden Materie bestimmt wurde. Die Kleinheit der Lichtwellenlänge legt die höchstmögliche Genauigkeit und Feinheit eines jeglichen Erzeugnisses von Menschenhand fest. Das weiß der Optiker sehr genau. Es mag sein, daß Ihr als Metallarbeiter dies nicht so deutlich erkennt, aber bald werdet auch Ihr sehen, daß dies so ist.[1])

Die Epoche der Lichtwelle endet nun in unseren Tagen. Bald wird an der Spitze der Forschung und damit an der Spitze des Fortschritts bei der Eroberung der Natur ein noch mächtigerer Faktor stehen — die Elektronenwellen. Den Inhalt dieser Epoche kennen wir noch nicht, wir erahnen ihn lediglich.

Am Ende der Epoche der Lichtwelle, in unseren Tagen, stehen wir unmittelbar an der Schwelle der Lösung der Frage, wie sich die lebende Materie aus Molekülen zusammensetzt, an der Schwelle der Aufdeckung der Vererbungsgesetze. Kann das Mikroskop bis zu hundertstel Bruchteilen eines Mikrons vordringen? Denn in diesen

[1]) Diesen Einführungsvortrag in eine Seminarreihe über Optik hielt D. S. Roshdestwenski am 11. Mai 1936 vor den Arbeitern und dem ingenieurtechnischen Personal des Betriebes „Progreß". (Anm. d. sowj. Red.)

kleinen Dimensionen geht wahrscheinlich, wie wir im weiteren sehen werden, das „Unbelebte“ fließend in das „Lebendige“ über. Kann man mit dem Mikroskop den Grundbaustein der Vererbung sehen, ja oder nein?

Dies sind die zuletzt aufgeworfenen Fragen. Ist dieses scharfe Instrument, die Lichtwelle, ausreichend, um die lebende Materie in unseren Händen formbar wie Wachs zu machen? Oder erhalten wir diese Macht über die Natur, über uns selbst, nur durch noch mächtigere Instrumente?

Gestattet mir, diese auslaufende erste Epoche, die der Lichtwelle, kurz zu umreißen und Euch die nebelhaften Umrisse der folgenden, der Elektronenepoche, zu zeigen, damit Ihr deutlich seht, in welch einem historischen Zeitpunkt sich Euer Betrieb mit dem Schicksal der Menschheit verbindet, welche Rolle er hierbei spielt. Denn das Werk, das pro Jahr 12000 Mikroskope produzieren soll, ist ein großer Kraftfaktor. Es wird den Fortschritt spürbar in diese oder eine andere Richtung vorantreiben. Und dies hoffe ich, Euch ebenfalls zeigen zu können.

2

Das 17. Jahrhundert war eine Zeit außerordentlicher Kraftanstrengungen. Im weiteren entwickelten sich die Ereignisse weitaus träger. Im großen und ganzen glänzt das 17. Jahrhundert nicht durch überraschende geniale Entdeckungen. Ungeachtet dessen, daß es die Epoche der Organisation der wissenschaftlichen Forschungen war, der Gründung der Akademien in allen Ländern. Die Londoner Gesellschaft entstand nicht lange vor jener Sitzung, von der anfangs die Rede war; die französische etwa in den gleichen Jahren. Im Jahre 1725 gründete Peter der Erste die Petersburger Akademie, und bis zum Jahre 1750 entstanden in allen Ländern Akademien. Zweifelsohne wurde überall eine große Arbeit geleistet, sie war jedoch nicht so sichtbar. Auf diese Weise versuche ich zumindest, mir den Glanz des 17. Jahrhunderts im Vergleich zum 18. zu erklären. In den exakten Wissenschaften — der Mechanik und der Physik — ist es unmöglich, ohne mathematische Analyse voranzuschreiten. Man muß das menschliche Gehirn als Untersuchungsinstrument ausbilden. Newton und Leibniz schufen im 17. Jahrhundert die Grundlagen der Differential- und Integralrechnung. Das gesamte 18. Jahrhundert war mit der Weiterentwicklung dieser mathematischen Lehren ausgefüllt. Und an der Spitze standen hier vor allem Euler, der unsere Akademie berühmt machte, die Gebrüder Bernoulli, Lagrange, Laplace, d'Alembert und andere.

In den Wissenschaften von der belebten Natur bestand eine eigene spezifische Schwierigkeit: die über die Maßen große Vielfältigkeit des Lebendigen. In die Hunderttausende gehen die Arten der Lebewesen, sowohl der Tiere als auch der Pflanzen. Es war erforderlich, alle möglichen Länder zu besuchen, sich in der ganzen Mannigfaltigkeit auszukennen und mit dem mittelalterlichen Aberglauben zu brechen. Es war erforderlich, einen einheitlichen Plan in der ganzen Vielfalt des Besonderen und einzelnen zu finden. Erst in jener Zeit wurde das uns heute Vertraute festgestellt, daß nämlich die Vermehrung überall auf geschlechtlichem Wege erfolgt — durch die Vereinigung des weiblichen Eis mit der männlichen Samenzelle. Dies ist das gleiche einerseits bei allen Tieren, aber auch bei allen Pflanzen, bei denen sich im Stempel ein weibliches Element verbirgt, während sich in den Staubfäden ein männliches ansammelt.

Sowohl die Enträtselung der Frage nach dem Wesen des Lichtes als auch die Vervollkommnung des Mikroskops schritten nur langsam voran. Der Streit zwischen den Newtonschen und den Huygensschen Ideen erstreckte sich über ein ganzes Jahrhundert. Der wellenhaften Vorstellung von der Natur des Lichtes schloß sich auch der berühmte Euler an. Gelöst jedoch wurde die Frage erst nach über hundert Jahren, unmittelbar nach der Französischen Revolution, durch Fresnel, dem meiner Meinung nach talentiertesten Forscher, den die Wissenschaft kannte.

Wodurch unterscheidet sich ein Strom sich ausbreitender Wellen — die Idee Huygens' — von einem Strom dahineilender kleinster Teilchen — der Idee Newtons? Durch zwei Merkmale: Wellen können sich beim Zusammentreffen gegenseitig aufheben, wenn ein Berg der einen Welle auf ein Tal der anderen fällt. Licht zu Licht addiert, kann Dunkelheit ergeben. Dies ist die Erscheinung der Interferenz, dies sind die Newtonschen Ringe, die Newton selber unverständlich waren. Bei Teilchenströmen kann dies nicht möglich sein. Zwei Teilchenströme ergeben stets einen doppelt so großen Strom, doppelt so starkes Licht.

Zweitens durchläuft ein Teilchenstrom eine Öffnung stets gerade, ohne seitlich auseinanderzulaufen. Ein Strom von Wellen aber divergiert unbedingt, er wird gestreut. Dies ist die Beugung.

Fresnel bewies theoretisch, daß die Divergenz nach allen Seiten gering ist, wenn die Welle klein ist. Aber immerhin hat er diese geringe Beugung beobachtet und gemessen und aus ihrer Größe die Wellenlänge des Lichtes bestimmt. Aus den Erscheinungen der Interferenz, den Optikern so gut bekannt, die bis auf „eine Farbe", bis auf „zwei Streifen" polieren, hatte er ebenfalls die Wellenlänge ermittelt, sie betrug ein halbes Mikron. Und dies machte die Wellentheorie und die außerordentliche Genauigkeit unseres Untersuchungsinstrumentes unbestreitbar. Seit jener Zeit bestätigen wir alle in unterschiedlicher Modifizierung die Ideen Fresnels und wenden sie an.

Aber auch ohne diese Ideen zu kennen, kann man das Mikroskop vervollkommnen. So geschah es auch im 18. Jahrhundert, obwohl sich die Ereignisse sehr langsam entwickelten. Gegenwärtig ist es sogar schwer, sich vorzustellen, daß Galileis erstes Fernrohr, mit dem er die Welt des Jupiters beobachtete, und Leeuwenhoeks Mikroskop einfache, nichtachromatische Linsen waren. Ihr, Genossen, habt wahrscheinlich noch keine nichtachromatischen Instrumente gesehen, habt nicht gesehen, mit was für einem breiten farbigen Saum alle Konturen der

Bilder von Gegenständen im Falle chromatischer Linsen umgeben sind.

Newton war überzeugt, daß Achromatismus, die Beseitigung der Säume also, überhaupt unmöglich sei. Versuche in dieser Richtung wurden dennoch gemacht, und Dollond, einem englischen Meister, gelang es ohne jegliche Theorie nach einer Reihe von erfolgreichen Probeversuchen, ein achromatisches Objektiv für ein Fernrohr zu bauen. Euler aber klärte theoretisch den Fehler Newtons auf und gab zusammen mit seinem Schüler, dem Akademiemitglied Fuss, eine genaue Vorschrift an, wie man achromatische Linsen herstellen kann; zehn Jahre später baute Aepinus, ein Mitglied der Petersburger Akademie, ein solches Mikroskop. Dieses Mikroskop ist bis auf den heutigen Tag erhalten geblieben. Aus verschiedenen Gründen ist es mir nicht gelungen, es zu sehen. Der Beschreibung nach ist dieses Instrument jedoch für uns äußerst seltsam und unvollkommen. Es ist 1 m lang, sein Objektiv hat eine Brennweite von 18 cm (nicht Millimeter), und seine maximale Vergrößerung beträgt 70. Mit einem Wort, es leistet weniger als die Leeuwenhoekschen Linsen. Und überhaupt waren bis zum Anfang des 19. Jahrhunderts die aus Objektiv und Okular zusammengesetzten Mikroskope unzureichende, wenn auch bequeme Instrumente. Auf ihren komischen, mitunter gekrümmten Beinchen waren sie eher Zierat. Ernsthafte Beobachter wandten sich in entsprechenden Fällen gewöhnlich den guten, obgleich auch sehr unbequemen Lupen zu. Man kann sich leicht vorstellen, wie entsetzlich unbequem diese kleinsten Linschen waren. Das Objekt mußte dicht an die Linse, die Linse dicht an das Auge gehalten werden, nirgends aber war Platz für die Nase. Natürlich war das Prinzip der doppelten Vergrößerung der zusammengesetzten Mikroskope ein gewaltiger Schritt vorwärts, aber man war nicht fähig, es anzuwenden.

Und dennoch brachte die Mikroskopie jener Zeit Neues. Erstens wurde von vielen Forschern die Welt Leeuwenhoeks durchforscht, die Welt unzähliger Kreaturen innerhalb der Grenzen von 2 Mikron und größer. Ihre ganze Mannigfaltigkeit wurde entdeckt, registriert und klassifiziert. Es wurde festgestellt, daß die Vermehrung der Mikroben ausschließlich durch Teilung erfolgt, im Gegensatz zur gesamten übrigen Welt der Lebewesen. Schließlich wurde zum ersten Male ernstlich die Idee einer spontanen Entstehung der zusammengesetzten lebenden Materie widerlegt. Lebendes wird nur von Lebendem geboren. Bis dahin hatte der Mensch noch nicht die Entstehung auch nur der winzigsten Bakterien gesehen. Diese verneinende Feststellung ist von außergewöhnlicher Wichtigkeit, sie verwirft das Wunder und zwingt, den Grund der Entwicklung der Organismen in den Gesetzen der Physik und Chemie zu suchen. Sie wurde in den späteren Jahren auch bestritten, aber stets erfolglos. Das Geheimnis der Entstehung des Lebendigen verschob sich stets zum noch Feineren und folglich Einfacheren.

Ein gewaltiges Hindernis bezüglich des Achromatismus war das Fehlen von gutem Flintglas. Bekanntlich erfordert der Achromatismus zwei Glasarten: Kronglas und Flintglas. Letzteres ist ein Glas, bei dem einer der Grundbestandteile schweres Bleioxyd ist, das eine unverhältnismäßig große Dispersion besitzt. Infolge seiner Schwere sammelt es sich beim Schmelzen auf dem Boden des Tiegels, und da man in jener Zeit Glas nicht zu mischen verstand, erhielt man Gläser von sehr zufälliger Zusammensetzung und großer Inhomogenität. Man mischte das Glas damals, indem man mit einem eisernen Stab eine Kartoffel und Holzstückchen eintauchte, so daß sie auf den Boden des Tiegels gelangten. Die verbrennende Masse erzeugte Blasen und brodelte und vermischte das Glas zumindest teilweise. Von gewaltigem Erfolg für die Optik war das Bemühen des Schweizers Guinand, der sein ganzes Leben der Herstellung von homogenem Glas widmete. Er versenkte in das geschmolzene Glas einen hohlen Schamottekegel und bewegte ihn mit einem eisernen Haken stundenlang, mitunter tagelang, im Tiegel. Dies sind die gleichen Rührverfahren, wie sie im Prinzip bis heute noch verwendet werden. Guinands Nachkommen brachten seine Methode nach Paris (Bontemps) und Birmingham (die Gebrüder Chance), wo Guinands Geheimnisse bis zum Beginn des Weltkrieges im Jahre 1914 gehütet wurden.

3

Guinand führte seine Arbeiten an der Wende zum 19. Jahrhundert durch. Dennoch gab es in dessem ersten Viertel keine großen Fortschritte in der Mikroskopie. Es fehlte noch eine einfache Idee, über die ich nun berichten werde.

Zuvor jedoch ist es notwendig, auf den gewaltigen Fortschritt der Biologie während dieser Periode hinzuweisen, der keine besondere Mitwirkung des Mikroskops erforderte. Die gesamte Fülle der Kenntnisse über die zahllosen Formen der Lebewesen führte, wenn auch in unvollkommener Form, zur Idee ihrer Evolution. Von Lamarck wurde bereits damals der klar umrissene Gedanke geäußert: Alles Lebendige vervollkommnet sich. Um die Wahrheit zu sagen, diese Idee war schlecht gehört und nur von wenigen akzeptiert worden. Die komplizierten Formen der Tiere und Pflanzen entstanden im Verlaufe von Millionen und Milliarden Jahren aus den einfachsten Arten auf dem Wege der Evolution und Vervollkommnung. Der Hauptfaktor dieser Vervollkommnung ist die Vererbung, ihre unvermeidlichen Begleiter sind Tod und Geburt. Zum ersten Male entstand der Gedanke der Veränderlichkeit der lebenden Materie, und durch die Kette der Evolution begann die Entstehung der lebenden Materie in die Ferne der Zeiten zu versinken, in jene Zeiten, als die einfachsten Lebewesen entstanden. Vierzig Jahre später war die Idee der Evolution unter dem Druck von Darwins Prestige unbestreitbar geworden, aber noch davor erfolgte in der Mikroskopie und der Biologie ein großer Fortschritt.

Im Jahre 1824 war eine einfache praktische Idee von Selligue, die von der französischen Firma Chevalier verwertet wurde, von gewaltigem Erfolg für das Mikroskop. Das früher aus einer Linse bestehende Objektiv wurde in Teile zerlegt, und man begann, es aus vielen achromatischen Linsen zu fertigen. So wurde die Anzahl der Parameter vervielfacht, eine Möglichkeit zur Korrektur der Fehler des Systems gegeben, und man konnte erstmals von wirklich starken Vergrößerungen — um das 500- und sogar 1000fache — sprechen. Die Grenze des noch Erkennbaren verschob sich von zwei auf ein Mikron. Das Mikroskop von Leeuwenhoek wurde weit übertroffen. Die Biologie erzielte dadurch schnelle Fortschritte. Im Prinzip entstand damals jene Wissenschaft, die ihrem Wesen nach eine mikroskopische Wissenschaft ist, die Zytologie — die Wissenschaft von der Zelle.

So war bereits im Jahre 1839 als allgemeine Feststellung bewiesen worden, daß alles Lebende aus Zellen aufgebaut ist. Die Hauptbestandteile aller Zellen sind das Protoplasma und der Kern. Dem Kern aber muß man offenbar eine besonders wesentliche Bedeutung zuschreiben. Abermals überrascht der Gedanke, in welchem Maße das Tier- und Pflanzenreich gleich sind; der Zelltyp ist in beiden genau der gleiche, bis hin zu den einfachsten einzelligen Infusorien, bis hin zu den Algen, sowohl den zusammengesetzten als auch den einzelligen, die an der Grenze zwischen Pflanze und Tier stehen. Und was besonders wichtig ist, eine Zelle entsteht nur aus einer Zelle. Die Zelle teilt sich in Zellen — darin besteht der einzige Mechanismus des Wachstums des Lebendigen. Zwei Geschlechtszellen, die sich miteinander vereinigen, beginnen, sich zu teilen — darin besteht der Mechanismus der Entstehung eines Lebewesens, eines neuen Individuums. Die einzelligen Infusorien, Algen und Bakterien können sich auch direkt teilen, wobei sie neue Individuen bilden. Auf diese Weise wurde die Idee eines allgemeinen Mechanismus für das Wachstum und die Vermehrung alles Lebenden vom Höchsten bis zum Niedersten bestätigt, und damit die noch verworrene Idee der Evolution vom Niederen zum Höheren.

Nun verlaufen die Vervollkommnung des Mikroskops, die Entwicklung und Klärung der Vorstellungen über die lebende Materie in sich immer mehr steigerndem Tempo, in wechselseitigem Antreiben und gegenseitiger Jagd.

Die Mikroskope produzierenden Firmen Oberhäuser und Hartnack, Chevalier, Nachet, Ross und insbesondere Amici wetteifern untereinander darum, wer am besten ein aus vielen Linsen zusammengesetztes Objektiv herstellen kann. Die Anzahl der Linsen, ihre Abstände und die Krümmung ihrer Oberflächen werden rein empirisch bestimmt. Aus der enormen praktischen Erfahrung der Konkurrenten wird deutlich, daß die Größe des Winkels, unter dem die Strahlen in das erste Glas des Objektivs eintreten, besondere Bedeutung für die Beobachtung der kleinsten Objekte besitzt. Allen voran geht Amici, der diesen Winkel auf 100° und mehr heraufsetzt. Amici wendet zum ersten Mal eine Immersion an. Amici erfindet das aplanatische Frontglied. Dieser florentinische Professor der Physik und Mikroskophersteller steht in jener Zeit an der Spitze aller Erfinder auf dem Gebiet der Mikroskopie. Man nennt ihn mitunter den Vater der Mikroskopie.

Im Ergebnis verschiebt sich in der Mitte des Jahrhunderts die Sichtbarkeitsgrenze von einem Mikron zu einem halben Mikron. So werden bereits Gegenstände und Details von der Größe einer Wellenlänge sichtbar.

Es besteht kein Zweifel darüber, daß nur dank dieser Erfolge jenes „mikrobiologische Poem“ möglich war, das die Arbeiten Pasteurs darstellen. Auf diese Weise sieht man, wie auf jeden Bruchteil eines Mikrons, von dem das Mikroskop Besitz ergreift, auch die Wissenschaft und der Fortschritt der Menschheit reagieren. Es ändern sich die Weltanschauung, die Gesundheit, der Wohlstand und der Reichtum der Menschen.

Daß das Mikroskop in der Hauptsache bakteriologischen Zwecken dient, wissen alle. Aber möglicherweise ist nicht allen bekannt, daß wir von allen Seiten völlig von Mikroben umgeben sind, sowohl von schädlichen Trägern ansteckender Krankheiten als auch von nützlichen und notwendigen. Ohne Mikroben können wir nicht existieren; ebenso wie wir umkommen, wenn wir uns nicht vor den Erregern der Pest, der Cholera und anderer Krankheiten schützen. Die Mikroben des Fäulnisprozesses vollenden den Kreislauf der organischen Materie. Schon dies eine macht sie unentbehrlich. Andernfalls würden Leichen das Endstadium aller organischen Materie sein.

Die Mikroben des Bodens, die sich den Stickstoff aus der Luft aneignen und ihn den Pflanzen zuführen, vollenden den Kreislauf des Stickstoffs, der notwendig ist für uns, die Menschen, die ein Glied dieses Kreislaufes sind. Andere Mikroben erweisen uns unzählige unmerkliche Dienste bei der Herstellung von Brot, Alkohol, Essig und bei einer großen Anzahl anderer Prozesse.

Alle wesentlichen Züge ihres Wirkens, ihrer Wohl- und Missetaten, wurden durch das Schaffen Pasteurs aufgedeckt.

Er mußte als letzter den Angriff der Anhänger der spontanen Entstehung erdulden. Darauf reagierte er mit der ihm eigenen Art: stark, entschlossen, vernichtend, mit glänzenden Experimenten. Er überwältigte seine Gegner. Die Entstehung der lebenden Materie wurde in das Gebiet des noch Kleineren als die Bakterien, des noch Einfacheren verschoben.

Die Zeit Pasteurs fiel mit dem Zeitpunkt zusammen, in dem die Idee der Evolution der Lebewesen zum Allgemeingut wurde. Ihr wißt, mit welch kristallener Klarheit, mit welch hinreißender Überzeugungskraft die Darwinsche Theorie die Welt eroberte. Sie ist hinreichend bekannt, bei ihr werde ich mich nicht aufhalten. Die Kette der Evolution reicht von den Bakterien bis zu den Menschen. Es schien, als sei die Grenze des Wissens erreicht.

4

Die Mikroskopie in den siebziger Jahren sagte jedoch: Man kann noch weiter gehen. Und der Siegeszug setzte sich fort. Der dies sagte, war Abbe. Seine Mitarbeiter waren Schott und Zeiss. Erzielt wurde folgendes: Erstens wurde die Auflösungsgrenze von einem halben Mikron auf ein Zehntel Mikron herabgedrückt. Zweitens trat beim Bau des Mikroskops an die Stelle des grob-empirischen Vorgehens eine strenge Wissenschaftlichkeit. Drittens schließlich wurden die Grenzen des mit dem Mikroskop Möglichen aufgezeigt und diese Grenzen tatsächlich erreicht. In der Zeit vor Abbe wurden die Mikroskope nicht berechnet, sondern die Linsen des Objektivs durch schrittweises Probieren vervollkommnet. Nehmt das führende Buch über die Mikroskopie von Harting aus dem Jahre 1859. In ihm findet sich fast keine Formel.

Es enthält eine Vielzahl interessanter Anleitungen, wie man Mikroskope herstellen muß, eine Vielzahl historischer Angaben. Vieles von dem, was ich Euch heute sage, schöpfe ich aus diesem interessanten Buch. Aber wieviel darin auch unrichtig ist, das Wesentliche, was man empfindet, ist doch dies, daß die Kunst, Mikroskope herzustellen, damals nur eine Kunst war, und nicht ein technisches, auf exakten und wissenschaftlichen Daten beruhendes Unterfangen.

Alles dies änderte Abbe. Es wurde ein Stab von Gelehrten, Optikern und Rechnern gebildet, die bei der Firma Zeiss arbeiteten. In gründlichen Werken wurde von den Schülern Abbes die Theorie des Mikroskops und allgemein der optischen Geräte entwickelt. Es wurde ein System von Messungen ausgearbeitet, die die Qualität des Mikroskops bestimmten. Als sich herausstellte, daß die vorhandenen Glassorten den wissenschaftlichen Anforderungen nicht genügen konnten, wurden planmäßig neue Sorten geschaffen. Abseits von den Geheimnissen der Nachfolger Guinands — Parra-Mantois (die Nachfolger von Bontemps) in Paris und die Gebrüder Chance in Birmingham — wurden aufs neue Methoden zur Glasschmelze geschaffen und die praktische Optik in einem solchen Grade entwickelt, daß man sagen kann: Abbe hat durch die optische Versorgung der Armee fast den Weltkrieg 1914—1918 gewonnen. Schließlich zeigte Abbe auf der Grundlage der Wellentheorie des Lichtes erstmals deutlich, daß der Schärfe eines Instruments die Grenze des dabei Möglichen entspricht. Man kann mit den groben Fingern selbst kein weiches Material mit einer Genauigkeit bis zu einem Hundertstel Millimeter bearbeiten. Hierfür sind feine Instrumente erforderlich. Das feinste aller Instrumente ist die Wellenlänge. Es ist unmöglich, Objekte zu sehen, die kleiner sind als eine halbe Wellenlänge — behauptet die Abbesche Beugungstheorie —, und es ist unmöglich, Abbildungen zu erhalten, die kleiner sind als eine halbe Wellenlänge, das heißt kleiner als $^1/_4$ Mikron. Mit Hilfe verschiedener Immersionskniffe, wenn wir Medien verwenden, in denen die Wellenlänge kleiner ist, kommen wir bis zu 0,1 Mikron. Die Welle setzt uns eine Grenze. Natürlich sind die Grenzen sehr niedrig, dennoch sind es Grenzen für die Tätigkeit des Menschen. Ihr, Genossen Metallarbeiter, seid in Eurer Genauigkeit durch die Wellenlänge begrenzt. In der Tat, wenn Ihr Exaktheit anstrebt, so nehmt Ihr beim Polieren Eure Zuflucht zu optischen Methoden und meßt die Abweichungen mit Hilfe von Interferenzstreifen. Und Ihr richtet Euch nach dem präzisesten Eurer Instrumente, den Johannsen-Plättchen, die ebenfalls wieder mittels optischer Methoden hergestellt wurden und deren Genauigkeitsgrenze durch die Wellenlänge gegeben ist. Ihr wißt, daß der kunstfertigste Meister heute bis zu $^1/_{20}$ der Wellenlänge genau arbeitet. Das maximal Erreichte, was ich gesehen habe, war $^1/_{100}$ der Wellenlänge.

Auf diese Weise wurde durch das Genie Abbes in der Mikroskopie ein bewußtes Schaffen entfaltet, und es wurden die Grenzen des Möglichen erreicht.

5

Wie reagierte hierauf die Biologie?

Bevor ich auf diese Frage antworte, möchte ich noch einen Augenblick bei der Persönlichkeit Abbes verweilen.

Er war der freieste Geist seiner Zeit. Sein Einfluß in den Betrieben von Zeiss und Schott war so stark, daß sein Wille dort Gesetz war. Und er versuchte damals in Deutschland, vor 40 Jahren, ein fast sozialistisches Statut für die Arbeiter des Zeiss-Werkes zu schaffen. Die Arbeiter waren Mitbesitzer des Werkes, hatten einen Anteil am Gewinn. Aber es versteht sich, daß inmitten des faschistischen Meeres keine sozialistische Insel existieren konnte.

Die Biologie reagierte äußerst interessiert auf das neue Mikroskop von Abbe.

Wir kennen bereits zwei biologische Wissenschaften, die ihrem Wesen nach „mikroskopisch" sind – die Zytologie und die Bakteriologie. Streifen wir zuerst kurz die Bakteriologie. In der Zeit Pasteurs und Kochs erlebte sie zweifellos eine grandiose Entwicklung und nutzte natürlich jeden Fortschritt der Mikroskopie, wobei sie immer neue Mikrobenarten und neue Krankheitserreger fand: Es wurde exakt bewiesen, daß Mikroben existieren, die im Mikroskop nicht zu unterscheiden waren, und davon gab es sehr viele. Die Welt des Unerforschten jenseits der mit dem Mikroskop erreichbaren Grenzen war noch groß. Das Gebiet jenseits der Grenzen der Sichtbarkeit kann jedoch nicht mehr besonders ausgedehnt sein. In der Tat, bereits die tausendsten Teile eines Mikrons entsprechen den Ausmaßen der Moleküle. Ein Lebewesen aber muß aus einer gewissen Anzahl von Molekülen bestehen. Wie wir gesehen haben, waren dem Mikroskop 0,1 Mikron zugänglich. Folglich ist das nichtzugängliche Gebiet nicht grenzenlos, sondern lediglich um das Zwanzigfache kleiner als die Grenze der Auflösung.

Man kann so sagen: Das Gebiet der hundertstel Bruchteile eines Mikrons ist dem Mikroskop nicht zugänglich. In diesem Gebiet spielt sich aber gerade das Interessanteste ab, was das Denken unwiderstehlich bewegt. Wie setzt sich das Lebendige aus Molekülen zusammen? Was ist das Lebendige — ein Wesen oder ein Stoff? Zumal in der letzten Zeit immer häufiger die Idee aufkommt, daß die Individualität nicht notwendig als Merkmal mit dem Begriff des Lebens verbunden zu sein braucht.

Wir werden nicht bei diesen Rätseln verharren, nicht versuchen, eine Lösung vorwegzunehmen. Wir bemerken lediglich, daß vor relativ kurzer Zeit im Gebiet der hundertstel Bruchteile eines Mikrons eine völlig neue, unerwartete Erscheinung hinzukam — der Bakteriophage, etwas, das Mikroben frißt, von dem nicht mit Sicherheit zu sagen ist, ob es sich um ein Lebewesen oder einen Stoff handelt.

Eine nicht weniger fesselnde Aufgabe trat auch in der Zytologie auf, ebenfalls an den Schranken der Auflösungsgrenze des Mikroskops.

Wie bereits gesagt, bestehen alle Lebewesen aus Zellen mit jeweils einem Kern. Das Problem betrifft den Mechanismus der Zellteilung. Beginnend mit den neunziger Jahren des vorigen Jahrhunderts wurde durch die Arbeiten unzähliger Forscher folgendes Bild für die Teilung gefunden, das ebenfalls allgemeingültig ist für alle Entwicklungsstufen sowohl der Tiere als auch der Pflanzen. In einem bestimmten Moment im Leben der Zelle ähnelt der Kern einem Knäuel ineinandergewickelter Fäden. Danach sondern sich die Fäden immer mehr voneinander ab, verkürzen sich in der Länge, verbreitern sich, und es ergibt sich für jede Art von Lebewesen eine bestimmte Anzahl — beim Menschen sind es 48, bei der Zwiebel 16 — kurzer Fadenabschnitte, die der Stärke nach dünner sind als ein Mikron. Dies sind die sogenannten Chromosomen. Sie teilen sich längs, jedes in zwei. Der eine Satz von Chromosomenhälften geht in die eine Hälfte der Zelle, der andere in die andere Hälfte. Und die Zelle teilt sich in zwei Hälften. In jeder Hälfte erfahren die Chromosomen eine Rückverwandlung in ein verwickeltes Knäuel von Fäden. Die zwei neugeborenen Tochterzellen unterscheiden sich durch nichts von der Mutterzelle. Dieser Vorgang der Zellteilung, der zugleich den Wachstumsprozeß bei der belebten Materie darstellt, ist, wie wir bereits sagten, ein einzigartiger und außerdem allem Lebendigen gemeinsamer Mechanismus. Er verläuft überall nach dem gleichen Muster, sowohl bei uns, als auch bei den Pflanzen und bei den einzelligen Infusorien. Überall, außer bei den Bakterien.

Es ist klar, daß alles, was einer gegebenen Art von Lebewesen eigen ist und sie von anderen Arten unterscheidet, in den Chromosomen angelegt ist. Der Satz von Chromosomen charakterisiert die Art, und diesen Satz muß man untersuchen, um zu erkennen, was das für ein Lebewesen ist und in welchen Spielarten es existiert. Die Breite der Chromosomen ist kleiner als ein Mikron, ihre Länge beträgt einige Mikron. Sie sind in der Zelle fast immer eng verschlungen. Sie zu unterscheiden und zu zählen bereitet bereits große Schwierigkeiten. Die Zytologie aber stellt eine noch weit schwierigere Aufgabe: Kenntnis zu erlangen von jedem kleinen Chromosomenabschnitt von der Länge eines zehnten Teils eines Mikrons und sogar noch darunter. Jeder dieser kleinen Abschnitte ist Träger einer einzelnen Eigenschaft der Art. Und dies ist das bekannte Gen — die Einheit der Vererbung.

Es ist nicht möglich, in kurzer Form zu berichten, wie die Genetik — die Wissenschaft von der Vererbung — zu dem Begriff des Gens gelangte, wie sie die Möglichkeit bekam, die Gene in den Chromosomen zu verändern, wie sie schließlich lernte, buchstäblich Lebewesen mit vorgegebenen Eigenschaften zu erschaffen. Der amerikanische Gelehrte Morgan, der Begründer der Genetik, hatte den glücklichen Einfall, die Gesetze der Vererbung an den kleinen Taufliegen — den Drosophilae — zu studieren, deren Generation sich fast 40mal im Jahr erneuert; folglich war es möglich, 40mal schneller zu experimentieren als zum Beispiel mit den Jahresgenerationen der Pflanzen. In einem beliebigen genetischen Laboratorium kann man jetzt eine Fliege „bestellen", beispielsweise eine weißäugige mit kurzen Flügeln, mit einem sehr dunklen Körper, aber auch eine ohne Augen oder mit langen Flügeln oder mit roten Augen. Aber was von den verschiedenen klugen Vorstellungen besonders wichtig ist — und hierin besteht die enorme Leistung der Morganschen Schule —, der Genetiker kann genau angeben, wo und in welchem Chromosom sich ein bestimmtes Gen befindet. Zum Beispiel befindet sich das Gen für weiße Augen im ersten Chromosom (es sind bei der Drosophila insgesamt 4) im Abstand von 1,5 Längeneinheiten (das ganze erste Chromosom ist 70 Einheiten lang). Es ist erforderlich, dieses Gen zu sehen, man muß verstehen, was ein Gen ist. In unseren Händen befindet sich, wie es scheint, das größte Geheimnis der Vererbung. Der Zytologe richtet das Mikroskop auf diese Stelle des Chromosoms. Und es scheint etwas zu sehen zu sein, irgendwelche Ringe. Und es scheinen so viele Ringe zu sein, wie der Genetiker vorhersagt. Aber all dies ist noch verworren und nicht überzeugend. Täuscht uns nicht etwa das Mikroskop, haben wir nicht schon die Grenze seiner Möglichkeiten überschritten?

Ich hatte Gelegenheit, bei einer solchen gemeinsamen Arbeit von Genetikern und Zytologen zugegen zu sein, bei der die Freude über die Entdeckung sich in tiefe Bedenken wandelt. Ich habe dieses Gefühl mitempfunden, wenn die Hände sich schon dem Geheimnis entgegenzustrecken scheinen und man auf einmal nicht mehr weiß, ob sie nicht einen Schatten anstelle der Realität ergriffen haben. Aber im Zusammenhang damit bedarf es keiner großen Phantasie, um die unermeßliche Wichtigkeit der Kenntnis dessen einzusehen, was ein Gen ist, und der Fähigkeit, über diese Kenntnis zu verfügen. Es versteht sich, eine Fliegenrasse mit weißen Augen benötigt niemand. Aber es zu verstehen, eine Weizensorte mit einem Gen der Beständigkeit gegen Trockenheit oder Kälte zu züchten, das ist schon eine große Errungenschaft. Oder denkt nur an die Möglichkeit einer Menschenrasse mit einem phänomenalen Gedächtnis. Laßt Eurer Phantasie die Zügel schießen! Was geschieht, wenn die Menschen gelernt haben, die Instinkte der Menschen zu ändern, so wie sie jetzt bei den Fliegen weiße Augen erzeugen?

Und das ist doch schon gar nicht eine so fern liegende Phantasievorstellung. Ich bin davon überzeugt, daß nur die Beschränktheit des Mikroskops die Zytologen und Genetiker davon abhält, tief in das Geheimnis der Vererbung einzudringen und das Lebewesen in den Händen des Experimentators weich wie Wachs zu machen.

6

Aber ist die Situation bezüglich des Mikroskops wirklich so hoffnungslos? Ist das Verbot Abbes ein kategorisches Verbot?

Je aufmerksamer ich mich im letzten Jahr in den Prozeß des Sehens mit dem Mikroskop vertiefte, in die durch die endliche Wellenlänge auferlegte Begrenzung, um so mehr komme ich zu der Überzeugung, daß es noch einen Weg gibt, der uns vorwärts führt.

Dieser Weg ist gegenwärtig noch nicht sehr breit. Ein Pfad, aber Ihr werdet es leicht selbst sehen. Bedenkt nur, daß wir die Ausdehnung des Gebiets des Unzugänglichen zu Hundertsteln eines Mikrons bestimmten, auf der anderen Seite aber sprachen wir davon, daß der Optiker auf einer Oberfläche mit einer Genauigkeit bis zu einer hundertstel Wellenlänge arbeiten kann. Wie arbeitet man? Auf der Drehbank mit Schmirgel und Polierrot, mit, im Vergleich zu einem Mikron, den gröbsten Verfahren. Sollte es wirklich nicht möglich sein, mit der Sehkraft und mit Gläsern, die auf $^1/_{100}$ der Wellenlänge genau sind, Gegenstände mit einer Genauigkeit bis zu $^1/_{100}$ der Wellenlänge zu „sehen“? Natürlich ist dies möglich, hiervon bin ich überzeugt, jedoch ist dies nicht so einfach. Ich sage noch weit mehr hierzu. Der auf optischem Gebiet tätige Physiker spürt, wenn in den Weg der Lichtwelle ein Objekt gebracht wurde, dessen Dicke ein Tausendstel, ein Zehntausendstel, in einzelnen Fällen sogar ein Hunderttausendstel der Wellenlänge beträgt. Die Wellenlänge selber wird von den Physikern bis zu einem Zehnmillionstel ihrer Größe genau gemessen. Kann man glauben, daß die

Optiker, wenn sie ihre Anstrengungen mit denen der Zytologen vereinen, nicht bis zu jenem Hundertstel der Wellenlänge vordringen, das in der von ihnen gestellten Aufgabe auftritt? Es finden sich zehnerlei Möglichkeiten, den durch die Wellenlänge gesetzten Grenzwert zu umgehen.

Euch ist einer dieser Umgehungswege bekannt, die sogenannte Methode der Ultramikroskopie. Wenn die im Mikroskop nicht mehr sichtbaren Mikroben weit entfernt voneinander angeordnet sind, so kann man sie von der Seite aus mit hellem Licht beleuchten. Wie klein sie auch immer sein mögen, sie werden aufleuchten wie Sterne auf einem dunklen Hintergrund. Ihre Form läßt sich nicht bestimmen, man kann lediglich ihre Anwesenheit feststellen, aber auch dies ist oft außerordentlich wichtig. Diese Methode wird von der Bakteriologie häufig benutzt. Für das Zählen der Gene in den Chromosomen aber eignet sie sich überhaupt nicht, da die Gene dicht beieinanderliegen und alle Sterne sich zu einer grellen Linie vereinigen.

Sehr viele neue Möglichkeiten ergibt zweifellos die Anwendung der Methoden der Interferenz. Wir besitzen die mikroskopischen Interferometer von A. A. Lebedew und W. P. Linnik. Aber noch niemand hat diese geistreich entwickelten Geräte auf biologische Objekte angewandt. Hier liegt zweifellos der Anfang einer neuen Ära in der Mikroskopie. Überhaupt gelangte ich, nachdem ich in die Schwierigkeiten der Mikroskopie eingedrungen war, zu dem Schluß, daß sich hier ein großes und freies Feld zum Arbeiten befindet. Die Gesetze des Sehens an der Grenze des Möglichen sind bei weitem noch nicht ausgearbeitet worden, und in einigen Fällen kann man 10mal mehr an Details sehen, als man bisher dachte. Die Zytologen stekken, was ihre Regeln für den Umgang mit dem Mikroskop in diesen subtilen Fällen angeht, voller falscher Vorstellungen, aber dies ist nicht ihre Schuld, da Angaben entweder überhaupt fehlen oder aber wirklich nicht richtig sind. Dies rührt daher, daß die Zytologen ziemlich weit von der Physik und den mathematischen Methoden entfernt sind. Sie können ihr außerordentlich feines Instrument wirklich nicht so beherrschen, wie die Astronomen das Fernrohr, da letztere ihrer Bildung nach Physiker und Mathematiker sind. Die Physiker dagegen sind auch nicht entfernt mit den Untersuchungsobjekten der Biologie vertraut. Ich habe bereits weiter oben betont, daß eine Vervollkommnung von Methoden erfolglos bleibt, wenn nicht bekannt ist, wozu diese Methoden angewandt werden.

Somit betritt Euer Betrieb im Augenblick des letzten Zupackens in der Epoche der Lichtwelle die Arena. In zwei Wissenschaftszweigen konzentriert sich die ganze Aufmerksamkeit auf das Mikroskop. In der Bakteriologie und in der Zytologie ist die brennende Frage: Löst das Mikroskop das Geheimnis der lebenden Materie und löst es das Geheimnis der Vererbung?

Wenn es diese Lösung nicht bringt, so muß man auf den schweren und langen Übergang zu einer neuen Epoche warten — auf die Elektronenwellen.

7

Einige Worte über eine neue Epoche, die einmal anbrechen wird. Gegenwärtig stellt sie sich uns noch verschwommen dar:

Die Leistungsfähigkeit des Mikroskops wird durch die Wellenlänge begrenzt. Folglich muß man die Wellenlänge verringern. Die Röntgenstrahlen besitzen eine 1000mal kleinere Wellenlänge. Trotz der Tatsache, daß es W. P. Linnik gelungen ist, mit Röntgenstrahlen eine Anzahl interessanter Versuche durchzuführen, vermochte bisher niemand mit diesen Strahlen eine Optik zu verwirklichen. Im wesentlichen deswegen, weil sie nicht reflektiert und nicht gebrochen werden.

Vor zehn Jahren war die Welt der Physiker durch eine unerwartete Entdeckung erschüttert worden. Das Elektron, ein eine Ladung tragendes Teilchen, erwies sich als eine Welle. Das gleiche Elektron, das in den Radio-Verstärkerröhren die Entladung und dort den ganzen Mechanismus der Verstärkung bedingt. Das gleiche Elektron, das, durch einen Kupferdraht laufend, einen Strom ergibt. Gerade dieses Elektron liefert bei Entladung im Vakuum die gleichen Interferenzerscheinungen von Wellen, wie es auch die Röntgenstrahlen tun. Und die Wellenlänge ist annähernd die gleiche, tausendmal kleiner als die des Lichtes. Folglich kann man im Prinzip ein Elektronenmikroskop bauen. Und weitaus günstiger als mit Röntgenstrahlen. Auf ein fliegendes Elektron wirkt ein Magnetfeld oder ein elektrisches Feld wie eine Linse, und man kann ein Linsensystem aufbauen, das dem Mikroskop analog ist.

So wurde es auch gemacht, und es gibt bereits Bücher, die die Elektronenmikroskope beschreiben. Jedoch sind letztere auf die üblichen biologischen Objekte überhaupt nicht anwendbar, sie liefern im wesentlichen eine Abbildung von Oberflächen, die in der Art einer Entladung Elektronen emittieren. Bis zur vollen Anwendung des Elektronenmikroskops ist es noch sehr weit, und ich denke, daß früher noch in der Bakteriologie und Zytologie der Kampf um die Eroberung der hundertsten Teile eines Mikrons entschieden werden wird, der Kampf, in den Ihr jetzt eintretet.

Gestattet mir, einige Worte darüber zu sagen, wie dieser Kampf geführt werden soll.

Zuvor wollen wir uns die Ausmaße dessen klar machen, was uns bevorsteht. Zur Zeit Amicis wurden nach den Angaben Hartnacks in der ganzen Welt 2000 Mikroskope pro Jahr hergestellt. Wie Ihr bereits wißt, erfolgte in dieser Zeit eine Explosion unserer Kenntnisse über die Mikroben, die von Pasteur eingeleitet wurde und die eine ungeheure Bedeutung für die Menschheit besaß.

In der ersten Zeit produzierte Zeiss Hunderte, anderthalb Tausend Mikroskope. Vor fünf Jahren feierte das Werk sein zweihunderttausendstes Mikroskop nach einem Zeitraum von etwa 60 Jahren. Nach dem Jahre 1900 verkaufte es im Mittel etwa 3000 Mikroskope pro Jahr. Ihr seht, daß Eure Aufgabe, jährlich etwa 12000 Instrumente herzustellen, gewaltig ist. Eure Kraft ist nicht kleiner, sondern möglicherweise noch größer als die von Zeiss.

Und demzufolge ist auch Eure Verantwortung sehr groß. Betrachten wir diese Frage, damit auch von dieser Seite die historische Perspektive sichtbar wird.

Die Geschichte der Mikroskopie, auf die wir nur aus der Vogelperspektive einen Blick geworfen haben, zeigt offensichtlich die verantwortungsvolle Aufgabe, die Eurem Betrieb aufgetragen wurde. Ich möchte sie jedoch nicht formulieren, bevor nicht auch jener dringende Umstand deutlich geworden ist, der außergewöhnlich gebieterisch auf die Erfüllung dieser verantwortungsvollen Aufgabe drängt.

Uns steht in der Zukunft ein wissenschaftlicher Produktionskampf bevor; aber dies ist nur eine der Formen dieses Kampfes, den die Sowjetunion mit der ganzen Welt führt. Ihr alle fühlt, Genossen, daß unser Land im höchsten Grade angespannt ist, wie eine Sehne schwirrt, da es zum ersten Male in der Welt die geniale Idee von Marx verwirklicht, da es die Idee des Sozialismus aus einem Traum, aus der Theorie in die Wirklichkeit umsetzt, und dies in grandiosem Ausmaße. Ihr wißt, daß wir uns heute in einem steilen Aufstieg, in einem schnellen Aufschwung befinden. Wir erringen einen Sieg nach dem anderen über die alte Welt. Wir werden den ersten Platz in einer Reihe von Industriezweigen einnehmen und ununterbrochen immer neue erste Plätze erringen. Unsere Gegner haben bereits eingesehen, daß der Sozialismus schon längst vom Wort zur Tat geschritten ist und, den harten Gegner erkennend, ihre Kräfte konzentriert. Nun ist die Reihe an uns, unsere Wissenschaft zu organisieren, unsere Kraft in der Wissenschaft zu zeigen und, was das Wichtigste ist, in der wissenschaftlichen Organisation der Industrie. Besonders in einer solchen Industrie wie der optischen, da sie von der optischen Wissenschaftsdisziplin nicht zu trennen ist. Und besonders beim Bau des Mikroskops, eines seinem Wesen nach einfachen Gegenstandes, das jedoch in jedem Detail wissenschaftlich durchdacht ist.

Wir müssen zeigen, daß die sozialistische Initiative breiter und das Vorhaben grandioser ist als in der alten Welt. Wir, die wir wissen, welch große Aufgabe nun vor uns steht, welche Bedeutung sie auch für den Wohlstand besitzt und für den Fortschritt des Volkes, müssen alles dafür tun, daß das Land zu seiner Lösung soviel wie nur möglich an Kräften einsetzen kann, wie dies bisher schon geschehen ist.

Als Sozialisten stellen wir daher die Aufgabe in einem solchen Umfang und analysieren sie im Hinblick auf unseren Anteil daran. Und unser Anteil ist hier gewaltig. Wir formulieren die Aufgabe so: Die Sowjetunion stellt sich das Ziel, in der Mikroskopie den hundertsten Bruchteil eines Mikrons zu erobern, damit die Biologen gemeinsam mit den Mikroskopexperten a) das Problem der lebenden Materie lösen können und b) durch das Arbeiten mit den Chromosomen und Genen die Gesetze der Vererbung beherrschen lernen.

Mag auch diese Aufgabe unglaublich kühn sein. Aber wir werden hier unseren Platz finden, wir werden all unsere Kräfte anspannen, so wie das ganze Land seine Kräfte beim Aufbau des Sozialismus anspannt. Wie sieht unser Programm aus?

I. Vor allem ist klar, daß ein großer Stab von Biologen geschaffen werden muß, die die Methoden der Mikroskopie und die Methoden der Biologie beherrschen. Es darf keinen Arzt und keinen Biologen ohne ein eigenes und zugleich ausgezeichnetes Mikroskop geben. Ihr müßt das Land mit Mikroskopen überschwemmen. Wie wir gerade gesehen haben, können wir das vollbringen.

In diesem Stab von Mikroskopfachleuten werden sich speziell begabte Menschen hervortun, die sich eben unsere Aufgabe zum Lebensziel setzen. Auf anderem Wege sind solche Menschen nicht zu gewinnen.

II. Das Mikroskop muß von ausgezeichneter Qualität sein und dennoch außerordentlich billig, damit es nämlich allen zugänglich ist. Dies ist wiederum eine Aufgabe für einen Sozialisten.

Die Konkurrenz in einem kapitalistischen Land führt nur bis zu einem gewissen Grade zu einer Verbilligung der Produktion. Wenn zum Beispiel die Firma Leitz die Produktion so verbilligen würde, daß sie nicht 500, sondern 10000 Mikroskope verkauft, dabei jedoch nur die gleiche Million Gewinn erzielt, so wird sie keine großen Anstrengungen zur Verbilligung unternehmen. Für uns dagegen, im Lande des Sozialismus, steht gerade dies im Vordergrund. Unser Ziel ist es nicht, uns die Tasche zu füllen, sondern so weit wie möglich im Lande Kultur zu verbreiten und sich damit der Lösung der sozial wichtigen Aufgabe zu nähern.

Die Anwendung der Prinzipien der Massenproduktion ist noch weit von einer Meisterschaft entfernt. Ich weiß dies vom Objektiv, dem teuersten Teil des Mikroskops. Ist etwa schon das letzte Wort über die Kunst, kleine Linsen herzustellen, gesagt? Hier sind noch viele originelle Lösungen möglich. Ich komme von dem Gedanken nicht los, daß es — wenn man die Glasherstellung beherrscht, die physikalischen Methoden beherrscht, wenn man die Prinzipien der Montage und Zentrierung benutzt und vervollkommnet, die bereits vorzüglich bei uns entwickelt sind — möglich sein wird, auch einen Apochromaten nur wenig teurer als das Rohmaterial zu machen, wenn von solchen Apochromaten 12000 Stück erforderlich sind.

III. Um weiter voranzukommen, ist es notwendig, daß sich im GOI oder im Betrieb ein mikrobiologisches, insbesondere ein mikrophotographisches Versuchslaboratorium befindet, in dem die besten Spezialisten auf dem

Gebiet der Zytologie und Bakteriologie arbeiten sollten.[1]) Hier sollten die kompliziertesten und am schwierigsten zu handhabenden Instrumente sämtlich vorhanden sein. Hier sollte ein Ort sein, an den man Biologen mit den verantwortungsvollsten Aufgaben entsenden kann, die unter anderen Bedingungen nicht ausführbar sind.

IV. Hier sollten auch Physiker-Optiker-Mikroskopfachleute konzentriert sein, die die Anforderungen von seiten des Biologen verstehen können. Auf der Basis dieser Forderungen arbeiten die Physiker immer neue Vorstöße in das Gebiet des hundertsten Teils eines Mikrons aus. Sie lösen aktiv und im letzten Stadium die gestellte Aufgabe in ihrem ganzen Umfange und diktieren dem Betrieb neue Verbesserungen.

V. Diesem Laboratorium sollte eine spezielle Schule für Mikroskopie angeschlossen sein.

VI. Schließlich muß im ganzen Betrieb eine Propaganda für die gestellte Aufgabe gemacht werden. Jeder Arbeiter muß daran denken, wohin er strebt.

Um dieses Programm zu erfüllen, haben wir alle Voraussetzungen. Alle Optiker des Landes sind bei uns in einem Trust vereinigt. Wir bestimmen über das Glas und sämtliche Produktionsarten. Wir besitzen einen vorzüglich ausgerüsteten und hoch entwickelten Betrieb. Es gibt bereits große Verbesserungsvorhaben.

Wenn es gelingt, das Problem in einer solchen Breite anzupacken, so wird in unserem Lande eines der ersten Beispiele einer echten sozialistischen Arbeit gesetzt werden, die im Bunde ist mit der organisierten Wissenschaft und Produktion. Es wird der Name „Fortschritt", den der Betrieb trägt, gerechtfertigt werden. Und schließlich wird dem schnellen Wachstum des Sozialismus im Lande ein unzerstörbares, ewiges Denkmal errichtet werden.

---

[1]) In den letzten Jahren seines Lebens rief D. S. Roshdestwenski im Staatlichen Optischen Institut (ГОИ) ein kleines Laboratorium für Mikroskopie ins Leben, in dem auch Biologen arbeiteten. (Anm. d. sowj. Red.)

Möge ein künftiger Historiker sagen: Die wissenschaftliche Fragestellung in Deutschland führte zu gewaltigen Resultaten, das wissenschaftliche Ziel jedoch, das dem Bündnis von Wissenschaft und Industrie im kommunistischen Lande gestellt worden war, brachte die endgültige Lösung der Frage.

Dafür, Genossen, lohnt es sich, alle Kräfte einzusetzen, die Arbeit eines ganzen Lebens hinzugeben.

S. I. Wawilow
(С. И. Вавилов)
(1891–1951)

Erfahrungen der Vergangenheit und Perspektiven der Lehre von der Lumineszenz[1])

Für eine richtige Beurteilung des Standes einer beliebigen Wissenschaft zum gegenwärtigen Zeitpunkt und ihrer Perspektiven ist es stets nützlich, einen Blick auf ihre Vergangenheit zu werfen, mitunter sogar in die sehr weit zurückliegende. Bei der Lumineszenz, der Lehre vom „kalten Licht", ist dies besonders angebracht.

Die Lumineszenz wurde vor mehr als drei Jahrhunderten zum Gegenstand der wissenschaftlichen Untersuchung. Einer der ersten Erforscher des sogenannten Bologneser Steines, das heißt natürlicher Kristallphosphoren (entsprechend der modernen Terminologie), war Galilei.

---

[1]) Erstmals veröffentlicht in der Zeitschrift Природа (1948, Heft 12). Im russischen Original dieses Buches erfolgte der Abdruck nach der Ausgabe: С. И. Вавилов, Собрание сочинений, Изд-во АН СССР, Москва 1956, Bd. 4, S. 431–440.

In den dreihundert Jahren bis in unsere Tage beschäftigten sich in unterschiedlichem Maße Boyle, Newton, Lomonossow, Euler, Boscovich, W. Petrow, Arago, Brewster, Stokes, Becquerel, Lommel und Lenard mit der Lumineszenz. Aber man muß mit Erstaunen feststellen, daß die Lumineszenz in diesen drei Jahrhunderten, vom Anfang des 17. Jahrhunderts bis zum Ende des 19. Jahrhunderts, fast keinerlei praktische Anwendung fand. Hierin besteht das charakteristische und zugleich traurige Merkmal der Geschichte dieses Wissensgebietes bis zum Anfang des 20. Jahrhunderts.

Über viele Jahre hinweg bestand das Resultat der Untersuchungen lediglich aus den verschiedensten „Kuriositäten" auf dem Gebiet des Leuchtens von Mineralen und Lösungen organischer Stoffe (insbesondere der Tinktur aus Nephritholz, das heißt aus Äskulin). Lumineszierende Flüssigkeiten wurden mitunter lediglich für Reklamezwecke in großen gläsernen Ballons in den Schaufenstern von Apotheken benutzt.

Ungeachtet einzelner systematischer Untersuchungen von Wilson, W. Petrow, Stokes, Becquerel, Lenard, Wiedemann und anderen Physikern, ungeachtet der Entdeckung einiger allgemeiner Gesetzmäßigkeiten, zu denen in erster Linie die Stokessche Regel gehört, blieb die Lumineszenz eine abgeschiedene Insel der Physik, die eine ständige Bindung weder zu anderen Teilen der Physik noch zu den übrigen optischen Disziplinen besaß.

Obwohl schon Galilei das Leuchten des Bologneser Steines als „eines der größten Wunder der Natur" bezeichnete, blieb dieses „Wunder" dennoch jahrhundertelang unenträtselt. Von Zeit zu Zeit wurden Versuche zu einer theoretischen Erklärung der Lumineszenzerscheinungen unternommen, natürlich auf der Basis „klassischer" Vorstellungen. Lomonossow schlug beispielsweise vor anzunehmen, daß das Licht durch schnelle mechanische Schwingungen der Körper im Äther entsteht und sich dort ausbreitet. Auf diese Weise erklärte er die grüne Lumineszenz der Quecksilberdämpfe in einer evakuierten

Röhre, in die einige Quecksilbertröpfchen geschüttet worden waren. Auf dieser Hypothese aufbauend, beabsichtigte er, im Vakuum schwingende „Gusli"[1]) zu einer Lichtemission zu veranlassen.

Dem heutigen physikalischen Bild für gewisse Lumineszenzerscheinungen recht nahe kam Boscovich, der sich dabei auf seine Vorstellung eines wellenförmigen Kraftfeldes im Atom stützte, bei dem die Zonen der Anziehung allmählich, durch Null hindurch, in Zonen der Abstoßung übergehen. Die Absorption des Lichtes ist nach Boscovich ein Einfangprozeß für eine Lichtkorpuskel im Gebiet starker Anziehung, wobei die Korpuskel infolge ihrer Trägheit in eine der Furchen des Kraftfeldes gelangt, in den „Potentialtopf" (in moderner physikalischer Terminologie ausgedrückt). Eine solche absorbierte Korpuskel kann als Folge der inneren Wärmebewegungen des Mediums erneut in eine Zone der Abstoßung abgleiten und wieder ausgestrahlt werden. Hierin besteht nach Boscovich der Prozeß der langanhaltenden Phosphoreszenz. Man muß zugeben, daß dieses Bild bis zu einem gewissen Grade dem heutigen Modell eines „metastabilen" Anregungszustandes von Atomen und Molekülen ähnelt.

Von L. Euler stammt der erste Entwurf einer Resonanztheorie der Lumineszenz. Zur Erklärung der Versuche von Wilson, der als erster bemerkte, daß das Spektrum der Phosphoreszenz nicht von der Wellenlänge des anregenden Lichtes abhängt (in heutiger Ausdrucksweise), schlug Euler vor, anzunehmen, daß die Phosphoreszenz bis zu einem gewissen Grade (wenn man wieder den modernen Sprachgebrauch verwendet) den Eigenschwingungen des Systems entspricht, die unter der Einwirkung äußerer erregender Schwingungen einer anderen Frequenz auftreten. Diese insgesamt eine „klassische" Lösung des Problems der spontanen Lumineszenzprozesse darstel-

---

[1]) Russisches Volksmusikinstrument (Anm. d. Übers.)

lende Idee wurde im Verlauf von hundert Jahren von Stokes und Lommel ausgebaut.

Teilweise im Gegensatz zu dieser Konzeption, hauptsächlich jedoch zur Erklärung der langandauernden Phosphoreszenz, entsteht eine andere, die sogenannte Rekombinationstheorie von Becquerel, Wiedemann und Lenard. Das charakteristische Merkmal aller theoretischen Konstruktionen auf dem Gebiet der Lumineszenz bis zum 20. Jahrhundert bestand darin, daß sie sich auf einen definierten, willkürlich ausgewählten Kreis von Erscheinungen beschränkten, die anderen dabei gleichsam vergessend. Die von der übrigen Physik isolierte Lehre der Lumineszenz selbst zerfiel in einzelne, wenig miteinander verbundene Inseln.

Vom gegenwärtigen Wissen und Erkenntnisstand ausgehend, kann man rückblickend mühelos zwei Hauptgründe für einen solch trostlosen Zustand der Lehre von der Lumineszenz vor noch einem halben Jahrhundert unterscheiden. Das Fehlen der notwendigen (wie wir heute wissen) neuen, nichtklassischen Vorstellungen der Quantenphysik und der Lehre vom Aufbau der Materie stand einem tiefergehenden Ordnen und Zusammenfügen im Wege. Es war unmöglich, auf klassischer Grundlage eine vollständig den Tatsachen entsprechende Theorie der Lumineszenz aufzubauen.

Auf der anderen Seite beraubte die völlige Trennung der Lumineszenz von praktischen Aufgaben und von der Technik dieses Gebiet der mächtigen, beständigen Einwirkung der Praxis, die in den gleichen Jahren, im 17., 18. und 19. Jahrhundert, in vieler Hinsicht die außerordentlichen Erfolge der Mechanik, der Elektrizität und des Magnetismus, der Wärmelehre, der Optik und anderer Wissensgebiete bedingte. Hätte die Lumineszenz viel früher technische Bedeutung im Leben der menschlichen Gesellschaft erlangt, so hätte sie wahrscheinlich hinsichtlich ihrer Entwicklung nicht auf jene Epoche warten müssen, in der von Planck und seinen Vorgängern auf der Grundlage der Untersuchung der praktisch sehr wichtigen, dem Wesen nach aber komplizierteren Wärmestrahlung die Quantennatur des Lichtes und der Materie entdeckt wurde.

Die Wege zur Entdeckung der Quantennatur der Erscheinungen auf dem Gebiete der Lumineszenz waren, wie uns heute rückblickend bekannt ist, einfacher und direkter. Die Versuche von Franck und Hertz zur Kathodenlumineszenz, bei denen die zur Anregung des Leuchtens der Spektrallinien der Gasatome erforderlichen Energien der Elektronen unmittelbar gemessen wurden, hätten, wenn man an die Lumineszenz gedacht hätte, lange vor den theoretischen Entdeckungen Plancks, Einsteins und Bohrs durchgeführt werden können. Die einfache Quantennatur der Stokesschen Regel wurde nicht mit der Planckschen Entdeckung, sondern erst nach ihr aufgedeckt.

Eine aufmerksamere Beobachtung und Untersuchung des Lumineszenzleuchtens hätte auf der anderen Seite historisch viel früher zur Entdeckung der Radioaktivität des Urans führen können, als dies in Wirklichkeit geschah. Die Kristalle vieler Uranverbindungen (zum Beispiel des Uranylkaliumsulfats) leuchten in der Dunkelheit infolge des spontanen radioaktiven Zerfalls der Uranatome. Dieses Leuchten kann man mühelos in einem durchsichtigen, uranhaltige Salze enthaltenden Glas nach etwa zehnminütigem Aufenthalt in der Dunkelheit beobachten. Leider hat jahrzehntelang niemand diesen zugänglichen Lumineszenzprozeß bemerkt.

Es ist bekannt, daß die Radioaktivität von Henri Becquerel tatsächlich mit Hilfe uranhaltiger Verbindungen entdeckt wurde, jedoch eben nicht auf dem obengenannten Wege, der, wie es scheint, der direkteste, einfachste und natürlichste gewesen wäre. Becquerel führte seinen Versuch auf der Grundlage einer fehlerhaften und willkürlichen Annahme Poincarés über einen angeblich vorhandenen Zusammenhang zwischen der sichtbaren Lumineszenz und einer durchdringenden Strahlung von der Art der Röntgenstrahlen durch. Hätte Becquerel diese

Annahme überprüft, indem er nicht uranhaltige Salze genommen, sondern sich auf die zahlreichen anderen lumineszierenden Stoffe mit langzeitigem Nachleuchten beschränkt hätte, die vom Standpunkte der Hypothese Poincarés geeigneter gewesen wären, so hätte sich der Zeitpunkt der Entdeckung der Radioaktivität um unbestimmte Zeit verschieben können.

Die Natur der Erscheinungen erfordert für ihr Verständnis eine angespannte Aufmerksamkeit. Letztere jedoch wird entweder durch theoretische Perspektiven oder durch das praktische Interesse bestimmt. Auf dem Gebiet der Lumineszenz fehlte jedoch bis zum Ende des vergangenen Jahrhunderts sowohl das eine als auch das andere.

Ein Umschlag in der Entwicklung der Lehre von der Lumineszenz erfolgte erst an der Grenze zwischen dem 19. und dem 20. Jahrhundert. Die Entdeckungen von Röntgen und Becquerel stellten die Lumineszenz erstmals in die praktische Arena. Die lumineszierenden Schirme für das Nachleuchten, die die Medizin bald nach der Entdeckung der Röntgenstrahlen in großer Zahl benötigte, stellten die erste ernsthafte Anwendung der Lumineszenz dar. Bald darauf folgte die bedeutsame Verwendung der Kristallphosphore mit Beimischung von Radium, der sogenannten Phosphore mit permanenter Wirkung, für die Zifferblätter von Uhren und für selbstleuchtende Skalen verschiedener militärischer Geräte. Die Herstellung geeigneter Filter für die ultravioletten Strahlen und die Quecksilberlampen diente auf der anderen Seite als experimentelle Basis für die große Verbreitung der Lumineszenzanalyse in den verschiedensten Richtungen der Industrie, Chemie, Medizin usw. Das gesamte Gebiet gewann schließlich technische Bedeutung; man begann, sich mit ihm mehr und aufmerksamer zu beschäftigen. Die Anzahl der die Lumineszenz untersuchenden Spezialisten stieg stark an. Gleichzeitig mit dieser lang erwarteten Etappe der Technisierung ereignete sich auch rechtzeitig völlig Neues und Entscheidendes auf dem Gebiet der Theorie. Auf der Grundlage der Quantentheorie erklärte Einstein im Jahre 1905 den Sinn der Stokesschen Regel, und im Jahre 1913 schließlich machte die Bohrsche Quantentheorie des Atombaus die Grundzüge im gesamten Bereich der Lumineszenz, in all ihren Teilgebieten verständlich. Am einfachsten Beispiel des Wasserstoffatoms wurden die Begriffe der stationären Energieniveaus, der angeregten Zustände, ihrer Lebensdauer und der spontanen, mit Abstrahlung verbundenen, wieder zurückführenden Übergänge erklärt. Diese atomaren spontanen, mit Abstrahlung verbundenen Übergänge wurden zum Prototyp der neuen Theorie der spontanen Lumineszenz jeglicher Art.

Gleichzeitig führte die weitere Untersuchung des Leuchtens der Atome und die zugehörige Theorie zur Aufdekkung des Begriffes der metastabilen Zustände mit induzierten Übergängen, die von den genannten Zuständen aus wieder zurückführen und von einer Ausstrahlung begleitet sind. Auf diese Weise wurden die einfachsten Fälle von „erzwungener" Phosphoreszenz prinzipiell verständlich. Schließlich lieferten die sich an die atomaren Linienspektren anschließenden kontinuierlichen Spektren ein einfachstes Beispiel für das Rekombinationsleuchten, das eine praktisch wichtige, jedoch äußerst komplizierte Verwirklichung in den Kristallphosphoren von der Art des Zinksulfids mit verschiedenen Aktivatoren fand. Die Bohrsche Theorie und im weiteren die moderne Quantenmechanik gaben schließlich der modernen Lehre von der Fluoreszenz eine feste grundsätzliche theoretische Basis.

Eine erste Bilanz der neuen Phase der Lehre von der Lumineszenz wird in einem Buch von P. Pringsheim gezogen, das im Jahre 1921 erschienen ist. Schon der Titel des Buches „Fluoreszenz und Phosphoreszenz im Lichte der neueren Atomtheorie" bringt seinen neuen, den „Bohrschen", Charakter zum Ausdruck.

Seit dem Erscheinen der ersten Auflage des Buches von Pringsheim ist ein Vierteljahrhundert vergangen. In dieser Periode verwuchs die Lumineszenz organisch mit der übrigen Physik, wurde zum untrennbaren und wichtigen Bestandteil der Lehre vom Bau der Atome, Moleküle, Kristalle und Flüssigkeiten. Nach und nach, „gemäß der Tagesordnung", begannen die prinzipiellen, die Natur der Lumineszenz betreffenden Probleme, da sie in vieler Hinsicht ausgeschöpft waren, zu verschwinden, und umgekehrt erhielt die experimentelle Untersuchung der Lumineszenz in vielen Fällen eine entscheidende Bedeutung bei konkreten Fragen nach der Struktur der Stoffe. Einen besonders großen Nutzen erbrachte in dieser Hinsicht die Photolumineszenz, das heißt die durch Licht angeregte Lumineszenz. Bei der Anregung des Stoffes durch Licht wird eine unbedeutende äußere Störung verursacht, die die Struktur nur geringfügig verändert, und außerdem sind in diesem Falle die Versuchsbedingungen hinreichend klar und definiert.

Neben den rein spektralen Gesetzmäßigkeiten gestatteten die Untersuchung der Dauer der Photolumineszenzprozesse nach Beendigung der Anregung, die Messung der Polarisation des Leuchtens und der Ausbeute, das heißt des Verhältnisses der ausgestrahlten Energie zur absorbierten, in einigen Fällen in das Innere sogar äußerst komplizierter organischer Moleküle einzudringen und prinzipielle Züge ihres Aufbaus zu verstehen. In den Händen des modernen Physikers und Chemikers wurde die Lumineszenz zu einem subtilen Mittel der Strukturuntersuchung der Stoffe. Und es besteht kein Zweifel darüber, daß sich dem Forscher auf diesem Wege unbegrenzte Perspektiven eröffnen, da die Verschiedenheit der Strukturen, für die sich der Mensch interessiert, selber unbegrenzt ist.

Die Lumineszenzsonde, die den Stoff analysiert, dringt nicht nur in das Innere der einzelnen Atome und Moleküle ein. Sie deckt auch mit besonderer Klarheit und in plastischer Weise die kollektiven Besonderheiten des Aggregatzustandes der Stoffe auf — des flüssigen und des festen. In den Lumineszenzeigenschaften von Lösungen kommt zum Beispiel sehr ausgeprägt die Viskosität des Stoffes zum Ausdruck, die in definierter Weise die Ausbeute des Leuchtens beeinflußt, sowie dessen Dauer und Polarisation.

In der Theorie der Lumineszenz gewinnt auf diese Weise neben den Strukturdaten die Molekularbewegung eine große Bedeutung — die Translations- und die Rotationsbewegung —, die durch die Theorie der Brownschen Bewegung beschrieben wird. Eine große Viskosität des Mediums, die dem Molekül die Möglichkeit gibt, sich relativ lange Zeit in enger Nachbarschaft zu anderen Molekülen aufzuhalten, bedingt die Entwicklung induktiver Resonanzbindungen zwischen den Teilchen. Dadurch erfolgt eine Migration, ein Wandern der Anregungsenergie im Medium, was zu einer Reihe besonderer Konzentrationseffekte, zur Depolarisation des Leuchtens bei Vergrößerung der Konzentration, zur Konzentrationslöschung, zur Verringerung der Leuchtdauer und zu einem sehr eigentümlichen Depolarisationsprozeß bei zunehmender Dämpfung führt. Alle Erscheinungen dieser Art, wenn sie verstanden und quantitativ erklärt sind, verwandeln die Lumineszenz in ein neues Hilfsmittel zur Untersuchung der subtilen Besonderheiten von Aggregatzuständen.

Eine besonders starke „Kollektivierung" wird bei Lumineszenzuntersuchungen an Kristallphosphoren aufgedeckt. Die individuellen Besonderheiten der „Aktivatoren" gehen hierbei, was sowohl die Absorptions- und Emissionsspektren als auch die Gesetze der Dämpfung betrifft, nahezu völlig in den allgemeinen Kollektiveigenschaften auf, die vom Kristallgitter bestimmt werden. Die Lumineszenzuntersuchung, in Verbindung mit einer Untersuchung der elektrischen Eigenschaften, ermöglicht als einziges Verfahren ein Eindringen in die Besonderheiten dieser eigentümlichen Strukturen, die mit jedem Jahr immer größere Bedeutung gewinnen. Gegenwärtig ist die Aufmerksamkeit Hunderter von Forschern bei uns und in der ganzen Welt auf die Kristallphosphore gerichtet.

Bereits Ende des vorigen Jahrhunderts wurde die durch Röntgenstrahlen hervorgerufene Lumineszenz festgestellt. Genauer, die Röntgenstrahlen selber wurden durch diese von ihnen hervorgerufene sichtbare Lumineszenz entdeckt. Bald nach der Entdeckung des Radiums wurde die bemerkenswerte Erscheinung des Leuchtens unversehrter Kriställchen aus mit Kupfer aktiviertem Zinksulfid (die Szintillation) gefunden. Auf den ersten Blick besteht das Erstaunliche der Wirkung einer solchen „harten" Strahlung wie der Röntgenstrahlen und der Strahlung des Radiums darin, daß die großen, harten Energiequanten zu einem großen Teil gegen „weiche", sichtbare ausgetauscht werden, zum Beispiel gegen grüne Photonen.

Verschiedenen experimentellen Daten zufolge können einige zehn Prozent der Energie der harten Strahlung in grüne Photonen umgewandelt werden. Eine solche Zahl ist anscheinend falsch, jedoch kann man in jedem Falle mit Sicherheit davon sprechen, daß näherungsweise zehn Prozent der Energie in sichtbares Licht umwandelbar sind. Auf den ersten Blick mag es verwunderlich erscheinen, auf welche Weise ein hartes Photon gegen eine Vielzahl kleiner Photonen „eingewechselt" wird und die „Quantenausbeute" der Lumineszenz auf diese Weise gleich 1000 und noch höher gemacht werden kann. Man kann sich jedoch sehr einfach davon überzeugen, daß ein solches „Einwechseln" großer Quanten gegen kleine eine alltägliche Erscheinung ist; sie entspricht der natürlichen Abkühlung eines erwärmten Körpers und allgemein einer Zerstreuung der Energie, einer Vergrößerung der Entropie. Es ist sehr einfach, harte Photonen in weiche umzuwandeln, umgekehrt aber ist es ohne zusätzlichen Aufwand von Energie nicht möglich, viele weiche Photonen in ein hartes Photon umzuwandeln. Das Erstaunliche bei der Umwandlung der Röntgenstrahlen und der radioaktiven Strahlen in grüne Photonen besteht nicht in der Tatsache des „Umtausches" selbst, sondern darin, daß der Austausch nicht bis zum Ende erfolgt (in infrarote Quanten, die der Zimmertemperatur entsprechen), sondern bei den dazwischenliegenden grünen Photonen aufhört, denen eine Temperatur von etwa 30000° entspricht.

Es mag sich erweisen, daß bei allen Fluoreszenzerscheinungen, zum Beispiel beim grünen Leuchten einer Fluoresceinlösung unter der Einwirkung von ultravioletten Strahlen, der gleiche Tatbestand vorliegt. Der prinzipielle Unterschied besteht jedoch darin, daß im letzen Falle die Ausbeute nahe bei Eins liegt, das heißt, wir haben es mit einem einzigen Akt der Absorption eines Photons und der Ausstrahlung eines anderen zu tun. Bei der Einwirkung von harter Strahlung dagegen muß die Anzahl solcher Akte hundert und tausend erreichen. Diese Seite der Angelegenheit bleibt bis heute wenig verständlich und erfordert eine weitergehende Untersuchung. Gleichzeitig damit beginnt der Mensch in dem Maße, in dem er die Energie des Atomkerns beherrscht, über eine leistungsstarke Quelle harter Strahlung zu verfügen, die für viele praktische Erfordernisse in weichere umgewandelt werden muß, in für den Menschen gewohntere Formen zur Verwirklichung nützlicher chemischer Reaktionen und zur Ausführung anderer praktischer, energieerfordernder Prozesse. In Verbindung damit gewinnt das Problem der Strahlungsumformung von harten Quanten in Quanten mittlerer Weichheit („grüne") eine besondere Bedeutung. Infolgedessen wird die durch harte Strahlung hervorgerufene Lumineszenz in unserer Zeit für die Forscher zu einem Gebiet von außerordentlichem Interesse.

Der Aufschwung der Lehre von der Lumineszenz in den letzten Jahrzehnten wurde von einer ständigen gegenseitigen Beeinflussung der theoretischen Resultate und der praktischen Interessen bestimmt. Die Lumineszenz geriet schließlich in normale Bahnen der Entwicklung, wobei die praktischen Forderungen in vielen Fällen die theoretische Arbeit beeinflußten und umgekehrt die Leistungen der Theorie schnell Anwendung fanden.

Die praktische Bedeutung der Lumineszenz wuchs im Vergleich zur jüngsten Vergangenheit außerordentlich an. Am Ende war, zumindest teilweise, die traditionelle Hegemonie der thermischen Lichtquellen gebrochen. Jahrhunderte und Jahrtausende lang kannten die Menschen nur die eine Art der Umwandlung von verschiedenen Energieformen — der mechanischen, chemischen und elektrischen — in Licht mittels Wärme.

Dieses äußerst verschwenderische Verfahren wurde von Jahr zu Jahr immer stärker durch Methoden der direkten Überführung von „eleganteren" Energieformen in Licht verdrängt. In den modernen Lumineszenzlampen ruft die elektrische Energie in verdünnten Quecksilberdämpfen eine Entladung hervor, wobei die Energie fast vollständig in die ultraviolette Resonanzstrahlung des Quecksilbers überführt wird. Diese Strahlung wird in pulverförmigen Kristallphosphoren absorbiert, die auf der Innenseite der Entladungsröhre aufgetragen sind, und sie ruft dabei ein sichtbares Leuchten mit einem Spektrum hervor, das dem Tageslicht beliebig nahekommt. Auf dem gesamten Erdball werden heutzutage jährlich einige hundert Millionen solcher Lumineszenzlampen hergestellt. Dennoch ist dies zweifelsohne erst ein Anfangsstadium des Triumphes des Lumineszenzlichtes. Es werden Lampen von neuer, passender Form benötigt, die nicht nur für Zimmerbedingungen, sondern auch für kalte äußere Winterbedingungen geeignet sind; es ist erforderlich, weiterentwickelte Lumineszenzlampen zu schaffen, in denen chemische Energie direkt und mit großer Ausbeute in Licht umgewandelt wird. Solche chemische Lichtquellen werden, ähnlich den Kerzen, unabhängig von einer zentralen Energieeinspeisung sein. Diese praktischen Aufgaben stellen neue, größere Anforderungen an die theoretische Forschung auf dem Gebiet der Lumineszenz.

Die Lumineszenz von Kristallphosphoren infolge Elektroneneinwirkung (die Kathodenlumineszenz) hat in den letzten Jahren, wie man ohne Übertreibung sagen kann, eine außerordentliche Bedeutung für solch neue Gebiete der Technik wie das Fernsehen und die Funkortung gewonnen. Im Falle eines gewöhnlichen Fernsehers „sieht" man die durch den Elektronenstrahl auf dem Schirm hervorgerufene Lumineszenz. Bei einem Radargerät wird die Spur eines sich nähernden Flugzeuges durch einen Kathodenlumineszenzfleck angezeigt. Die ungeheure Vielzahl der modernen trägheitsfreien Oszillographen macht von der gleichen Lumineszenz Gebrauch. Die Kathodenlumineszenz wurde zu einem sehr wichtigen Bestandteil der modernen Technik, und damit konzentriert sich auf sie das Interesse der wissenschaftlichen Forschung.

In den Jahren des zweiten Weltkrieges, in der Zeit der „Verdunklung", fand die Lumineszenz eine vielfältige Anwendung in der „Verdunklungstechnik", wie man die im Dienste der Verdunklung stehende Lichttechnik zu nennen pflegte. Man nutzte es aus, daß Aufschriften, Zeiger, Skalen und geographische Karten, auf die lumineszierende Verbindungen aufgetragen worden waren, bei Bestrahlung mit unsichtbaren ultravioletten Lichtstrahlen leuchteten. Von dem Nachleuchten der Luminophore wurde zum Beispiel in Luftschutzbunkern nach einer Unterbrechung der direkten elektrischen Beleuchtung Gebrauch gemacht usw. Man darf erwarten, daß das Nachleuchten der Luminophore in der Zukunft einen großen Nutzen in den Dörfern, bei der Eisenbahn und auf den Landstraßen bringen wird, wenn es gelingt, die Leuchtdauer und Helligkeit der Luminophore so weit zu erhöhen, daß das von ihnen in der Dämmerung absorbierte Licht für eine ausreichend helle Beleuchtung die ganze Nacht hindurch bis zur Morgendämmerung ausreicht.

In den letzten Jahren erlangten die verschiedensten Formen der Lumineszenzanalyse eine schwer zu überblickende Verbreitung in den verschiedenartigsten Gebieten der Technik, Medizin, Landwirtschaft, Wissenschaft und Kunstwissenschaft, beginnend mit dem einfachen empirischen Sortieren bis hin zur tiefgehenden Strukturuntersuchung. Mitunter wird diese Analyse noch auf primitive Weise durchgeführt, ohne eine ausreichende wissenschaftliche Grundlage, so daß vor der Lumineszenzforschung noch viele neue Aufgaben stehen, von denen einige ihrer Wichtigkeit wegen unaufschiebbar sind.

Schließlich können wir nicht umhin, das schrittweise (mag sein, unbegründet langsame) Eindringen der Lumineszenz in den Bereich der darstellenden Kunst zu erwähnen. Hier erfolgt dem Wesen nach ein völliger Umschwung. Bisher waren die darstellenden Künste (Malerei, Bildhauerei, Theaterdekoration) gezwungen, lediglich gestreutes Licht, Tageslicht oder Kunstlicht, auszunutzen, das von den Gemälden, Statuen, Theaterkulissen zurückgeworfen wurde. Die lumineszierenden Stoffe bieten dem Künstler eine völlig neue Möglichkeit, selbstleuchtende Darstellungen zu schaffen. Man kann beispielsweise ein Bild mit verschiedenen lumineszierenden Stoffen malen und es mit einer Quecksilberlampe beleuchten, die mit schwarzem Spezialglas abgedeckt ist, das nur für das Auge unschädliche ultraviolette Strahlen durchläßt. Das Bild leuchtet dann von selber.

Ergibt ein solches lumineszierendes Gemälde irgendetwas Neues, und besitzt es Vorzüge? Auf diese Fragen kann man ohne Zögern bejahend antworten. Die gewöhnlichen, im gestreuten Licht zu beobachtenden Farben, mit denen alle Bilder gemalt sind, besitzen zwei Nachteile. Das Spektrum des von ihnen gestreuten Lichtes ist stets verwaschen, bedingt durch die Eigenschaften der Farbstoffe selbst und außerdem durch die Verwaschenheit des Spektrums der verwendeten Lichtquelle (Tageslicht oder Lampe). Daher sind die Farben nie ganz rein. Reine, satte Farbtöne zu erhalten, gelingt nur durch Absorption in gefärbten Gläsern (Vitragen). Eine zweite, noch größere Unzulänglichkeit der gewöhnlichen Farbstoffe besteht in der Beschränktheit der mit ihnen erreichbaren Skala der relativen Helligkeit. Die beste „schwarze" Oberfläche reflektiert zumindest 3—5% des einfallenden Lichtes. Umgekehrt reflektiert die beste „weiße" Farbe nicht mehr als 90—95% des einfallenden Lichtes.

Demzufolge liegt die relative Helligkeitsskala bestenfalls in den Grenzen von 3 bis 95%, das heißt, die Helligkeit kann sich nur um das 32fache ändern. Demgegenüber unterscheidet das menschliche Auge unter realen Bedingungen, zum Beispiel in einer Landschaft mit untergehender Sonne oder in einem durch direkte Sonnenstrahlung beleuchteten Wald, deutlich relative Helligkeiten, die sich auf jeden Fall um einen Faktor von einigen Hundert unterscheiden. Aus diesem Grunde ist ein mit gewöhnlichen Farben gemaltes Bild nicht in der Lage, mehr oder weniger richtig Landschaften von der oben beschriebenen Art wiederzugeben.

Lumineszierende Farben sind von beiden Unzulänglichkeiten frei. Das von solchen Farben ausgestrahlte Licht kann auf Wunsch auf einen hinreichend schmalen Bereich des Spektrums eingeengt werden und folglich fast maximal rein sein. Auf der anderen Seite kann man mit lumineszierenden Farben vollständig schwarze und ebenfalls außergewöhnlich helle weiße Farbpunkte gut realisieren. Die aufgehende oder untergehende Sonne, Mondlandschaften, einen von direkter Sonnenstrahlung beleuchteten Wald — alle diese Sujets können mit lumineszierenden Farben in völliger Wirklichkeitstreue wiedergegeben werden.

Es ist Angelegenheit der Künstler, der Meister der darstellenden Kunst, sich die aufgezeigten Vorteile der lumineszierenden Farbstoffe zu eigen zu machen. Sie eröffnen der Malerei dem Wesen nach völlig neue Wege. Auf diesem Wege wurden von dem sowjetischen Künstler E. M. Mandelberg und seinen Mitarbeitern große Erfolge erzielt.

Die Anzahl der Leute, die sich vor einem Vierteljahrhundert in der ganzen Welt in wissenschaftlichen Untersuchungen und in der Technik mit der Lumineszenz beschäftigten, betrug kaum hundert. Jetzt arbeiten auf diesem Gebiet, nach bescheidenster Schätzung, einige tausend Menschen. Ein derartiger Fortschritt im Vergleich zur Vergangenheit ist durch die enge Zusammenarbeit zwischen der wissenschaftlichen Forschung und der Technik bedingt.

In der Sowjetunion fiel die Periode des wissenschaftlichen und technischen Aufschwungs auf dem Gebiet der

Lumineszenz mit der Umgestaltung des alten Rußland in das junge Sowjetland zusammen.

Bis zur Oktoberrevolution konnte man die auf die Lumineszenz spezialisierten Personen mühelos an den Fingern einer Hand abzählen. Jetzt arbeiten in der Sowjetunion Hunderte von Menschen auf den verschiedenen Spezialgebieten der Lumineszenz. In all diesen Bereichen wurde vieles erreicht, und die führende Rolle der sowjetischen Wissenschaft auf diesem Gebiet wird allgemein anerkannt. Diesen Erfolg wie auch andere Erfolge der sowjetischen Wissenschaft verdanken wir der siegreichen Revolution. In der Sowjetunion wurde in den ersten Monaten der neuen Macht der Grundsatz der untrennbaren Verbundenheit von Theorie und Praxis in der Wissenschaft festgelegt. Die Einhaltung dieses Prinzips garantiert ein gesundes, unentwegtes Wachstum jeder Wissenschaft. Diese Schlußfolgerung wird durch die historische Entwicklung der Lehre von der Lumineszenz, die wir kurz betrachtet haben, völlig bestätigt.

Namenverzeichnis

Das Buch

- **stellt einen Streifzug durch die Geschichte der Optik dar, der von ersten spekulativen Überlegungen bis zu modernen Präzisionsmessungen der Lichtgeschwindigkeit führt**

- **läßt die großen Forscher selbst zu Worte kommen**

- **zeigt die menschliche Persönlichkeit verschiedener Forscher**

- **informiert in Übersichtsartikeln über ausgewählte Problemkreise aus der Optik**

WISSENSCHAFTLICHE TASCHENBÜCHER